移动互联网开发技术丛书

HTML5+CSS3+JavaScript 超详细通关攻略

实战版

陶国荣 编著

清华大学出版社
北京

内 容 简 介

本书从初学者的角度出发，通过每个知识点，结合相应的实例，全面细致地介绍前端开发技术各方面的内容。全书共分为 34 章，三个模块内容，第 1～11 章为第一个模块，全面地介绍 HTML5 相关的内容；第 12～20 章为第二个模块，详细地介绍 CSS3 相关的知识；第 21～34 章为第三个模块，系统地介绍 JavaScript 相关的知识内容。

本书涵盖全面、新颖、详细的 HTML5、CSS3 和 JavaScript 的主要内容，并以实战案例驱动知识点，以模块化学习、分层推进的方式讲解具有较强的针对性和实战性。本书主要面向高等院校的师生及相关领域的广大计算机爱好者。

图书在版编目(CIP)数据

HTML5＋CSS3＋JavaScript 超详细通关攻略：实战版/陶国荣编著. —北京：清华大学出版社，2021.1（2022.1重印）

（移动互联网开发技术丛书）

ISBN 978-7-302-56027-2

Ⅰ. ①H… Ⅱ. ①陶… Ⅲ. ①超文本标记语言－程序设计 ②网页制作工具 ③JAVA 语言－程序设计 Ⅳ. ①TP312.8 ②TP393.092.2

中国版本图书馆 CIP 数据核字(2020)第 127064 号

责任编辑：陈景辉 薛 阳
封面设计：刘 键
责任校对：徐俊伟
责任印制：宋 林

出版发行：清华大学出版社
网　　址：http://www.tup.com.cn，http://www.wqbook.com
地　　址：北京清华大学学研大厦 A 座　　**邮　　编**：100084
社 总 机：010-62770175　　**邮　　购**：010-83470235
投稿与读者服务：010-62776969，c-service@tup.tsinghua.edu.cn
质量反馈：010-62772015，zhiliang@tup.tsinghua.edu.cn
课件下载：http://www.tup.com.cn，010-83470236
印 装 者：三河市铭诚印务有限公司
经　　销：全国新华书店
开　　本：185mm×260mm　　**印　张**：33　　**字　　数**：826 千字
版　　次：2021 年 1 月第 1 版　　**印　　次**：2022 年 1 月第 2 次印刷
印　　数：2001～3000
定　　价：99.00 元

产品编号：078450-01

前言

FOREWORD

随着互联网应用的不断创新与变革，作为与应用密切相关的前端技术更是备受瞩目。其中，以 HTML5 为代表的新一代技术尤为受到关注与追捧。HTML5 不仅仅是一次简单的技术升级，而是代表了未来 Web 开发的方向，既是 Web、App、微信小程序、混合式开发的根基，也是开发者的新希望。同时，与 HTML5 相关的 CSS3 和 JavaScript 技术也备受关注，同样成为 Web 开发的必学技能。

本书以"案例实战"为导向，对基础知识点进行全面而系统地讲解。希望读者可在短时间内，了解并掌握 Web 开发的知识。本书共有 34 章，根据知识体系，又分为三大模块，通过各模块，更加有针对性地介绍技术内容。

第 1～11 章为第一个模块，全面地介绍 HTML5 中的元素和 API，包括 HTML5 中的新增交互元素、重要元素、表单、文件、视频和音频、绘图、数据存储、离线应用和其他应用 API，并通过完整的案例来扩展知识点。

第 12～20 章为第二个模块，详细地介绍与 CSS3 相关的知识，包括 CSS3 的概念、选择器、选择器在页面的应用、文字相关的样式、盒相关样式、背景和边框样式、CSS3 中的变形处理、动画属性和布局相关样式。

第 21～34 章为第三个模块，系统地介绍与 JavaScript 相关的知识内容，包括 JavaScript 简介、语法基础、流程控制、初识函数、字符串对象、数组对象、日期对象、数学对象、DOM 基础、DOM 进阶、事件基础、事件进阶、window 对象和 document 对象。

本书特色

全书由浅入深，逐步推进，超详细、完整地介绍前端技术的新功能与新特征。同时，章节之间有一定的关联，建议读者按章节的编排，逐章阅读。

学以致用。本书从实用性的角度出发，以实战案例为主线，贯穿知识点讲解，从而达到带动与引导读者的阅读兴趣的目的。为使读者能够通过示例执行后的页面效果加深对应用的理解，每一个示意图都经过精心编排。

配套资源

为便于教学，本书配有 450 分钟微课视频、源代码、教学课件、教学大纲。

(1) 获取微课视频方式：读者可以先扫描本书封底的防盗码，再扫描书中相应的视频二维码，观看教学视频。

(2) 获取源代码方式：先扫描本书封底防盗码，再扫描下方二维码，即可获取。

源代码

(3) 其他配套资源可以扫描本书封底的课件二维码下载。

读者对象

本书面向Web开发者、高等院校师生及广大相关领域的计算机爱好者，无论从事前端开发，还是后台代码编写的人员，都可以使用本书。

致谢

希望这部耗时一年、积累我数年开发心得与技术感悟的拙著，能给每位读者带来思路上的启发与技术上的提升。

本书的作者陶国荣、刘义、李建洲、李静、裴星如、李建勤、陶红英、陈建平、孙文华、孙义、陶林英、闵慎华、孙芳、赵刚完成了书稿编写、素材整理及配套资源制作等工作。

由于作者水平和能力有限，书中难免有疏漏之处。恳请各位同仁和广大读者，给予批评指正。

陶国荣

2020年10月

CONTENTS

第 1 章

拥抱HTML5

视频讲解

本章学习目标

- 了解构建 HTML5 页面的环境搭建步骤。
- 理解并掌握 HTML5 页面的基本特征。
- 能够使用样式美化 HTML5 页面。

1.1 一个简单的 HTML5 页面

尽管各主流厂商的最新版浏览器都对 HTML5 提供了很好的支持，但在全新 HTML5 版本中，有许多新的标签与功能，必须在搭建好相应的浏览环境后，才可以正常使用。总的来讲，要顺利执行一个 HTML5 版本的页面，需要完成以下两方面的工作。

(1) 搭建支持的浏览器环境。

(2) 检查浏览器是否支持 HTML5 标记。

1.1.1 搭建支持的浏览器环境

目前，除 Microsoft 的 IE 系列(IE 9 除外)浏览器之外，Mozilla 的 Firefox 与 Google 的 Chrome 浏览器都可以很好地支持 HTML5 的各种新特征。

本书所有的应用实例，所执行的浏览器为 Chrome，其对应的版本号是 64.0.3282.186。

如需运行本书中的实例，请安装该版本的 Chrome 浏览器，以浏览相应的实例页面效果。

1.1.2 检测浏览器是否支持 HTML5 标记

除安装相应的浏览器外，为了能进一步了解浏览器支持 HTML5 中的哪些新标签，还可以在引入新标签前，通过编写 JavaScript 代码，检测浏览器是否支持该标签。

因为当浏览器在加载 Web 页面时，它会构建一个文本对象模型(Document Object Model,DOM)，通过该对象模型来表示页面中的 HTML 各元素，表示形式为各个不同的 DOM 对象。而全部对象都共享一些公共或特殊的属性，如 HTML5 的某些特性；如果在支持该属性的浏览器中打开页面，这些 DOM 对象是否支持这些特性，就可以很快地被检测出来。

接下来通过一个完整的实例，来详细介绍这一功能的实现过程。

实例 1-1 检测浏览器是否支持 HTML5

1. 功能说明

在 HTML 页面中插入一段 HTML5 画布标记，当浏览器支持该标记时，将出现一个方块形状；反之，则在页面中显示“该浏览器不支持 HTML5 的画布标记!”提示语。

2. 实现代码

在 WebStorm 中新建一个 HTML 页面 1-1. html，加入代码如代码清单 1-1 所示。

代码清单 1-1 检测浏览器是否支持 HTML5

```
<! DOCTYPE html >
< html >
< head lang = "en">
    < meta charset = "UTF - 8">
    < title >检测浏览器是否支持 HTML5 </title >
</head >
< body style = "font - size:13px">
    < canvas id = "myCanvas" width = "200" height = "100"
        style = "border:2px solid #CCC;background - color: #EEE">
        该浏览器不支持 HTML5 的画布标记!
    </canvas >
</body >
</html >
```

3. 页面效果

将页面文件 1-1. html 在 IE 8 中执行时，由于 IE 8 暂不支持 HTML5 的画布标记，因此将显示如图 1-1 所示的页面效果。

图 1-1 IE 8 不支持 HTML5 的画布标记

页面文件 1-1.html 在 Chrome 浏览器中执行时，由于该浏览器支持 HTML5 的画布标记，将出现如图 1-2 所示的页面效果。

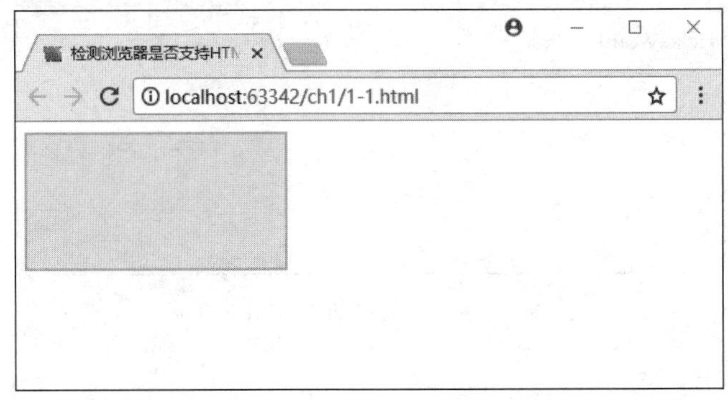

图 1-2　Chrome 浏览器支持 HTML5 的画布标记

4. 源码分析

虽然是同样一个页面，但由于不同的浏览器对 HTML5 特征的支持不同，其执行的页面效果也将不同，因此，在编写 HTML5 新标记时，有必要检测浏览器是否支持该标记。

1.1.3　使用 HTML5 结构编写简单的 Web 页面

在 HTML5 中不仅增加了很多新的页面标记，而且整体页面的结构与 HTML4 相比，也发生了根本的变化。下面使用 HTML5 新结构来编写一个简单的页面。

实例 1-2　我的第一个简单的 HTML5 页面

1. 功能说明

使用 HTML5 结构，编写一个 HTML 页面，其功能是：在页面中输出"Hello，World"字样。

2. 实现代码

在 WebStorm 中新建一个 HTML 页面 1-2.html，加入代码如代码清单 1-2 所示。

代码清单 1-2　我的第一个 HTML5 页面

```
<!DOCTYPEhtml>
<meta charset = "UTF - 8">
<title>我的第一个 HTML5 页面</title>
<p>Hello,World</p>
```

3. 页面效果

该页面在 Chrome 浏览器中执行的页面效果如图 1-3 所示。

4. 源码分析

通过短短几行代码的编写，就实现了一个页面的开发，充分说明了 HTML5 语法的简洁；同时，HTML5 不是一种 XML，其语法也很随意，下面从这两方面进行逐句分析。

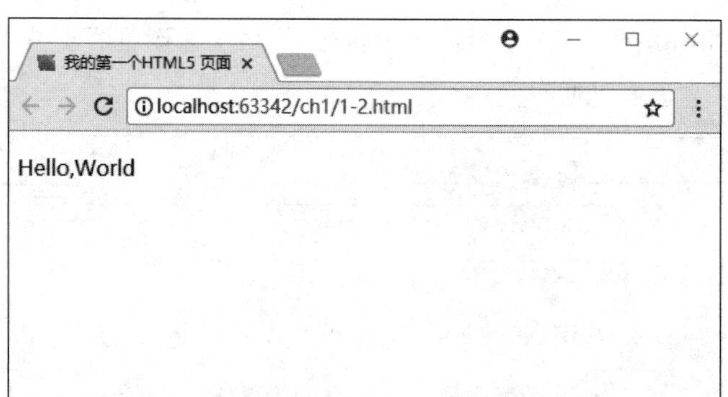

图 1-3 第一个简单的 HTML5 页面

第一行代码如下：

```
<! DOCTYPE html >
```

短短几个字符，甚至不包括版本号，它就能告诉浏览器需要一个 doctype 来触发标准模式，可谓是简明扼要。接下来，需要声明文档的字符编码，否则将出现浏览器不能正确解析，导致安全隐患，为此加入如下一行代码。

```
< meta charset = "UTF - 8">
```

同样也是几个字符，便声明了该文档的字符编码。同时，HTML5 不区分字母大小写、标记结束符及属性是否加引号，因此下列代码是等效的。

```
< meta charset = "UTF - 8">
< META charset = "UTF - 8" />
< META charset = UTF - 8 >
```

在主体内容中，可以省略 html 与 body 标记，直接编写需要显示的内容，代码如下。

```
< p > Hello, World </p >
```

虽然在编写代码时省略了 html 与 body 标记，但在浏览器进行解析时，将会自动进行添加，如图 1-4 所示。

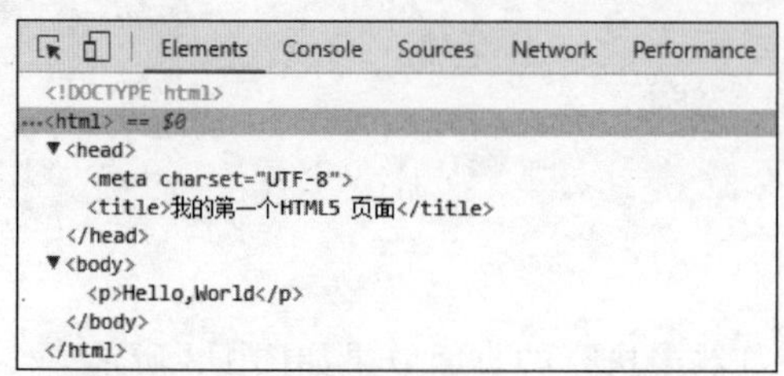

图 1-4 自动增加 html 与 body 后的源文件

因此，考虑到代码的可维护性，在编写代码时应尽量增加这些在 HTML5 中可选的元素，从而实现页面代码的最大程度的简洁与完整。

1.2 HTML5 页面的特征

在实例页面 1-2.html 中，简单介绍了一个 HTML5 页面的创建过程，而实际上，HTML5 页面的特征远不止这些，下面使用实例的方式来详细介绍 HTML5 页面的特征。

1.2.1 应用全新的 HTML5 特征结构化元素

在 HTML5 中，将页面的结构通过元素进行布局，开发人员能够快速地掌握页面的结构特征，并结构化页面，接下来通过一个完整的实例说明这一点。

实例 1-3 页面结构

1. 功能说明

将页面分成上、中、下三部分：上部用于导航；中部又分成两个部分，左边设置菜单，右边显示文本内容；下部显示页面版权信息。

2. 实现代码

在 WebStorm 中新建一个 HTML 页面 1-3.html，加入代码如代码清单 1-3 所示。

代码清单 1-3 页面结构

```
<!DOCTYPE html>
<html>
<head lang="en">
    <meta charset="UTF-8">
    <title>页面结构</title>
    <style type="text/css">
        #header, #siderLeft, #siderRight, #footer {
            border: solid 1px #666;
            padding: 5px
        }
        #header {
            width: 500px
        }
        #siderLeft {
            float: left;
            width: 60px;
            height: 100px
        }
        #siderRight {
            float: left;
            width: 428px;
            height: 100px
        }
        #footer {
            clear: both;
```

```
            width: 500px
        }
    </style>
</head>
<body>
    <div id = "header">导航</div>
    <div id = "siderLeft">菜单</div>
    <div id = "siderRight">内容</div>
    <div id = "footer">底部说明</div>
</body>
</html>
```

尽管上述代码不存在任何错误，同时还可以在 HTML5 环境中很好地工作，但结构的很多部分对于浏览器来说都是未知的，即浏览器是通过 id 定位元素的，因此，只要开发者不同，那么就允许元素的 id 各异，这对浏览器来说，不能很好地表明元素在页面中的位置，必然影响页面解析的速度。幸好，在 HTML5 中给了我们新的元素，可以很快地定位某个标记，明确地表示页面中的位置，将上述代码修改成 HTML5 支持的页面代码如下所示。

```
<!DOCTYPE html>
<html>
<head lang = "en">
    <meta charset = "UTF-8">
    <title>页面结构</title>
    <style type = "text/css">
        header,nav,article,footer {
            border: solid 1px #666;
            padding: 5px
        }
        header {
            width: 500px
        }
        nav {
            float: left;
            width: 60px;
            height: 100px
        }
        article {
            float: left;
            width: 428px;
            height: 100px
        }
        footer {
            clear: both;
            width: 500px
        }
    </style>
</head>
<body>
```

```
    <header>导航</header>
    <nav>菜单</nav>
    <article>内容</article>
    <footer>底部说明</footer>
</body>
</html>
```

3. 页面效果

虽然两段代码不一样，但该页面在浏览器下执行得到同样的页面效果，如图 1-5 所示。

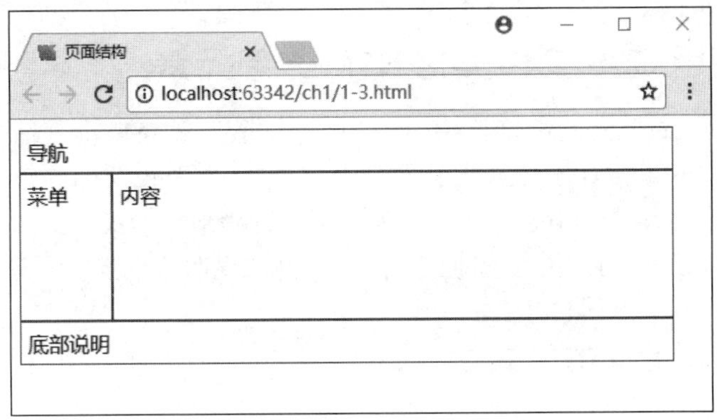

图 1-5　应用 HTML5 元素构造页面结构

4. 源码分析

从上述两段代码来看，使用 HTML5 新元素创建的页面代码更加简单和高效，下面详细分析两段代码的不同。

```
<div id="header">导航</div>
...
```

被如下代码取代：

```
<header>导航</header>
...
```

可以很容易地看出，使用 id="header"的 div 标记没有任何实现的意义，即浏览器不能从标记的 id 属性来推断这个标记的真正含义，因为 id 是可以变化的，因此不利于寻找；而 HTML5 中的新元素 header 明确地告诉浏览器它是一个页头，并且该标记可以重复使用，极大地提高了开发者的工作效率。

同时，有些新增的 HTML5 元素还可以单独成为一个区域，如下列代码。

```
<header>
  <article>
      <h1>内容 1</h1>
  </article>
```

```
</header>
...
<header>
  <article>
    <h2>内容 2</h2>
  </article>
</header>
```

在 HTML5 中,一个 article 可以创建一个新的节点,并且每个节点都可以有自己的单独元素,如 h1 或 h2。

1.2.2 使用 CSS 文件美化 HTML5 新元素

在支持 HTML5 新元素的浏览器中,样式化各新增元素变得十分简单,我们可以对任意一个元素应用 CSS(包括直接设置或引入 CSS 文件)。需要说明的是,在默认情况下,CSS 假设元素的 display 属性是 inline 的,因此,为了更加正确地显示设置的页面效果,需要设置元素的 display 属性是 block,下面通过一个简单实例来说明这一点。

实例 1-4 设置新元素的样式

1. 功能说明

在页面中设置相关样式,显示一段文章的内容。

2. 实现代码

在 WebStorm 中新建一个 HTML 页面 1-4.html,加入代码如代码清单 1-4 所示。

代码清单 1-4 设置新元素的样式

```
<!DOCTYPE html>
<html>
<head lang="en">
    <meta charset="UTF-8">
    <title>设置新元素的样式</title>
    <style type="text/css">
        article {
            display: block
        }
        article header p {
            font-size: 13px
        }
        article header h1 {
            font-size: 16px
        }
        .p-date {
            font-size: 11px
        }
    </style>
</head>
```

```
<body>
    <article>
        <header>
            <p class="p-date">日期: 2018-03-01</p>
            <h1>
                <a href="#">今天的天气不错啊</a>
            </h1>
            <p>蓝蓝的天空中飘着几朵白云</p>
        </header>
    </article>
</body>
</html>
```

3. 页面效果

该页面在 Chrome 浏览器中执行的页面效果如图 1-6 所示。

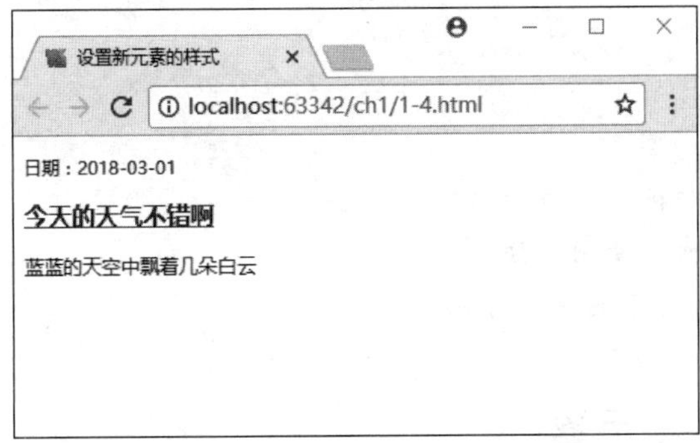

图 1-6 使用 CSS 美化 HTML5 新元素

4. 源码分析

由于有些浏览器并不支持 HTML5 中的新元素，如 IE 8 或更早版本，CSS 只应用 IE 支持的那些元素，因此，为了能使新增的 HTML5 元素应用到样式，可以在头部标记 head 中加入如下 JavaScript 代码。

```
<script type="text/javascript">
  document.createElement('article');
  document.createElement('header');
</script>
```

这样一来就可以应用到样式了。当然，可以通过优化这段 JavaScript 代码，即如果是不支持 HTML5 新元素的浏览器则执行上述 JavaScript 代码，否则不执行。

小结

本章先从检测浏览器是否支持 HTML5 新元素开始，由浅入深地简单介绍了 HTML5 新增的元素在 Chrome 浏览器中的使用方法，并介绍了新元素应用 CSS 的效果，为第 2 章详细了解每一个 HTML5 新增元素奠定了相应的基础。

第 2 章

HTML5中新增交互元素

视频讲解

本章学习目标

- 了解 HTML5 中新交互元素的使用方法。
- 理解 details 元素的使用方法。
- 熟练掌握 menu 元素的使用方法。

2.1 details 内容元素

2.1.1 定义

details 是 HTML5 中新增的一个标记,用于说明文档功能或某个细节的作用。在默认情况下,该标记中设置的内容是不显示的,可以与其他标记配合,如 summary,单击该标记时,显示 details 元素中设置的内容。

2.1.2 属性

details 元素中有一个非常重要的 open 属性,详细的属性说明如表 2-1 所示。

表 2-1 details 元素的 open 属性

属性名称	值	描述
open	open	用于控制 details 元素是否显示,默认值为不可见

实例 2-1 交互元素 details 的使用

1. 功能描述

在新创建的页面中加入一个 details 元素,并将 summary 元素加入到该元素中,当用户单击 summary 元素时,实现 details 元素中内容的显示与隐藏。

2. 实现代码

在 WebStorm 中新建一个 HTML 页面 2-1.html，加入代码如代码清单 2-1 所示。

代码清单 2-1 交互元素 details 的使用

```
<!DOCTYPE html>
<html>
<head>
    <meta charset="UTF-8">
    <title>交互元素 details 的使用</title>
    <style type="text/css">
        body {
            font-size: 12px
        }
        span {
            font-weight: bold
        }
        details {
            overflow: hidden;
            height: 0;
            padding-left: 200px;
            position: relative;
            display: block;
        }
        details[open] {
            height: auto;
        }
    </style>
</head>
<body>
    <span>显示脚注</span>
    <details open="open">
        本页面生成于 2018-08-17
    </details>
</body>
</html>
```

3. 页面效果

该页面在 Chrome 浏览器中执行的页面效果如图 2-1 所示。

图 2-1 交互元素 details 的使用

4. 源码分析

为了能更好地验证 details 元素的 open 属性，在页面的样式中分别定义了该元素的默认与显示状态的样式，代码如下。

```
...省略部分样式代码
details {
    overflow: hidden;
    height: 0;
    padding - left:200px;
    position: relative;
    display: block;
  }
details[open] {
    height:auto;
  }
...省略部分样式代码
```

除了使用 CSS 样式控制 details 元素的属性外，还可以通过 JavaScript 代码获取 details 元素的 open 属性，通过设置该属性的值，控制元素内容显示的状态。

2.2 menu 元素

2.2.1 定义

menu 是 HTML5 中重新启用的一个旧标记，早在 HTML2 时，menu 元素就存在了，但在 HTML4 时被废弃，而在 HTML5 中又重新被恢复，并赋予了新的功能含义。menu 元素常与 li 列表元素结合使用，定义一个列表式的菜单。

2.2.2 属性

在 menu 元素中有两个非常实用的属性，详细的属性说明如表 2-2 所示。

表 2-2 menu 元素的属性

属性名称	值	描 述
label	任意字符	为菜单定义一个可见的标注
type	list	定义菜单显示的类型，默认值为 list，即列表显示菜单中的选项，也可取值 context 或 toolbar

实例 2-2 交互元素 menu 的使用

1. 功能描述

新建一个 HTML 页面，先添加 menu 元素，在该元素中加入 li 列表元素，然后在列表元素中分别放置一个 img 与 span 元素，用于展示图片与标题，最后通过样式代码，当用户将鼠标移动至某个 li 元素时，展示菜单中某选项被选中的效果。

2. 实现代码

在 WebStorm 中新建一个 HTML 页面 2-2. html，加入代码如代码清单 2-2 所示。

代码清单 2-2　交互元素 menu 的使用

```
<!DOCTYPE html>
<html>
<head>
    <meta charset="UTF-8">
    <title>交互元素 menu 的使用</title>
    <style type="text/css">
        body {
            padding: 5px;
            font-size: 12px
        }
        menu {
            padding: 0;
            margin: 0;
            display: block;
            border: solid 1px #365167;
            width: 222px
        }
        menu li {
            list-style-type: none;
            padding: 5px;
            margin: 5px;
            height: 28px;
            width: 200px
        }
        menu li:hover {
            border: solid 1px #7DA2CE;
            background-color: #CFE3FD
        }
        menu li img {
            clear: both;
            float: left;
            padding-right: 8px;
            margin-top: -2px
        }
        menu li span {
            padding-top: 5px;
            float: left;
            font-size: 13px
        }
    </style>
</head>
<body>
```

```
    <menu>
        <li>
            <img src="Images/firefox-32.png"/>
            <span>Mozilla Firefox</span>
        </li>
        <li>
            <img src="Images/chrome.png"/>
            <span>Google Chrome</span>
        </li>
        <li>
            <img src="Images/safari.png"/>
            <span>Safari</span>
        </li>
    </menu>
</body>
</html>
```

3. 页面效果

该页面在 Chrome 浏览器中执行的页面效果如图 2-2 所示。

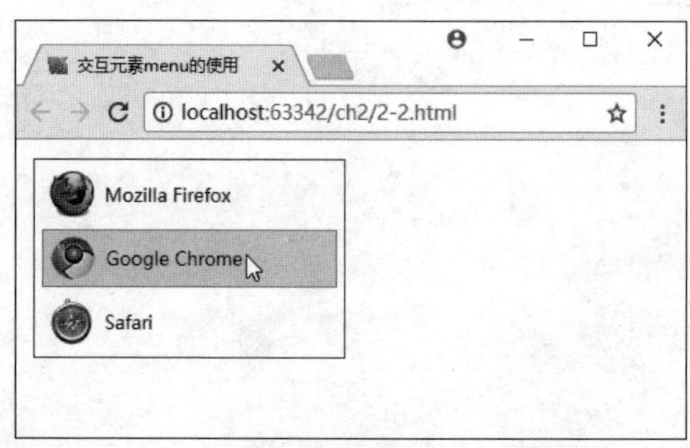

图 2-2　交互元素 menu 的使用

4. 源码分析

在使用 menu 元素来定义菜单列表时，常通过 menu 元素来定义菜单的框架，其中的内容使用 li 元素，并且通过 CSS 来美化列表的展示形式。另外，菜单还可以嵌套在别的菜单中，形成带层次的菜单结构。

2.3 meter 元素

2.3.1 定义

meter 是 HTML5 中新增的标记，用于一定数量范围中的值，如投票中候选人各占比例情况及考试分数等。meter 元素仅是帮助浏览器识别 HTML 中的数量，而不对该数量做任何的格式修饰，元素中的 6 个属性会根据浏览器的特征，以最好的方式展示这个数量。

2.3.2 属性

在 meter 元素中，通过属性来控制元素显示的效果，详细的属性说明如表 2-3 所示。

表 2-3 meter 元素的属性

属性名称	值	描述
value	数量	定义元素显示的实际值，可以为浮点数，默认值为 0
min	数量	定义元素显示的最小值；默认值为 0
max	数量	定义元素显示的最大值，默认值为 1
low	数量	定义元素显示的最低值，该值要小于或等于 min
high	数量	定义元素显示的最高值，该值要小于或等于 max
optimum	数量	定义元素显示的最优值，该值要在 min 与 max 值之间

meter 元素的 optimum 属性值，表示最佳数量值。如果该值比属性 high 值大，表示实际值越高越好，如果该值比属性 low 值小，则表示实际值越低越好。

实例 2-3 交互元素 meter 在投票中的使用

1. 功能描述

在页面中分别创建两个 meter 元素，通过设置不同的属性值，显示两个候选人的占票比例值，同时，用 span 元素说明比例的百分数。

2. 实现代码

在 WebStorm 中新建一个 HTML 页面 2-3.html，加入代码如代码清单 2-3 所示。

代码清单 2-3 交互元素 meter 在投票中的使用

```
<!DOCTYPE html>
<html>
<head>
    <meta charset = "UTF - 8">
    <title>交互元素 meter 在投票中的使用</title>
    <style type = "text/css">
        body {
            font - size: 13px
        }
    </style>
</head>
<body>
    <p>共有 120 人参与投票,明细如下: </p>
    <p>张三:
        <meter value = "0.30" optimum = "1"
               high = "0.9" low = "1" max = "1" min = "0">
        </meter>
        <span> 30 % </span>
    </p>
    <p>李四:
```

```
            <meter value = "70" optimum = "100"
                   high = "90" low = "10" max = "100" min = "0">
            </meter>
            <span> 70 % </span>
        </p>
    </body>
    </html>
```

3. 页面效果

该页面在 Chrome 浏览器中执行的页面效果如图 2-3 所示。

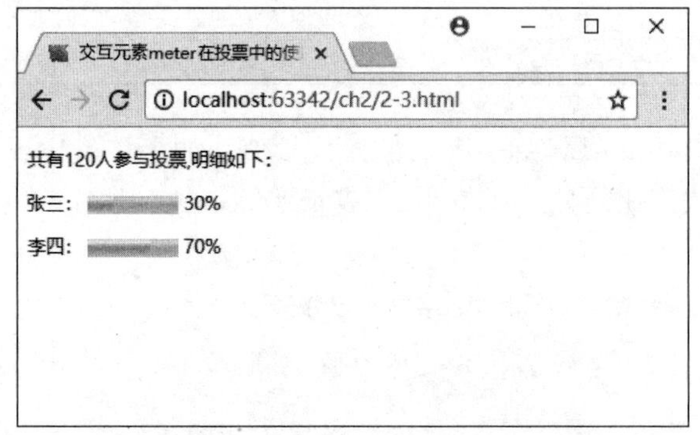

图 2-3 交互元素 meter 在投票中的使用

4. 源码分析

在 HTML 源码中的代码中,候选人"李四"所占的比例是百分制中的 70,最低比例可能为 0,但实际最低为 10,最高比例可能为 100,但实际最高为 90。meter 元素中的数量也可以使用浮点数表示,如"张三"的代码所示。为了显示这些比例值,可以引入其他的元素,例如,本实例中使用了 span 元素来显示这些数值。

小结

页面中的交互操作是 HTML5 的一项重要的新增功能,在本章中,通过介绍 HTML5 的几个重要的交互元素的使用方法,可以进一步加深读者对 HTML5 元素的了解。

当然,在 HTML5 中,新增加的元素远不止这些交互元素,在下面的章节中将着重介绍一些常用的、功能性很强的重要元素。

第 3 章

HTML5中的重要元素

视频讲解

本章学习目标

- 熟练掌握文档元素的使用方法。
- 了解脚本和文本层次元素的使用方法。
- 理解元素公共属性的使用方法。

3.1 html 根元素

在 HTML 文档中，元素 html 代表了文档的根，其他所有元素都是在该元素的基础上进行延伸或拓展的，该元素也是 HTML 文档的最外层元素，因此也称该元素为根元素。

3.1.1 定义

html 元素可以在浏览器执行页面时，告知它执行的是一个 HTML 文档，在 HTML5 与 HTML4.0.1 中，该元素的差异不大，主要区别在于 xmlns 属性。在 HTML 4.0.1 中，该属性是必需的，因为它将在 HTML 转换成 xmlns 的过程中发挥作用；而在 HTML5 中，可以不必增加这个属性。另外，在 HTML5 中新增加了一个属性 manifest，用于指向文档缓存信息 URL。

3.1.2 属性

在 html 元素中有两个非常重要的属性，详细说明如表 3-1 所示。

表 3-1 html 元素的属性

属　性	值	描　述
manifest	URL	该 URL 指向描述文档缓存信息的地址
xmlns	http://www.w3.org/1999/xhtml	设置 XML namespace 的属性

实例 3-1　元素 html 的使用

1. 功能描述

在新建的页面中,显示“内容部分…”几个字符。

2. 实现代码

在 WebStorm 中新建一个 HTML 页面 3-1. html,加入代码如代码清单 3-1 所示。

代码清单 3-1　元素 html 的使用

```
<!DOCTYPE html>
<html>
<head>
    <meta charset="UTF-8">
    <title>元素 html 的使用</title>
    <style type="text/css">
        body {
            font-size: 10pt
        }
    </style>
</head>
    <body>
    内容部分
    ...
    </body>
</html>
```

3. 页面效果

该页面在 Chrome 浏览器中执行的页面效果如图 3-1 所示。

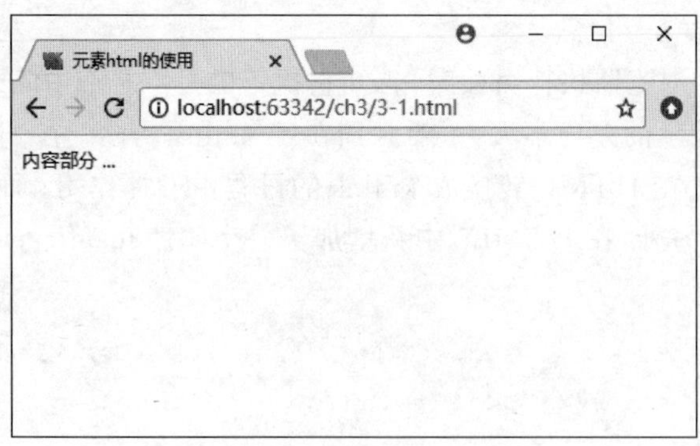

图 3-1　元素 html 的使用效果

4. 源码分析

在实例 3-1 中,html 元素是最外层元素,它包括两个主要的部分:头部 head 与主体 body。其结构如图 3-2 所示。

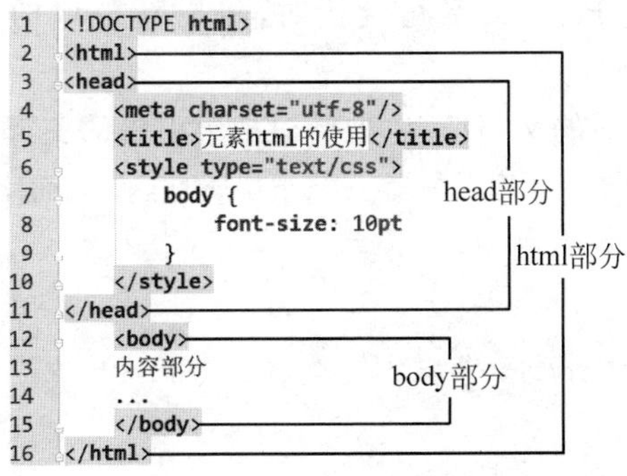

图 3-2 html 元素所包含的结构

3.2 文档元素

在一个 HTML 文档中包含两个部分：一个是头部分，由 head 元素包含；另一个部分是主体部分，由 body 元素包含。下面分别介绍它们在 HTML5 中的使用方法。

3.2.1 定义

由于 head、title、base、link、meta、style 元素常用于说明文档的相关信息，因此，这些元素也称为文档元素。

3.2.2 包含标签

head 元素是所有头部元素的载体，其中的元素可以包含 JavaScript 脚本或文件、CSS 样式或文件、或者其他说明文档、说明信息。head 元素包含的标签如表 3-2 所示。

表 3-2 head 元素中的标签及说明

标签名称	说　明	标签名称	说　明
base	定义页面中所有超链接的默认地址或目标	script	定义客户端脚本代码或文件
		style	定义 HTML 文档中的样式信息
link	导入页面中的样式文件	title	设置文档的标题内容
meta	定义页面中的相关信息		

base 元素可以设置页面中 URL 为空时的值，该元素有两个属性，一个是 href，表示当页面的 URL 为空时的超链接地址；另一个是 target，表示打开页面超链接的方式，如_blank 等。

```
...省略部分代码
<head>
  <base href="http://www.html5.com/" target="_blank"/>
</head>
<body>
  <a href="index.html">testPage</a>
</body>
...省略部分代码
```

上述代码中，单击 testPage 文字超链接时，将以新窗口的方式，打开 http://www.html5.com/ index.html 地址。

meta 元素可以设置页面的文档信息，如针对搜索引擎的关键字等，在 HTML5 中，该元素不再支持 scheme 属性，同时新增了一个 charset 属性，使页面字符集的定义更加方便。

```
...省略部分代码
<head>
  <meta name="keywords" content="HTML5,UI, Web 前端开发"/>
</head>
...省略部分代码
```

上面的代码中，通过 meta 元素定义了针对搜索引擎的关键字，值为"HTML5，UI，Web 前端开发"，便于搜索引擎对该页面的检索。

实例 3-2 文档元素的使用

1. 功能描述

在新建的页面<head>元素中，加入该元素所包含的各类标签，并定义超级链接的样式，单击"请单击我"时，将展示相应样式效果并进入 base 元素设置的默认地址。

2. 实现代码

在 WebStorm 中新建一个 HTML 页面 3-2.html，加入代码如代码清单 3-2 所示。

代码清单 3-2 文档元素的使用

```
<!DOCTYPE html>
<html>
<head>
    <meta charset="UTF-8">
    <title>文档元素的使用</title>
    <base href="http://www.html5.com/" target="_blank"/>
    <meta name="keywords" content="HTML5, CSS, JavaScript"/>
    <meta name="description" content="用于检测页面的文档元素"/>
    <style type="text/css">
        a {
            padding: 8px;
            font-size: 13px;
            text-decoration: none;
        }
        a:hover {
            border: solid 1px #ccc;
            background-color: #eee;
        }
    </style>
</head>
<body>
```

```
    <a href = "index.html">请单击我</a>
</body>
</html>
```

3. 页面效果

该页面在 Chrome 浏览器中执行的页面效果如图 3-3 所示。

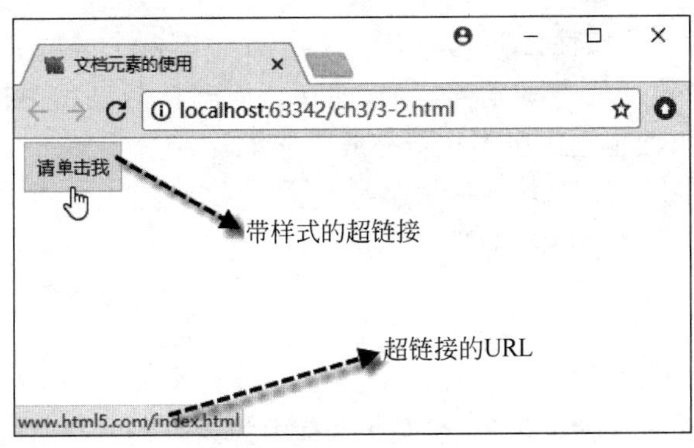

图 3-3 文档元素的使用效果

4. 源码分析

在 head 元素所包含的文档元素中，许多元素增加了用于 HTML5 中执行的新属性，同时，也有属性在 HTML5 中不再被支持。link 元素在 HTML5 中不再支持的属性有 charset、rev、target，其他属性同样可以在 HTML5 中执行。

需要说明：在一个页面文档中，base 与 title 元素只能使用一次，并且必须包含在 head 元素中。同时，base 元素应排在其他元素之前，以便于其他元素能调用 base 元素的属性；而其他元素可以重复使用多次。

3.3 脚本

为了增加页面的互动性，需要对文档编写客户端脚本，最为常用的语言是 JavaScript，通过编写客户端的脚本语言，可以实现对页面文档进行验证表单、变更内容等操作。

3.3.1 定义

在页面文档中，用于标识脚本的标签有两个：一个是 script，该元素既可以包含脚本语言，也可以通过 src 属性导入一个脚本文件，通过元素必选属性 type，选择脚本的 mime 类型；另外一个是 noscript 元素，它是一个检测工具，用于 script 中的脚本内容未被执行时显示的内容，即浏览器如果支持 script 中的脚本，则不会显示 noscript 中的内容。

3.3.2 属性

在脚本元素 script 中，使用属性设置脚本格式和类型，详细说明如表 3-3 所示。

表 3-3 script 元素的属性

属性名称	值	描述
async	true 或 false	定义是否异步执行脚本,此属性为 HTML5 新增
charset	charset	设置脚本中使用的字符编码,此属性 HTML5 不再支持
language	JavaScript 等	定义脚本的语言类型,此属性 HTML5 不再支持
xml:space	preserve	此属性 HTML5 不再支持

script 元素中的 async 属性为 HTML5 新增,该属性有两个取值 true 或 false,当取值为 true 时,脚本在页面中执行的方式是异步的,即在页面解析的过程中执行;当取值为 false 时,脚本将立即执行,页面也会等脚本执行完成后继承解析。

实例 3-3 脚本元素的使用

1. 功能描述

在新建的页面中,增加一个 id 值为 txtContent 的文本框,一个按钮,当单击按钮时,通过页面中加入的 JavaScript 脚本代码,获取文本框中的内容,显示在页面中。

2. 实现代码

在 WebStorm 中新建一个 HTML 页面 3-3.html,加入代码如代码清单 3-3-1 所示。

代码清单 3-3-1 脚本元素的使用

```
<!DOCTYPE html>
<html>
<head>
    <meta charset="UTF-8">
    <title>脚本元素的使用</title>
    <link href="Css/css3.css"
        rel="stylesheet" type="text/css">
    <script type="text/javascript" async="true">
        function Btn_Click() {
            var strTxt =
            document.getElementById("txtContent").value;
            var strDiv = document.getElementById("divShow");
            strDiv.style.display = "block";
            strDiv.innerHTML = "您输入的字符是: " + strTxt;
        }
    </script>
    <noscript>您的浏览器不支持 JavaScript!</noscript>
</head>
<body>
    <input type="text" id="txtContent"
           class="inputtxt">
    <input type="button" value="请单击我"
           class="inputbtn" onClick="Btn_Click();">
    <div id="divShow" class="divShow"></div>
</body>
</html>
```

为了增加页面的浏览效果，在实例 3-3 中，导入了一个 CSS 样式文件 css3. css，其代码如下列代码清单 3-3-2 所示。

代码清单 3-3-2　实例 3-3 的样式文件

```
@charset "utf-8";
/* CSS Document */
body{
  font-size:12px
}
.inputbtn {
    border:solid 1px #ccc;
    background-color:#eee;
    line-height:18px;
    font-size:12px
}
.inputtxt {
    border:solid 1px #ccc;
    line-height:18px;

font-size:12px
}
.divShow{
    border:solid 1px #666;
    background-color:#eee;
    margin-top:5px;
    padding:5px;
    width:196px;
    display:none
}
```

3. 页面效果

该页面在 Chrome 浏览器中执行的页面效果如图 3-4 所示。

图 3-4　脚本元素的使用效果

4. 源码分析

在本实例的 script 元素中，设置 async 属性的值为 true，即允许脚本在页面解析时异步执行，HTML5 中新增的这个属性，可以在很大程度上缓解页面解析的压力，加速页面加载的速度,同时又不会阻碍 script 元素中脚本的执行,如果是执行大量的 JavaScript 代码,其效果将更加明显。

3.4 文本层次语义

页面中常常需要显示一段文章或文字,我们称之为文本内容。为了使内容更加形象、生动,需要增加一些特殊功能的元素,用于突出文本间的层次关系或标为重点,这样的元素被称为文本层次语义标记。在 HTML5 中,mark 和 cite 就是常用文本层次语义元素。下面分别进行详细说明。

3.4.1 mark 元素

mark 元素是 HTML5 中新增的元素,主要功能是在文本中,用于突出高亮显示某一个或几个字符,旨在引起用户的特别注意。其使用方法与 em 或 strong 元素有相似之处,但相比而言,HTML5 中新增的 mark 元素在突出显示时,更加随意与灵活。

实例 3-4 mark 元素的使用

1. 功能描述

在页面中,使用 h5 元素创建一个标题,然后通过 p 元素对标题进行阐述,阐述中,为了引起用户的注意,使用 mark 元素高亮处理了某些字符。

2. 实现代码

在 WebStorm 中新建一个 HTML 页面 3-4. html,加入代码如代码清单 3-4 所示。

代码清单 3-4 mark 元素的使用

```
<!DOCTYPE html>
<html>
<head>
    <meta charset = "UTF - 8">
    <title>mark 元素的使用</title>
    <link href = "Css/css3.css"
          rel = "stylesheet" type = "text/css">
</head>
<body>
    <h5>优秀开发人员的
        <mark>素质</mark>
    </h5>
    <p class = "p3_5">
        一个优秀的 Web 页面开发人员,必须具有
        <mark>过硬</mark>
        的技术与
        <mark>务实</mark>
        的专业精神
    </p>
```

```
</body>
</html>
```

3. 页面效果

该页面在 Chrome 浏览器中执行的页面效果如图 3-5 所示。

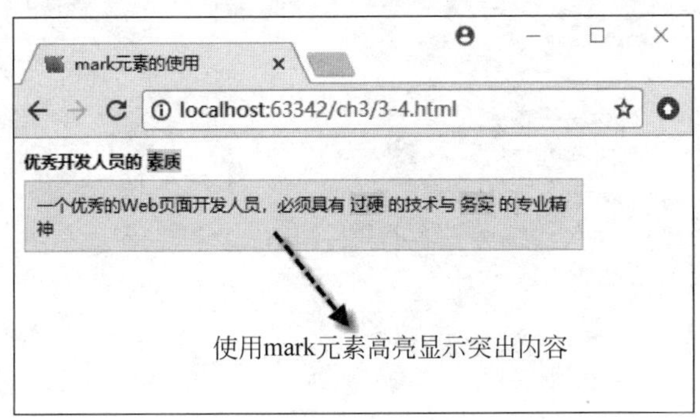

图 3-5 mark 元素的使用效果

4. 源码分析

mark 元素的这种高亮显示的特征，除用于文档中突出显示外，还常用于查看搜索结果页中关键字的高亮显示，其目的主要是用于引起用户的注意，突出显示关键字的所在位置。

虽然 mark 元素在使用效果上与 em 或 strong 元素有相似之处，但三者的出发点是不一样的。strong 元素是作者对文档中某段文字的重要性进行强调；em 元素是作者为了突出文章的重点而进行的设置；mark 元素是数据显示时，以高亮的形式显示某些字符，与原作者本意无关。

3.4.2 cite 元素

cite 元素创建一个引用标记，用于文档中参考文献的引用说明，如书名或文章名称。一旦在文档中使用了该标记，将以斜体的样式展示在页面中，区别于段落中的其他字符。

实例 3-5 cite 元素的使用

1. 功能描述

在页面中，通过 p 元素显示一段文档，然后，在文档的下面使用 cite 元素标识这段文档所引用的书名。

2. 实现代码

在 WebStorm 中新建一个 HTML 页面 3-5.html，加入代码如代码清单 3-5 所示。

代码清单 3-5 cite 元素的使用

```
<!DOCTYPE html>
<html>
```

```
<head>
    <meta charset="UTF-8">
    <title>cite 元素的使用</title>
    <link href="Css/css3.css"
          rel="stylesheet" type="text/css">
</head>
<body>
    <h5>jQuery</h5>
    <p>
        jQuery 是继 Prototype 之后的一个优秀的 JavaScript 框架,
        深受全球开发者的欢迎...</p>
    <p>
        ---引自 << <cite>jQuery 权威指南</cite> >> ---
    </p>
</body>
</html>
```

3. 页面效果

该页面在 Chrome 浏览器中执行的页面效果如图 3-6 所示。

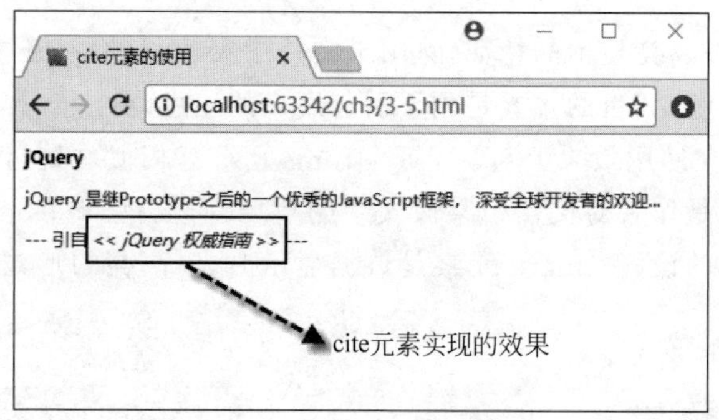

图 3-6 cite 元素的使用效果

4. 源码分析

在 HTML5 中，cite 元素基本兼容了在 HTML4 中的全部功能，但定义时更加严格。在使用该元素时，除包含标题或书名外，不允许包含更多的其他引用信息，如作者姓名、出版日期等。

3.5 公共属性

在 HTML5 完成替换 HTML4 的过程中，无论是新增或是改良的元素，都有一些共同的属性，我们称之为公共属性。为了进一步了解这些公共属性，下面选择几个常用的公共属性逐一进行介绍。

3.5.1 draggable 属性

draggable 属性的功能是设置用户是否允许拖动元素，该属性有三个值，分别为 true、

false、auto。如果设置为 true，则可以用鼠标选中元素后，进行拖动的操作。

实例 3-6 draggable 属性的使用

1. 功能描述

在页面中，使用 article 元素显示一段文字，并设置 article 元素的属性 draggable 值为 true，当用户选中这段文字移动鼠标指针时，可以实现拖动的效果。

2. 实现代码

在 WebStorm 中新建一个 HTML 页面 3-6. html，加入代码如代码清单 3-6 所示。

代码清单 3-6 draggable 属性的使用

```
<!DOCTYPE html>
<html>
<head>
    <meta charset = "UTF - 8">
    <title>draggable 属性的使用</title>
    <link href = "Css/css3.css"
          rel = "stylesheet" type = "text/css">
</head>
<body>
    <h5>元素的拖动属性</h5>
    <article draggable = "true" class = "p3_7">
          这是一段可以拖动的文字，选中后进行拖动.
    </article>
</body>
</html>
```

3. 页面效果

该页面在 Chrome 浏览器中执行的页面效果如图 3-7 所示。

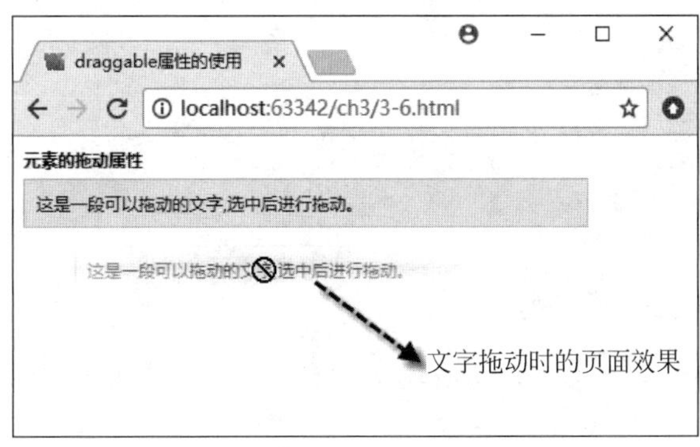

图 3-7 draggable 属性的使用效果

4. 源码分析

在 HTML5 中，当某个元素的 draggable 属性值为 true 时，则表示该元素可以被拖动，在拖动的过程中，元素的内容和样式与拖动前是相同的，也不允许修改。

3.5.2 hidden属性

在HTML5中，绝大部分的元素都支持hidden属性，该属性只有两个取值：true和false。当hidden的取值为true时，元素不在页面中显示，但还存在于页面中；反之，则显示于页面中，该属性的默认值为false，即元素创建时便显示出来。

实例3-7 hidden属性的使用

1. 功能描述

在页面的nav元素中设置两个相互排斥的单选按钮，一个用于显示article元素，另一个用于隐藏article元素，通过编写相应的JavaScript代码实现上述功能。

2. 实现代码

在WebStorm中新建一个HTML页面3-7.html，加入代码如代码清单3-7所示。

代码清单3-7 hidden属性的使用

```
<!DOCTYPE html>
<html>
<head>
    <meta charset="UTF-8">
    <title>hidden属性的使用</title>
    <link href="Css/css3.css" rel="stylesheet"
          type="text/css">
    <script type="text/javascript" async="true">
        function Rdo_Click(v) {
            var strArt = document.getElementById("art");
            if (v)
                strArt.removeAttribute("hidden");
            else
                strArt.setAttribute("hidden", "true");
        }
    </script>
</head>
<body>
    <h5>元素的隐藏属性</h5>
    <nav style="padding-top:5px;padding-bottom:5px">
        <input type="radio" id="rdoHidden_1"
               onClick="Rdo_Click(1)"
               name="rdoHidden" value="1"
               checked="true"/>显示
        <input type="radio" id="rdoHidden_2"
               onClick="Rdo_Click(0)"
               name="rdoHidden" value="0"/>隐藏
    </nav>
    <article id="art" class="p3_8">
        今天是一个好天气啊，蓝蓝的天空，飘着朵朵白云。
    </article>
</body>
</html>
```

3. 页面效果

该页面在 Chrome 浏览器中执行的页面效果如图 3-8 所示。

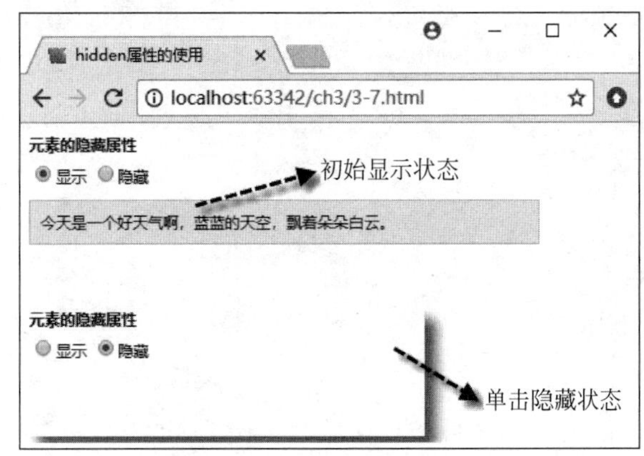

图 3-8 hidden 属性的使用效果

4. 源码分析

在页面的 JavaScript 代码中，根据单击单选按钮时传来的不同值，向 article 元素添加或删除 hidden 属性，从而实现该元素显示或隐藏的页面效果。

3.5.3 spellcheck 属性

spellcheck 属性用于检测文本框或输入框中的拼音或语法是否正确，该属性的值为布尔值，即 true 或 false。如果为 true，则要检测对应输入框中的语法；反之，则不检测。

实例 3-8 spellcheck 属性的使用

1. 功能描述

在页面中分别创建两个 textarea 输入框元素，第一个元素将 spellcheck 属性设置为 true，即需要语法检测；另外一个元素的 spellcheck 属性设置为 false，即不要语法检测，并分别在两个输入框中输入文字，对比不同的检测效果。

2. 实现代码

在 WebStorm 中新建一个 HTML 页面 3-8.html，加入代码如代码清单 3-8 所示。

代码清单 3-8 spellcheck 属性的使用

```
<!DOCTYPE html>
<html>
<head>
    <meta charset = "UTF - 8">
    <title>spellcheck 属性的使用</title>
    <link href = "Css/css3.css"
          rel = "stylesheet" type = "text/css">
</head>
```

```
<body>
    <h5>输入框中语法检测属性</h5>
    <p>需要检测<br/>
       <textarea spellcheck = "true"
                 class = "inputtxt"></textarea>
    </p>
    <p>不需要检测<br/>
       <textarea spellcheck = "false"
                 class = "inputtxt"></textarea>
    </p>
</body>
</html>
```

3. 页面效果

该页面在 Chrome 浏览器中执行的页面效果如图 3-9 所示。

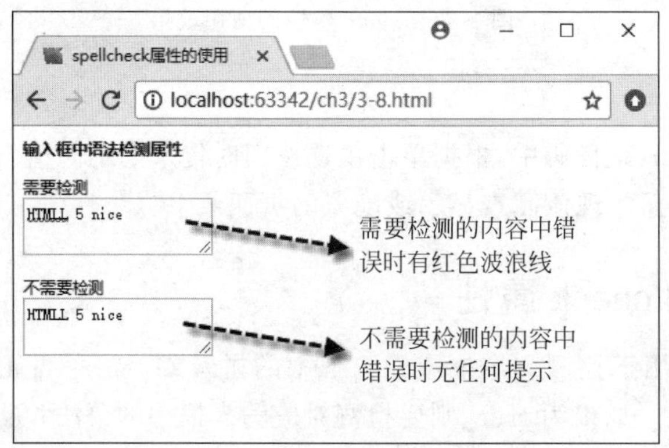

图 3-9　spellcheck 属性的使用效果

4. 页面效果

在 HTML5 中，虽然各浏览器对 spellcheck 属性进行了很好的支持，但在 Chrome 浏览器中支持的元素是有差异的，即在该浏览器中，支持 textarea 输入框元素，而不支持 input 元素中的文本框，Firefox 和 Opera 浏览器需在“选项”菜单中手动设置，才能显示效果。

3.5.4　contenteditable 属性

在 HTML5 中，有一个非常便捷的属性，它可以直接对显示在页面中的文字进行编辑，该属性就是公共属性 contenteditable，该属性的取值为布尔型，即 true 或 false。如果在元素中将该属性的值设置为 true，那么，就可以对该元素显示的文本内容直接进行编辑了。

实例 3-9　contenteditable 属性的使用

1. 功能描述

在页面中分别创建两个 article 内容元素，第一个元素将 contenteditable 属性设置为 true，用于直接内容的编辑；第二个 article 元素保存编辑后的内容，当用户编辑完成后，单击“保存”按钮，则将编辑后的内容显示在第二个 article 内容元素中。

2. 实现代码

在 WebStorm 中新建一个 HTML 页面 3-9.html，加入代码如代码清单 3-9 所示。

代码清单 3-9　contenteditable 属性的使用

```
<!DOCTYPE html>
<html>
<head>
    <meta charset="UTF-8">
    <title>contenteditable 属性的使用</title>
    <link href="Css/css3.css"
          rel="stylesheet" type="text/css">
    <script type="text/javascript" async="true">
        function Btn_Click() {
            var strArt = document.getElementById("art_0")
                            .innerHTML;
            var objArt = document.getElementById("art_1");
            objArt.innerHTML = '<b>编辑后:</b>' + strArt;
        }
    </script>
</head>
<body>
    <h5>元素的内容编辑属性</h5>
    <article contenteditable="true"
             class="p3_10" id="art_0">
        一段可编辑的文字
    </article>
    <article class="p3_10" id="art_1">
    </article>
    <input type="button" value="保存"
           class="inputbtn" onClick="Btn_Click();">
</body>
</html>
```

3. 页面效果

该页面在 Chrome 浏览器中执行的页面效果如图 3-10 所示。

图 3-10　contenteditable 属性的使用效果

4. 页面效果

在 HTML5 中,大部分显示文本内容的元素都支持 contenteditable 属性,因此,该属性的使用给页面中用户的交互体验带来极大的方便。目前,暂无相关的 API 对编辑后的内容进行直接保存,如果需要保存,只能借助于 AJAX 或 jQuery 中的异步操作,更新对应的后台数据。

小结

在本章中,先从最基本的根元素 html 讲起,分门别类地对 HTML5 中的各重要元素采用理论辅助实例的方式进行介绍,最后介绍 HTML5 中各元素的公共属性,通过对这些 HTML5 中新增或改良元素的介绍,可以进一步加深对各使用元素的理解,为第 4 章 HTML5 中表单元素的学习打下扎实的实践基础。

第 4 章

HTML5中的表单

视频讲解

本章学习目标

- 掌握表单中新增 input 元素类型的使用方法。
- 了解表单新元素的使用方法。
- 熟悉表单中新增属性的使用方法。

4.1 新增 input 元素类型

在 HTML5 中，表单在兼容原有元素的基础上，又新增了许多新的元素类型，如 email、url、range 等，详细新增类型如表 4-1 所示。

表 4-1 input 元素在 HTML5 中新增的类型

类型名称	HTML 代码	功能说明
邮件输入框	<input type="email">	专门用于输入 email 地址的文本框
Web 地址输入框	<input type="url">	专门用于输入 URL 地址的文本框
数字输入框	<input type="number">	专门用于输入数字的文本框，可以设置输入值的范围
数字滑动块	<input type="range">	通过拖动滑动块改变一定范围内的数字
日期选择器	<input type="date">	专门用于选择日期（包括年、月、日、星期）的文本框
搜索输入框	<input type="search">	专门用于输入搜索关键字操作的文本框

需要说明的是，表 4-1 中所列出的 input 元素新增加的类型，目前只有 Opera 浏览器可以很完美地进行支持，其他不支持的浏览器，只能显示常规的文本框。

接下来详细介绍每个新增加 input 元素类型的使用方法与展示效果。

4.1.1 email 邮件类型

如果将 input 元素中的 type 类型设置为 email，那么将在页面中创建一个专门用于输入邮件地址的文本输入框，该文本框与其他文本框在页面显示时没有区别，但email类型的文本框专门用于接收email地址信息，因此，当表单在提交时，将会自动检测文本框中的内容是否符合email邮件地址格式，如果不符，则提示相应错误信息。

此外，表单提交前，并不检测email类型文本框的内容是否为空，仅是检测不为空时，其内容是否符合标准的email格式，同时，如果设置该元素的multiple属性为true时，则允许用户输入一串以逗号分隔的email地址。

下面通过一个简单的实例介绍input元素的email类型的详细使用过程。

实例4-1 email类型的input元素的使用

1. 功能描述

在新创建的页面表单中加入一个email类型的input元素，并将multiple属性值设置为true，表示允许输入多个邮件地址。另外，新建一个表单提交按钮，当单击“提交”按钮时，将检测email类型的文本框中内容是否符合邮件格式。

2. 实现代码

在WebStorm中新建一个HTML页面4-1.html，加入代码如代码清单4-1-1所示。

代码清单4-1-1 email类型的input元素的使用

```
<!DOCTYPE html>
<html>
<head>
<meta charset="UTF-8">
<title>email类型的input元素</title>
<link href="Css/css4.css" rel="stylesheet" type="text/css">
</head>
<body>
<form id="frmTmp">
<fieldset>
    <legend>请输入邮件地址:</legend>
    <input name="txtEmail" type="email"
         class="inputtxt" multiple="true">
    <input name="frmSubmit" type="submit"
           class="inputbtn" value="提交">
 </fieldset>
</form>
</body>
</html>
```

另外，在实例4-1中，通过调用一个样式文件css4.css，实现对页面样式的控制，其实现的代码如代码清单4-1-2所示。

代码清单4-1-2 实例4-1中的样式文件css4.css的源码

```
@charset "utf-8";
/* CSS Document */
```

```
body {
    font - size:12px
}
.inputbtn {
    border:solid 1px #ccc;
    background - color:#eee;
    line - height:18px;
    font - size:12px
}
.inputtxt {
    border:solid 1px #ccc;
    line - height:18px;
    font - size:12px;
    width:180px
}
fieldset{
    padding:10px;
    width:260px
}
```

3. 页面效果

该页面在 Chrome 和 Opera 浏览器中执行的页面效果如图 4-1 所示。

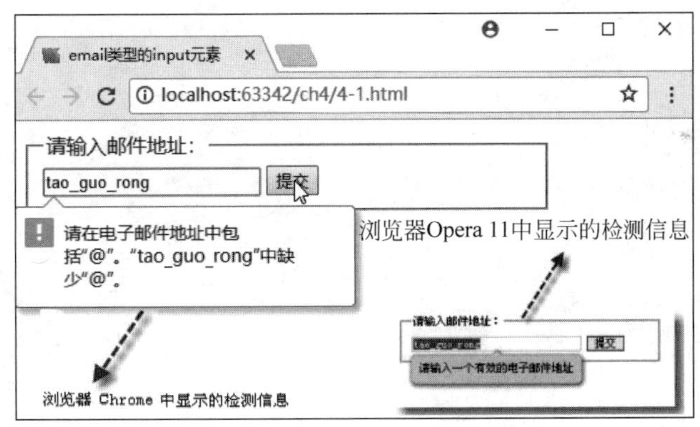

图 4-1　email 类型的 input 元素在不同浏览器中展示的页面效果

4. 源码分析

在实例 4-1 的代码加粗部分中，由于设置了 input 元素 multiple 的属性值为 true，因此，在 Chrome 浏览器中，单击“提交”按钮时，显示的提示信息为“请在电子邮件地址中包括"@"。"tao_guo_rong"中缺少"@"。”，而在 Opera 浏览器中，则提示信息为“请输入一个有效的电子邮件地址”。

4.1.2　url 地址类型

input 元素中的 url 类型是一种新增类型，该类型表示 input 元素是一个专门用于输入 Web 站点地址的输入框。Web 地址的格式与普通文本有些区别，如文本中有反斜杠“/”和点“.”,为了确保url类型的输入框能够正确提交符合格式的内容,表单在提交数据前,将会对其内容格式进行有效性的自动验证,如果不符合对应的格式,则会出现相应的错误提示信息。

与email类型一样,有效性检测并不判断输入框的内容是否为空,而是针对非空的内容进行格式检测。

下面通过一个简单的实例介绍input元素的url类型的详细使用过程。

实例 4-2 url类型的input元素的使用

1. 功能描述

在新建的页面表单中,创建一个url类型的input输入框元素,同时,新建一个表单“提交”按钮,当单击“提交”按钮时,将自动检测输入框中的元素是否符合Web地址格式,如不符显示错误提示信息,否则提交输入框中的数据。

2. 实现代码

在WebStorm中新建一个HTML页面4-2.html,加入代码如代码清单4-2所示。

代码清单 4-2 url类型的input元素的使用

```
<!DOCTYPE html>
<html>
<head>
<meta charset="UTF-8">
<title>url类型的input元素的使用</title>
<link href="Css/css4.css" rel="stylesheet" type="text/css">
</head>
<body>
<form id="frmTmp">
<fieldset>
    <legend>请输入网址:</legend>
    <input name="txtUrl" type="url"
          class="inputtxt" />
    <input name="frmSubmit" type="submit"
           class="inputbtn" value="提交" />
 </fieldset>
</form>
</body>
</html>
```

3. 页面效果

该页面在Chrome浏览器中执行的页面效果如图4-2所示。

4. 源码分析

目前对input元素新增类型提供支持的只有Chrome 10与Opera 11浏览器,其他浏览器暂时还不支持。但这两个浏览器对url类型的input元素在页面显示时效果并不一样,Chrome浏览器必须输入完整的URL地址路径(包括“http://”),同时,不介意前面有空

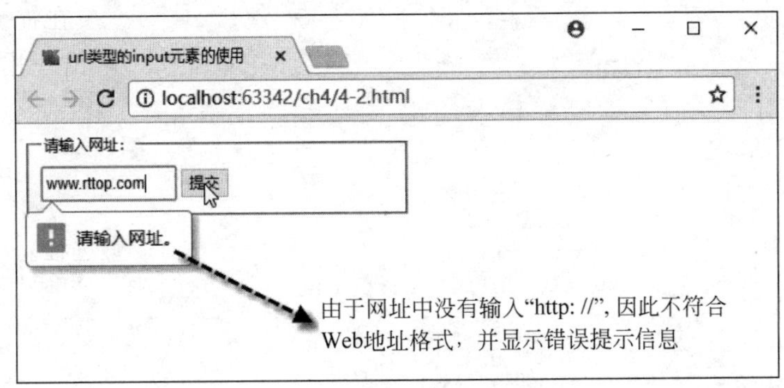

图 4-2 url 类型的 input 元素在 chrome 浏览器中展示的页面效果

格;而 Opera 11 浏览器不必输入完整的 URL 地址路径,提交时自动会在前面添加,但介意开始处有空格,如果文本输入框中的开始处有空格,将提示格式出错信息。

4.1.3 number 数字类型

在 HTML4 以前的版本中,如果想要在表单中输入一个指定范围的整数,需要在表单提交前,进行复杂的代码数据检测,确定输入框中是否是一个符合要求的整数;而在 HTML5 中,只要创建一个 number 类型的 input 元素,便可以实现只能输入指定范围的整数操作,且该类型的元素在 HTML5 中还将显示一个微调控件,如果指定了最大与最小范围值,就可以单击微调控件的上限与下限按钮,在指定的 step 步长中增加或减少输入框中的值,极大地方便了用户的操作。

用户在 number 类型的输入框中,不可以输入其他非数字型的字符,并且当输入的数字大于设定的最大值或小于设置的最小值时,都将出现数字输入出错的提示信息,同时,不进行输入内容是否为空值的自动检测。

下面通过一个简单的实例介绍 input 元素的 number 类型的详细使用过程。

实例 4-3 number 类型的 input 元素的使用

1. 功能描述

在新建的表单中,创建三个 number 类型的 input 元素,分别用于输入出年日期中的"年""月""日"的数字;同时,新建一个表单的"提交"按钮,单击该按钮时,将检测这三个输入框中的数字是否属于各自设置的整数范围,如果不符合,将显示错误提示信息。

2. 实现代码

在 WebStorm 中新建一个 HTML 页面 4-3.html,加入代码如代码清单 4-3 所示。

代码清单 4-3 number 类型的 input 元素的使用

```
<! DOCTYPE html >
< html >
< head >
< meta charset = "UTF - 8">
```

```
<title>number 类型的 input 元素</title>
<link href="Css/css4.css" rel="stylesheet" type="text/css">
</head>
<body>
<form id="frmTmp">
<fieldset>
    <legend>请出生日期: </legend>
    <input name="txtYear" type="number"
           class="inputtxt" min="1960" max="1990"
           step="1" value="1990" />年
    <input name="txtMonth" type="number"
           class="inputtxt" min="1" max="12"
           step="1" value="4"/>月
    <input name="txtDay" type="number"
           class="inputtxt" min="1" max="31"
           step="1" value="23"/>日
    <input name="frmSubmit" type="submit"
           class="inputbtn" value="提交" />
 </fieldset>
</form>
</body>
</html>
```

3. 页面效果

该页面在 Chrome 和 Opera 浏览器中执行的页面效果如图 4-3 所示。

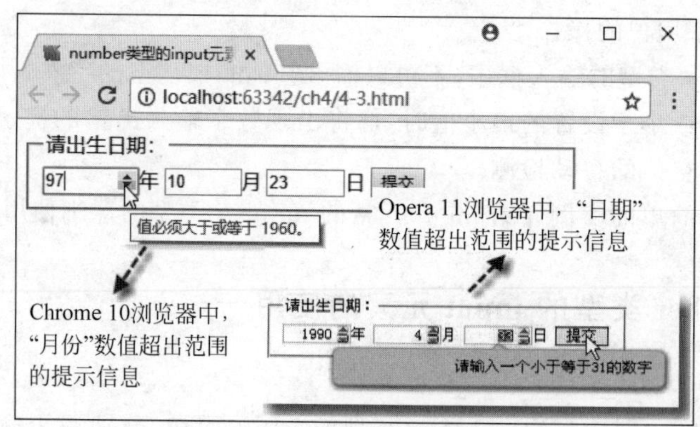

图 4-3 number 类型的 input 元素在不同浏览器中显示的页面效果

4. 源码分析

在实例 4-3 的加粗代码中，分别定义了三个 number 类型的 input 元素输入框，并分别设置了 min、max、value、step 属性值。其中，step 属性值表示步长值，默认值为 1，即当用户单击微调控件时，向上增加或向下减少的值。所有这些属性值都是可选项，如果不需要指定数字上限，则可以省略 max 属性。

另外，在 Opera 11 浏览器中，数字输入框的微调控件中，如果数字不能向上调，那么向上箭头按钮变灰，表示不可用，向下箭头则变为可用；反之，向下箭头变灰，表示不可用，向上箭头则变为可用。

4.1.4 range 数字滑动块

在 HTML5 中，输入整数的方式，除了 4.1.3 节中提到的 number 类型的 input 元素外，还可以使用 range 类型，这两种数字类型的 input 元素，基本属性都一样，唯一不同之处在于页面中的展示形式。number 类型在页面中的表现是输入框加上微调控件，而 range 类型则以滑动块的形式展示数字，通过拖动滑块实现数字的改变。

下面通过一个简单的实例介绍使用 range 类型的 input 元素的详细使用过程。

实例 4-4 range 类型的 input 元素实现颜色选择器的功能

1. 功能描述

在新建的页面表单中，创建三个 range 类型的 input 元素，分别用于设置颜色中的“红色”(r)、“绿色”(g)、“蓝色”(b)。另外，新建一个 p 元素，用于显示当滑动块拖动时的颜色区；当用户任意拖动某个绑定颜色的滑动块时，对应的颜色区背景色都会随之发生变化，同时，颜色区下面显示对应的色彩(RGB)值。

2. 实现代码

在 WebStorm 中新建一个 HTML 页面 4-4.html，加入代码如代码清单 4-4-1 所示。

代码清单 4-4-1 range 类型的 input 元素实现颜色选择器的功能

```
<!DOCTYPE html>
<html>
<head>
<meta charset = "UTF - 8">
<title>range 类型的 input 元素</title>
<link href = "Css/css4.css" rel = "stylesheet" type = "text/css">
<script type = "text/javascript" language = "javascript"
        src = "Js/js4.js">
</script>
</head>
<body>
<form id = "frmTmp">
<fieldset>
   <legend>选择颜色值: </legend>
   <span id = "spnColor">
   <input id = "txtR" type = "range" value = "0"
          min = "0" max = "255" onChange = "setSpnColor()" >
   <input id = "txtG" type = "range" value = "0"
          min = "0" max = "255" onChange = "setSpnColor()">
   <input id = "txtB" type = "range" value = "0"
          min = "0" max = "255" onChange = "setSpnColor()">
   </span>
   <span id = "spnPrev"></span>
   <P id = "pColor"> rgb(0,0,0)</P>
</fieldset>
</form>
</body>
</html>
```

另外,在实例 4-4 中,通过调用一个 JavaScript 文件 js4.js,实现单击某个颜色滑动块动态改变预览颜色区背景色的功能,其实现的代码如代码清单 4-4-2 所示。

代码清单 4-4-2　实例 4-4-1 中的 JavaScript 文件 js4.js 的源码

```
// JavaScript Document
function $$ (id){
    return document.getElementById(id);
}
//定义变量
var intR, intG, intB, strColor;
//根据获取变化的值,设置预览方块的背景色函数
function setSpnColor(){
    intR = $$ ("txtR").value;
    intG = $$ ("txtG").value;
    intB = $$ ("txtB").value;
    strColor = "rgb(" + intR + "," + intG + "," + intB + ")";
    $$ ("pColor").innerHTML = strColor;
    $$ ("spnPrev").style.backgroundColor = strColor;
}
//初始化预览方块的背景色
setSpnColor();
```

3. 页面效果

该页面在 Chrome 和 Opera 浏览器中执行的页面效果如图 4-4 所示。

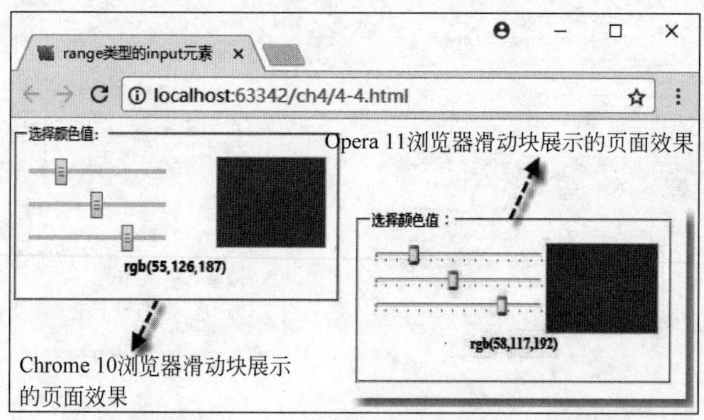

图 4-4　range 类型的 input 元素在不同浏览器中显示的页面效果

4. 源码分析

在实例 4-4 的 HTML 加粗代码中,分别使用 range 类型定义了三个 input 元素,这些元素都以滑动块的形式展示在页面中。拖动滑动块时,将触发 JavaScript 的一个自定义函数 setSpnColor(),该函数可以根据获取滑动块的值,动态改变颜色块的背景色。详细实现过程见代码中加粗部分。

虽然 Chrome 10 与 Opera 11 浏览器都支持 input 元素中的 range 类型,但在页面中展示的效果是不一样的。在 Opera 11 浏览器中,range 类型的 input 元素带刻度,支持按左右方向键去增加或减小滑动条的值,而在 Chrome 10 浏览器中则不支持。

4.1.5 date 日期类型

在 HTML4 以前的版本中，还没有专门用于显示日期的文本输入框，如果要实现这样的输入框，需要编写大量的 JavaScript 代码或导入相应的插件，实现过程较为复杂；而在 HTML5 中，只需要将 input 元素的类型设置为 date，即创建了一个日期型的文本输入框，当用户单击该文本框时，弹出一个日历选择器，选择日期后，关闭该日历选择器，并将所选择的日期显示在文本框中。

下面通过一个简单的实例介绍使用 date 类型 input 元素的详细过程。

实例 4-5 分类显示不同形式的选择日期

1. 功能描述

在新建的页面表单中，分三组创建六个不同显示形式的日期类型输入框，第一组为“日期”与“时间”类型，展示类型为 date 与 time 值的日期输入框；第二组为“月份”与“星期”类型，展示类型为 month 与 week 值的日期输入框；第三组为“日期时间”类型，分别展示类型为 datetime 与 datetime-local 值的日期输入框。所有这些日期类型的输入框，在表单提交时，都将对输入的日期或时间进行有效性检测，如果不符将弹出错误提示信息。

2. 实现代码

在 WebStorm 中新建一个 HTML 页面 4-5.html，加入代码如代码清单 4-5 所示。

代码清单 4-5 分类显示不同形式的选择日期

```
<!DOCTYPE html>
<html>
<head>
<meta charset = "UTF - 8">
<title>分类显示不同形式的选择日期</title>
<link href = "Css/css4.css" rel = "stylesheet" type = "text/css">
</head>
<body>
<form id = "frmTmp">
 <fieldset>
   <legend>日期与时间类型输入框: </legend>
   <input name = "txtDate_1" type = "date"
          class = "inputtxt">
   <input name = "txtDate_2" type = "time"
          class = "inputtxt">
   </fieldset>
   <fieldset>
   <legend>月份与星期类型输入框: </legend>
   <input name = "txtDate_3" type = "month"
          class = "inputtxt">
   <input name = "txtDate_4" type = "week"
          class = "inputtxt">
   </fieldset>
```

```
    <fieldset>
    <legend>日期与时间类型输入框：</legend>
    <input name="txtDate_5" type="datetime"
           class="inputtxt">
    <input name="txtDate_6" type="datetime-local"
           class="inputtxt">
  </fieldset>
</form>
</body>
</html>
```

3. 页面效果

该页面在 Chrome 浏览器中执行的页面效果如图 4-5 所示。

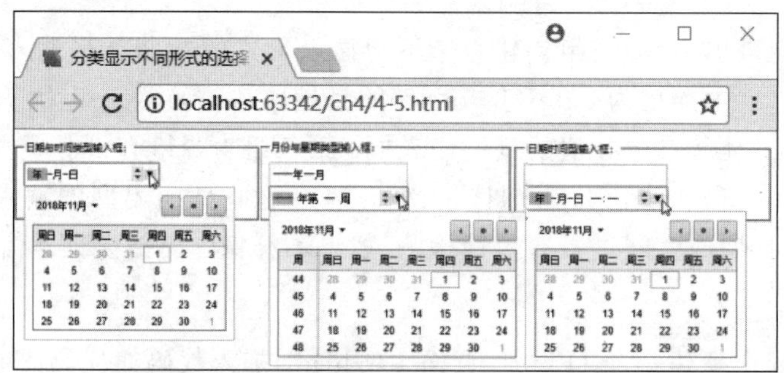

图 4-5 不同类型的日期输入框在 Chrome 浏览器中显示的页面效果

4. 源码分析

在 HTML 的加粗源码中，datetime 类型是专门用于 UTC 日期与时间的输入文本框，而 datetime-local 类型则是用于本地日期与时间的输入文本框，即默认值为本地的日期与时间。

4.1.6 search 搜索类型

search 类型的 input 元素专门用于关键字的查询，该类型的输入框与一般的 text 类型的输入框在功能上没有太大的区别，都是用于接收用户输入的查询关键字。但在页面展示时却有细微的区别，在 Chrome 10 与 Safari 5 浏览器中，当开始在输入框中输入内容时，在输入框的右侧将会出现一个×按钮，单击该按钮时，将清空输入框中的内容。

下面通过一个简单的实例介绍 search 类型的 input 元素的详细使用方法。

实例 4-6 search 类型的 input 元素的使用

1. 功能描述

在新创建的表单中，增加了一个 search 类型的 input 元素，用于查询关键字的输入，同时，增加一个表单“提交”按钮，当单击该按钮时，显示输入的关键字内容。

2. 实现代码

在 WebStorm 中新建一个 HTML 页面 4-6. html，加入代码如代码清单 4-6-1 所示。

代码清单 4-6-1 search 类型的 input 元素的使用

```
<!DOCTYPE html>
<html>
<head>
<meta charset = "UTF - 8">
<title> search 类型的 input 元素</title>
<link href = "Css/css4.css" rel = "stylesheet" type = "text/css">
<script type = "text/javascript" language = "javascript"
        src = "Js/js6.js">
</script>
</head>
<body>
<form id = "frmTmp" onSubmit = "return ShowKeyWord();">
<fieldset>
    <legend>请输入搜索关键字: </legend>
    <input id = "txtKeyWord" type = "search"
        class = "inputtxt">
    <input name = "frmSubmit" type = "submit"
          class = "inputbtn" value = "提交">
</fieldset>
<p id = "pTip"></p>
</form>
</body>
</html>
```

在实例 4-6 中,通过调用一个 JavaScript 文件 js6.js,实现单击表单"提交"按钮时,显示输入的查询关键字功能,其实现的代码如代码清单 4-6-2 所示。

代码清单 4-6-2 实例 4-6 中的 JavaScript 文件 js6.js 的源码

```
// JavaScript Document
function $$ (id){
  return document.getElementById(id);
}
//将获取的内容显示在页面中
function ShowKeyWord(){
  var strTmp = "<b>您输入的查询关键字是: </b>";
  strTmp = strTmp + $$ ('txtKeyWord').value;
  $$ ('pTip').innerHTML = strTmp;
  return false;
}
```

3. 页面效果

该页面在 Chrome 浏览器中执行的页面效果如图 4-6 所示。

4. 源码分析

当表单提交时,为了获取 search 类型的 input 输入框的值,在表单的 onSubmit 事件中,调用了一个 JavaScript 自定义函数 ShowKeyWord(),如 HTML 源码中的第一行加粗代码所示。

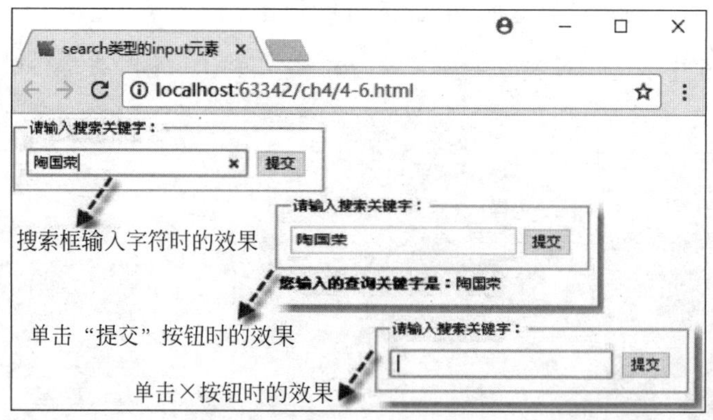

图 4-6 search 类型的输入框在 Chrome 浏览器中显示的页面效果

在自定义函数 ShowKeyWord()中，先获取查询输入框的值，然后将该值设置为展示元素 p 的内容，并通过 return false()方法，终止表单提交的过程，显示该函数执行结果。详细实现过程见代码中加粗部分。

由此可见，search 类型的 input 输入框与一般的 text 文本输入框在使用时没有太大的区别，只是在页面展示时，输入框的右侧增加了一个×按钮，用于清空输入框中的内容。

4.2 新增表单元素

在 HTML5 的表单中，除新增 input 元素的类型外，还添加了许多新的表单元素，如 datalist、keygen、output，这些元素的加入，极大地丰富了表单的数据操作，优化了用户的体验，下面分别介绍这些新增元素的使用方法与技巧。

4.2.1 datalist 元素

datalist 是 HTML5 中新增加的一个元素，该元素的功能是辅助表单中文本框的数据输入。datalist 元素本身是隐藏的，通过与表单文本框的 list 属性绑定，即将 list 属性值设置为 datalist 元素的 id，绑定成功后，用户单击文本框准备输入内容时，datalist 元素以列表的形式显示在文本框的底部，提示输入字符的内容；当用户选择列表中的某个选项后，datalist 元素将自动隐藏，同时，文本框中显示所选择的内容。

datalist 元素中的列表内容可以动态进行修改，支持与表单中的各类型的输入框进行绑定，如 email、url、text 等输入框。

下面通过一个简单的实例介绍 datalist 元素详细的使用过程。

实例 4-7 表单 datalist 元素的使用

1. 功能描述

在页面的表单中，新增一个 id 为 lstWork 的 datalist 元素，另外，创建一个文本输入框，并将文本框的 list 属性设置为 lstWork，即将文本框与 datalist 元素进行绑定，当单击该输入框时，将显示 datalist 元素中的列表项。

2. 实现代码

在 WebStorm 中新建一个 HTML 页面 4-7.html,加入代码如代码清单 4-7 所示。

代码清单 4-7 表单 datalist 元素的使用

```
<!DOCTYPE html>
<html>
<head>
<meta charset="UTF-8">
<title>datalist 元素的使用</title>
<link href="Css/css4.css" rel="stylesheet" type="text/css">
</head>
<form id="frmTmp">
<fieldset>
   <legend>请输入职业:</legend>
   <input type="text" id="txtWork"
        list="lstWork" class="inputtxt" />
   <datalist id="lstWork">
      <option value="程序开发员"></option>
      <option value="系统架构师"></option>
      <option value="数据维护员"></option>
    </datalist>
 </fieldset>
</form>
<body>
</body>
</html>
```

3. 页面效果

该页面在 Chrome 浏览器中执行的页面效果如图 4-7 所示。

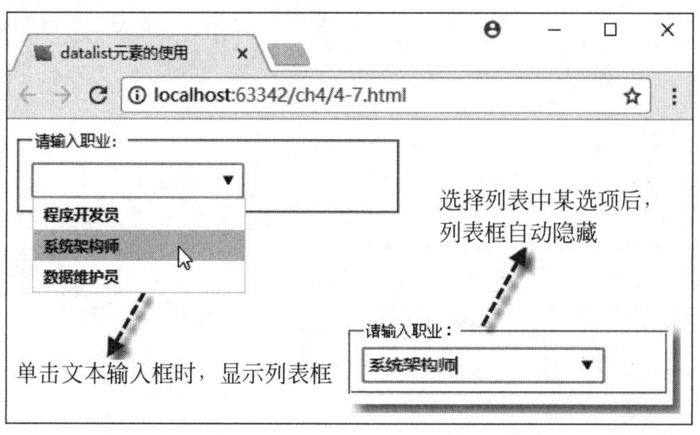

图 4-7 datalist 元素绑定输入框在 Chrome 浏览器中显示的页面效果

4. 源码分析

如需要将 datalist 元素与文本输入框绑定,只要将输入框的 list 属性设置为 datalist 元素的 id,便完成了两者的绑定。详细实现过程见代码中加粗部分。

从实例4-7中不难看出，datalist与input文本框输入元素的关系十分密切，虽然如此，但二者还是不同实体的两个元素，无法融合成一个独立的新元素，这也是出于对浏览器兼容性的考虑，因为如果合成为一个元素，那么不兼容datalist元素的浏览器也无法使用绑定着的文本输入框，相比之下，约束了input元素中文本框的使用范围。

4.2.2 output 元素

output元素是HTML5中新增的表单元素，该元素必须从属于某个表单，或通过属性指定某个表单。该元素的功能是在页面中显示各种不同类型的表单元素的内容，如输入框的值、JavaScript代码执行后的结果值等；为了获取这些值，需要设置output元素的onFormInput事件，当在表单输入框中输入内容时，触发该事件，从而十分方便地实时监测到表单中各元素的输入内容。

下面通过一个简单的实例介绍output元素详细的使用过程。

实例 4-8 表单 output 元素的使用

1. 功能描述

在新建的表单中，创建两个输入文本框，用于输入两个数字；另外，新建一个output元素，用于显示两个输入文本框中数字相乘后的结果；当改变两个输入框中的任意一个数值时，output元素显示的计算结果也将自动进行变化。

2. 实现代码

在WebStorm中新建一个HTML页面4-8.html，加入代码如代码清单4-8所示。

代码清单 4-8 表单 output 元素的使用

```
<!DOCTYPE html>
<html>
<head>
<meta charset="UTF-8">
<title>output元素的使用</title>
<link href="Css/css4.css" rel="stylesheet" type="text/css">
</head>
<body>
<form id="frmTmp">
<fieldset>
   <legend>请输入两个数字：</legend>
   <input id="txtNum_1" type="text"
          class="inputtxt" /> X
   <input id="txtNum_2" type="text"
          class="inputtxt" /> =
   <output onFormInput=
          "value=txtNum_1.value * txtNum_2.value">
   </output>
 </fieldset>
</form>
</body>
</html>
```

3. 页面效果

该页面在 Chrome 浏览器中执行的页面效果如图 4-8 所示。

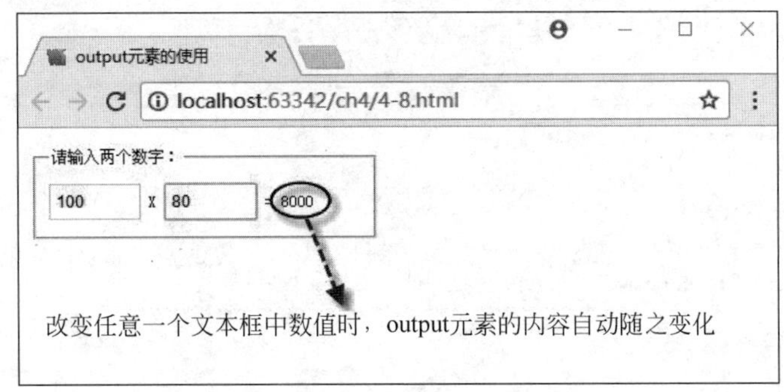

图 4-8 output 元素在 Chrome 浏览器中显示的页面效果

4. 源码分析

由于将 output 元素的内容通过 onFormInput 事件绑定了两个输入文本框，因此，当输入框中的值发生变化时，output 元素的内容根据绑定的规则迅速响应，从而实现了一种联动的效果，详细规则见代码中加粗部分。

在实例 4-8 中，output 元素的 value 值为 txtNum_1. value * txtNum_2. value，表示将显示的内容绑定为两个输入文本框值相乘，类似于 this. innerHTML 的表示方法，也可以通过编写 JavaScript 自定义函数，与 onFormInput 事件相绑定来实现。

4.2.3 keygen 元素

keygen 元素是 HTML5 中新增加的元素，用于生成页面的密钥；一般情况下，如果在表单中创建该元素，在表单提交时，该元素将生成一对密钥，一个保存在客户端，称为私密钥(Private Key)；另一个发送至服务器，由服务器进行保存，称为公密钥(Public Key)，公密钥可以用于客户端证书的验证。

下面通过一个简单的实例介绍 keygen 元素详细的使用过程。

实例 4-9 表单 keygen 元素的使用

1. 功能描述

在页面的表单中，新建一个 name 值为 keyUserInfo 的 keygen 元素，该元素将在页面中创建一个选择密钥位数的下拉列表框，当选择列表框中某选项值，并单击表单的“提交”按钮时，将根据所选密钥的位数生成对应密钥，提交给服务器。

2. 实现代码

在 WebStorm 中新建一个 HTML 页面 4-9. html，加入代码如代码清单 4-9 所示。

代码清单 4-9 表单 keygen 元素的使用

```
<!DOCTYPE html>
<html>
```

```
<head>
<meta charset = "UTF - 8">
<title>keygen元素的使用</title>
<link href = "Css/css4.css" rel = "stylesheet" type = "text/css">
</head>
<body>
<form id = "frmTmp">
<fieldset>
    <legend>请选择密钥位：</legend>
    <keygen name = "keyUserInfo" class = "inputtxt" />
    <input name = "frmSubmit" type = "submit"
           class = "inputbtn" value = "提交" />
</fieldset>
</form>
</body>
</html>
```

3. 页面效果

该页面在 Chrome 浏览器中执行的页面效果如图 4-9 所示。

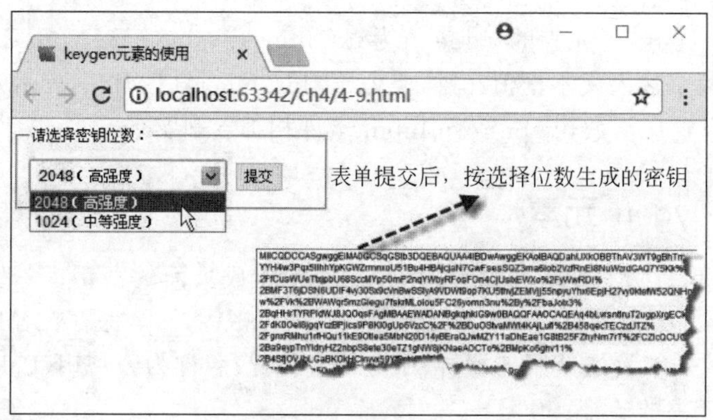

图 4-9 keygen 元素在 Chrome 浏览器中显示的页面效果

4. 源码分析

keygen 元素在表单中以列表的形式展示，提供密钥位数的选择；当表单提交时，则可以通过 keygen 元素在表单中的 name 值，获取该元素生成的对应位数密钥，代码如加粗部分。

另外，keygen 元素中 keyType 属性表明生成密钥的类型，如设置为 rsa，则以 rsa 加密类型生成相应位数的密钥。

目前，仅有 Chrome 与 Opera 11 浏览器支持该元素，因此，如果想把 keygen 元素作为客户端中的一种安全有效的保护措施，还需要时日。

4.3 新增 input 元素属性

在 4.1 节中介绍了新增的 input 元素，其中就介绍了许多新增的元素属性，如 range 类型中的 min、max、step 属性等。除此之外，input 元素在 HTML5 中还添加一些公用的属性，如表 4-2 所示。

表 4-2 input 元素在 HTML5 中新增的类型

类型名称	HTML 代码	功能说明
autofocus	<input autofocus="true">	页面加载成功后，设置对应的元素自动获取焦点
pattern	<input pattern ="正则表达式">	使用正则表达式验证 input 元素的内容
placeholder	<input placeholder ="默认内容">	设置文本输入框中的默认内容
required	<input required ="true">	是否检测文本输入框中的内容为空
novalidate	<input novalidate ="true">	是否验证文本输入框中的内容

接下来以实例的方式详细介绍每个新增加的属性在 input 元素中的使用方法。

4.3.1 autofocus 属性

表单中的所有 input 元素都具有 autofocus 属性，该属性的作用是页面加载完成后，光标是否自动锁定 input 元素，即是否使元素自动获取焦点，如果在 input 元素中，将该属性的值设置为 true 或直接输入 autofocus 属性名，那么，对应的元素将自动获取焦点。

下面通过一个简单的实例介绍 input 元素中 autofocus 属性详细的使用过程。

实例 4-10 input 元素中 autofocus 属性的使用

1. 功能描述

在新建的表单中创建两个文本输入框，一个用于输入"姓名"，另一个用于输入"密码"；输入"姓名"的文本框设置 autofocus 属性，当页面加载完成或单击表单"提交"按钮后，拥有 autofocus 属性的"姓名"输入文本框会自动获取焦点。

2. 实现代码

在 WebStorm 中新建一个 HTML 页面 4-10.html，加入代码如代码清单 4-10 所示。

代码清单 4-10 input 元素中 autofocus 属性的使用

```
<!DOCTYPE html>
<html>
<head>
<meta charset="UTF-8">
<title>input 元素中 autofocus 属性的使用</title>
<link href="Css/css4.css" rel="stylesheet" type="text/css">
</head>
<body>
<form id="frmTmp">
<fieldset>
    <legend>autofocus 属性:</legend>
    <p>姓名:<input type="text" name="txtName"
              class="inputtxt" autofocus="true"></p>
    <p>密码:<input type="password" name="txtPws"
              class="inputtxt"></p>
```

```
        <p class = "p_center">
            <input name = "frmSubmit" type = "submit"
                   class = "inputbtn" value = "提交" />
            <input name = "frmReset" type = "reset"
                   class = "inputbtn" value = "取消" />
        </p>
    </fieldset>
</form>
</body>
</html>
```

3. 页面效果

该页面在 Chrome 浏览器中执行的页面效果如图 4-10 所示。

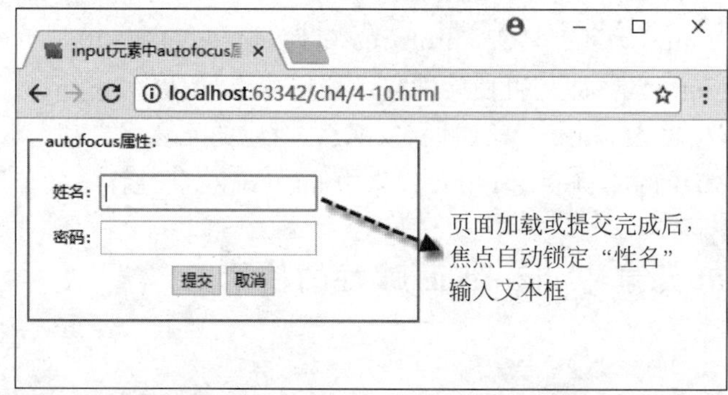

图 4-10　input 元素的 autofocus 属性在 Chrome 浏览器中使用时的页面效果

4. 源码分析

在 HTML4 中,如果要使某个元素自动获取焦点,需要编写 JavaScript 代码实现,虽然这一功能的实现方便了用户的操作,但也带来了不少的弊端,如需要使用按空格键滚动页面时,而焦点还在表单的输入文本框中,因此,输入的空格只能显示在文本框中,并不能实现页面的滚动。

在 HTML5 中,由于实现这一功能的不再是 JavaScript 代码而是元素的属性,所有页面实现该功能的方法都是一致的,避免了代码实现的不同而效果不一样的情况。

同时,在一个页面表单中,建议只对一个输入框设置 autofocus 属性,如资料录入页中,只对第一个文本输入框设置 autofocus 属性。

4.3.2　pattern 属性

在 input 元素中,pattern 是元素的验证属性,即使用该属性中的正则表达式,验证文本输入框中的内容。在前面的章节中,email、url 等类型的 input 元素都内置了正则表达式,当创建这些元素时,其内置的正则表达式与内容进行匹配,进行有效性的验证,因此,换一个角度说,这些元素都使用了 pattern 属性,只是内置的而已。

当然,内置验证的元素毕竟较少,并且如果要进行组合式的验证,就需要使用 pattern

属性了,该属性支持各种类型的组合正则表达式,验证对应的文本输入框中的内容。

下面通过一个简单的实例介绍 input 元素中 pattern 属性详细的使用过程。

实例 4-11 input 元素中 pattern 属性的使用

1. 功能描述

在表单中,创建一个 text 类型的 input 元素,用于输入"用户名",并设置元素的 pattern 属性,其值为一个验证"用户名"是否符合以字母开头、包含字符或数字和下画线、长度为 6~8 规则的正则表达式,当单击表单"提交"按钮时,输入框中的内容与表达式进行匹配,如果不符,则提示错误信息。

2. 实现代码

在 WebStorm 中新建一个 HTML 页面 4-11.html,加入代码如代码清单 4-11 所示。

代码清单 4-11 input 元素中 pattern 属性的使用

```
<!DOCTYPE html>
<html>
<head>
<meta charset = "UTF-8">
<title>input 元素中 pattern 属性的使用</title>
<link href = "Css/css4.css" rel = "stylesheet" type = "text/css">
</head>
<body>
<form id = "frmTmp">
 <fieldset>
    <legend>pattern 属性:</legend>输入用户名:
    <input name = "txtAge" type = "text"
           class = "inputtxt" pattern = "^[a-zA-Z]\w{5,7}$" />
<input name = "frmSubmit" type = "submit"
           class = "inputbtn" value = "提交" />
    <p class = "p_color">
       以字母开头,包含字符或数字和下画线,长度在 6~8
    </p>
 </fieldset>
</form>
</body>
</html>
```

3. 页面效果

该页面在 Chrome 浏览器中执行的页面效果如图 4-11 所示。

4. 源码分析

在 input 元素中,所有的输入框类型都支持 pattern 属性,使用时,只要在输入框中添加一个 pattern 属性,如代码中加粗部分,就可以通过属性中各种组合类型的正则表达式,验证输入框中的内容。

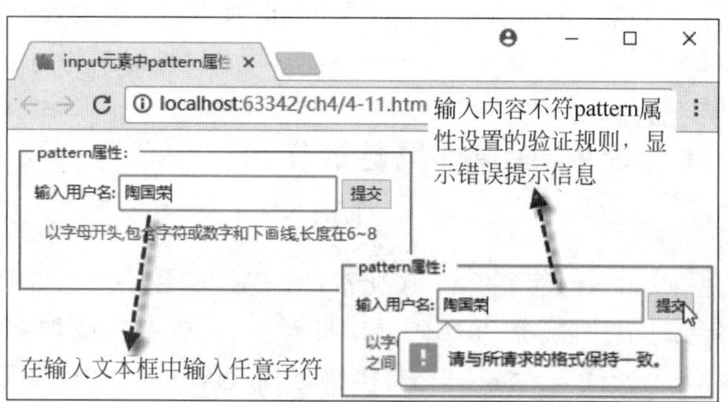

图 4-11　input 元素的 pattern 属性在 Chrome 浏览器中使用时的页面效果

4.3.3　placeholder 属性

input 元素中的 placeholder 属性称为"占位"属性,其属性值称为"占位文本"。顾名思义,"占位文本"就是显示在输入框中的提示信息,当输入框获取焦点时,该提示信息自动消失;而当输入框丢失焦点时,提示信息又重新显示。在 HTML4 中,要实现这样的效果,需要编写不少的 JavaScript 代码;而在 HTML5 中,只要设置元素的 placeholder 属性就可以实现了。

下面通过一个简单的实例介绍 input 元素中 placeholder 属性详细的使用过程。

实例 4-12　input 元素中 placeholder 属性的使用

1. 功能描述

在新建的表单中,创建一个类型为 email 的 input 元素,设置该元素的 placeholder 属性值为"请正确输入您的邮件地址"。当页面初次加载时,该元素的占位文本显示在输入框中,单击输入框时,占位文本又自动消失。

2. 实现代码

在 WebStorm 中新建一个 HTML 页面 4-12. html,加入代码如代码清单 4-12 所示。

代码清单 4-12　input 元素中 placeholder 属性的使用

```
<! DOCTYPE html >
< html >
< head >
< meta charset = "UTF - 8">
< title > input 元素中 placeholder 属性的使用</title >
< link href = "Css/css4.css" rel = "stylesheet" type = "text/css">
</head >
< body >
< form id = "frmTmp">
< fieldset >
< legend > placeholder 属性: </legend >输入邮箱:
    < input name = "txtEamil" type = "Email"
```

```
            class = "inputtxt"
            placeholder = "请正确输入您的邮件地址" />
    < input name = "frmSubmit" type = "submit"
            class = "inputbtn" value = "提交" />
</fieldset >
</form >
</body >
</html >
```

3. 页面效果

该页面在 Chrome 浏览器中执行的页面效果如图 4-12 所示。

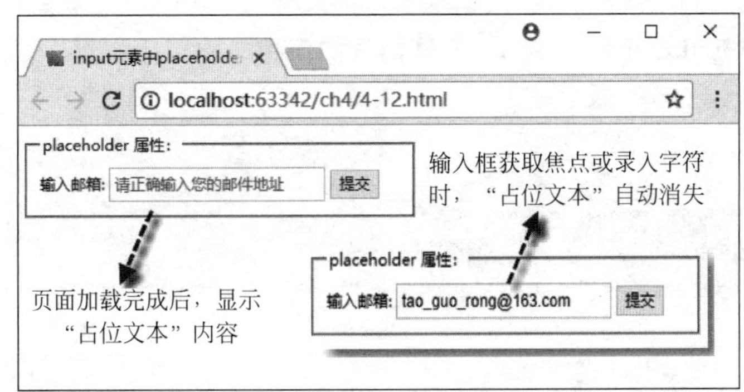

图 4-12　input 元素的 placeholder 属性在 Chrome 浏览器中使用时的页面效果

4. 源码分析

如果需要在表单中设置输入框元素的默认提示信息(占位文本)，只要添加该元素的 placeholder 属性，并设置属性的内容就可以，详见代码中加粗部分；当输入框中的内容没有消失，而单击了"提交"按钮时，也不会将占位文本的内容提交给服务器。

虽然利用输入框中的 placeholder 属性可以很方便地实现动态显示提示信息的功能，但如果内容过长，还是建议使用元素的 title 属性来显示。

另外，文本输入框的 placeholder 属性值，只支持纯文本，目前还不支持 HTML 语法，也不能修改输入框中占位文本的样式。

4.3.4　required 属性

在页面的表单中，输入文本框的 required 属性，用于检测输入内容是否为空。当 email 或 url 类型的 input 元素在提交表单时，都要进行内容验证，只是这种验证仅针对输入框中的内容是否符合各自所属的类型，而对输入框中的文本内容是否为空并不验证，即只验证非空内容。

为了验证表单中的输入文本框的内容是否为空，通常的做法是编写 JavaScript 代码，计算输入文本框中的字符长度，如果等于零则返回一个 false 值，这种方法较为复杂。在 HTML5 中，只要在验证元素中添加一个 required 属性，就可以对其内容是否为空自动进行验证。如果为空，在表单提交数据时，则显示错误提示信息。

下面通过一个简单的实例介绍 input 元素中 required 属性详细的使用过程。

实例 4-13 input 元素中 required 属性的使用

1. 功能描述

在表单中创建一个用于输入"姓名"的 text 类型 input 元素,并在该元素中添加一个 required 属性,将属性值设置为 true;当用户单击表单"提交"按钮时,将自动验证输入文本框中内容是否为空,如果为空,则显示错误信息。

2. 实现代码

在 WebStorm 中新建一个 HTML 页面 4-13.html,加入代码如代码清单 4-13 所示。

代码清单 4-13 input 元素中 required 属性的使用

```
<!DOCTYPE html>
<html>
<head>
<meta charset = "UTF-8">
<title> input 元素中 required 属性的使用</title>
<link href = "Css/css4.css" rel = "stylesheet" type = "text/css">
</head>
<body>
<form id = "frmTmp">
<fieldset>
   <legend> required 属性: </legend>输入姓名:
   <input name = "txtUserName" type = "text"
class = "inputtxt"required = "true" />
   <input name = "frmSubmit" type = "submit"
          class = "inputbtn" value = "提交" />
 </fieldset>
</form>
</body>
</html>
```

3. 页面效果

该页面在 Chrome 和 Opera 浏览器中执行的页面效果如图 4-13 所示。

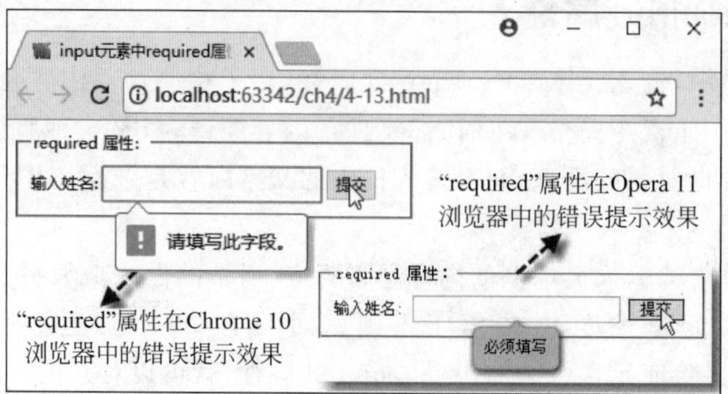

图 4-13 input 元素的 required 属性在不同浏览器中使用时的页面效果

4. 源码分析

在页面的表单中，如果需要验证某个输入框的内容必须不为空值，只要添加一个 required 属性，并将该属性的值设置为 true 或只是增加属性名称 required，实现方法见代码中加粗部分；设置完成后，在表单提交时，将自动检测该输入框中的内容是否为空。

4.4 新增 form 验证方法和属性

在 HTML5 中，表单是一个十分重要的容器型元素，其中各元素的验证结果与信息反馈，直接影响到数据是否能够顺利提交。为了加强元素属性的验证效果，在 form 表单元素中，新增了许多与表单验证相关的方法与属性，如方法 checkValidity()、setCustomValidity()、属性 novalidate。接下来，将详细介绍这些方法与属性在表单中的使用过程。

4.4.1 checkValidity ()显示验证法

在表单中的各元素，除了可以利用 pattern 与 required 属性验证元素内容的有效性外，每个元素都可以通过调用一个公用方法 checkValidity()，核实本身是否与验证条件匹配，如果一致，则返回 true，否则返回 false。开发人员可以编写 JavaScript 代码，调用元素的该方法，将验证结果展示出来，因此，这种方法又称为"显式验证法"。

下面通过一个简单的实例介绍如何调用表单中 checkValidity()方法的过程。

实例 4-14 如何调用表单中的 checkValidity ()方法

1. 功能描述

在页面的表单中，创建一个用于输入"密码"的文本框，并使用 pattern 属性自定义相应的"密码"验证规则。另外，使用 JavaScript 代码编写一个表单提交时触发的 chkPassWord()函数，该函数将以显式的方式检测"密码"输入文本框的内容是否与自定义的验证规则匹配，如果不符合，则在文本输入框的右边显示一个"×"，否则显示一个"√"。

2. 实现代码

在 WebStorm 中新建一个 HTML 页面 4-14. html，加入代码如代码清单 4-14-1 所示。

代码清单 4-14-1 如何调用表单中的 checkValidity ()方法

```
<!DOCTYPE html>
<html>
<head>
<meta charset = "UTF - 8">
<title>form 的 checkValidity()方法的使用</title>
<link href = "Css/css4.css" rel = "stylesheet" type = "text/css">
<script type = "text/javascript" language = "javascript"
        src = "Js/js14.js">
</script>
</head>
```

```
<body>
<form id="frmTmp"onSubmit="return chkPassWord()">
<fieldset>
   <legend>checkValidity()方法</legend>
   <p>输入密码:
   <input name="txtPassWord" id="txtPassWord"
          type="password" class="inputtxt"
          pattern="^[a-zA-Z]\w{5,7}$" required /> *
   <span id="spnPassWord"></span></p>
   <p class="p_center">
   <input name="frmSubmit" type="submit"
          class="inputbtn" value="确定" />
   </p>
 </fieldset>
</form>
</body>
</html>
```

在实例 4-14 中,引用一个 JavaScript 文件 js14.js,在该文件中,调用 checkValidity()方法,显式展示元素本身与验证规则是否匹配的结果,其实现的代码如代码清单 4-14-2 所示。

代码清单 4-14-2　实例 4-14 中的 JavaScript 文件 js14.js 的源码

```
// JavaScript Document
function $$(id){
    return document.getElementById(id);
}
//检测密码是否验证成功
function chkPassWord(){
  var $$Pass=$$("txtPassWord");
  var $$spnP=$$("spnPassWord");
  var strP;
  if($$Pass.checkValidity()){
      strP="√";
    }
  else{
      strP="×";
    }
   $$spnP.innerHTML=strP;
   return false;
}
```

3. 页面效果

该页面在 Chrome 浏览器中执行的页面效果如图 4-14 所示。

4. 源码分析

表单或元素调用 checkValidity()方法后,将返回一个布尔值,即 true 或 false,如果为 true,说明表单全部元素或指定元素的内容符合验证规则,否则说明与验证规则不相符。

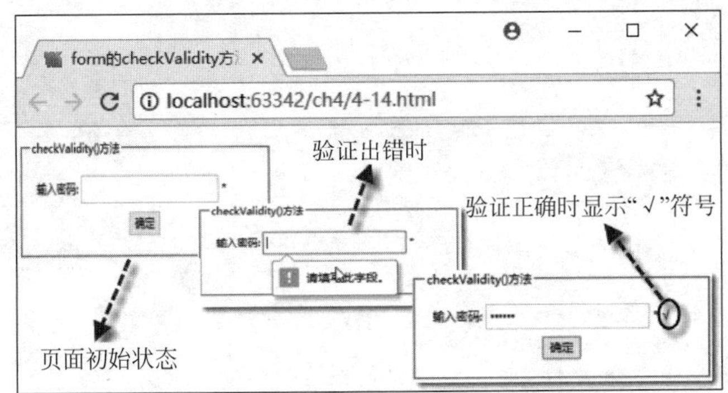

图 4-14 调用元素的 checkValidity()方法显示验证结果时的页面效果

4.4.2 setCustomValidity ()修改提示信息方法

在表单或表单元素内容与相应规则验证时，由于是系统内置的验证方法，因此，出错提示信息也是由系统自带的，一般情况下不做修改。但有时为了与系统出错信息的格式一致，需要修改验证出错信息内容，实现的方法是调用元素或表单的 setCustomValidity()方法，该方法括号中的内容就是修改后的错误提示信息。

下面通过一个简单的实例介绍如何调用表单中 setCustomValidity()方法的过程。

实例 4-15 如何调用表单中的 setCustomValidity ()方法

1. 功能描述

在表单中创建两个 text 类型的 input 元素，用于输入两次"密码"值，在提交表单时，调用一个 JavaScript 代码编写的自定义函数 setErrorInfo()，该函数获取两次输入的"密码"值后，检测两次输入是否一致，并调用元素的 setCustomValidity()，修改系统验证的错误信息。

2. 实现代码

在 WebStorm 中新建一个 HTML 页面 4-15.html，加入代码如代码清单 4-15-1 所示。

代码清单 4-15-1 如何调用表单中的 setCustomValidity ()方法

```
<!DOCTYPE html>
<html>
<head>
<meta charset = "UTF - 8">
<title>form 的 checkValidity 属性的使用</title>
<link href = "Css/css4.css" rel = "stylesheet" type = "text/css">
<script type = "text/javascript" language = "javascript"
        src = "Js/js15.js">
</script>
</head>
<body>
<form id = "frmTmp"onSubmit = "return setErrorInfo()">
```

```
<fieldset>
    <legend>setCustomValidity()方法</legend>
    <p>输入密码:
    <input name="txtPassWord_1" id="txtPassWord_1"
           type="password" class="inputtxt"
           pattern="^[a-zA-Z]\w{5,7}$" required /> *
    </p>
    <p>再次输入:
    <input name="txtPassWord_2" id="txtPassWord_2"
           type="password" class="inputtxt"
           pattern="^[a-zA-Z]\w{5,7}$" required /> *
    </p>
    <p class="p_center">
    <input name="frmSubmit" type="submit"
           class="inputbtn" value="确定" />
    </p>
 </fieldset>
</form>
</body>
</html>
```

在实例 4-15 中,引用一个 JavaScript 文件 js15.js,在该文件中,调用 setCustomValidity()方法,修改验证后的系统提示信息,其实现的代码如代码清单 4-15-2 所示。

代码清单 4-15-2　实例 4-15 中的 JavaScript 文件 js15.js 的源码

```
// JavaScript Document
function $$(id){
    return document.getElementById(id);
}
//检测密码是否验证成功
function setErrorInfo(){
  var $$Pass_1=$$("txtPassWord_1");
  var $$Pass_2=$$("txtPassWord_2");
  if($$Pass_1.value==$$Pass_2.value){
     $$Pass_2.setCustomValidity("√,两次密码相同!");
     }
  else{
     $$Pass_2.setCustomValidity("×,两次密码不一样!");
    }
}
```

3. 页面效果

在 Opera 11 浏览器中执行的页面效果如图 4-15 所示。

4. 源码分析

使用 JavaScript 代码调用元素的 setCustomValidity()方法,可以很方便地修改元素在验证时展示的系统提示信息,其调用格式如下。

```
页面元素.setCustomValidity("系统提示信息");
```

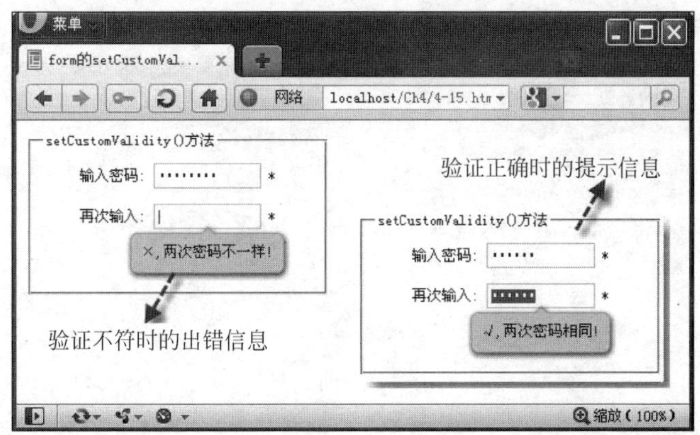

图 4-15　调用元素的 setCustomValidity()方法修改验证结果时的页面效果

到目前为止,只有 Opera 11 才支持该方法,其他浏览器暂时还不支持该方法。

4.4.3　表单的 novalidate 属性

表单中新增加的 novalidate 属性,用于取消表单全部元素的验证。在表单提交时,通常需要逐个验证元素的内容是否与既定的规则一致,如果所有元素都相符,才能进行表单数据的提交,否则提示出错信息。但有时在表单提交时,并不希望元素进行验证,这时,如果是单个元素,可以动态设置其验证方法,但如果是表单,则可以设置该属性来实现。

下面通过一个简单的实例介绍如何设置表单中 novalidate 属性的过程。

实例 4-16　表单中 novalidate 属性的使用

1. 功能描述

在表单中创建一个用户登录界面,其中包括两个 text 类型的输入文本框,一个用于输入"用户名",另一个用于输入"密码",并都通过 pattern 属性设置了相应的输入框验证规则。另外,将表单的 novalidate 属性设置为 true,单击表单"提交"按钮后,表单中的元素将不会进行内置的验证,而直接进行数据的提交。

2. 实现代码

在 WebStorm 中新建一个 HTML 页面 4-16.html,加入代码如代码清单 4-16 所示。

代码清单 4-16　表单中 novalidate 属性的使用

```
<!DOCTYPE html>
<html>
<head>
<meta charset = "utf - 8" />
<title>form 中 novalidate 属性的使用</title>
<link href = "Css/css4.css" rel = "stylesheet" type = "text/css">
</head>
<body>
```

```
<form id = "frmTmp" novalidate = "true">
 <fieldset>
   <legend>用户登录</legend>
   <p>姓名:
   <input name = "txtUserName" id = "txtUserName"
          type = "text" class = "inputtxt"
          pattern = "^[a - zA - Z]\w{5,7} $ " required /> *
   </p>
   <p>密码:
   <input name = "txtPassWord" id = "txtPassWord"
          type = "password" class = "inputtxt"
          pattern = "^[a - zA - Z]\w{5,7} $ " required /> *
   </p>
   <p class = "p_center">
   <input name = "frmSubmit" type = "submit"
          class = "inputbtn" value = "登录" />
   <input name = "frmReset" type = "reset"
          class = "inputbtn" value = "取消" />
   </p>
 </fieldset>
</form>
</body>
</html>
```

3. 页面效果

该页面在 Chrome 浏览器中执行的页面效果如图 4-16 所示。

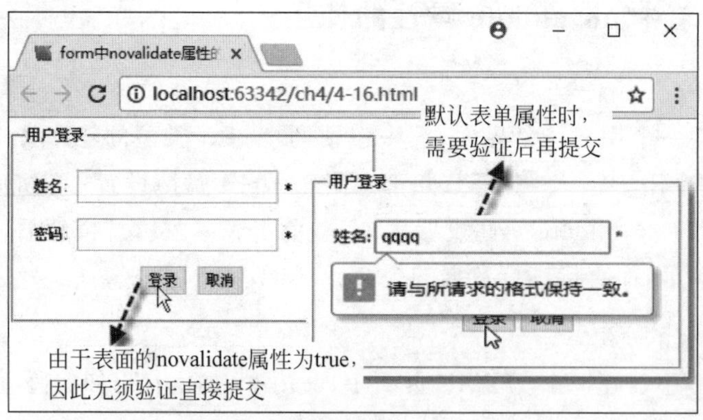

图 4-16 表单 novalidate 属性设置不同值时页面的对比效果

4. 源码分析

不仅表单具有 novalidate 属性，而且大部分的文本输入框元素也都具有该属性，如 text，search，url，email，password，date pickers，range 元素都支持该属性。由于表单中的元素不经过验证而直接提交给服务器，可能会带来安全上的隐患，因此，建议该属性虽然可以使用表单中的全部元素不经验证而直接提交，但是考虑数据的安全性，此属性还是要谨慎使用。

小结

无论是在HTML 4还是在HTML5中，表单form都是一个十分重要的页面元素，本章先从介绍input新增类型开始，由浅入深地介绍了表单中各种新增加元素与属性的使用方法，最后详细介绍了表单在提交数据时的两个重要的验证方法，进一步巩固前面章节中所学的知识。

第 5 章

HTML5中的文件

视频讲解

本章学习目标

- 掌握选择上传文件的使用方法。
- 了解并理解文件读取与拖放的过程。
- 熟悉文件读取时的错误与异常的处理方法。

5.1 选择文件

与 HTML4 前版本相同，在 HTML5 中，可以创建一个 file 类型的 input 元素实现文件的上传功能，只是在 HTML5 中，该类型的 input 元素新添加了一个 multiple 属性，如果将属性的值设置为 true，那么可以在一个元素中实现多个文件的上传。另外，通过访问 Blob 对象，可以获取上传文件的类型、大小属性。下面分别进行详细的介绍。

5.1.1 选择单个文件

在 HTML5 中，创建一个 file 类型的 input 元素上传文件时，该元素在页面中的展示方式发生了变化，不再有文本框，而是一个选择文件的按钮，按钮的右边显示选择上传文件的名称，初始化页面时，没有上传文件，因此，显示“未选择文件”字样。

下面通过一个简单的实例介绍如何选择单个文件并上传的过程。

实例 5-1 选择单个文件上传

1. 功能描述

在页面中，创建一个 file 类型的 input 元素，单击该元素的“选择文件”按钮，选择一个图片文件，单击“打开”按钮或双击该文件后，在页面中“选择文件”按钮的右侧将显示所选择图片文件的名称，表明已将该文件选中，等待上传。

2. 实现代码

在 WebStorm 中新建一个 HTML 页面 5-1.html，加入代码如代码清单 5-1 所示。

代码清单 5-1　选择单个文件上传

```
<!DOCTYPE html>
<html>
<head>
<meta charset = "UTF - 8">
<title>选择单个文件上传</title>
<link href = "Css/css5.css" rel = "stylesheet" type = "text/css">
</head>
<body>
<form id = "frmTmp">
<fieldset>
  <legend>上传单个文件：</legend>
  <input type = "file" name = "fleUpload" id = "fleUpload"/>
</fieldset>
</form>
</body>
</html>
```

3. 页面效果

该页面在 Chrome 浏览器中执行的页面效果如图 5-1 所示。

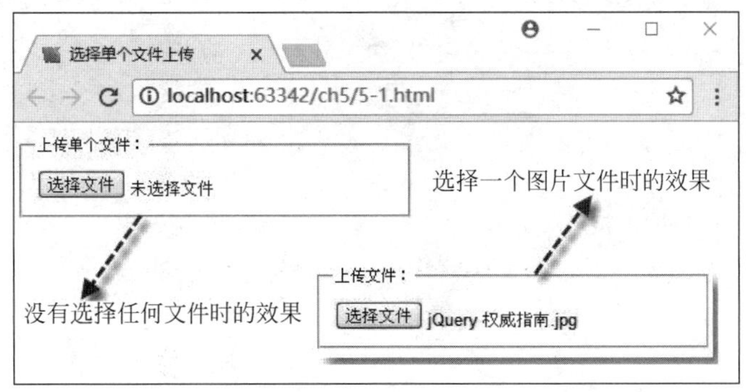

图 5-1　使用 file 类型的 input 元素实现单个文件选择时的效果

4. 源码分析

在本实例中，单击“选择文件”按钮，选中上传文件后，没有编写任何的 JavaScript 代码，在页面中显示所选择的文件名称。当然，如果该名称太长，在页面显示时，将采取两端显示，中间省略号的形式展示，例如，图片名称为“jQuery 权威指南_2010 年作品”，那么页面显示为“jQuery 权威...10 年作品.jpg”。

5.1.2　选择多个文件

在 HTML5 中，除了使用 file 类型的 input 元素选择单个文件外，还可以通过添加元素的 multiple 属性，并将该属性值设为 true，实现选择多个文件的功能。

一个文件对应一个 file 对象,该对象中有两个重要的属性,一个是 name,表示不包含路径的文件名称;另外一个属性是 lastModifiedDate,表示文件最后修改的时间。当使用 file 类型的 input 元素选择多个文件时,该元素中就含有多个 file 对象,从而形成了 FileList 对象,即 FileList 对象就是指 file 对象的列表。

下面通过一个简单的实例介绍如何选择多个文件上传的过程。

实例 5-2 选择多个文件上传

1. 功能描述

在页面中,创建一个 file 类型的 input 元素,添加 multiple 属性,并将该属性的值设置为 true,当单击"选择文件"按钮时,同时选择三个文件,单击"打开"按钮后,页面中在"选择文件"按钮的后面将显示"3 个文件"的字样,移动鼠标指针到文字上时,显示这 3 个文件的详细名称与类型。

2. 实现代码

在 WebStorm 中新建一个 HTML 页面 5-2.html,加入代码如代码清单 5-2 所示。

代码清单 5-2 选择多个文件上传

```
<!DOCTYPE html>
<html>
<head>
<meta charset="UTF-8">
<title>选择多个文件上传</title>
<link href="Css/css5.css" rel="stylesheet" type="text/css">
</head>
<body>
<form id="frmTmp">
<fieldset>
   <legend>上传多个文件: </legend>
   <input type="file" name="fleUpload"
          id="fleUpload" multiple="true"/>
 </fieldset>
</form>
</body>
</html>
```

3. 页面效果

该页面在 Chrome 浏览器中执行的页面效果如图 5-2 所示。

4. 源码分析

在本实例中,由于 file 类型的 input 元素中添加了 multiple 属性,因此,可以通过该元素选择多个文件进行上传,选择成功后,"选择文件"按钮右侧不再显示文件的名称,而是显示成功选择上传文件的总量,当将鼠标指针移至总量上时,显示全部上传文件的详细列表。

当多个上传文件被选中时,在上传文件元素中,将会产生一个 FileList 对象,用来装载各文件的基本信息,如文件名称、类型、大小等。在上传文件总量的文字上移动鼠标指针时,

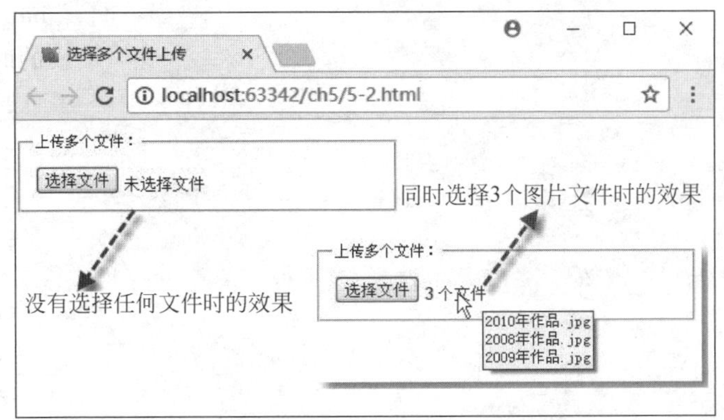

图 5-2 使用 file 类型的 input 元素实现多个文件选择时的效果

将调用该对象的列表信息，展示在页面中。

5.1.3 使用 Blob 接口获取文件的类型与大小

Blob 表示二进制数据块。Blob 接口中提供了一个 slice()方法，通过该方法可以访问指定长度与类型的字节内部数据块。此外，该接口还提供了两个属性，一个为 size，表示返回数据块的大小；另外一个为 type，表示返回数据块的 MIME 类型。如果不能确定数据块的类型，则返回一个空字符串。在实例 5-1 与实例 5-2 中的 file 对象，实质上是 Blob 接口的一个实体，完全继承了该接口中的方法与属性。

下面通过一个实例介绍 file 对象如何继承 Blob 接口获取文件类型与大小的过程。

实例 5-3 获取上传文件的类型与大小

1. 功能描述

在页面的表单中，创建一个 file 类型的 input 元素，并将该元素的 multiple 属性设置为 true，表示允许选择多个上传文件。单击“选择文件”按钮，选取多个需要上传的文件后，在页面中，将以列表的方式展示所选文件的名称、类型、大小信息。

2. 实现代码

在 WebStorm 中新建一个 HTML 页面 5-3.html，加入代码如代码清单 5-3-1 所示。

代码清单 5-3-1 获取上传文件的类型与大小

```
<!DOCTYPE html>
<html>
<head>
<meta charset = "UTF - 8">
<title>获取上传文件的类型与大小</title>
<link href = "Css/css5.css" rel = "stylesheet" type = "text/css">
<script type = "text/javascript" language = "jscript"
      src = "Js/js3.js">
</script>
</head>
```

```
<body>
<form id="frmTmp">
<fieldset>
   <legend>上传多个文件: </legend>
   <input type="file" name="fleUpload" id="fleUpload"
        onChange="fileUpload_GetFileList(this.files);"
        multiple="true"/>
   <ul id="ulUpload"></ul>
 </fieldset>
</form>
</body>
</html>
```

在实例 5-3 中，页面导入一个 JavaScript 文件 js3.js，在该文件中，调用 fileUpload_GetFileList() 方法，以列表的形式展示上传文件的数据信息，其实现的代码如代码清单 5-3-2 所示。

代码清单 5-3-2　实例 5-3 中的 JavaScript 文件 js3.js 的源码

```
// JavaScript Document
function $$(id) {
    return document.getElementById(id);
}
//选择上传文件时调用的函数
function fileUpload_GetFileList(f) {
    var strLi = "<li class='li'>";
    strLi = strLi + "<span>文件名称</span>";
    strLi = strLi + "<span>文件类型</span>";
    strLi = strLi + "<span>文件大小</span>";
    strLi = strLi + "</li>";
    for (var intI = 0; intI < f.length; intI++) {
        var tmpFile = f[intI];
        strLi = strLi + "<li>";
        strLi = strLi + "<span>" + tmpFile.name + "</span>";
        strLi = strLi + "<span>" + tmpFile.type + "</span>";
        strLi = strLi + "<span>" + tmpFile.size + " KB</span>";
        strLi = strLi + "</li>";
    }
    $$("ulUpload").innerHTML = strLi;
}
```

3. 页面效果

该页面在 Chrome 浏览器中执行的页面效果如图 5-3 所示。

4. 源码分析

在页面加粗代码中，file 类型的 input 元素，选择上传文件时，将触发 onChange 事件，在该事件中，调用自定义的函数 fileUpload_GetFileList(this.files)，其中，实参 this.files 表示所选择的上传文件集合，即 FileList 对象；在函数 fileUpload_GetFileList()中，遍历传回的

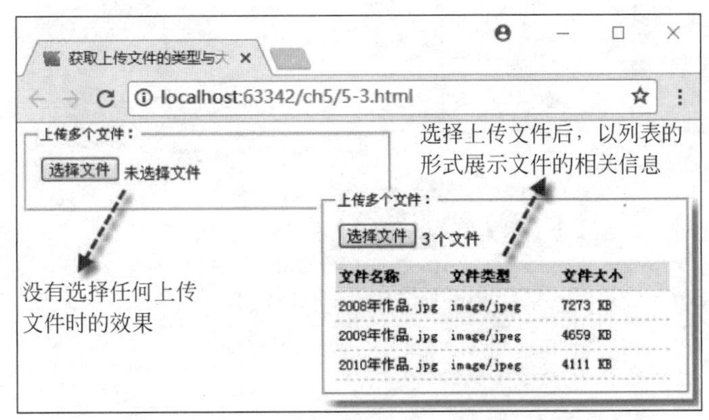

图 5-3 使用 file 类型的 input 元素获取上传文件类型与大小时的效果

FileList 文件集合，获取单个的 file 对象，该对象通过继承 Blob 接口的属性，返回文件的名称、类型、大小信息，并将这些信息以叠加的方式保存在变量 strLi 中；最后，将变量的内容赋值给 id 为 ulUpload 的列表元素，通过列表元素，将上传文件的信息展示在页面中。详细实现过程见代码中加粗部分。

5.1.4 通过类型过滤选择的文件

在实例 5-3 中，通过 file 对象可以获取每个上传文件的名称、类型、大小，根据这个特征，可以过滤上传文件的类型。具体流程是：当选择上传文件后，遍历每一个 file 对象，获取该对象的类型，并将该类型与设置的过滤类型进行匹配，如果不符合，则提示上传文件类型出错或拒绝上传，从而实现在选择上传文件时，就通过类型过滤了需要上传的文件。

下面通过一个实例介绍 file 对象通过类型过滤选择文件的过程。

实例 5-4 通过类型过滤上传文件

1. 功能描述

在页面表单中，创建一个 file 类型的 input 元素，并设置 multiple 属性为 true，用于上传多个文件；当单击“选择文件”按钮，并选取了需要上传的文件后，如果选取的文件中存在不符合“图片”类型的文件，将在页面中显示总数量与文件名称。

2. 实现代码

在 WebStorm 中新建一个 HTML 页面 5-4.html，加入代码如代码清单 5-4-1 所示。

代码清单 5-4-1 通过类型过滤上传文件

```
<!DOCTYPE html>
<html>
<head>
<meta charset = "UTF - 8">
<title>通过类型过滤上传文件</title>
<link href = "css/css5.css" rel = "stylesheet" type = "text/css">
<script type = "text/javascript" language = "jscript"
```

```
        src = "Js/js4.js">
</script>
</head>
<body>
<form id = "frmTmp">
<fieldset>
   <legend>上传过滤类型后的文件：</legend>
   <input type = "file" name = "fleUpload" id = "fleUpload"
        onChange = "fileUpload_CheckType(this.files);"
        multiple = "true" />
   <p id = "pTip"/>
 </fieldset>
</form>
</body>
</html>
```

在实例 5-4 中，页面导入一个 JavaScript 文件 js4.js，在该文件中，调用 fileUpload_CheckType() 方法，并且按照设置的类型格式过滤需要上传的文件，其实现的代码如代码清单 5-4-2 所示。

代码清单 5-4-2　实例 5-4 中的 JavaScript 文件 js4.js 的源码

```
// JavaScript Document
function $$ (id) {
    return document.getElementById(id);
}
//选择上传文件时调用的函数
function fileUpload_CheckType(f) {
    var strP = "",
    strN = "",
    intJ = 0;
    var strFileType = /image.*/;
    for (var intI = 0; intI < f.length; intI++) {
        var tmpFile = f[intI];
        if (!tmpFile.type.match(strFileType)) {
            intJ = intJ + 1;
            strN = strN + tmpFile.name + "<br>";
        }
    }
    strP = "检测到(" + intJ + ")个非图片格式文件.";
    if (intJ > 0) {
        strP = strP + "文件名如下:<p>" + strN + "</p>";
    }
    $$ ("pTip").innerHTML = strP;
}
```

3. 页面效果

该页面在 Chrome 浏览器中执行的页面效果如图 5-4 所示。

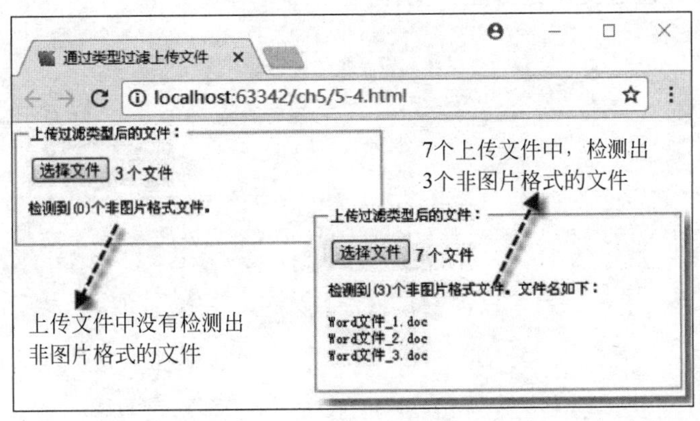

图 5-4 使用 file 类型的 input 元素过滤上传文件类型时的效果

4. 源码分析

在实例 5-3 中，我们知道，如果上传文件是图片类型，则 file 对象返回的类型均以 image/开头，后面添加"＊"表示所有的图片类型或添加 gif 表示某种类型图片；因此，如果是一个图片文件，那么，该文件返回的类型必定以 image/字样开头。

根据这一特点，在本实例中，当遍历传回的文件集合时，通过 match()方法检测每个文件返回的类型中是否含有 image/＊字样，如果没有，则说明是非图片类型文件，分别将总量与文件名称以叠加的形式保存在变量中；然后，将变量的内容赋值给 id 为 pTip 的元素，最后，通过该元素显示全部过滤文件的总量与名称表。详细实现过程见代码中加粗部分。

5.1.5 通过 accept 属性过滤选择文件的类型

在选择上传文件后，根据文件返回的类型过滤所选择的文件，是一种不错的方法，但需要编写不少的代码，除此方法之外，在 HTML5 中，还可以设置 file 类型 input 元素的 accept 属性为文件的过滤类型；设置完 accept 属性值后，在打开窗口选择文件时，默认的文件类型就是所设置的过滤类型。

下面通过一个实例简单介绍 file 类型 input 元素通过属性过滤选择文件类型的过程。

实例 5-5 通过 accept 属性过滤上传文件的类型

1. 功能描述

在页面表单中，创建一个 file 类型的 input 元素，并在元素中添加一个 accept 属性，属性值设置为 image/gif，当用户单击"选择文件"按钮时，在打开的文件选择窗口中，文件类型为 accept 属性所设置的值。

2. 实现代码

在 WebStorm 中新建一个 HTML 页面 5-5.html，加入代码如代码清单 5-5 所示。

代码清单 5-5 通过类型过滤上传文件

```
<!DOCTYPE html>
<html>
<head>
<meta charset="UTF-8">
<title>通过 accept 属性过滤某类型上传文件</title>
<link href="Css/css5.css" rel="stylesheet" type="text/css">
</head>
<body>
<form id="frmTmp">
 <fieldset>
   <legend>选择某类型上传文件: </legend>
   <input type="file" name="fleUpload"
          id="fleUpload" accept="image/gif" />
 </fieldset>
</form>
</body>
</html>
```

3. 页面效果

该页面在 Chrome 浏览器中执行的页面效果如图 5-5 所示。

图 5-5 使用 file 类型的 input 元素通过设置 accept 属性过滤上传文件类型时的效果

4. 源码分析

在本实例中,由于对文件元素添加了 accept 属性,并设置 image/gif 类型作为该属性的值,因此,当单击“选择文件”按钮打开窗口时,其默认的选择文件类型就是所设置 accept 的属性值。详细实现过程见代码中加粗部分。

通过简单设置元素的一个属性,就可以在文件选择前过滤所选文件的类型,这种方法代码简单,操作方便。但是在目前的浏览器中,该方法不是很有效,原因在于,即便通过属性设置了文件选择的类型,但不是该类型的文件同样也可以被选中,也能被元素所接受。因此,使用这种过滤上传文件类型方法时,还需要谨慎。

5.2 读取与拖放文件

使用 Blob 接口可以获取上传文件的相关信息，如文件名称、大小、类型，但如果想要读取或浏览文件，则需要通过 FileReader 接口，该接口不仅可以读取图片文件，还可以读取文本或二进制文件。同时，根据该接口提供的事件与方法，可以动态侦察文件读取时的详细状态，接下来详细介绍 FileReader 接口的使用方法。

5.2.1 FileReader 接口

FileReader 接口提供了一个异步的 API，通过这个 API 可以从浏览器主线程中异步访问文件系统中的数据，基于此原因，FileReader 接口可以读取文件中的数据，并将读取的数据放入内存中。

当访问不同文件时，必须重新调用 FileReader 接口的构造函数，因为每调用一次，FileReader 接口都将返回一个新的 FileReader 对象，只有这样，才能实现访问不同文件的数据。

FileReader 接口提供了一整套完整的事件处理机制，用于侦察 FileReader 对象读取或返回数据时的各种进程状态。FileReader 接口的常用事件如表 5-1 所示。

表 5-1 FileReader 接口的常用事件

事件名称	说明
onloadstart	当读取数据开始时，触发该事件
onprogress	当正在读取数据时，触发该事件
onabort	当读取数据终止时，触发该事件
onerror	当读取数据失败时，触发该事件
onload	当读取数据成功时，触发该事件
onloadend	当请求操作成功时，无论操作是否成功，都触发该事件

在 FileReader 接口中，除提供了常用事件外，还拥有许多常用的方法，用于读取文件或响应事件，如 onabort 事件触发时，就要调用 abort()方法。FileReader 接口的常用方法如表 5-2 所示。

表 5-2 FileReader 接口的常用方法

方法名称	参数	功能说明
readAsBinaryString()	file	以二进制的方式读取文件内容
readAsArrayBuffer()	file	以数组缓冲的方式读取文件内容
readAsText()	file，encoding	以文本编码的方式读取文件内容
readAsDataURL()	file	以数据 URL 的方式读取文件内容
Abort()	无	读取数据终止时，将自动触发该方法

针对 FileReader 接口中的方法，使用说明如下。

- 调用 readAsBinaryString()方法时，将 file 对象返回的数据块，作为一个二进制字符串的形式,分块读入内存中。

- 调用 readAsArrayBuffer()方法时,将 file 对象返回的数据字节数,以数组缓冲的方式读入内存中。
- 调用 readAsText()方法时,其中 encoding 参数表示文本文件编码的方式,默认值为 UTF-8,即以 UTF-8 编码格式将获取的数据块按文本方式读入内存中。
- 调用 readAsDataURL()方法时,将 file 对象返回的数据块,以一串数据 URL 字符的形式展示在页面中,这种方法一般读取数据块较小的文件。

5.2.2 使用 FileReader ()方法预览图片文件

在前面的实例中,通过 Blob 接口可以访问文件数据块,获取文件相关信息。但如果想要读取文件,还需要通过 FileReader 接口中的方法,将数据读入内存或页面中。例如,尺寸较小的图片文件,可以通过 FileReader 接口中的 readAsDataURL()方法,获取 API 异步读取的文件数据,另存为数据 URL,将该 URL 绑定 img 元素的 src 属性值,就可以实现图片文件预览的效果。

下面通过一个实例介绍使用 readAsDataURL()方法预览图片的过程。

实例 5-6 使用 readAsDataURL ()方法预览图片

1. 功能描述

在页面表单中,添加一个 file 类型的 input 元素,用于选择上传文件,并设置属性 multiple 的值为 true,表示允许上传多个文件,单击"选择文件"按钮后,如果选择的是图片文件,将在页面中显示,实现图片文件上传的预览功能。

2. 实现代码

在 WebStorm 中新建一个 HTML 页面 5-6. html,加入代码如代码清单 5-6-1 所示。

代码清单 5-6-1 使用 readAsDataURL ()方法预览图片

```
<!DOCTYPE html>
<html>
<head>
<meta charset = "UTF-8">
<title>使用 readAsDataURL()方法预览图片</title>
<link href = "Css/css5.css" rel = "stylesheet" type = "text/css">
<script type = "text/javascript" language = "jscript"
        src = "Js/js6.js">
</script>
</head>
<body>
<form id = "frmTmp">
 <fieldset>
   <legend>预览图片文件: </legend>
   <input type = "file" name = "fleUpload" id = "fleUpload"
          onChange = "fileUpload_PrevImageFile(this.files);"
          multiple = "true"/>
   <ul id = "ulUpload"></ul>
```

```
</fieldset>
</form>
</body>
</html>
```

在实例 5-6 中，页面导入一个 JavaScript 文件 js6.js，在该文件中，调用 fileUpload_PrevImageFile()方法，该方法访问 fileReader 接口，将文件以数据 URL 的方式返回页面，其实现的代码如代码清单 5-6-2 所示。

代码清单 5-6-2　实例 5-6 中的 JavaScript 文件 js6.js 的源码

```
// JavaScript Document
function $$ (id) {
    return document.getElementById(id);
}
//选择上传文件时调用的函数
function fileUpload_PrevImageFile(f) {
    //检测浏览器是否支持 FileReader 对象
    if (typeof FileReader == 'undefined') {
        alert("检测到您的浏览器不支持 FileReader 对象!");
    }
    var strHTML = "";
    for (var intI = 0; intI < f.length; intI++) {
        var tmpFile = f[intI];
        var reader = new FileReader();
        reader.readAsDataURL(tmpFile);
        reader.onload = function(e) {
            strHTML = strHTML + "<span>";
            strHTML = strHTML + "<img src='" + e.target.result
                    + "'alt=''/>";
            strHTML = strHTML + "</span>";
            $$ ("ulUpload").innerHTML = "<li>" + strHTML + "</li>";
        }
    }
}
```

3. 页面效果

该页面在 Chrome 浏览器中执行的页面效果如图 5-6 所示。

4. 源码分析

在本实例中，图片预览的过程实质上是图片文件被读取后展示在页面中的过程，为了实现这一过程，需要引用 FileReader 接口中提供的读取文件方法 readAsDataURL()，在引用接口前，考虑到各浏览器对接口的兼容性不一样，JavaScript 代码首先检测用户的浏览器是否支持 FileReader 对象，如果不支持，则提示出错信息。

接下来，在 JavaScript 代码中，遍历传回的上传文件集合，获取每个 file 对象，由于每个文件返回的数据块都不同，因此每次在读取文件前，必须先重构一个新的 FileReader 对象，然后将每个文件以数据 URL 的方式读入页面中，当读取成功时，触发 onload 事件，在该事

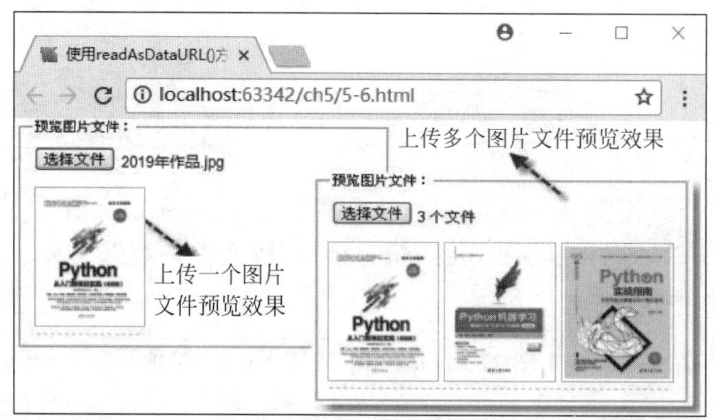

图 5-6 使用 readAsDataURL()方法预览图片时的效果

件中，通过 result 属性获取文件读入页面中的 URL 地址，并将该地址与 img 元素进行绑定，最后通过列表 id 为 ulUpload 的列表元素展示在页面中，从而实现图片文件上传预览的效果。详细实现过程见代码中加粗部分。

5.2.3 使用 FileReader ()方法读取文本文件

除使用 FileReader 接口中的 readAsDataURL()方法读取图片文件、实现图片预览外，还可以借助接口提供的 readAsText()方法，将文件以文本编码的方式进行读取，即可以读取上传文本文件的内容，其实现的方法与读取图片基本相似，仅是读取文件的方式不一样。

下面通过一个实例介绍使用 readAsText ()方法读取文本文件内容的过程。

实例 5-7 使用 readAsText ()方法读取文本文件内容

1. 功能描述

在页面表单中，新建一个 file 类型的 input 元素，用于获取上传的文本文件，当单击"选择文件"按钮，挑选了一个文本文件后，在页面中将显示该选择文本文件的内容。

2. 实现代码

在 WebStorm 中新建一个 HTML 页面 5-7. html，加入代码如代码清单 5-7-1 所示。

代码清单 5-7-1 使用 readAsText ()方法读取文本文件内容

```
<!DOCTYPE html>
<html>
<head>
<meta charset = "UTF-8">
<title>使用 readAsText()方法读取文本文件</title>
<link href = "Css/css5.css" rel = "stylesheet" type = "text/css">
<script type = "text/javascript" language = "jscript"
        src = "Js/js7.js">
</script>
</head>
<body>
```

```
<form id="frmTmp">
 <fieldset>
   <legend>读取文本文件:</legend>
   <input type="file" name="fleUpload" id="fleUpload"
        onChange="fileUpload_ReadTxtFile(this.files);"/>
   <article id="artShow"></article>
 </fieldset>
</form>
</body>
</html>
```

在实例 5-7 中，页面导入一个 JavaScript 文件 js7.js，在该文件中，调用 fileUpload_ReadTxtFile() 方法，该方法将文件以文本编码方式读取并返回页面，其实现的代码如代码清单 5-7-2 所示。

代码清单 5-7-2　实例 5-7 中的 JavaScript 文件 js7.js 的源码

```
// JavaScript Document
function $$(id) {
    return document.getElementById(id);
}
//选择上传文件时调用的函数
function fileUpload_ReadTxtFile(f) {
    //检测浏览器是否支持 FileReader 对象
    if (typeof FileReader == 'undefined') {
        alert("检测到您的浏览器不支持 FileReader 对象!");
    }
    var tmpFile = f[0];
    var reader = new FileReader();
    reader.readAsText(tmpFile);
    reader.onload = function(e) {
        $$("artShow").innerHTML = "<pre>" +
        e.target.result + "</pre>";
    }
}
```

3. 页面效果

该页面在 Chrome 浏览器中执行的页面效果如图 5-7 所示。

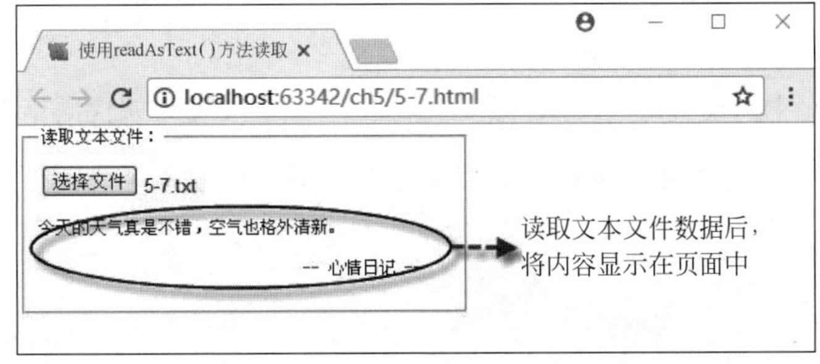

图 5-7　使用 readAsText()方法读取文本文件时的效果

4. 源码分析

在本实例中，由于 file 类型的 input 文件上传元素，没有添加 multiple 属性，因此，单击“选择文件”按钮后，将返回单个 file 文件。

与实例 5-6 一样，JavaScript 代码中，首先检测浏览器是否支持 FileReader 对象，如果支持，则重构一个新的 FileReader 对象，调用该对象的 readAsText()方法，将文件以文本编码的方式读入页面中，然后通过 result 属性获取读入的内容，并将该内容赋值给 id 为 artShow 的元素，最后通过该元素将文本文件的内容显示在页面上。

5.2.4 监听 FileReader 接口中的事件

在 FileReader 接口中，提供了很多常用的事件，通过这些事件的触发，可以清晰地监听 FileReader 对象读取文件的详细过程，掌握这一过程中按顺序都触发了哪些事件，从而可以更加精确地定位每次读取文件时的事件先后顺序，为编写事件代码提供有力的支持。

经过反复测试，一个文件通过 FileReader 接口中的方法正常读取时触发事件的先后顺序如图 5-8 所示。

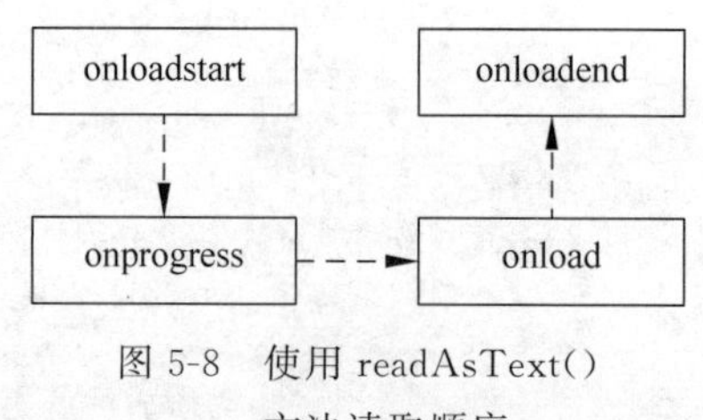

图 5-8 使用 readAsText()方法读取顺序

针对文件读取时，事件触发先后顺序示意图，说明如下。

- 大部分的文件读取过程，都集中在 onprogress 事件中，该事件耗时最长。
- 如果文件在读取过程中出现异常或中止，那么，onprogress 事件将结束，直接触发 onerror 或 onabort 事件，而不会触发 onload 事件。
- onload 事件是文件读取成功时触发，而 onloadend 虽然也是文件操作成功时触发，但该事件不论文件读取是否成功，都将触发，因此，想要正确获取文件数据，必须在 onload 事件中编写代码。

下面通过一个实例介绍文件读取时触发事件的先后顺序。

实例 5-8 展示文件读取时触发事件的先后顺序

1. 功能描述

在页面的表单中，添加一个 file 类型的 input 元素，当用户单击“选择文件”按钮，并通过打开的窗口选取了一个文件后，页面中将展示读取文件过程中所触发事件的内容。

2. 实现代码

在 WebStorm 中新建一个 HTML 页面 5-8.html，加入代码如代码清单 5-8-1 所示。

代码清单 5-8-1 展示文件读取时触发事件的先后顺序

```
<!DOCTYPE html>
<html>
<head>
<meta charset="UTF-8">
```

```
<title>展示文件读取时触发事件的先后顺序</title>
<link href="Css/css5.css" rel="stylesheet" type="text/css">
<script type="text/javascript" language="jscript"
        src="Js/js8.js">
</script>
</head>
<body>
<form id="frmTmp">
 <fieldset>
   <legend>文件读取事件的顺序：</legend>
   <input type="file" name="fleUpload" id="fleUpload"
         onChange="fileUpload_ShowEvent(this.files);"/>
          <p id="pStatus"></p>
 </fieldset>
</form>
</body>
</html>
```

在实例 5-8 中，页面导入一个 JavaScript 文件 js8.js，在该文件中，调用 fileUpload_ShowEvent() 方法，该方法列出文件在正常读取过程中的全部事件，其实现的代码如代码清单 5-8-2 所示。

代码清单 5-8-2　实例 5-8 中的 JavaScript 文件 js8.js 的源码

```
// JavaScript Document
function $$(id) {
    return document.getElementById(id);
}
//选择上传文件时调用的函数
function fileUpload_ShowEvent(f) {
    if (typeof FileReader == 'undefined') {
        alert("检测到您的浏览器不支持 FileReader 对象!");
    }
    var tmpFile = f[0];
    var reader = new FileReader();
    reader.readAsText(tmpFile);
    reader.onload = function(e) {
        $$("pStatus").style.display = "block";
        $$("pStatus").innerHTML = "数据读取成功!";
    }
    reader.onloadstart = function(e) {
        $$("pStatus").style.display = "block";
        $$("pStatus").innerHTML = "开始读取数据...";
    }
    reader.onloadend = function(e) {
        $$("pStatus").style.display = "block";
        $$("pStatus").innerHTML = "文件读取成功!";
    }
    reader.onprogress = function(e) {
```

```
            $$("pStatus").style.display = "block";
            $$("pStatus").innerHTML = "正在读取数据...";
        }
    }
```

3. 页面效果

该页面在 Chrome 浏览器中执行的页面效果如图 5-9 所示。

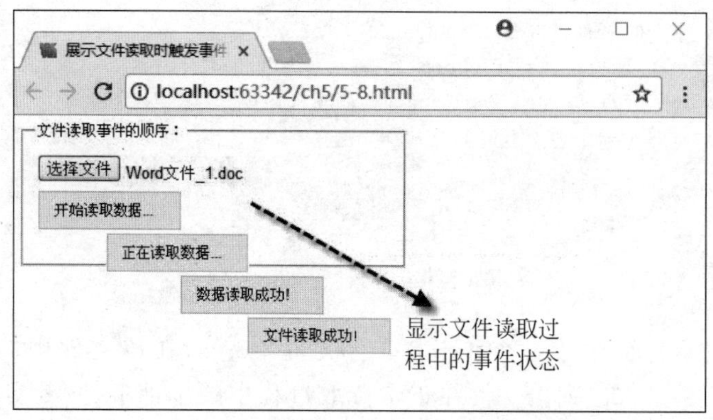

图 5-9 显示文件读取过程中各事件执行的先后顺序

4. 源码分析

在本实例的页面中，单击“选择文件”按钮后，触发一个自定义的函数 fileUpload_ShowEvent()，在该函数中，首先检测浏览器是否支持 FileReader 对象，如果不支持，则弹出错误提示信息，然后重新构造一个新的 FileReader 对象，并对传回的文件以文本编码的方式读入页面；最后列出文件在正常读取过程中将触发的 4 个事件，在每个事件中，先显示 id 为 pStatus 的元素，后将事件的状态内容设置为该元素的文本内容；当 FileReader 对象执行 readAsText()方法读取文件时，各个不同事件将按执行顺序被触发，设置的状态内容以动态的方式显示在 id 为 pStatus 的页面元素中。

5.2.5 使用 DataTransfer 对象拖放上传图片文件

在 HTML5 中，借助于 DataTransfer 接口提供的方法，可以实现浏览器与其他应用程序之间文件间的拖动，实现拖动数据的操作。虽然在 HTML 4 之前的版本中也支持拖放数据的操作，但该操作仅局限在整个浏览器中，而非浏览器之外的数据。

下面通过一个实例介绍使用 DataTransfer 对象拖放上传图片文件的过程。

实例 5-9 使用 DataTransfer 对象拖放上传图片文件

1. 功能描述

在页面的表单中，创建一个 ul 元素，用于接收并预览拖放过来的图片文件，当用户从计算机的文件夹中选择图片文件后，可以以拖动的方式将文件放入该元素内，并以预览的方式进行显示。

2. 实现代码

在 WebStorm 中新建一个 HTML 页面 5-9.html，加入代码如代码清单 5-9-1 所示。

代码清单 5-9-1　使用 DataTransfer 对象拖放上传图片文件

```
<!DOCTYPE html>
<html>
<head>
<meta charset = "UTF - 8">
<title>拖放选择上传文件</title>
<link href = "Css/css5.css" rel = "stylesheet" type = "text/css">
<script type = "text/javascript" language = "jscript"
      src = "Js/js9.js">
</script>
</head>
<body>
<form id = "frmTmp">
 <fieldset>
   <legend>拖动选择文件: </legend>
   <ul id = "ulUpload" ondrop = "dropFile (event)"
        ondragenter = "return false"
        ondragover = "return false">
   </ul>
 </fieldset>
</form>
</body>
</html>
```

在实例 5-9 中，页面导入一个 JavaScript 文件 js9.js，在该文件中，调用 fileUpload_MoveFile() 方法，将拖动的文件数据放入 DataTransfer 对象，然后调取。其实现的代码如代码清单 5-9-2 所示。

代码清单 5-9-2　实例 5-9 中的 JavaScript 文件 js9.js 的源码

```
// JavaScript Document
function $$ (id) {
    return document.getElementById(id);
}
//选择上传文件时调用的函数
function fileUpload_MoveFile(f) {
    //检测浏览器是否支持 FileReader 对象
    if (typeof FileReader == 'undefined') {
        alert("检测到您的浏览器不支持 FileReader 对象!");
    }
    for (var intI = 0; intI < f.length; intI++) {
        var tmpFile = f[intI];
        var reader = new FileReader();
        reader.readAsDataURL(tmpFile);
        reader.onload = (function(f1) {
            return function(e) {
```

```
                    vareleSpan = document.createElement('span');
                    eleSpan.innerHTML = ['< img src = "',
                        e.target.result,
                        '" title = "',
                        f1.name, '"/>'].join('');
                    $$ ('ulUpload').insertBefore(eleSpan, null);
                }
            })(tmpFile);
        }
    }
function dropFile(e) {
    //调用预览上传文件的方式
    fileUpload_MoveFile(e.dataTransfer.files);
    //停止事件的传播
    e.stopPropagation();
    //阻止默认事件的发生
    e.preventDefault();
}
```

3. 页面效果

该页面在 Chrome 浏览器中执行的页面效果如图 5-10 所示。

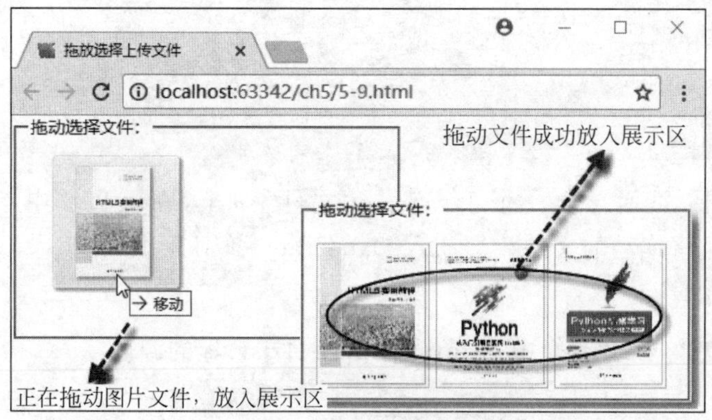

图 5-10　显示拖放选择上传图片文件的效果

4. 源码分析

在本实例中，文件在从文件夹拖入页面目标元素的过程中，通过 DataTransfer 对象中的 setData()方法保存数据，页面中的目标元素为了接收被保存的数据，在调用元素的拖放事件 ondrop 中调用了一个自定义的函数 dropFile ()，同时，为了确保目标元素顺利接收拖放文件，必须将目标元素的 ondragenter 与 ondragover 两个事件都返回 false。详细实现过程见代码中加粗部分。

在自定义的函数 dropFile ()中，先调用另一个自定义的函数 fileUpload_MoveFile()，同时，要实现文件的拖放过程，还要在目标元素的拖放事件中，停止其他事件的传播并且关闭默认事件，其实现的过程如 JavaScript 代码中自定义的函数 dropFile ()所示。

在自定义的函数 fileUpload_MoveFile()中，先从 DataTransfer 对象中获取被保存的文

件集合,然后,遍历整个集合中的文件成员,获取每一个单独的文件,通过重构一个FileReader对象,调用该对象中的readAsDataURL(),将文件以数据地址的形式读入页面中,同时,创建页面元素span,将数据地址与img元素绑定,通过join()方法,写入span元素的内容中,最后,将全部获取的内容写入id为ulUpload的列表元素中,通过该元素展示在页面中。其实现的过程如JavaScript代码中自定义的函数fileUpload_MoveFile ()所示。

有关DataTransfer对象更多的属性与方法,将在本书的第11章中有详细的介绍与运用。

小结

文件在HTML5中占有很重要的地位,在本节中,首先介绍选择单个与多个文件的实现方法,然后结合详细实例阐述选择文件后,以各种方式读取数据的过程。同时,讲解了如何在文件读取过程中,捕获出现的错误与异常的方法,为读者完整掌握HTML5中文件的使用打下扎实的理论与实践基础。

第 6 章

HTML5中的视频和音频

视频讲解

本章学习目标

- 掌握多媒体元素基本属性的使用方法。
- 掌握并理解多媒体元素的常用方法。
- 熟悉多媒体元素重要事件的应用过程。

6.1 多媒体元素基本属性

在 HTML5 中播放视频与音频文件十分简单，只需要添加 video 或 audio 元素，并简单设置元素的一些基本属性，就可以在页面中播放多媒体文件了。

接下来将详细介绍这两个多媒体元素在页面中的使用格式与属性。

6.1.1 元素格式

video 是 HTML5 中新增加的元素，用于电影文件、其他视频流的播放；audio 也是 HTML5 中新增加的元素，用于音乐文件、其他音频流的播放。在两个多媒体元素的开始标记与结束标记间放置文本内容，可以在不支持该元素的浏览器中使用，即如果浏览器不支持 HTML5 中新增的这两个多媒体元素，那么，将显示开始与结果标记之间的文本内容。

下面通过一个实例介绍使用多媒体元素播放文件的过程。

实例 6-1 使用多媒体元素播放文件

1. 功能描述

在页面中，创建两个多媒体元素 video 与 audio，并在元素的 src 属性中，设置各自播放的视频与音频文件，页面加载完成后，自动播放这两个文件。

2. 实现代码

在 WebStorm 中新建一个 HTML 页面 6-1.html，加入代码如代码清单 6-1 所示。

代码清单 6-1 使用多媒体元素播放文件

```
<!DOCTYPE html>
<html>
<head>
<meta charset = "UTF - 8">
<title>使用多媒体元素播放文件</title>
</head>
<body>
<video id = "vdoMain" src = "Video/6 - test_1.mov"
        autoplay = "true">
        你的浏览器不支持视频
</video>
<audio id = "adoMain" src = "Audio/6 - test_4.mp3"
        autoplay = "true" controls = "true">
        你的浏览器不支持音频
</audio>
</body>
</html>
```

3. 页面效果

该页面在 Chrome 浏览器中执行的页面效果如图 6-1 所示。

图 6-1 多媒体元素播放文件的效果

4. 源码分析

在本实例中，创建多媒体元素后，通过 src 属性指定播放文件的 URL，为了页面加载完成后实现自动播放功能，需要添加一个 autoplay 属性，并将该属性的值设置为 true。该属性的功能是告诉浏览器是否自动播放视频或音频文件，默认值为 false，表示不会自动播放。同时，在 audio 音频元素中，为了能正常播放音频文件，必须将 controls 属性设置为 true，表示显示音频元素自带的控制条工具。

6.1.2 width 与 height 属性

width 与 height 属性只适合于 video 元素，表示设置媒体元素的大小，单位为像素。如果不设置该属性，则使用播放源文件的大小，如果播放源文件的大小不能使用，则使用 poster 属性中的文件大小。如果仅设置一个宽度值，那么，将根据播放源文件的长宽比例，自动生成一个与之对应的高度值，以等比例的方式控制视频文件的大小。

下面通过一个实例介绍设置 video 元素的大小与样式过程。

实例 6-2 设置 video 元素的大小与样式

1. 功能描述

在页面中创建一个媒体元素 video，先在元素的 src 属性中设置需要播放的视频文件，然后分别设置 video 元素的长度与宽度，并导入一个样式文件 css6 控制媒体元素的样式。

2. 实现代码

在 WebStorm 中新建一个 HTML 页面 6-2. html，加入代码如代码清单 6-2-1 所示。

代码清单 6-2-1 设置 video 元素的大小与样式

```
<!DOCTYPE html>
<html>
<head>
<meta charset = "UTF - 8">
<title>设置 video 元素的大小与样式</title>
<link href = "Css/css6.css" rel = "stylesheet" type = "text/css">
</head>
<body>
<video id = "vdoMain" src = "Video/6 - test_1.mov"
       autoplay = "true" width = "360px" height = "220px">
       你的浏览器不支持视频
</video>
</body>
</html>
```

在实例 6-2 中，页面导入一个样式文件 css6. css，在该文件中设置了 video 元素的部分样式。其实现的代码如代码清单 6-2-2 所示。

代码清单 6-2-2 实例 6-2 中的样式文件 css6. css 的源码

```
@charset "utf - 8";
/* CSS Document */
body {
      font - size:12px
}
video{
      border:solid #ccc 5px;
      padding:3px;
      background - color: #eee
}
```

3. 页面效果

该页面在 Chrome 浏览器中执行的页面效果如图 6-2 所示。

图 6-2　设置多媒体元素的大小与样式后的效果

4. 源码分析

在本实例中，被播放的媒体源文件根据 video 元素所设置的长宽尺寸，以等比例的方式进行缩放，并在页面中播放；另外，在样式文件 css6 中，美化了 video 标记的边框与背景色，并设置了媒体文件播放时各个方位的边距长度。

6.1.3　controls 属性

在实例 6-1 中，给 audio 音频元素添加了一个 controls 属性，同样，video 视频元素也拥有 controls 属性，如果将该属性的值设置为 true 或 controls，将在视频元素的底部展示一个元素自带的控制条工具。虽然浏览器不同，控制条工具的样式会有些变化，但所有控制条都有一个播放/暂停按钮，一个进度条和音量开关，这些特征是不变的。

下面通过一个实例介绍设置 video 元素的控制条工具属性的过程。

实例 6-3　设置 video 元素的控制条工具属性

1. 功能描述

在实例 6-2 的基础之上，取消 autoplay 属性，同时，为 video 元素新增一个 controls 属性，并将该属性的值设置为 true 或 controls，移动鼠标指针至播放视频时，将在视频底部出现一个自带的控制条工具。

2. 实现代码

在 WebStorm 中新建一个 HTML 页面 6-3.html，加入代码如代码清单 6-3 所示。

代码清单 6-3　设置 video 元素的控制条工具属性

```
<!DOCTYPE html>
<html>
<head>
```

```
<meta charset = "UTF - 8">
<title>设置 video 元素的控制条工具属性</title>
<link href = "Css/css6.css" rel = "stylesheet" type = "text/css">
</head>
<body>
<video id = "vdoMain" src = "Video/6 - test_1.mov"
       width = "360px" height = "220px"
       controls = "true">
       你的浏览器不支持视频
</video>
</body>
</html>
```

3. 页面效果

该页面在 Chrome 浏览器中执行的页面效果如图 6-3 所示。

图 6-3　不同浏览器显示多媒体控制条工具的效果

4. 源码分析

在本实例中,只有当用户将鼠标悬停或 Tab 键聚焦至播放的视频上时,所设置的控制条工具才能显示出来,一旦从视频上移开,控制条工具又隐藏起来。在 audio 元素中,controls 属性十分重要,如果没有设置该属性,那么页面中将不会显示任何效果,但该元素却存在于 DOM 中,通过 JavaScript 代码可以访问相关的元素。

6.1.4　poster 属性

在 HTML5 的 video 元素中,poster 属性表示所选图片 URL,如果添加该属性,将在视频文件播放前显示该图片,而不是默认显示视频文件的第一帧。另外,添加该属性,还可以避免在播放的视频文件不能用时,出现一片空白区域,影响用户体验。

下面通过一个实例介绍增加 video 元素的 poster 属性的使用过程。

实例 6-4　设置 video 元素的 poster 属性

1. 功能描述

在实例 6-3 的基础之上,为 video 元素新增一个 poster 属性,并选取一幅图片作为该属性的值，当播放视频文件时，在视频播放区域中，首先将显示 poster 属性指定的图片。

2. 实现代码

在 WebStorm 中新建一个 HTML 页面 6-4.html，加入代码如代码清单 6-4 所示。

代码清单 6-4 设置 video 元素的 poster 属性

```
<!DOCTYPE html>
<html>
<head>
<meta charset = "UTF - 8">
<title>设置 video 元素的 poster 属性</title>
<link href = "Css/css6.css" rel = "stylesheet" type = "text/css">
</head>
<body>
<video id = "vdoMain" src = "Video/6 - test_1.mov"
        width = "360px" height = "220px"
        controls = "true" poster = "Images/2010 年作品.jpg">
        你的浏览器不支持视频
</video>
</body>
</html>
```

3. 页面效果

该页面在 Chrome 浏览器中执行的页面效果如图 6-4 所示。

图 6-4 设置多媒体元素的 poster 属性后的效果

4. 源码分析

在本实例中，设置了 video 媒体元素的 poster 属性，该属性是视频元素 video 所独有的属性，利用该属性不仅可以在视频文件开始播放前设置图片，还可以通过视频元素的事件机制，指定在某事件中改变该属性的图片 URL。例如，当用户单击“暂停”按钮或播放完成时，在相应的事件中编写 JavaScript 代码，通过 setAttribute()方法重置 poster 属性的图片 URL，实现根据不同事件动态变换图片的效果。具体实现的实例将在 6.3.3 节中有完整介绍。

6.1.5 networkState 属性

多媒体元素 video 的 networkState 属性可以返回视频文件的网络状态，当浏览器读取视频文件时，将触发一个 progress 事件，通过该事件可以获取视频文件在被打开过程中各个不同阶段的网络状态值。networkState 属性为只读属性，该属性对应 4 个返回值，如表 6-1 所示。

表 6-1 networkState 属性返回值及说明

字符常量	返回值	说明
NETWORK_EMPTY	0	数据加载初始化
NETWORK_IDLE	1	文件加载成功，等待请求播放
NETWORK_LOADING	2	文件正在加载过程中
NETWORK_NO_SOURCE	3	加载出错，一般原因是没有找到支持的编码格式

下面通过一个实例介绍获取 video 元素 networkState 属性的返回值的过程。

实例 6-5 获取 video 元素 networkState 属性的返回值

1. 功能描述

在页面中，添加一个多媒体元素 video，同时新增一个 span 元素，当使用 video 元素加载视频文件时，在触发的 progress 事件中，通过 span 元素显示文件在加载过程中返回的 networkState 属性值。

2. 实现代码

在 WebStorm 中新建一个 HTML 页面 6-5.html，加入代码如代码清单 6-5-1 所示。

代码清单 6-5-1 获取 video 元素 networkState 属性的返回值

```
<!DOCTYPE html>
<html>
<head>
<meta charset = "UTF - 8">
<title>video 元素的 networkState 属性</title>
<link href = "Css/css6.css" rel = "stylesheet" type = "text/css">
<script type = "text/javascript" language = "jscript"
        src = "Js/js5.js">
</script>
</head>
<body>
<div>
  <video id = "vdoMain" src = "Video/6 - test_1.mov"
         width = "360px" height = "220px"
         onProgress = "Video_Progress(this)"
         controls = "true" poster = "Images/2010 年作品.jpg">
         你的浏览器不支持视频
  </video>
```

```
    <span id="spnStatus"></span>
  <div>
  </body>
  </html>
```

在实例 6-5 中，页面导入一个 JavaScript 文件 js5.js，在该文件中自定义了一个函数 Video_Progress()，用于媒体元素在 progress 事件中的调用。其实现的代码如代码清单 6-5-2 所示。

代码清单 6-5-2 实例 6-5 中的 JavaScript 文件 js5.js 的源码

```
// JavaScript Document
function $$(id) {
    return document.getElementById(id);
}
function Video_Progress(e) {
    var intState = e.networkState;
    $$("spnStatus").style.display = "block";
    $$("spnStatus").innerHTML = StrByNum(intState)
    if (intState == 1) {
        $$("spnStatus").style.display = "none";
    }
}
function StrByNum(n) {
    switch (n) {
    case 0:
        return "正在初始化...";
    case 1:
        return "数据加载完成!";
    case 2:
        return "正在加载中...";
    case 3:
        return "数据加载失败!";
    }
}
```

3. 页面效果

该页面在 Chrome 浏览器中执行的页面效果如图 6-5 所示。

4. 源码分析

在本实例中，媒体元素 video 在触发加载视频文件事件 progress 时，调用一个自定义的函数 Video_Progress()。在该函数中，首先将 video 元素的 networkState 属性值保存至变量 intState 中，并将显示状态信息 span 元素的可见样式设置为 block，表示可见；然后，调用另一个自定义的函数 StrByNum()，将保存至变量 intState 中的 networkState 属性值转成相应的文字说明信息，并赋值给显示状态信息元素 span，用于页面中的动态显示；最后，当返回的 networkState 属性值为“1”时，表示数据加载完成，再将显示状态信息 span 元素的可见样式设置为 none，即隐藏该元素。详细实现过程见代码中加粗部分。

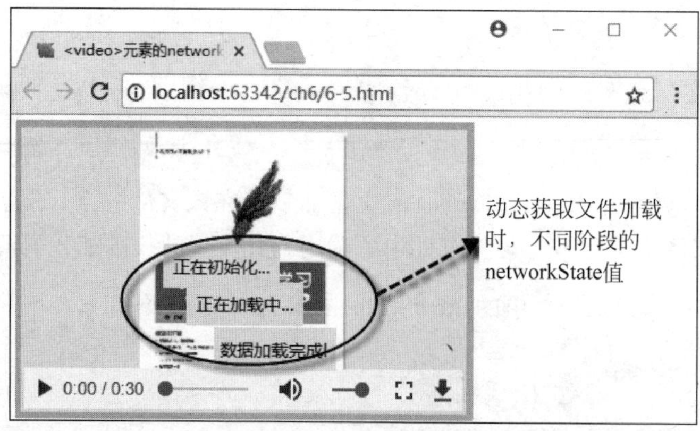

图 6-5　获取多媒体元素 networkState 属性值的效果

6.1.6　error 属性

error 属性是一个只读属性，在使用多媒体元素加载或读取文件过程中，如果出现异常或错误，将触发元素的 error 事件。在该事件中，可以通过元素的 error 属性，返回一个 MediaError 对象，根据该对象的 code 返回当前的错误值。MediaError 对象中 code 对应的 4 个返回值如表 6-2 所示。

表 6-2　error 属性返回值及说明

字符常量	返回值	说　明
MEDIA_ERR_ABORTED	1	媒体资源文件获取过程中出现异常而被终止
MEDIA_ERR_NETWORK	2	出现网络错误，获取媒体资源出错
MEDIA_ERR_DECODE	3	媒体资源可用，解码出错
MEDIA_ERR_SRC_NOT_SUPPORTED	4	没有找到可以播放的媒体文件格式

下面通过一个实例介绍获取 video 元素 error 属性的返回值的过程。

实例 6-6　获取 video 元素 error 属性的返回值

1. 功能描述

在页面中添加一个多媒体元素 video，同时新增一个 span 元素，当使用 video 元素加载一个不支持的播放格式文件时，在触发的 error 事件中，通过 span 元素显示加载出错后 error 属性返回的错误代码信息。

2. 实现代码

在 WebStorm 中新建一个 HTML 页面 6-6.html，加入代码如代码清单 6-6-1 所示。

代码清单 6-6-1　获取 video 元素 error 属性的返回值

```
<!DOCTYPE html>
<html>
<head>
```

```
<meta charset = "UTF - 8">
<title>video 元素的 error 属性</title>
<link href = "Css/css6.css" rel = "stylesheet" type = "text/css">
<script type = "text/javascript" language = "jscript"
        src = "Js/js6.js">
</script>
</head>
<body>
<div>
  <video id = "vdoMain" src = "Video/6 - test_0.MM"
        width = "360px" height = "220px"
        onError = "Video_Error(this)"
        controls = "true" poster = "Images/2010 年作品.jpg">
        你的浏览器不支持视频
  </video>
  <span id = "spnStatus"></span>
<div>
</body>
</html>
```

在实例 6-6 中，页面导入一个 JavaScript 文件 js6. js，在该文件中自定义了一个函数 Video_Error()，用于媒体元素在 error 事件中调用。其实现的代码如代码清单 6-6-2 所示。

代码清单 6-6-2　实例 6-6 中的 JavaScript 文件 js6. js 的源码

```
// JavaScript Document
function $$ (id) {
    return document.getElementById(id);
}
function Video_Error(e) {
    var intState = e.error.code;
     $$ ("spnStatus").style.display = "block";
     $$ ("spnStatus").innerHTML = ErrorByNum(intState);
}
function ErrorByNum(n) {
    switch (n) {
    case 1:
        return "加载异常,用户请求中止!";
    case 2:
        return "加载中止,网络错误!";
    case 3:
        return "加载完成,解码出错!";
    case 4:
        return "没有找到支持的播放格式!";
    }
}
```

3. 页面效果

该页面在 Chrome 浏览器中执行的页面效果如图 6-6 所示。

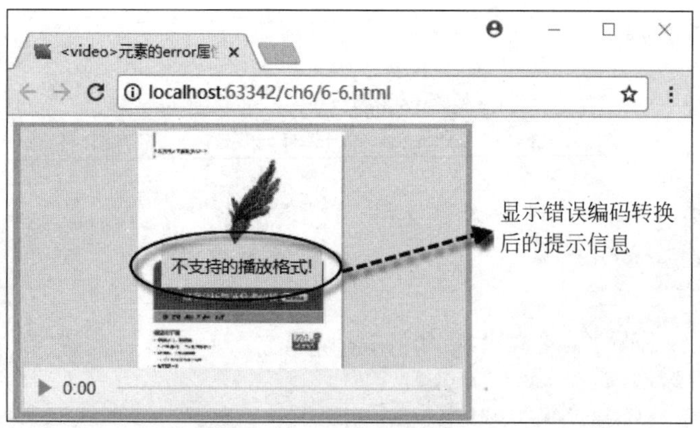

图 6-6　获取多媒体元素 error 的属性值的效果

4. 源码分析

在本实例中，由于视频元素 video 不支持载入文件 6-test_0. MM 的播放格式，因此触发了 error 事件。在该事件中，将调用函数 Video_Error()，在该函数中，首先通过变量 intState 保存 MediaError 对象 code 返回的错误代码值，然后将该值传给函数 ErrorByNum()返回对应的文字说明信息，最后将获取的说明信息显示在页面元素 span 中。详细实现过程见代码中加粗部分。

6.1.7　其他属性

除以上章节中介绍的多媒体元素属性外，还有许多其他属性在播放多媒体文件时使用，例如，返回当前播放媒体状态的属性 readyState，播放过程中返回的当前时间 currentTime，播放速率属性 playbackRate，播放音量属性 volume 等，下面分别进行详细介绍。

1. readyState 属性

多媒体元素可以通过 readyState 属性返回当前播放文件的各种状态，根据这些状态，可以反映媒体文件在播放过程中是否正常。该属性为只读属性，共返回 5 种可能出现的状态值，如表 6-3 所示。

表 6-3　readyState 属性返回值及说明

字 符 常 量	返回值	说　　明
HAVE_NOTHING	0	表示当前没有可播放的媒体文件
HAVE_METADATA	1	表示正在加载中，还不具备开始播放的条件
HAVE_CURRENT_DATA	2	已加载完成部分数据，还不具备完整播放的条件
HAVE_FUTURE_DATA	3	数据加载全部完成，可以进行正常播放
HAVE_ENOUGH_DATA	4	数据加载全部完成，并且能以一种较流畅的速率进行播放

可以通过下列代码获取页面中多媒体元素的 readyState 属性值。

页面代码为：

```
<video id = "vdoMain" src = "Video/6 - test_1.mov"
        onLoadStart = "load_start(this);" >
```

```
        你的浏览器不支持视频与音频
</video>
```

JavaScript 代码为：

```
function load_start(e) {
      alert(e.readyState);
}
```

由于在开始加载媒体文件 LoadStart 事件中，还尚未形成加载文件的过程，因此，该事件中将返回一个“0”状态值。

2. currentTime、startTime、duration 属性

currentTime 属性可以返回媒体文件当前播放时间，也可以修改该时间属性，如果修改成功，当前播放位置就指向所修改时间，该属性为可读写属性。

startTime 属性可以返回多媒体元素开始播放的时间，默认情况下，该时间值为 0，并且该属性为只读属性，不可进行修改。

duration 属性可以返回多媒体元素总体播放时间，在加载媒体文件过程中，该值将不断发生变化，如果加载完成，将可以返回播放整个文件所需的总时间。

上述多媒体元素的三个时间属性值的单位均为秒，在使用过程中，通常需要转成分钟，以便于在页面中进行展示，实现代码如下。

页面代码为：

```
<video id = "vdoMain" src = "Video/6 - test_1.mov"
      onTimeUpdate = "progress(this)" >
      你的浏览器不支持视频与音频
</video>
```

JavaScript 代码为：

```
function progress(e){
    var strCurrTime = RuleTime(Math.floor(e.currentTime/60),2)
          + ":" +
          RuleTime(Math.floor(e.currentTime % 60),2);
    alert(strCurrTime);
}
//转换时间显示格式
function RuleTime(num, n) {
    var len = num.toString().length;
    while(len < n) {
        num = "0" + num;
        len++;
    }
    return num;
}
```

在上述 JavaScript 代码中，先将获取的当前时间 e.currentTime 值除以 60s，获取分钟，并以两位数的格式显示，然后通过与当前时间 e.currentTime 求余数据的方式，获取剩余的秒数，并转换成两位数字的显示格式，连接在分钟的后面。

3. played、paused、ended 属性

通过多媒体元素中的 played 属性可以获取媒体文件已播放完成的时间段，played 属性返回一个 TimeRanges 对象，通过该对象可以获取已播放文件的开始时间与结束时间。

paused 属性可以返回当前播放的文件是否处于暂停状态，该返回值是一个布尔值，如果为 true，则表示当前的播放文件处于暂停状态，否则为等待播放或正在播放状态。

ended 属性可以返回当前播放的文件是否已结束，该返回值是一个布尔值，如果为 true，则表示当前播放的文件已结束，否则为还没有结束文件的播放。

以上三个属性值均为只读属性，不可以进行修改，只能在各事件中获取，如下列代码所示。

页面代码为：

```
<video id = "vdoMain" src = "Video/6 - test_1.mov"
        onPlaying = "playing(this)">
        你的浏览器不支持视频与音频
</video>
```

JavaScript 代码为：

```
function playing(e){
    alert(e.ended);
}
```

4. preload、autoplay、loop 属性

preload 属性表示在页面打开时，多媒体元素是否需要将所指定的媒体文件进行先期加载，即预加载。该属性有三个可选择值(none、metadata、auto)，选择 none 表示不进行先期播放文件的加载；选择 metadata 表示只加载播放文件基本信息(如总字节数、持续时间、第一帧信息等)；选择 auto 表示需要将播放文件进行预加载，默认值为 auto。

autoplay 属性可以使多媒体元素加载完成播放的文件后，实现自动播放的功能，即打开页面，无须单击“播放”按钮，自动开始播放，添加时可以单独加入该属性名称 autoplay 或者将该属性的值设置为 true 均可。

loop 属性表示媒体的文件在播放结束后，是否还要进行循环播放，一旦添加该属性名称或将该属性的值设置为 true 时，播放过程将不断进行重复，直到手动结束为止。

下面的代码表示在页面中添加一个可以自动预加载播放文件、自动播放、循环播放的视频元素，实现播放指定的媒体文件功能。

页面代码为：

```
<video id = "vdoMain" src = "Video/6 - test_1.mov"
        preload = "auto" autoplay = "true" loop = "true">
```

```
        你的浏览器不支持视频与音频
</video>
```

5. defaultPlaybackRate、playbackRate 属性

defaultPlaybackRate 属性可以返回页面媒体元素默认的文件播放速度频率，即默认播放速率。一般情况下，该属性值为 1，也可以修改该属性值，从而改变其默认的播放速率值。

playbackRate 属性返回当前正在播放的媒体文件的速度频率，即当前播放速率。也可以修改该属性值，如果修改成功，将可以实现“快进”或“慢进”的播放效果，默认值为 1。

需要说明的是，目前绝大多数的浏览器并不支持修改 defaultPlaybackRate 与 playbackRate 属性的功能，因此，目前只能获取该属性值，如下列代码所示，可获取 defaultPlaybackRate 属性的值。

页面代码为：

```
<video id = "vdoMain" src = "Video/6 - test_1.mov"
       onPlaying = "playing(this)">
       你的浏览器不支持视频与音频
</video>
```

JavaScript 代码为：

```
function playing(e){
       alert("当前播放速率为: " + e.playbackRate);
}
```

6. volume、muted 属性

volume 属性表示媒体元素播放时的音量，该属性的取值范围为 0～1，0 为最低音量，1 为最高音量，也可在取值范围内修改该属性值，从而调整当前播放媒体的音量大小。

muted 属性是一个布尔值，表示是否设置为静音，如果为 true，则表示是静音，否则不是静音，默认值为 false。

可以通过单击按钮调节媒体播放时的音量大小，单击复选框设置媒体播放时是否开启静音效果，代码如下。

页面代码为：

```
<video id = "vdoMain" src = "Video/6 - test_1.mov">
        你的浏览器不支持视频与音频
</video>
<input name = "btnVolume" id = "btnVolume" type = "button"
        value = "调节音量" onClick = "btnVolume_click();">
<input name = "chkMuted" id = "chkMuted" type = "checkbox"
        onChange = "chkMuted_change(this);">开启静音
```

JavaScript 代码为：

```
// JavaScript Document
```

```
function $$(id){
    return document.getElementById(id);
}
function btnVolume_click(){
    $$("vdoMain").volume = 0;
}
function chkMuted_change(e){
    $$("vdoMain").muted = (e.checked)?true:false;
}
```

6.2 多媒体元素常用方法

多媒体元素可以通过添加 controls 属性显示控制条工具栏，单击工具栏中的按钮控制媒体文件的播放过程。除此之外，也可以自定义播放按钮，调用多媒体元素在播放文件时的方法，实现控制文件播放过程的功能。

6.2.1 媒体播放时的方法

当一个媒体文件需要通过多媒体元素播放时，可以调用元素的 load()方法进行文件的加载。load()方法用于加载媒体文件，且自动将元素的 playbackRate 属性值设置为 defaultPlaybackRate 属性对应的值，同时，将元素的 error 属性设置为 null 值。

此外，如需要播放加载完成的媒体文件，还需要调用多媒体元素的 play()方法，该方法用于实现播放加载完成的媒体文件，同时将元素的 paused 属性设置为 false 值。

另外，如果需要暂停正在播放中的媒体文件，还需要调用元素的 pause()方法，该方法用于实现暂停正在播放中的媒体文件，即将元素的 paused 属性设置为 true 值。

下面通过一个实例介绍自定义 video 元素控制条工具栏的过程。

实例 6-7 自定义 video 元素控制条工具栏

1. 功能描述

在页面中添加一个多媒体元素 video，用于播放指定的媒体文件，且不设置 controls 属性，同时在多媒体元素的底部创建两个 span 元素，前者用于“加载”媒体文件，后者用于“播放”加载完成的媒体文件或“暂停”正在播放中的媒体文件。

2. 实现代码

在 WebStorm 中新建一个 HTML 页面 6-7.html，加入代码如代码清单 6-7-1 所示。

代码清单 6-7-1 自定义 video 元素控制条工具栏

```
<!DOCTYPE html>
<html>
<head>
<meta charset="UTF-8">
<title>自定义 video 元素控制条工具栏</title>
```

```
<link href = "Css/css6.css" rel = "stylesheet" type = "text/css">
<script type = "text/javascript" language = "jscript"
        src = "Js/js7.js">
</script>
</head>
<body>
<div>
  <video id = "vdoMain" src = "Video/6 - test_1.mov"
         width = "360px" height = "220px"
         poster = "Images/2010 年作品.jpg">
         你的浏览器不支持视频
  </video>
  <p id = "pTool">
     <span onClick = "v_load();">加载</span>
     <span id = "spnPlay" onClick = "v_play(this);">播放</span>
  </p>
<div>
</body>
</html>
```

在实例 6-7 中，页面导入一个 JavaScript 文件 js7.js，在该文件中自定义了两个函数 v_load()与 v_play()，分别用于单击两个 span 元素时的调用。其实现的代码如代码清单 6-7-2 所示。

代码清单 6-7-2　实例 6-7 中的 JavaScript 文件 js7.js 的源码

```
// JavaScript Document
function $$ (id) {
    return document.getElementById(id);
}
function v_load() {
    $$ ("spnPlay").innerHTML = "播放";
    $$ ("vdoMain").load();
}
function v_play(e) {
    if (e.innerHTML == "播放") {
        $$ ("vdoMain").play();
        e.innerHTML = "暂停";
    } else {
        $$ ("vdoMain").pause();
        e.innerHTML = "播放";
    }
}
```

3. 页面效果

该页面在 Chrome 浏览器中执行的页面效果如图 6-7 所示。

4. 源码分析

在本实例中，单击“加载”标记时，将触发自定义的 v_load()函数，在函数中，先改变“播

图 6-7　显示自定义 video 元素控制条工具栏的效果

放"标记中显示的文字信息,因为一旦重新加载,需要再次单击"播放"标记；然后,调用多媒体元素的 load()方法,从而实现重新加载一次媒体文件的功能。

当媒体文件加载完成,单击"播放"标记时,将触发自定义的函数 v_play(),在函数中,根据传回单击标记中的内容,触发对应方法；如果传回标记内容是"播放",那么,执行元素的 play()方法,并将标记内容修改为"暂停",当单击"暂停"标记时,由于传回标记内容是"播放",因此,执行元素的 pause()方法,并将标记内容修改为"播放",从而实现同一个标记根据不同显示内容,完成"播放"或"暂停"媒体文件的功能。详细实现过程见代码中加粗部分。

6.2.2　canPlayType ()方法

由于浏览器对多媒体元素加载媒体文件的类型支持不同,因此,在使用多媒体元素加载文件前,需要检测当前浏览器是否支持媒体文件类型,而检测的方法则是通过调用多媒体元素的 canPlayType(type)方法。其中,type 参数表示需要浏览器检测的类型,该类型与媒体文件的 MIME 类型一致；通过多媒体元素的 canPlayType(type)方法,可以返回如下三个值。

- 空字符串：表示浏览器不支持该类型的媒体文件。
- maybe：表示浏览器可能支持该类型的媒体文件。
- probably：表示浏览器支持该类型的媒体文件。

下面通过一个实例介绍使用 canPlayType()方法检测浏览器支持媒体类型的过程。

实例 6-8　使用 canPlayType ()方法检测浏览器支持媒体类型

1. 功能描述

在页面中添加一个多媒体元素 video,在多媒体元素的底部创建一个 span 元素,用于"检测"浏览器是否支持各种媒体类型。单击 span 元素后,将检测后的结果显示在页面中。

2. 实现代码

在 WebStorm 中新建一个 HTML 页面 6-8. html,加入代码如代码清单 6-8-1 所示。

代码清单 6-8-1 使用 canPlayType ()方法检测浏览器支持的媒体类型

```
<!DOCTYPE html>
<html>
<head>
<meta charset = "UTF - 8">
<title>使用 canPlayType()方法检测浏览器支持的媒体类型</title>
<link href = "Css/css6.css" rel = "stylesheet" type = "text/css">
<script type = "text/javascript" language = "jscript"
        src = "Js/js8.js">
</script>
</head>
<body>
<div>
  <video id = "vdoMain" src = "Video/6 - test_1.mov"
         width = "360px" height = "220px"
         poster = "Images/2010 年作品.jpg">
         你的浏览器不支持视频
  </video>
  <p id = "pTool">
    <span onClick = "v_chkType();">检测</span>
  </p>
    <span id = "spnResult"></span>
<div>
</body>
</html>
```

在实例 6-8 中，页面导入一个 JavaScript 文件 js8.js，在该文件中自定义了一个函数 v_chkType()用于单击内容为“检测”的 span 元素时调用。其实现的代码如代码清单 6-8-2 所示。

代码清单 6-8-2 实例 6-8 中的 JavaScript 文件 js8.js 的源码

```
// JavaScript Document
function $$ (id) {
    return document.getElementById(id);
}
var i = 0,j = 0,k = 0;
function v_chkType() {
    var strHTML = "";
    var arrType = new Array('audio/mpeg;', 'audio/mov;',
    'audio/mp4;codecs = "mp4a.40.2"', 'audio/ogg;codecs = "vorbis"',
    'video/webm;codecs = "vp8,vorbis"', 'audio/wav;codecs = "1"');
    for (intI = 0; intI < arrType.length; intI++) {
        switch ( $$ ("vdoMain").canPlayType(arrType[intI])) {
        case "":
            i = i + 1;
            break;
        case "maybe":
            j = j + 1;
```

```
            break;
        case "probably":
            k = k + 1;
            break;
        }
    }
    strHTML += "空字符: " + i + "<br>";
    strHTML += "maybe: " + j + "<br>";
    strHTML += "probably: " + k;
    $$("spnResult").style.display = "block";
    $$("spnResult").innerHTML = strHTML;
}
```

3. 页面效果

该页面在 Chrome 浏览器中执行的页面效果如图 6-8 所示。

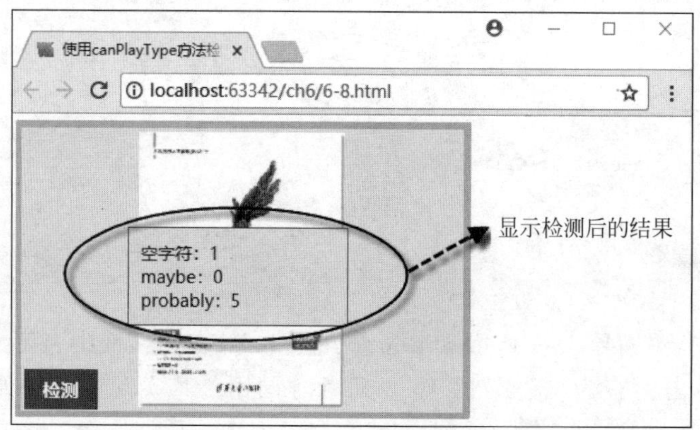

图 6-8 使用 canPlayType()方法检测浏览器支持媒体类型的效果

4. 源码分析

在本实例中,当用户在页面中单击内容为"检测"的 span 元素时,将调用一个自定义函数 v_chkType()。在该函数中,首先定义一个数组 arrType,用于保存各种媒体类型及编码格式,然后遍历该数组中的元素,在遍历过程中调用多媒体元素的 canPlayType()方法,对每种类型及编码格式进行检测,并将返回检测结果值的累加总量保存至各自变量中,最后将这些变量值数据通过 id 为 spnResult 的元素显示在页面中。详细实现过程见代码中加粗部分。

6.3 多媒体元素重要事件

多媒体元素不仅有相关的属性、方法,而且还有一系列完备的事件机制。在前面章节介绍多媒体元素 networkState 与 error 属性时,就分别触发了 progress 与 error 事件。除此之外,还有许多记录媒体文件播放过程的事件,如 playing 等,下面分别进行介绍。

6.3.1 媒体播放事件

在媒体文件被浏览器请求加载、开始加载、开始播放、暂停播放、播放结束这一系列的流程中所触发的事件，称为“媒体播放事件”，也是多媒体元素的核心事件。通过对这些事件的跟踪，可以很方便地获取媒体文件在各个阶段的播放状态。

下面通过一个实例介绍获取多媒体元素在播放事件中不同状态的过程。

实例 6-9 获取多媒体元素在播放事件中的不同状态

1. 功能描述

在页面中添加一个多媒体元素 video，并增加 controls 属性，同时通过自定义函数绑定多个播放事件，在事件中分别记录媒体元素的即时状态，并以动态的方式将状态内容显示在 id 为 spnPlayTip 的页面元素中。

2. 实现代码

在 WebStorm 中新建一个 HTML 页面 6-9. html，加入代码如代码清单 6-9-1 所示。

代码清单 6-9-1 获取多媒体元素在播放事件中的不同状态

```
<! DOCTYPE html >
< html >
< head >
< meta charset = "UTF - 8">
< title>获取多媒体元素在播放事件中的不同状态</title >
< link href = "Css/css6.css" rel = "stylesheet" type = "text/css">
< script type = "text/javascript" language = "jscript"
        src = "Js/js9.js">
</script >
</head >
< body >
< div >
  < video id = "vdoMain" src = "Video/6 - test_1.mov"
         width = "360px" height = "220px" controls = "true"
         onMouseOut = "v_move(0)" onMouseOver = "v_move(1)"
         onPlaying = "v_palying()" onPause = "v_pause()"
         onLoadStart = "v_loadstart();"
         onEnded = "v_ended();"
         poster = "Images/2010 年作品.jpg">
         你的浏览器不支持视频
  </video >
  < p id = "pTip">
    < span id = "spnPlayTip" class = "spnL"></span >
  </p >
< div >
</body >
</html >
```

在实例 6-9 中,页面导入一个 JavaScript 文件 js9. js,在该文件中自定义了多个函数,分别响应各个播放事件被触发时的调用。其实现的代码如代码清单 6-9-2 所示。

代码清单 6-9-2　实例 6-9 中的 JavaScript 文件 js9. js 的源码

```
// JavaScript Document
function $$ (id) {
    return document.getElementById(id);
}
function v_move(v){
    $$ ("pTip").style.display = (v)?"block":"none";
}
function v_loadstart() {
    $$ ("spnPlayTip").innerHTML = "开始加载";
}
function v_palying(){
    $$ ("spnPlayTip").innerHTML = "正在播放";
}
function v_pause(){
    $$ ("spnPlayTip").innerHTML = "已经暂停";
}
function v_ended(){
    $$ ("spnPlayTip").innerHTML = "播放完成";
}
```

3. 页面效果

该页面在 Chrome 浏览器中执行的页面效果如图 6-9 所示。

图 6-9　获取多媒体元素在播放事件中不同状态的效果

4. 源码分析

在本实例中,为了实现鼠标指针移至多媒体元素时显示媒体播放状态、移出元素时隐藏播放状态的效果,在多媒体元素的 onMouseOut 与 onMouseOver 事件中,传递不同的参数值,调用了同一个自定义的函数 v_move()。在该函数中,将根据传回的参数值,显示或隐藏 id 为 pTip 的页面元素,从而实现鼠标移至或移出多媒体元素的效果。

为了在多媒体元素触发播放事件的过程中，动态显示媒体文件的播放状态，需要在绑定的事件中，修改 id 为 spnPlayTip 的元素内容。详细实现过程见代码中加粗部分。

6.3.2 timeupdate 事件

在多媒体元素的众多事件中，timeupdate 事件是一个十分重要的事件。在媒体文件播放过程中，如果播放位置发生变化，就会触发该事件，可以利用该事件，结合多媒体元素的 currentTime 与 duration 属性，动态显示媒体文件播放的当前时间与总量时间。

下面通过一个实例介绍通过 timeupdate 事件动态显示媒体文件播放时间的过程。

实例 6-10 通过 timeupdate 事件动态显示媒体文件播放时间

1. 功能描述

在实例 6-9 的基础之上，为多媒体元素 video 添加一个 onTimeUpdate 事件，用于改变播放文件位置时调用。另外，新增加一个 id 为 spnTimeTip 的 span 元素，用于动态显示媒体文件播放的当前时间与总量时间。

2. 实现代码

在 WebStorm 中新建一个 HTML 页面 6-10.html，加入代码如代码清单 6-10-1 所示。

代码清单 6-10-1 通过 timeupdate 事件动态显示媒体文件播放时间

```
<!DOCTYPE html>
<html>
<head>
<meta charset="UTF-8">
<title>通过 timeupdate 事件动态显示媒体文件播放时间</title>
<link href="Css/css6.css" rel="stylesheet" type="text/css">
<script type="text/javascript" language="jscript"
        src="Js/js10.js">
</script>
</head>
<body>
<div>
  <video id="vdoMain" src="Video/6-test_1.mov"
         width="360px" height="220px" controls="true"
         onMouseOut="v_move(0)" onMouseOver="v_move(1)"
         onPlaying="v_palying()" onPause="v_pause()"
         onLoadStart="v_loadstart();"
         onEnded="v_ended();"
         onTimeUpdate="v_timeupdate(this)"
         poster="Images/2010年作品.jpg">
         你的浏览器不支持视频
  </video>
  <p id="pTip">
      <span id="spnPlayTip" class="spnL"></span>
      <span id="spnTimeTip" class="spnR">00:00 / 00:00</span>
  </p>
```

```
<div>
</body>
</html>
```

在实例 6-10 中，页面导入一个 JavaScript 文件 js10. js。在该文件中，除其他自定义函数外，还新增了一个 v_timeupdate()函数，用于改变播放位置时的调用。其实现的代码如代码清单 6-10-2 所示。

代码清单 6-10-2　实例 6-10 中的 JavaScript 文件 js10. js 的源码

```
...与实例 6 - 9 的代码相同部分已省略
function v_timeupdate(e){
    var strCurTime = RuleTime(Math.floor(e.currentTime/60),2) + ":" +
              RuleTime(Math.floor(e.currentTime % 60),2);
    var strEndTime = RuleTime(Math.floor(e.duration/60),2) + ":" +
              RuleTime(Math.floor(e.duration % 60),2);
    $$ ("spnTimeTip").innerHTML = strCurTime + " / " + strEndTime;
}
//转换时间显示格式
function RuleTime(num, n) {
    var len = num.toString().length;
    while(len < n) {
        num = "0" + num;
        len++;
    }
    return num;
}
```

3. 页面效果

该页面在 Chrome 浏览器中执行的页面效果如图 6-10 所示。

图 6-10　通过 timeupdate 事件动态显示媒体文件播放时间的效果

4. 源码分析

在本实例中，当多媒体元素触发 timeupdate 事件时，调用一个自定义函数 v_timeupdate()，在该函数中，分别使用整除与求余数的方法，分割多媒体元素当前时间

currentTime 属性与时间总量 duration 属性返回的秒值，组成分与秒的格式；在组成过程中，又调用了另外一个自定义函数 RuleTime()，该函数可以将长度不足 2 位的数字，在前面加“0”进行补充。详细实现过程见代码中加粗部分。

6.3.3 其他事件

除了在 6.3.1 节与 6.3.2 节中介绍的事件外，多媒体元素还有很多实用的事件，如播放总长度改变时将触发 durationchange 事件，音量大小改变或启动静音时将触发 volumechange 事件，等等。多媒体元素的相关事件如表 6-4 所示。

表 6-4 多媒体元素的相关事件

事件名称	说明
abort	浏览器下载媒体文件过程中，非错误引起中止下载时触发
canplay	媒体文件播放时，因速率原因需要缓存，引起不能正常播放时触发
canplaythrough	媒体在无需缓冲仍然可以持续、正常地播放时触发
durationchange	当媒体文件的播放时间总量长度发生变化时触发
emptied	当多媒体元素播放一个未知或异常的媒体文件时触发
ended	当媒体文件播放结束时触发
error	当媒体文件在加载过程中出现错误时触发
loadeddata	当多媒体元素加载完成当前指定位置的媒体文件时触发
loadedmetadata	当多媒体元素总字节数加载完成时触发
loadstart	当浏览器开始加载媒体文件时触发
pause	当多媒体元素中断播放媒体文件时触发
play	当多媒体元素开始播放媒体文件时触发
playing	当多媒体元素正在播放媒体文件时触发
progress	当多媒体元素正在读取媒体文件时触发
ratechange	当多媒体元素的默认速率或当前速率改变时触发
readystatechange	当多媒体元素的 readystate 属性值改变时触发
seeked	当多媒体元素的 seeking 属性为 false，浏览器中止数据请求时触发
seeking	当多媒体元素的 seeking 属性为 true，浏览器正在请求数据时触发
stalled	当多媒体元素因无法正常获取数据时触发
suspend	浏览器暂停数据的下载，但下载过程并未结束时触发
timeupdate	当多媒体元素播放媒体文件的位置发生变化时触发
volumechange	当多媒体元素音量大小改变或启动静音时触发

在 HTML5 中，多媒体元素 video 与 audio 可以利用这些自带的事件，方便、快捷地实现在原来 HTML4 以前版本中较为复杂的功能。

小结

在本章中，先从基础的概念入手，介绍多媒体元素 video 与 audio 在页面中的使用方法，然后通过理论与实例结合的方式，分别介绍了多媒体元素所涉及的属性、方法及重要的事件，为读者熟练掌握视频与音频元素在 HTML5 中的应用打下扎实的基础。

第 7 章

HTML5绘图基础

视频讲解

本章学习目标

- 理解并掌握画布元素 canvas 的基础知识。
- 掌握画布使用路径和操作图形的方法。
- 理解并掌握画布绘制图像和文字的过程。

7.1 画布的基础知识

想要在页面中利用新增加的画布元素 canvas 绘画图形，需要经过以下三个步骤。

(1) 使用 canvas 元素创建一个画布区域，并获取该元素。

(2) 通过获取的 canvas 元素，取得该图形元素的上下文环境对象。

(3) 根据取得的上下文环境对象，在页面中绘制图形或动画。

下面结合几个简单的实例，详细介绍画布元素 canvas 的基本用法。

7.1.1 canvas 元素的基本用法

与创建页面中的其他元素相同，canvas 元素的创建也十分简单，只需要加一个标记 id，设置元素的长、宽即可，如下列代码所示。

```
<canvas id = "cnvMain" width = "280px" height = "190px"></canvas>
```

画布创建完成后，就可以利用画布的上下文环境对象绘制图形了。

下面通过一个实例介绍使用 canvas 元素绘制一个正方形的过程。

实例 7-1 使用 canvas 元素绘制一个正方形

1. 功能描述

在页面中新建一个 canvas 元素，并在该元素中绘制一个指定长度的正方形。

2. 实现代码

在 WebStorm 中新建一个 HTML 页面 7-1.html，加入代码如代码清单 7-1-1 所示。

代码清单 7-1-1 使用 canvas 元素绘制一个正方形

```
<!DOCTYPE html>
<html>
<head>
<meta charset="UTF-8">
<title>canvas 简单实例</title>
<link href="Css/css7.css" rel="stylesheet" type="text/css">
<script type="text/javascript" language="jscript"
        src="Js/js1.js">
</script>
</head>
<body onLoad="pageload();">
    <canvas id="cnvMain" width="280px" height="190px"></canvas>
</body>
</html>
```

在实例 7-1 中，页面导入一个 JavaScript 文件 js1.js，在该文件中，编写一个自定义函数 pageload()，用于页面加载时的调用。其实现的代码如代码清单 7-1-2 所示。

代码清单 7-1-2 实例 7-1 中的 JavaScript 文件 js1.js 的源码

```
// JavaScript Document
function $$(id){
    return document.getElementById(id);
}
function pageload(){
    var cnv = $$("cnvMain");
    var cxt = cnv.getContext("2d");
    cxt.fillStyle = "#ccc";
    cxt.fillRect(30,30,80,80);
}
```

3. 页面效果

该页面在 Chrome 浏览器中执行的页面效果如图 7-1 所示。

4. 源码分析

在本实例的 JavaScript 代码中，首先获取 canvas 元素，然后取得绘图元素的上下文环境对象 cxt，在获取过程中，需要调用画布的 getContext()方法，并给该方法传递一个字符串为 2d 的参数；一旦取得画布的上下文环境对象后，就可以通过该对象使用绘图的方法与属性，如需要绘制一个矩形，方法如下。

```
cxt.fillRect(x,y,width,height);
```

其中，参数 x 表示矩形起点 x 轴与左上角(0,0)间的距离，参数 y 表示矩形起点 y 轴与

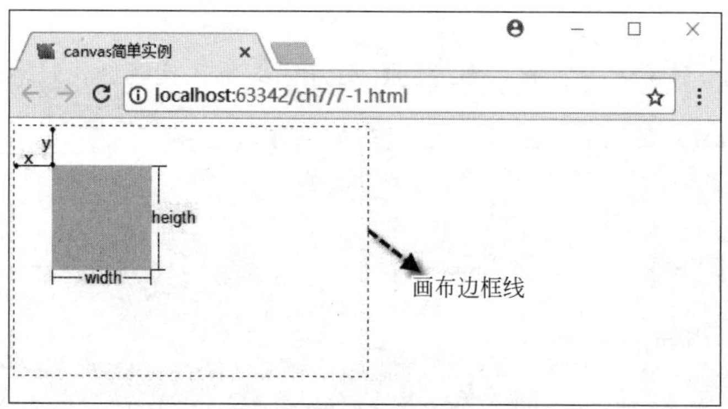

图 7-1 使用 canvas 元素绘制正方形的效果

左上角(0,0)的距离,参数 width 表示矩形的宽度,参数 height 表示矩形的高度,其所在位置如示意图 7-1 所示。在绘制矩形前,需要设置图形的背景色,方法如下。

```
cxt.fillStyle = "background - color";
```

其中,参数 background-color 可以是一种 CSS 颜色、图案、渐变色,默认值为黑色,本实例为"#ccc",是一种 CSS 颜色,设置绘制图形背景色的操作必须先于图形绘制,否则,所设置的背景色将不起作用。详细实现过程见代码中加粗部分。

7.1.2 canvas 元素绘制带边框矩形

除了绘制有背景色的图形外,还可以绘制有边框的图形,实现过程是,在获取绘图上下文环境对象 cxt 后,调用一个 strokeRect()方法,该方法用来绘制一个矩形,但并不填充矩形区域,而是绘制矩形的边框,其调用格式如下。

```
cxt.strokeRect(x,y,width,height);
```

其中,参数 x,y 为矩形起点坐标,width 与 height 分别为矩形宽度与高度。当然,在绘制边框前,可以调用 strokeStyle 属性设置边框的颜色,格式如下。

```
cxt.strokeStyle = "background - color";
```

其中,参数 background-color 为边框的颜色,可以是一种 CSS 值、图案或渐变色。另外,如果想要清空图形中指定区域的像素,可以调用另一个 clearRect()方法,该方法用来清空指定区域中的图形色彩,调用格式如下。

```
cxt.clearRect(x,y,width,height);
```

其中,参数 x,y 为被清空色彩区域起点的坐标,width 与 height 分别为被清空像素区域的宽度与高度,清空后的区域为透明色。

下面通过一个实例介绍使用 canvas 元素绘制一个带边框矩形的过程。

实例 7-2 使用 canvas 元素绘制一个带边框的矩形

1. 功能描述

在页面中新建一个 canvas 元素,并在该元素中绘制一个有背景色和边框的矩形,同时,单击该矩形时,将清空矩形中指定区域中的图形色彩。

2. 实现代码

在 WebStorm 中新建一个 HTML 页面 7-2.html,加入代码如代码清单 7-2-1 所示。

代码清单 7-2-1 使用 canvas 元素绘制一个带边框的矩形

```
<!DOCTYPE html>
<html>
<head>
<meta charset="UTF-8">
<title>canvas元素绘制带边框矩形</title>
<link href="Css/css7.css" rel="stylesheet" type="text/css">
<script type="text/javascript" language="jscript"
        src="Js/js2.js">
</script>
</head>
<body onLoad="pageload();">
    <canvas id="cnvMain" width="280px" height="190px"
            onClick="cnvClick();">
    </canvas>
</body>
</html>
```

在实例 7-2 中,页面导入一个 JavaScript 文件 js2.js,在该文件中,除 pageload()函数外,新增另一个自定义函数 cnvClick(),用于图形单击时的调用。其实现的代码如代码清单 7-2-2 所示。

代码清单 7-2-2 实例 7-2 中的 JavaScript 文件 js2.js 的源码

```
// JavaScript Document
function $$(id) {
    return document.getElementById(id);
}
function pageload(){
    var cnv = $$("cnvMain");
    var cxt = cnv.getContext("2d");
    //设置边框
    cxt.strokeStyle = "#666";
    cxt.strokeRect(30,30,150,80);
    //设置背景
    cxt.fillStyle = "#eee";
    cxt.fillRect(30,30,150,80);
}
```

```
function cnvClick(){
    var cnv = $$ ("cnvMain");
    var cxt = cnv.getContext("2d");
    //清空图形
    cxt.clearRect(36,36,138,68);
}
```

3. 页面效果

该页面在 Chrome 浏览器中执行的页面效果如图 7-2 所示。

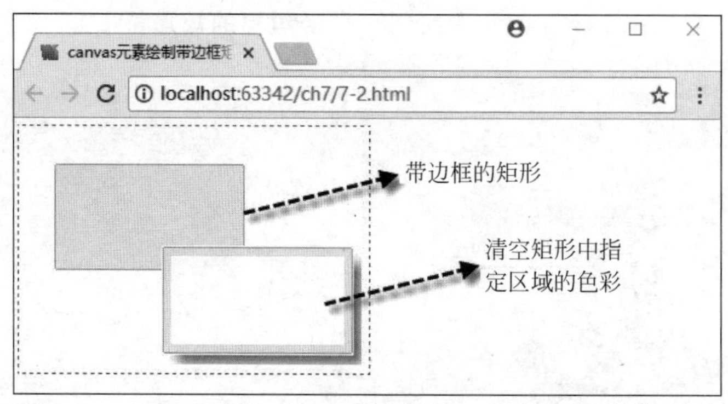

图 7-2 使用 canvas 元素绘制带边框矩形的效果

4. 源码分析

在本实例的 JavaScript 代码中，当页面开始加载时，调用一个自定义的函数 pageload()，在该函数中，除使用 fillRect()方法绘制带背景色的图形外，还调用了 strokeRect()方法绘制带边框的图形。在调用 strokeRect()方法前，先通过 strokeStyle 属性设置所绘制边框的颜色为"#666"，由于 fillRect()方法与 strokeRect()方法中所使用的参数值相同，因此，将绘制一个背景色和边框重叠的矩形，实现效果如图 7-2 所示。

当用户单击绘制好的矩形时，将触发一个 onClick 事件，在该事件中，调用自定义函数 cnvClick()，在该函数中，使用 clearRect()方法清空指定区域的色彩。详细实现过程见代码中加粗部分。

7.1.3 canvas 元素绘制渐变图形

在 HTML5 中，利用 canvas 元素，可以绘制出有渐变色的图形，渐变方式分为两种，一种是线性渐变，另一种是径向渐变。本节介绍使用线性渐变的方式绘制图形，操作步骤如下。

(1) 在获取上下文环境对象 cxt 后，调用该对象的 createLinearGradient()方法创建一个 LinearGradient 对象，调用格式如下。

```
cxt.createLinearGradient(xStart,yStart,xEnd,yEnd)
```

其中，参数 xStart 和 yStart 分别表示渐变颜色开始时的坐标，xEnd 和 yEnd 分别为渐

变颜色结束时的坐标；如果 yStart 渐变颜色开始时的纵坐标与 yEnd 渐变颜色结束时的纵坐标相同，则表示渐变颜色沿水平方向自左向右渐变；如果 xStart 渐变颜色开始时的横坐标与 xEnd 渐变颜色结束时的横坐标相同，则表示渐变颜色沿纵坐标方向自上向下渐变；如果 xStart 渐变颜色开始时的横坐标与 xEnd 渐变颜色结束时的横坐标不相同，并且 yStart 渐变颜色开始时的纵坐标与 yEnd 渐变颜色结束时的纵坐标也不相同，则表示渐变颜色沿矩形对角线渐变，示意图如图 7-3 所示。

(2) LinearGradient 对象创建并取名为 gnt 后，调用该对象的 addColorStop()方法，进行渐变颜色与偏移量的设置，调用格式如下。

```
gnt.addColorStop(value,color);
```

其中，参数 value 表示渐变位置偏移量，它可以在 0 与 1 之间取任意值；参数 color 表示渐变开始与结束时的颜色，分别对应偏移量 0 与 1，为了实现颜色的渐变功能，必须调用两次该方法，第一次表示开始渐变时的颜色，第二次表示结束渐变时的颜色，如图 7-4 所示。

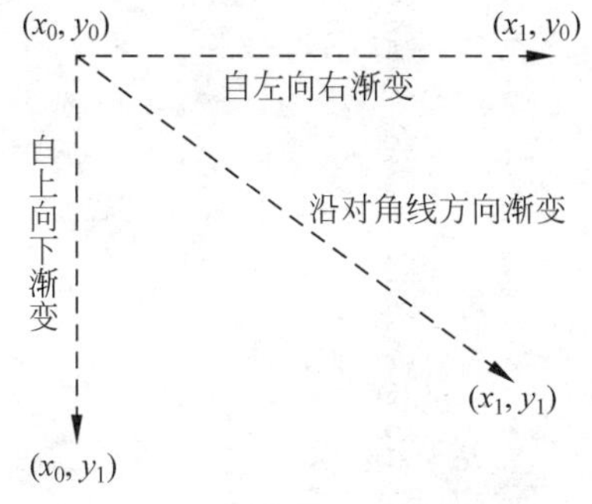

图 7-3 三种常见图形颜色渐变的方向

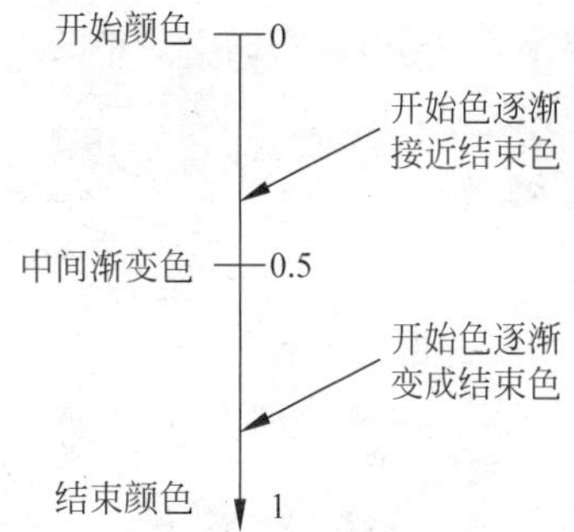

图 7-4 偏移量在颜色渐变时的变化过程

(3) 通过 gnt 对象，将偏移量与渐变色的值设置完成后，再将 gnt 对象赋值给 fillStyle 属性，表明此次图形的样式是一个渐变对象，最后，使用 fillRect()方法绘制出一个有渐变色的图形。

下面通过一个实例介绍使用 canvas 元素绘制有渐变色图形的过程。

实例 7-3 使用 canvas 元素绘制有渐变色的图形

1. 功能描述

在页面中新建一个 canvas 元素，利用该元素绘制三种不同颜色渐变方向的图形，分别为自左向右、从上而下、沿图形对角线渐变。

2. 实现代码

在 WebStorm 中新建一个 HTML 页面 7-3.html，加入代码如代码清单 7-3-1 所示。

代码清单 7-3-1 使用 canvas 元素绘制有渐变色的图形

```
<!DOCTYPE html>
<html>
```

```
<head>
<meta charset="UTF-8">
<title>使用 canvas 元素绘制有渐变色的图形</title>
<link href="Css/css7.css" rel="stylesheet" type="text/css">
<script type="text/javascript" language="jscript"
        src="Js/js3.js">
</script>
</head>
<body onLoad="pageload();">
    <canvas id="cnvMain" width="280px" height="190px"></canvas>
</body>
</html>
```

在实例 7-3 中，页面导入一个 JavaScript 文件 js3.js，在该文件中，编写了一个 pageload()函数，用于页面加载时，绘制不同颜色渐变方向的图形。其实现的代码如代码清单 7-3-2 所示。

代码清单 7-3-2　实例 7-3 中的 JavaScript 文件 js3.js 的源码

```
// JavaScript Document
function $$(id) {
    return document.getElementById(id);
}
function pageload(){
    var cnv = $$("cnvMain");
    var cxt = cnv.getContext("2d");
    //绘制由左至右的颜色渐变图形
    var gnt1 = cxt.createLinearGradient(20,20,150,20);
    gnt1.addColorStop(0,"#000");
    gnt1.addColorStop(1,"#fff");
    cxt.fillStyle = gnt1;
    cxt.fillRect(20,20,150,20);
    //绘制由上至下的颜色渐变图形
    var gnt2 = cxt.createLinearGradient(20,20,20,150);
    gnt2.addColorStop(0,"#000");
    gnt2.addColorStop(1,"#fff");
    cxt.fillStyle = gnt2;
    cxt.fillRect(20,20,20,150);
    //绘制沿对角线的颜色渐变图形
    var gnt3 = cxt.createLinearGradient(50,50,100,100);
    gnt3.addColorStop(0,"#000");
    gnt3.addColorStop(1,"#fff");
    cxt.fillStyle = gnt3;
    cxt.fillRect(50,50,100,100);
}
```

3. 页面效果

该页面在 Chrome 浏览器中执行的页面效果如图 7-5 所示。

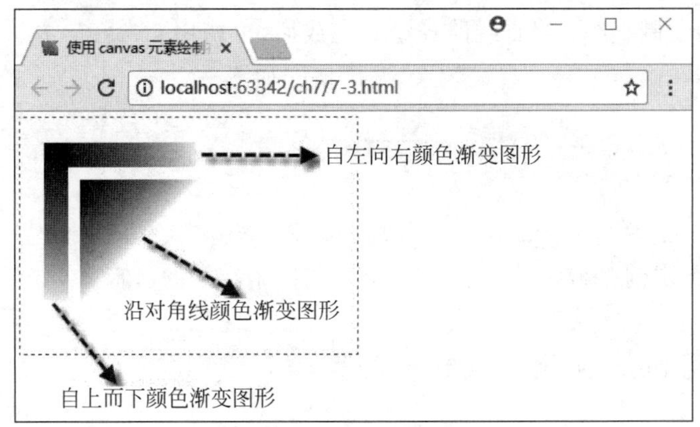

图 7-5 使用 canvas 元素绘制有渐变色图形的效果

4. 源码分析

在本实例的 JavaScript 代码中，自定义了一个 pageload()函数，当页面触发 onLoad 事件时，调用该函数，在函数中调用 createLinearGradient()方法，传递不同的渐变色起点与终点坐标参数值，创建三个不同的 LinearGradient 对象，分别对应自左向右、自上而下、沿对角线渐变的三种渐变方式，并分别将 LinearGradient 对象设置为对应 fileStyle 的属性值，从而实现绘制不同方向渐变色的图形。详细实现过程见代码中加粗部分。

7.2 画布中使用路径

在 7.1 节中通过使用 canvas 元素，绘制了不同形状与背景色的各种图形，除此之外，还可以通过该元素绘制直线与圆，而这点需要借助画布中的路径功能；在页面画布元素中，调用绘画路径的 moveTo()与 lineTo()方法，可以绘制直线；调用 arc()方法，可以绘制指定位置与大小的圆形，下面详细介绍这些方法在画布中的使用。

7.2.1 moveTo ()与 lineTo ()的用法

在画布元素中，如果要绘制直线，通常使用 moveTo ()与 lineTo ()两个方法。moveTo ()方法用于将画笔移至指定点并以该点为直线的开始起点，调用格式如下。

```
cxt.moveTo(x,y)
```

其中，cxt 为上下文环境对象名称，x 为移至起点的横坐标，y 为移至起点的纵坐标，调用该方法后，即画布中设置了一个绘制直线的开始点，如果需要绘制直线还需要调用 lineTo ()方法，该方法用于将画笔从指定的起点坐标与传递的终点坐标参数之间绘制一条直线，调用格式如下：

```
cxt.lineTo(x,y)
```

其中，x 为移至的终点横坐标，y 为移至终点的纵坐标，该方法可以反复调用，第一次调用后，画笔自动移至终点坐标位置，第二次调用时，又以该终点坐标位置作为第二次调用时的起点位置，开始绘制直线；当直线路径绘制完成后，再调用 stroke()方法在画布中描绘边框直线路径，最终在画布中展示直线效果，调用格式如下。

```
cxt.stroke()
```

stroke()方法无参数，用于绘制完路径后，对路径进行描绘边框处理。

下面通过一个实例介绍使用 canvas 元素绘制多条直线的过程。

实例 7-4 使用 canvas 元素绘制多条直线

1. 功能描述

在页面中新建一个 canvas 元素，在该元素中调用 moveTo()与 moveLine()方法，绘制两条相互衔接的直线，显示在页面中。

2. 实现代码

在 WebStorm 中新建一个 HTML 页面 7-4.html，加入代码如代码清单 7-4-1 所示。

代码清单 7-4-1 使用 canvas 元素绘制多条直线

```
<!DOCTYPE html>
<html>
<head>
<meta charset="UTF-8">
<title>通过路径画直线</title>
<link href="Css/css7.css" rel="stylesheet" type="text/css">
<script type="text/javascript" language="jscript"
        src="Js/js4.js">
</script>
</head>
<body onLoad="pageload();">
    <canvas id="cnvMain" width="280px" height="190px"></canvas>
</body>
</html>
```

在实例 7-4 中，页面导入一个 JavaScript 文件 js4.js，在该文件中，编写了一个 pageload()函数，用于页面加载时，绘制两条不同位置相互衔接的直线。其实现的代码如代码清单 7-4-2 所示。

代码清单 7-4-2 实例 7-4 中的 JavaScript 文件 js4.js 的源码

```
// JavaScript Document
function $$(id) {
    return document.getElementById(id);
}
function pageload(){
    var cnv = $$("cnvMain");
    var cxt = cnv.getContext("2d");
```

```
        cxt.moveTo(130,30);
        cxt.lineTo(30,100);
        cxt.lineTo(130,160);
        cxt.lineWidth = 3;
        cxt.stroke();
    }
```

3. 页面效果

该页面在 Chrome 浏览器中执行的页面效果如图 7-6 所示。

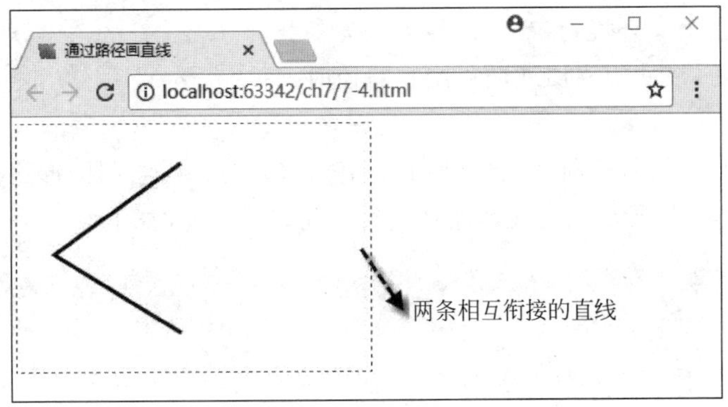

图 7-6　使用 canvas 元素绘制直线的效果

4. 源码分析

在本实例的 JavaScript 代码中，首先，在坐标为(130,30)的位置处，调用 moveTo()方法绘制一个直线的开始点，然后，在该点与坐标为(30,100)的位置间，绘制第一条直线路径，此时，画笔锁定在第一条直线结束点坐标(30,100)中，又以第一条直线结束点坐标为开始点，在该点与坐标为(130,160)的位置间，绘制第二条直线路径，此时，画笔又锁定在第二条直线结束点坐标(130,160)中。

两条直线路径绘制完成后，使用 lineWidth 属性设置直线的边框值，最后调用 stroke()方法，对绘制完成的路径进行描边，描绘边框时，默认颜色为黑色，也可以通过 strokeStyle 属性进行设置，描绘边框完成后，才将两条绘制的直线显示在画布中。

7.2.2　在画布中绘制圆形

在画布中，除了使用方法 moveTo()与 lineTo()绘制路径，描绘边框直线外，还可以使用上下文对象中的 arc()方法，描绘圆形路径，绘制各种形状的圆形图案，调用格式如下。

```
cxt.arc(x,y,radius,startAngle,endAngle,anticlockwise)
```

其中，cxt 为上下文环境对象名称，参数 x 表示绘制圆形的横坐标，参数 y 表示绘制圆形的纵坐标，参数 radius 表示绘制圆的半径，单位为像素；参数 startAngle 表示绘制圆弧时的开始角度，参数 endAngle 表示绘制圆弧时的结束角度。举一个例子，如果想绘制一个完整的圆形，那么，参数 startAngle 的值为 0，表示从 0 弧度开始，参数 endAngle 的值为

Math.PI×2 表示到 360 弧度时结束；如果想绘制一个半圆形，那么，参数 startAngle 的值不变，参数 endAngle 的值为 Math.PI×1 表示到 180 弧度时结束。参数 anticlockwise 是一个布尔值，表示绘制时是否按顺时针绘制。如果为 true，表示按顺时针绘制，如果为 false，表示按逆时针绘制。

在开始调用 arc()方法绘制圆形路径之前，需要调用上下文环境对象中的 beginPath()方法，申明开始绘制路径，调用格式如下。

```
cxt.beginPath()
```

其中，cxt 为上下文环境对象名称，该方法无参数。

需要注意的是，在使用遍历或循环绘制路径时，每次都要调用该方法，即该方法仅对应单次的路径绘制。

除在开始绘制圆形路径前，需要调用 beginPath()方法外，绘制圆形路径完成后，还要调用 closePath()方法，将所绘制完成的路径进行关闭，调用格式如下。

```
cxt.closePath()
```

其中，cxt 为上下文环境对象名称，该方法元素参数，与 beginPath()方法一样，也是对应单次的路径绘制，并且一般情况下，与 beginPath()方法是成对出现的。

当圆形路径绘制完成后，并没有真正在画布元素中展示，因为上面的操作仅是绘制了圆形的路径，还需要对路径进行描绘边框或填充的操作，如果是描边，则调用上下文环境对象中的 stroke()方法，在调用该方法之前，还可以设置边框的颜色与宽度，如以下代码所示。

```
cxt.strokeStyle = "#ccc";
cxt.lineWidth = 2;
cxt.stroke();
```

上述代码的第一行表示设置边框的颜色，第二行表示设置边框的宽度，第三行表示开始进行描绘边框操作。需要注意的是，设置边框颜色与宽度的代码，必须在描绘边框操作前，否则将不起作用。

除了对已经绘制的圆形路径进行描绘边框外，还可以调用上下文环境对象中的 fill()方法进行填充的操作，当然，在调用该方法之前，也可以设置填充的颜色，如以下代码所示。

```
cxt.fillStyle = "#eee";
cxt.fill();
```

上述代码的第一行表示设置填充圆形路径的颜色，第二行表示开始进行填充的操作，与描绘边框操作一样，设置填充圆形路径的颜色的代码，必须在填充的操作之前，否则也将不起作用。当然，也可以对所绘制的圆形路径进行既填充又描绘边框的操作，详细代码见接下来的实例。

下面通过一个实例介绍使用 canvas 元素绘制多个不同形状圆的过程。

实例 7-5 使用 canvas 元素绘制多个不同形状的圆

1. 功能描述

在页面中新建一个 canvas 元素，同时创建三个 span 标记，内容分别设置为“实体圆”“边框圆”“衔接圆”；当单击某个 span 标记时，则在画布元素中绘制对应图案的圆形。

2. 实现代码

在 WebStorm 中新建一个 HTML 页面 7-5.html，加入代码如代码清单 7-5-1 所示。

代码清单 7-5-1 使用 canvas 元素绘制多个不同形状的圆

```
<!DOCTYPE html>
<html>
<head>
<meta charset = "UTF-8">
<title>通过路径画圆形</title>
<link href = "Css/css7.css" rel = "stylesheet" type = "text/css">
<script type = "text/javascript" language = "jscript"
        src = "Js/js5.js">
</script>
</head>
<body>
   <div><p>
    <span onClick = "spn1_click();">实体圆</span>
    <span onClick = "spn2_click();">边框圆</span>
    <span onClick = "spn3_click();">衔接圆</span></p>
    <canvas id = "cnvMain" width = "280px" height = "190px"></canvas>
   <div>
</body>
</html>
```

在实例 7-5 中，页面导入一个 JavaScript 文件 js5.js，在该文件中，编写了三个自定义事件函数，分别用于每个 span 元素单击事件时的调用。其实现的代码如代码清单 7-5-2 所示。

代码清单 7-5-2 实例 7-5 中的 JavaScript 文件 js5.js 的源码

```
// JavaScript Document
function $$(id) {
    return document.getElementById(id);
}
function spn1_click(){
    var cnv = $$("cnvMain");
    var cxt = cnv.getContext("2d");
    //清除画布原有图形
    cxt.clearRect(0,0,280,190);
    //开始画实体圆
    cxt.beginPath();
    cxt.arc(100,100,50,0,Math.PI * 2,true);
    cxt.closePath();
```

```
        //设置填充背景色
        cxt.fillStyle = "#eee";
        //进行填充
        cxt.fill();
    }
    function spn2_click(){
        var cnv = $$("cnvMain");
        var cxt = cnv.getContext("2d");
        //清除画布原有图形
        cxt.clearRect(0,0,280,190);
        //开始画边框圆
        cxt.beginPath();
        cxt.arc(100,100,50,0,Math.PI * 2,true);
        cxt.closePath();
        //设置边框色
        cxt.strokeStyle = "#666";
        //设置边框宽度
        cxt.lineWidth = 2;
        //进行描边
        cxt.stroke();
    }
    function spn3_click(){
        var cnv = $$("cnvMain");
        var cxt = cnv.getContext("2d");
        //清除画布原有图形
        cxt.clearRect(0,0,280,190);
        //开始画圆
        cxt.beginPath();
        cxt.arc(100,100,50,0,Math.PI * 2,true);
        cxt.closePath();
        //设置填充背景色
        cxt.fillStyle = "#eee";
        //进行填充
        cxt.fill();
        //设置边框色
        cxt.strokeStyle = "#666";
        //设置边框宽度
        cxt.lineWidth = 2
        //进行描边
        cxt.stroke();
        //开始画衔接的边框圆
        cxt.beginPath();
        cxt.arc(175,100,50,0,Math.PI * 2,true);
        cxt.closePath();
        //设置边框色
        cxt.strokeStyle = "#666";
        //设置边框宽度
        cxt.lineWidth = 2
        //进行描边
        cxt.stroke();
    }
```

3. 页面效果

该页面在 Chrome 浏览器中执行的页面效果如图 7-7 所示。

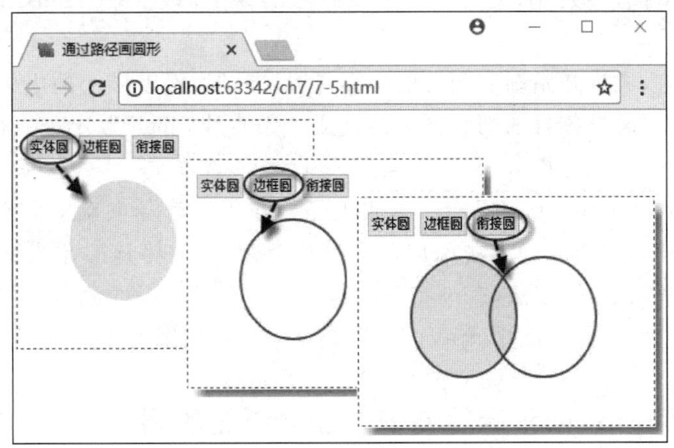

图 7-7 使用 canvas 元素绘制多个圆形的效果

4. 源码分析

在本实例中，当单击“实体圆”标记时，将调用自定义函数 spn1_click()，在该函数中，首先通过获取的上下文环境对象 cxt，使用 clearRect()方法，清空画布中原有的图形，防止图形在画布中的交叉展示，然后调用 arc()方法绘制一个圆形路径，其中圆心坐标为(100，100)、半径为 50 像素、弧度为从 0 开始到 Math. PI×2 结束、按顺时针方向进行绘制；路径绘制完成后，设置填充颜色，最后使用 fill()方法将颜色填充至已绘制的圆路径中，从而在画布中形成一个实体的圆形。

在自定义函数 spn2_click()中，绘制圆形路径的过程与 spn1_click()函数相同，仅是在最后绘制图形时使用了 stroke()方法，对路径进行描边，而非 spn1_click()函数中的 fill()填充方法。另外，在进行描绘边框前，通过 lineWidth 与 strokeStyle 属性分别设置边框的宽度与颜色。最后使用 stroke()方法，按照设置的颜色与宽度对已绘制的圆路径进行描边，从而在画布中形成一个边框圆。

在自定义函数 spn3_click()中，结合了 spn1_click()与 spn2_click()函数中绘制圆形的方法与过程，只是在绘制第二个与第一个衔接圆形时，改变了圆心的横坐标距离，而其他参数值均不变化。完整的实现过程见自定义函数 spn3_click()中加粗部分。

7.2.3 在画布中绘制渐变圆形

在 7.1.3 节中，介绍了使用线形渐变的方式绘制多个不同渐变方向的矩形，在画布中，除绘制线形渐变图形外，还可以绘制径向渐变图形。顾名思义，这种渐变方式主要针对圆形，如果需要利用径向渐变的方式绘制有渐变色的圆形，只要调用上下文环境对象 cxt 中的 createRadialGradient()方法，格式如下。

```
cxt.createRadialGradient(xStart,yStart,radiusStart,
                         xEnd,yEnd,radiusEnd)
```

其中,参数 cxt 为获取的上下文对象,参数 xStart 为开始渐变圆心的横坐标,参数 yStart 为开始渐变圆心的纵坐标,参数 radiusStart 为开始渐变圆的半径;参数 xEnd 为结束渐变圆心的横坐标,参数 yEnd 为结束渐变圆心的纵坐标,参数 radiusEnd 为结束渐变圆的半径。

调用该方法时,通过开始渐变圆心的坐标位置,向结束渐变圆心的坐标位置进行颜色的渐变,即两个圆之间通过各自的圆心坐标连接成一条直线,起点为开始圆心,终点为结束圆心,色彩由起点向终点进行扩散,直至终点圆外框。

当然,使用 createRadialGradient()方法仅是新建了一个径向渐变的对象,接下来需要为该对象通过 addColorStop()方法添加偏移量与渐变色,并将该对象设置为 fillStyle 属性的值,最后,通过调用 fill()方法,在画布中绘制出一个有径向渐变色彩的圆形。

下面通过一个实例介绍使用 canvas 元素绘制一个径向渐变圆的过程。

实例 7-6　使用 canvas 元素绘制一个径向渐变的圆

1. 功能描述

在页面中新建一个 canvas 元素,当页面加载时,通过调用 createRadialGradient()方法创建一个渐变对象,将该对象设置为 fillStyle 属性的值,在画布中绘制一个径向渐变的圆。

2. 实现代码

在 WebStorm 中新建一个 HTML 页面 7-6.html,加入代码如代码清单 7-6-1 所示。

代码清单 7-6-1　使用 canvas 元素绘制径向渐变的圆

```
<!DOCTYPE html>
<html>
<head>
<meta charset = "UTF-8">
<title>绘制径向渐变的圆</title>
<link href = "Css/css7.css" rel = "stylesheet" type = "text/css">
<script type = "text/javascript" language = "jscript"
        src = "Js/js6.js">
</script>
</head>
<body onLoad = "pageload();">
    <canvas id = "cnvMain" width = "280px" height = "190px"></canvas>
</body>
</html>
```

在实例 7-6 中,页面导入一个 JavaScript 文件 js6.js,在该文件中,通过自定义函数 pageload(),实现绘制径向渐变圆的功能,该函数在页面加载时调用。其实现的代码如代码清单 7-6-2 所示。

代码清单 7-6-2　实例 7-6 中的 JavaScript 文件 js6.js 的源码

```
// JavaScript Document
function $$(id) {
```

```
    return document.getElementById(id);
}
function pageload(){
    var cnv = $$("cnvMain");
    var cxt = cnv.getContext("2d");
    //开始创建渐变对象
    var gnt = cxt.createRadialGradient(30,30,0,20,20,400);
    gnt.addColorStop(0,"#000");
    gnt.addColorStop(0.3,"#eee");
    gnt.addColorStop(1,"#fff");
    //开始绘制实体圆路径
    cxt.beginPath();
    cxt.arc(125,95,80,0,Math.PI * 2,true);
    cxt.closePath();
    //设置填充背景色
    cxt.fillStyle = gnt;
    //进行填充
    cxt.fill();
    //开始绘制边框圆路径
    cxt.beginPath();
    cxt.arc(125,95,80,0,Math.PI * 2,true);
    cxt.closePath();
    //设置边框颜色
    cxt.strokeStyle = "#666";
    //设置边框宽度
    cxt.lineWidth = 2;
    //开始描边
    cxt.stroke();
}
```

3. 页面效果

该页面在 Chrome 浏览器中执行的页面效果如图 7-8 所示。

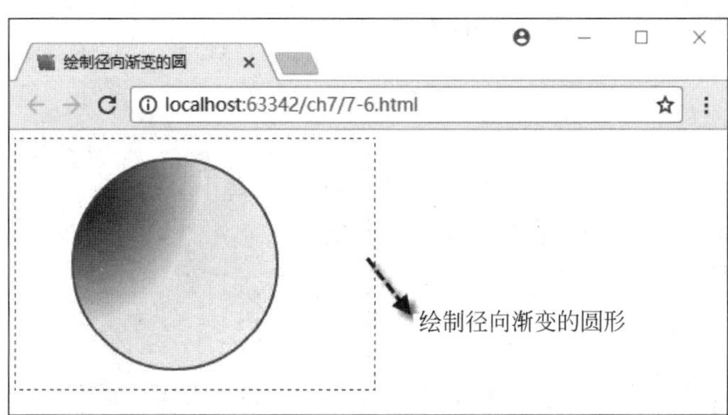

图 7-8 使用 canvas 元素绘制径向渐变圆的效果

4. 源码分析

在本实例中，获取上下文环境对象 cxt 后，首先调用该对象的 createRadialGradient()方

法创建一个渐变对象 gnt,然后通过 gnt 对象中的 addColorStop()方法,为渐变对象增加三种用于渐变的偏移量与颜色值,当绘制完成圆路径后,将渐变对象 gnt 赋值给 fillStyle 属性,最后根据 fillStyle 属性值,使用 fill()方法在画布中绘制一个有径向渐变的圆形图案。另外,为了增加实体圆的边框效果,以相同的参数再次调用 arc(),在实体圆的基础上,绘制一个边框圆形。详细实现过程见代码中加粗部分。

7.3 操作图形

在使用画布元素 canvas 绘制图形时,有时需要对已绘制完成的图形进行相关的操作,如移动、缩放、旋转图形,这些操作可以借助 Canvas API 中提供的相关方法来实现。此外,通过调用 Canvas API 中提供的相关方法,还可以将多块图形以不同的组合方式结合在一起展示。另外,还可通过增加阴影属性值,为图形添加各种方向的阴影效果,接下来详细介绍。

7.3.1 变换图形原点坐标

从上面的章节中,我们知道,画布元素在绘制图形时,先要定位图形的原点坐标,再设置其他属性才开始绘制,如果改变图形的原点坐标,图形本身也将发生变化。针对这一特点,Canvas API 提供了三种处理变换图形原点坐标方法 translate()、scale()、rotate(),通过调用这些方法,可以实现对已绘制图形的移动、缩放、旋转的操作,其中,translate()方法调用格式如下。

```
cxt.translate(x,y)
```

该方法的功能是实现对已绘制图形的移动操作。其中,cxt 为上下文环境对象,参数 x 表示将图形原点横坐标移动的距离,大于 0 时向右移动,小于 0 时向左移动;参数 y 表示将图形的原点纵坐标移动的距离,大于 0 时向下移动,小于 0 时向上移动。另外,scale()方法调用格式如下。

```
cxt.scale(x,y)
```

该方法的功能是实现对已绘制图形的缩放操作。其中,cxt 为上下文环境对象,参数 x 表示向横坐标方向缩放的倍数值,大于 0 时进行放大,小于 0 时进行缩小;参数 y 表示向纵坐标方向缩放的倍数值,大于 0 时进行放大,小于 0 时进行缩小。此外,rotate()方法调用格式如下。

```
cxt.rotate(angle)
```

该方法的功能是实现对已绘制图形的旋转操作。其中,cxt 为上下文环境对象,参数 angle 表示图形旋转的角度,大于 0 时顺时针方向旋转,小于 0 时逆时针方向旋转。

下面通过一个实例介绍使用 canvas 元素实现对图形移动、缩放、旋转操作的过程。

实例 7-7 使用 canvas 元素移动、缩放、旋转绘制的图形

1. 功能描述

在页面中新建一个 canvas 元素，页面加载时，在画布中绘制一个正方形。另外，创建三个 span 标记，内容分别设置为"移动""缩放""旋转"。当单击某个 span 标记时，则对画布中已绘制的正方形进行相应的操作。

2. 实现代码

在 WebStorm 中新建一个 HTML 页面 7-7. html，加入代码如代码清单 7-7-1 所示。

代码清单 7-7-1 使用 canvas 元素移动、缩放、旋转绘制的图形

```
<!DOCTYPE html>
<html>
<head>
<meta charset = "UTF - 8">
<title>移动、缩放、旋转绘制的图形</title>
<link href = "Css/css7.css" rel = "stylesheet" type = "text/css">
<script type = "text/javascript" language = "jscript"
        src = "Js/js7.js">
</script>
</head>
<body onLoad = "drawRect();">
    <div><p>
     <span onClick = "spn1_click();">移动</span>
     <span onClick = "spn2_click();">缩放</span>
     <span onClick = "spn3_click();">旋转</span></p>
     <canvas id = "cnvMain" width = "280px" height = "190px"></canvas>
    <div>
</body>
</html>
```

在实例 7-7 中，页面导入一个 JavaScript 文件 js7. js，在该文件中，自定义了多个函数，分别用于页面加载与各个 span 元素单击时调用。其实现的代码如代码清单 7-7-2 所示。

代码清单 7-7-2 实例 7-7 中的 JavaScript 文件 js7. js 的源码

```
// JavaScript Document
function $$ (id) {
    return document.getElementById(id);
}
//绘制一个正方形
function drawRect(){
    var cnv = $$ ("cnvMain");
    var cxt = cnv.getContext("2d");
    //设置边框
    cxt.strokeStyle = "#666";
    cxt.lineWidth = 2;
    cxt.strokeRect(105,70,60,60);
}
```

```
//上下移动已绘制的正方形
function spn1_click(){
    var cnv = $$ ("cnvMain");
    var cxt = cnv.getContext("2d");
    cxt.translate( - 20, - 20);
    drawRect();
    cxt.translate(40,40);
    drawRect();
}
//缩放已绘制的正方形
function spn2_click(){
    var cnv = $$ ("cnvMain");
    var cxt = cnv.getContext("2d");
    cxt.scale(1.2,1.2);
    drawRect();
    cxt.scale(1.2,1.2);
    drawRect();
}
//旋转已绘制的正方形
function spn3_click(){
    var cnv = $$ ("cnvMain");
    var cxt = cnv.getContext("2d");
    cxt.rotate(Math.PI/8);
    drawRect();
    cxt.rotate( - Math.PI/4);
    drawRect();
}
```

3. 页面效果

该页面在 Chrome 浏览器中执行的页面效果如图 7-9 所示。

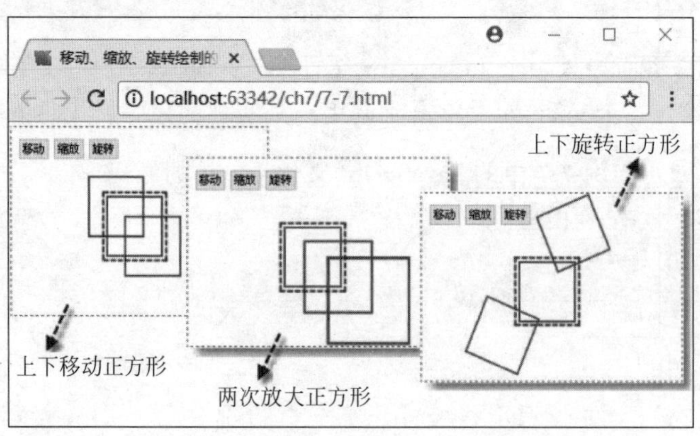

图 7-9 使用 canvas 元素移动、缩放、旋转绘制的图形的效果

4. 源码分析

在本实例中,页面在触发加载事件时,调用了一个自定义函数 drawRect(),该函数的功能是在画布中绘制一个正方形,即示意图中带虚线部分,所有对图形的移动、放大、旋转操作

都是以该图形为原型图，在该图形的基础上进行的。

单击“移动”标记时，首先，调用 translate()方法，对原型图向上、向左移动 20 像素距离，并调用函数 drawRect()，对平移后的图形进行绘制；然后，再次调用 translate()方法，对平移后的图形，向下、向右移动 40 像素距离，并再次调用函数 drawRect()，对第二次平移后的图形进行绘制，实现效果如图 7-9 中的第一幅图所示。

单击“缩放”标记时，实现过程与单击“移动”标记时差不多，只是调用两次 scale()方法，分别对原型图与第一次放大图形进行放大 1.2 倍的操作，实现效果如图 7-9 中的第二幅图所示。

单击“旋转”标记时，调用了两次 rotate()方法，第一次是对原型图按顺时针旋转 Math.PI/8°，第二次是在已旋转后的图形按逆时针再次旋转 Math.PI/4°，实现效果如图 7-9 中的第三幅图所示。

只要是针对图形的操作，无论是“移动”“缩放”“旋转”，每次操作后，都要调用函数 drawRect()，重新绘制新的图形，以确保操作后的效果显示在画布中。详细实现过程见代码中加粗部分。

7.3.2　组合多个图形

在画布中绘制图形时，如果需要绘制多个有交叉点的图形，那么，每个图形显示的顺序是根据绘制时的先后顺序，在交叉之处，新绘制的图形将会覆盖原先绘制的图形。但有时候这样的显示效果并不尽人意，如果想要改变这种默认多图组合的显示形式，可以通过修改上下文环境的 globalCompositeOperation 属性值来实现，它有多个属性值，如表 7-1 所示。

表 7-1　globalCompositeOperation 属性值及说明

属 性 值	说　　明
source-over	显示图形时，新绘制的图形覆盖原先绘制的图形，这是默认值
copy	只显示新图形，其他部分做透明处理
darker	两种图形都显示，在图形重叠部分，颜色由两个图形的颜色值相减后形成
destination-atop	只显示新图形中与原图形重叠部分及新图形的其余部分，其他部分做透明处理
destination-in	只显示原图形中与新图形重叠部分，其他部分做透明处理
destination-out	只显示原图形中与新图形不重叠部分，其他部分做透明处理
destination-over	与 source-over 属性相反，原先绘制的图形覆盖新绘制的图形
lighter	两种图形都显示，在图形重叠部分，颜色由两个图形的颜色值相加后形成
source-atop	只显示原图形中与新图形重叠部分及原图形的其余部分，其他部分做透明处理
source-in	只显示新图形中与原图形重叠部分，其他部分做透明处理
source-out	只显示新图形中与原图形不重叠部分，其他部分做透明处理
xor	两种图形都绘制，并透明处理图形重叠部分

其中，source 表示新图形资源，destination 表示原图形资源。

下面通过一个实例介绍使用 canvas 元素实现多图形组合显示的过程。

实例 7-8 使用 canvas 元素设置多图形组合显示的方式

1. 功能描述

在页面中新建一个 canvas 元素，当页面加载时，调用一个自定义的函数 pageload()，通过该函数创建一个正方形和圆形，将两个图形组合的类型值设为 lighter，并将组合后图形结果显示在画布中。

2. 实现代码

在 WebStorm 中新建一个 HTML 页面 7-8.html，加入代码如代码清单 7-8-1 所示。

代码清单 7-8-1 使用 canvas 元素设置多图形组合显示的方式

```
<!DOCTYPE html>
<html>
<head>
<meta charset="UTF-8">
<title>设置多图形组合显示的方式</title>
<link href="Css/css7.css" rel="stylesheet" type="text/css">
<script type="text/javascript" language="jscript"
        src="Js/js8.js">
</script>
</head>
<body onLoad="pageload();">
    <canvas id="cnvMain" width="280px" height="190px"></canvas>
</body>
</html>
```

在实例 7-8 中，页面导入一个 JavaScript 文件 js8.js，在该文件中，自定义了多个函数，分别用于页面加载与绘制不同图形时调用。其实现的代码如代码清单 7-8-2 所示。

代码清单 7-8-2 实例 7-8 中的 JavaScript 文件 js8.js 的源码

```
// JavaScript Document
function $$(id){
    return document.getElementById(id);
}
function pageload(){
    var cnv = $$("cnvMain");
    var cxt = cnv.getContext("2d");
    drawRect(cxt);
    cxt.globalCompositeOperation = "lighter";
    drawCirc(cxt);
}
//绘制一个正方形
function drawRect(cxt){
    cxt.fillStyle = "#666";
    cxt.fillRect(60,50,80,80);
}
```

```
//绘制一个圆形
function drawCirc(cxt){
    cxt.beginPath()
    cxt.arc(130,120,50,0,Math.PI * 2,true);
    cxt.closePath()
    cxt.fillStyle = "#ccc";
    cxt.fill();
}
```

3. 页面效果

该页面在 Chrome 浏览器中执行的页面效果如图 7-10 所示。

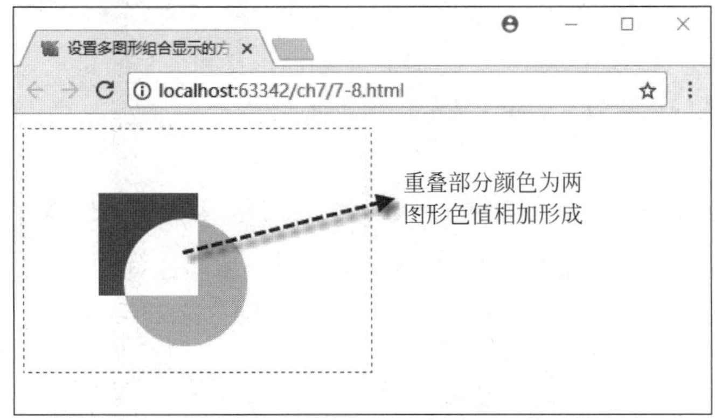

图 7-10　使用 canvas 元素设置多图形组合显示方式的效果

4. 源码分析

在本实例的 JavaScript 代码中，先自定义两个函数 drawRect()与 drawCirc()，分别用于根据传入的上下文环境参数值，绘制正方形与圆形。

当页面加载时，将触发页面的 onLoad 事件，在该事件中，调用另一个自定义函数 pageload()，在 pageload()函数中，首先通过 id 获取画布 canvas 元素，并根据画布元素取得上下文环境对象 cxt，然后传递 cxt 对象，调用 drawRect()函数在画布中先绘制一个正方形。接下来，设置 globalCompositeOperation 属性值为 lighter，表明与下面图形组合时的显示方式。最后，调用 drawCirc()函数再在画布中绘制一个圆形，两个图形在重叠部分，将按照设置的 globalCompositeOperation 属性值进行组合显示。详细实现过程见代码中加粗部分。

7.3.3　添加图形阴影

在使用画布元素 canvas 绘制图形时，可以为图形添加背景阴影，以达到立体显示的效果；为了实现这一功能，需要对上下文环境对象的阴影属性进行设置，相关阴影属性如表 7-2 所示。

需要说明的是，shadowBlur 模糊属性为可选择项，该项为阴影效果的实现，如果需要设置，取值通常为 1～10 比较适宜。

表 7-2 设置图形阴影的相关属性及说明

属 性 值	说 明
shadowOffsetX	阴影与图形的水平距离,大于 0 值向右偏移,小于 0 值向左偏移,默认值为 0
shadowOffsetY	阴影与图形的垂直距离,大于 0 值向下偏移,小于 0 值向上偏移,默认值为 0
shadowColor	阴影的颜色值,例如：设置为 blue、#eee、rgb(0,0,0)均可以
shadowBlur	阴影的模糊值,该值越大,模糊度超强,反之,模糊度越弱,默认值为 1

下面通过一个实例介绍使用 canvas 元素实现添加绘制图形阴影效果的过程。

实例 7-9 使用 canvas 元素添加绘制图形阴影的效果

1. 功能描述

在页面中,新建一个 canvas 元素,绘制两个相同形状和大小的矩形,并分别为两个图形添加不同方向展现的阴影效果,同时显示在画布元素中。

2. 实现代码

在 WebStorm 中新建一个 HTML 页面 7-9. html,加入代码如代码清单 7-9-1 所示。

代码清单 7-9-1 使用 canvas 元素添加绘制图形阴影的效果

```
<!DOCTYPE html>
<html>
<head>
<meta charset = "UTF - 8">
<title>添加绘制图形阴影的效果</title>
<link href = "Css/css7.css" rel = "stylesheet" type = "text/css">
<script type = "text/javascript" language = "jscript"
        src = "Js/js9.js">
</script>
</head>
<body onLoad = "pageload();">
    <canvas id = "cnvMain" width = "280px" height = "190px"></canvas>
</body>
</html>
```

在实例 7-9 中,页面导入一个 JavaScript 文件 js9.js,在该文件中,自定义一个实现添加绘制图形不同角度阴影效果的函数,该函数在页面加载时调用。其实现的代码如代码清单 7-9-2 所示。

代码清单 7-9-2 实例 7-9 中的 JavaScript 文件 js9.js 的源码

```
// JavaScript Document
function $$ (id) {
    return document.getElementById(id);
}
function pageload(){
    var cnv = $$ ("cnvMain");
    var cxt = cnv.getContext("2d");
```

```
        //设置左上方向的阴影
        cxt.shadowOffsetX =- 6;
        cxt.shadowOffsetY =- 6;
        cxt.shadowColor = "#ccc";
        cxt.shadowBlur = 1;
        cxt.fillStyle = "#eee";
        cxt.fillRect(20,28,100,130);
        //设置右下方向的阴影
        cxt.shadowOffsetX = 6;
        cxt.shadowOffsetY = 6;
        cxt.shadowColor = "#ccc";
        cxt.shadowBlur = 10;
        cxt.fillStyle = "#eee";
        cxt.fillRect(150,28,100,130);
    }
```

3. 页面效果

该页面在 Chrome 浏览器中执行的页面效果如图 7-11 所示。

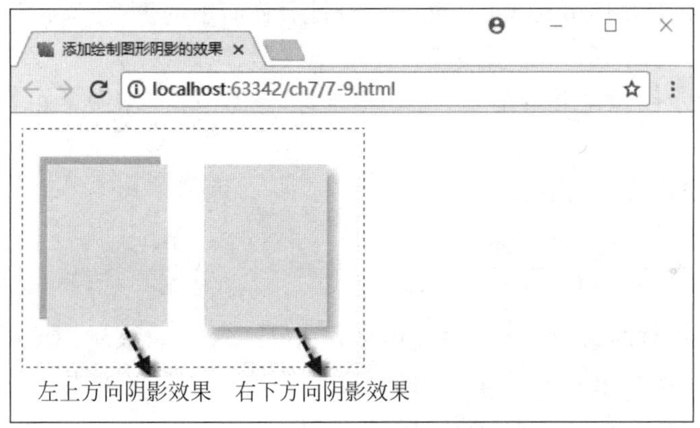

图 7-11　使用 canvas 元素添加图形不同方向阴影的效果

4. 源码分析

在本实例的 JavaScript 代码中，首先获取上下文环境对象 cxt 后，开始设置绘制图形的阴影属性。为了设置第一个矩形的左上方向阴影效果，需要将 shadowOffsetX 与 shadowOffsetY 属性的值设置为负数，同时，设置阴影颜色 shadowColor 的值，并将阴影模糊度 shadowBlur 的值设置为 1，表示不进行模糊处理。然后，设置绘制图形的填充颜色，并使用 fillRect()方法，绘制一个有阴影效果的长方形，如图 7-11 中左边图形所示。

与此同时，为了与画布中左边图形产生对比效果，用同样的方式，在右边绘制了另外一个相同的长方形，只是阴影的方向发生了变化，即将 shadowOffsetX 与 shadowOffsetY 属性的值设置为正数，并将阴影模糊度 shadowBlur 的值设置为 10，表示需要轻度模糊，如图 7-11 中右边图形所示。

通过两个图形的对比，可以更加明确阴影参数使用的效果。

7.4 画布中的图像

在画布元素canvas中，不仅可以绘制各种形状的图形，还可以通过Canvas API中的方法将磁盘或网络路径中的图像导入画布中，并且可以对导入的图片进行平铺、切割、像素处理等多项操作，接下来逐一进行详细的介绍。

7.4.1 绘制图像

在画布元素canvas中绘制图像需要调用上下文环境对象中的drawImage()方法，通过该方法可以将页面中存在的img元素，或者通过JavaScript代码创建的Image对象，绘制在画布中，该方法有以下三种调用的格式。

第一种调用格式代码如下。

```
cxt.drawImage(image,dx,dy)
```

其中，cxt为上下文环境对象，参数image表示页面中的图像，无论该图像是页面中的img元素，还是编写JavaScript代码创建的Image对象，都需要在绘制图像前，完全加载该图像。参数dx表示图像左上角在画布中的横坐标，参数dy表示图像左上角在画布中的纵坐标。

第二种调用格式代码如下。

```
cxt.drawImage(image,dx,dy,dw,dh)
```

其中，前三个参数的用法与第一种调用格式相同，参数dw表示源图像缩放至画布中的宽度，参数dh表示源图像缩放至画布中的高度。通过该方式，可以将源图像按指定缩放的大小绘制在画布元素canvas的坐标为(dx,dy)的位置上。

第三种调用格式代码如下。

```
cxt.drawImage(image,sx,sy,sw,sh,dx,dy,dw,dh)
```

其中，参数image,dx,dy,dw,dh的用法与第二种调用格式相同，参数(sx,sy,sw,sh)表示源图像需要裁剪的范围，参数sx表示源图像被绘制部分的横坐标，参数sy表示源图像被绘制部分的纵坐标，参数sw表示源图像被绘制部分的宽度，参数sh表示源图像被绘制部分的高度。通过该方式，可以将源图像指定的范围以映射的方式，绘制到画布中的指定区域。实现的流程如图7-12所示。

使用映射方法将源图像绘制到画布元素canvas中，可以将裁剪的源图像中的图形，在画布中进行缩放绘制，从而实现局部放大的效果。

下面通过一个实例介绍在canvas元素中使用drawImage()方法绘制图像的过程。

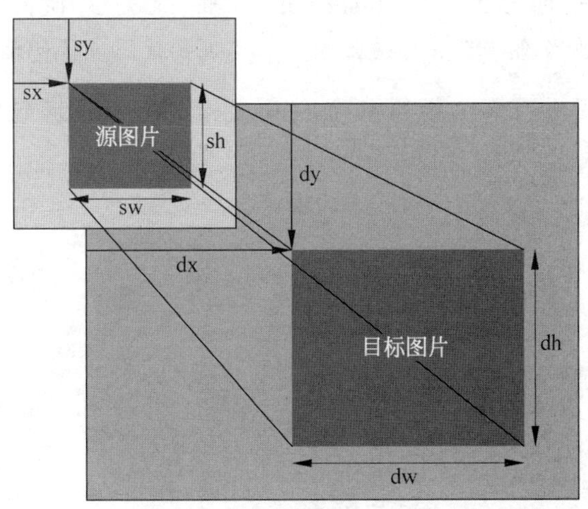

图 7-12 使用 drawImage()方法映射图像的流程示意图

实例 7-10 使用 drawImage ()方法在画布中绘制图像

1. 功能描述

在页面中，新建一个 canvas 元素，第一次单击画布时，使用第一种调用格式在画布中绘制一个指定位置的图像；第二次单击画布时，使用第二种调用格式在画布中绘制一个指定位置与大小的图像；第三次单击画布时，使用第三种调用格式以映射的方式将源图像中的部分图像以放大方式绘制在画布中。

2. 实现代码

在 WebStorm 中新建一个 HTML 页面 7-10. html，加入代码如代码清单 7-10-1 所示。

代码清单 7-10-1 使用 drawImage ()方法在画布中绘制图像

```
<!DOCTYPE html>
<html>
<head>
<meta charset = "UTF - 8">
<title>使用 drawImage()方法在画布中绘制图像</title>
<link href = "Css/css7.css" rel = "stylesheet" type = "text/css">
<script type = "text/javascript" language = "jscript"
        src = "Js/js10.js">
</script>
</head>
<body>
    <canvas id = "cnvMain" width = "280px" height = "190px"
            onClick = "cnvclick(this);">
    </canvas>
</body>
</html>
```

在实例 7-10 中，页面导入一个 JavaScript 文件 js10.js，在该文件中，自定义一个 cnvclick()函数，该函数当画布单击时被调用。其实现的代码如代码清单 7-10-2 所示。

代码清单 7-10-2　实例 7-10 中的 JavaScript 文件 js10.js 的源码

```
// JavaScript Document
//定义保存单击次数的全局变量
var intNum = 0;
//自定义画布单击函数
function cnvclick(cnv) {
    intNum += 1;
    intNum = (intNum == 4) ? 1 : intNum;
    var cxt = cnv.getContext("2d");
    cxt.clearRect(0, 0, cnv.width, cnv.height);
    var objImg = new Image();
    objImg.src = "Images/2010 年作品.jpg";
    objImg.onload = function() {
        switch (intNum) {
        case 1:
            cxt.drawImage(objImg, 10, 10);
            break;
        case 2:
            cxt.drawImage(objImg, 10, 10, 94, 123);
            break;
        case 3:
            cxt.drawImage(objImg, 10, 10, 94, 123);
            cxt.drawImage(objImg, 45, 50, 100, 150, 110, 10, 160, 180);
            break;
        }
    }
}
```

3. 页面效果

该页面在 Chrome 浏览器中执行的页面效果如图 7-13 所示。

图 7-13　使用 drawImage()方法在画布中绘制图像的效果

4. 源码分析

在本实例的 JavaScript 代码中，为了保存每次画布元素被单击的次数，首先定义了一个全局变量 intNum，并赋初始值为 0，当画布被单击时，触发 onClick 事件，在该事件中，调用自定义函数 cnvclick()，该函数先累加变量 intNum 的值，如果单击次数变量 intNum 大于 4，则修改为 1，用于实现单击画布时，功能的反复操作。

然后，先使用 clearRect()方法清空每次在画布中的图形，再定义一个 Image 对象，并通过 src()方法设置一个加载图片的路径。

最后，为了使加载的图片可以在画布中顺利绘制，在画布加载事件 onload 中，根据累加变量 intNum 的值，调用 drawImage()方法不同的使用格式，分别实现在画布中指定位置、指定位置与大小、映射放大方式绘制图片的功能。详细实现过程见代码中加粗部分。

7.4.2　平铺图像

在画布中，除对绘制的图像进行缩放绘制外，还可以通过调用上下文环境对象中的 createPattern()方法，关联图像元素，选择平铺方式，创建一个平铺的对象，并将该平铺对象赋值给 fillStyle 属性，通过调用 fillRect()方法，将该平铺对象绘制在画布中，从而实现平铺图像的效果。createPattern()方法调用的格式如下。

```
cxt.createPattern(image,type)
```

其中，cxt 为上下文环境对象，参数 image 表示被平铺的图像，参数 type 表示图像平铺时的方式，该参数有四种取值，如表 7-3 所示。

表 7-3　createPattern ()方法中参数 type 的取值与说明

属　性　值	说　　明
no-repeat	没有平铺绘制的图像
repeat-x	按水平方向，横向平铺所绘制的图像
repeat-y	按垂直方向，纵向平铺所绘制的图像
repeat	全方位平铺所绘制的图像

下面通过一个实例介绍在 canvas 元素中使用 createPattern()方法平铺图像的过程。

实例 7-11　使用 createPattern ()方法在画布中平铺图像

1. 功能描述

在页面中新建一个 canvas 元素，每次单击画布元素时，都调用不同的平铺方式，将图像绘制在画布元素中。

2. 实现代码

在 WebStorm 中新建一个 HTML 页面 7-11.html，加入代码如代码清单 7-11-1 所示。

代码清单 7-11-1　使用 createPattern ()方法在画布中平铺图像

```
<!DOCTYPE html>
<html>
<head>
<meta charset="UTF-8">
<title>使用 createPattern()方法在画布中平铺图像</title>
<link href="Css/css7.css" rel="stylesheet" type="text/css">
<script type="text/javascript" language="jscript"
        src="Js/js11.js">
</script>
</head>
<body>
    <canvas id="cnvMain" width="280px" height="190px"
            onClick="cnvclick(this);">
    </canvas>
</body>
</html>
```

在实例 7-11 中，页面导入一个 JavaScript 文件 js11.js，在该文件中，自定义一个当画布被单击时，调用的 cnvclick()函数。其实现的代码如代码清单 7-11-2 所示。

代码清单 7-11-2　实例 7-11 中的 JavaScript 文件 js11.js 的源码

```
// JavaScript Document
//定义保存单击次数的全局变量
var intNum = 0;
//自定义画布单击函数
function cnvclick(cnv) {
    intNum += 1;
    intNum = (intNum == 5) ? 1 : intNum;
    var strPrnType = "";
    switch (intNum) {
    case 1:
        strPrnType = "no-repeat";
        break;
    case 2:
        strPrnType = "repeat-x";
        break;
    case 3:
        strPrnType = "repeat-y";
        break;
    case 4:
        strPrnType = "repeat";
        break;
    }
    var cxt = cnv.getContext("2d");
    cxt.clearRect(0, 0, cnv.width, cnv.height);
    var objImg = new Image();
    objImg.src = "Images/2010年作品_s.jpg";
```

```
    var prn = cxt.createPattern(objImg, strPrnType);
    objImg.onload = function() {
        cxt.fillStyle = prn;
        cxt.fillRect(0, 0, cnv.width, cnv.height);
    }
}
```

3. 页面效果

该页面在 Chrome 浏览器中执行的页面效果如图 7-14 所示。

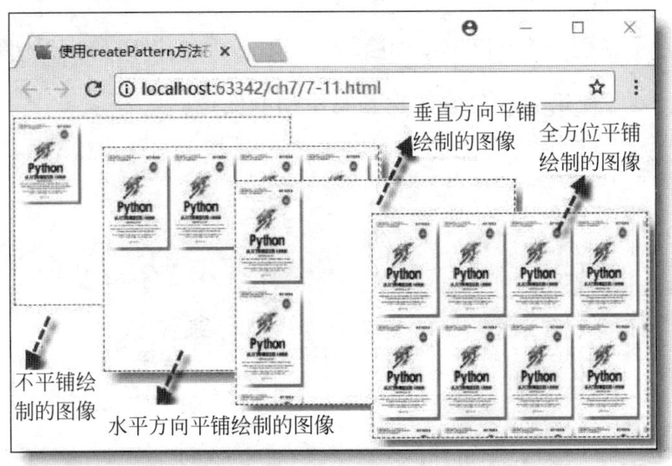

图 7-14 使用 createPattern()方法在画布中平铺图像的效果

4. 源码分析

在本实例的 JavaScript 代码中，首先，根据画布单击累加总量 intNum 的值，获取图像在画布中的平铺方式，并保存至变量 strPrnType 中。

然后，使用 clearRect()方法清空每次在画布中绘制的图形，并定义一个 Image 对象，设置该对象加载图像的路径，再根据该图像与平铺方式变量 strPrnType 的值，新建一个平铺对象 prn，用于图像加载时使用。

最后，在图像加载 onload 事件中，将 prn 平铺对象赋值给 fillStyle 属性，通过调用 fillRect()方法，将平铺对象绘制在整个画布中，cnv. width 与 cnv. height 值分别为画布的宽宽与高度。详细实现过程见代码中加粗部分。

7.4.3 切割图像

在画布元素 canvas 中，不仅能以各种方式平铺绘制的图像，还可以通过调用上下文环境对象中的 clip()方法切割画布中绘制的图像。clip()方法调用格式如下。

```
cxt.clip()
```

其中，cxt 为上下文环境对象，该方法是一个无参数方法，用于切割使用路径方式在画布中绘制的区域，因此，在使用该方法前，必须先使用路径的方式在画布中绘制一个区域，然后才能通过调用 clip()方法,对该区域进行切割。

下面通过一个实例介绍在 canvas 元素中使用 clip()方法切割图像的过程。

实例 7-12 使用 clip ()方法在画布中切割图像

1. 功能描述

在页面中新建一个 canvas 元素,当绘制图像时,调用 clip()方法,将绘制的图像在画布中切割成一个光盘形状。

2. 实现代码

在 WebStorm 中新建一个 HTML 页面 7-12. html,加入代码如代码清单 7-12-1 所示。

代码清单 7-12-1 使用 clip ()方法在画布中切割图像

```
<!DOCTYPE html>
<html>
<head>
<meta charset = "UTF - 8">
<title>使用 clip()方法在画布中切割图像</title>
<link href = "Css/css7.css" rel = "stylesheet" type = "text/css">
<script type = "text/javascript" language = "jscript"
        src = "Js/js12.js">
</script>
</head>
<body onLoad = "pageload();">
    <canvas id = "cnvMain" width = "280px" height = "190px"></canvas>
</body>
</html>
```

在实例 7-12 中,页面导入一个 JavaScript 文件 js12. js,在该文件中,自定义一个当加载时,调用的 pageload()函数。其实现的代码如代码清单 7-12-2 所示。

代码清单 7-12-2 实例 7-12 中的 JavaScript 文件 js12. js 的源码

```
// JavaScript Document
function $$ (id) {
    return document.getElementById(id);
}
//自定义页面加载时调用的函数
function pageload() {
    var cnv =  $$ ("cnvMain");
    var cxt = cnv.getContext("2d");
    var objImg = new Image();
    objImg.src = "Images/2010 年作品_m.jpg";
    objImg.onload = function() {
        drawCirc(cxt, 60, true);
        cxt.drawImage(objImg, 70, 3);
        drawCirc(cxt, 10, false);
    }
```

```
    }
    //根据相关参数绘制圆
    function drawCirc(cxt, intR, blnC) {
        cxt.beginPath();
        cxt.arc(140, 95, intR, 0, Math.PI * 2, true);
        cxt.closePath();
        //设置边框颜色
        cxt.strokeStyle = "#666";
        //设置边框宽度
        cxt.lineWidth = 3;
        //开始描边
        cxt.stroke();
        if (blnC) {
            //切割图形
            cxt.clip();
        } else {
            //设置填充色
            cxt.fillStyle = "#fff";
            //填充图形
            cxt.fill();
        }
    }
```

3. 页面效果

该页面在 Chrome 浏览器中执行的页面效果如图 7-15 所示。

图 7-15 使用 clip()方法在画布中切割图像的效果

4. 源码分析

在本实例的 JavaScript 代码中，当页面加载时，触发 onLoad()事件，在该事件中，调用了一个自定义的函数 pageload()。在该函数中，首先创建一个 Image 对象，并设置该对象加载图像的路径，同时，在加载图像过程中，第一次调用另外一个自定义函数 drawCirc()，绘制一个圆形路径，并使用 stroke()方法，将路径绘制在画布中，同时，调用 clip()方法将画布中的圆路径进行切割。其中，在调用函数 drawCirc()时，参数 cxt 表示上下文环境对象，intR 表示圆半径，blnC 表示是否需要对绘制图形进行切割，true 表示需要，false 表示不需要。

然后，使用 drawImage()方法，在画布中绘制一个左上角坐标为(70，3)的图像，由于绘制图像前，画布已按照圆路径进行了切割，因此，加载的图像也按照该切割后的圆形区域进行绘制。

最后，第二次调用自定义函数 drawCirc()，绘制一个与第一个圆路径同圆心不同半径的小圆形，并设置 fillStyle 的属性值为 #fff，通过 fill()方法进行填充，形成光盘中大圆中的小圆部分。详细实现过程见代码中加粗部分。

7.4.4 处理像素

在 HTML5 中，还可以调用 Canvas API 中的方法，处理画布中所绘制图像的像素，如制作成“蒙版”的效果、黑白色效果等。要实现这样的页面效果，需要在加载图像时，调用两个上下文环境对象的方法，一个是 getImageData()方法，用于获取图像中的像素；另一个是 putImageData()方法，用于将处理后的像素重新绘制到画布中，其调用的格式分别如下所示。

(1) getImageData()方法调用格式。

```
cxt.getImageData(sx,sy,sw,sh)
```

其中，cxt 为上下文环境对象，参数 sx 为获取所选图像区域的横坐标，参数 sy 为获取所选图像区域的纵坐标，参数 sw 为获取所选图像区域的宽度，参数 sh 为获取所选图像区域的高度。获取的像素区域可以通过一个变量保存，如变量 objImgData，该变量是一个 CanvasPixelArray 对象，其中，对象中的 data 属性是一个用于保存像素数据的数组，取值如[r1,g1,b1,a1,r2,g2,b2,a2,…]，因此，objImgData. data. length 则为获取的像素总量，在遍历时，可以使用该值。

(2) putImageData()方法调用格式。

```
cxt.putImageData(image,dx,dy)
```

其中，cxt 为上下文环境对象，参数 image 表示重新绘制的图像，参数 dx 表示重新绘制图像左上角的横坐标，参数 dy 表示重新绘制图像左上角的纵坐标。

下面通过一个实例介绍在 canvas 元素中使用 getImageData()与 putImageData()方法处理图像像素的过程。

实例 7-13 使用 getImageData ()与 putImageData ()方法处理图像像素

1. 功能描述

在页面中，新建一个 canvas 元素，第一次单击该元素时，在画布中绘制一幅图像，再次单击时，处理该图像的像素，以反向色彩的形式在画布中重新绘制。

2. 实现代码

在 WebStorm 中新建一个 HTML 页面 7-13. html，加入代码如代码清单 7-13-1 所示。

代码清单 7-13-1　使用 getImageData ()与 putImageData ()方法处理图像像素

```
<!DOCTYPE html>
<html>
<head>
<meta charset="UTF-8">
<title>使用getImageData()与putImageData()方法处理图像像素</title>
<link href="Css/css7.css" rel="stylesheet" type="text/css">
<script type="text/javascript" language="jscript"
        src="Js/js13.js">
</script>
</head>
<body>
    <canvas id="cnvMain" width="280px" height="190px"
            onClick="cnvclick(this);">
    </canvas>
</body>
</html>
```

在实例 7-13 中，页面导入一个 JavaScript 文件 js13. js，在该文件中，自定义一个 cnvclick()函数，该函数在单击画布时被调用。其实现的代码如代码清单 7-13-2 所示。

代码清单 7-13-2　实例 7-13 中的 JavaScript 文件 js13. js 的源码

```
// JavaScript Document
//定义保存单击次数的全局变量
var intNum = 0;
//自定义画布单击函数
function cnvclick(cnv) {
    intNum += 1;
    intNum = (intNum == 3) ? 1 : intNum;
    var cxt = cnv.getContext("2d");
    var objImg = new Image();
    objImg.src = "Images/2010 年作品_1.jpg";
    var intX = cnv.width/2 - objImg.width/2;
    var intY = cnv.height/2 - objImg.height/2;
    objImg.onload = function() {
        switch (intNum) {
        case 1:
            cxt.drawImage(objImg, intX,intY);
            break;
        case 2:
            dealPixel(cxt,objImg,intX,intY);
            break;
        }
    }
}
//根据相关参数处理绘制图形像素
function dealPixel(cxt,objImg,intX,intY) {
    var ImgData = cxt.getImageData(intX,intY,objImg.width,objImg.height);
    for(var intI = 0;intI < ImgData.data.length;intI += 4){
            ImgData.data[intI + 0] = 255 - ImgData.data[intI + 0];
```

```
            ImgData.data[intI + 1] = 255 - ImgData.data[intI + 2];
            ImgData.data[intI + 2] = 255 - ImgData.data[intI + 1]
        }
        cxt.putImageData(ImgData, intX, intY);
    }
```

3. 页面效果

该页面在 Chrome 浏览器中执行的页面效果如图 7-16 所示。

图 7-16　使用 getImageData()与 putImageData()方法处理图像像素的效果

4. 源码分析

在本实例的 JavaScript 代码中，当画布被单击时，触发 onClick()事件。在该事件中，调用自定义的函数 cnvclick()。在该函数中，首先，累计画布单击次数，并保存至变量 intNum 中，另外，创建一个 Image 对象，并设置对象加载路径。

然后，分别计算 cnv. width/2-objImg. width/2 与 cnv. height/2-objImg. height/2 的值，用于获取绘制图像居中时，左上角的坐标位置，并将计算后的结束值，保存至变量 intX 与 intY 中。

最后，在图像加载过程中，当画布第一次单击时，调用 drawImage()方法，在画布中绘制一个居中的图像，第二次单击画布时，调用自定义的函数 dealPixel()，该函数先通过变量 ImgData 获取绘制图像的全部像素区域，然后，按步长为 4 的方式遍历 ImgData 对象中的每个像素值，将每个像素的值设置为 255 减去当前的值，从而获取反向的色值。完成遍历后，使用 putImageData()方法将处理后的图像像素重新绘制到画布中指定的位置。详细实现过程见代码中加粗部分。

7.5 画布的其他应用

7.5.1 绘制文字

想要在画布中绘制文字，可以调用上下文对象的 fillText()与 strokeText()方法，前者用于在画布中以填充的方式绘制文字，后者用于在画布中以描绘边框的方式绘制文字，两者的调用格式分别如下。

(1) fillText()方法调用的格式。

```
cxt.fillText(content,dx,dy,[maxLength])
```

其中,cxt为上下文对象,参数content为文字内容,参数dx表示绘制文字在画布左上角的横坐标,参数dy表示绘制文字在画布左上角的纵坐标,可选参数maxLength表示绘制文字显示的最大长度,设置时,在该长度值范围内绘制文字。

(2) strokeText()方法调用的格式。

```
cxt.strokeText(content,dx,dy,[maxWidth])
```

参数说明与调用fillText()一样,在此不再赘述。

在画布中绘制文字时,除调用fillText()或strokeText()方法外,还要设置相关的属性,与绘制文字相关的属性如下。

(1) font属性。

通过该属性设置CSS样式中字体的任何值,如字体样式、名称、大小、粗细、行高、行距等。

(2) textAlign属性。

通过该属性设置文本对齐的方式,取值为:start、end、left、right、center。

(3) textBaseline属性。

通过该属性设置文本相对于起点的位置,取值为:top、bottom、middle。

下面通过实例介绍在canvas元素中使用fillText()与strokeText()方法绘制文字的过程。

实例7-14 使用fillText()与strokeText()方法绘制文字

1. 功能描述

在页面中,新建一个canvas元素,当页面加载时,设置三种不同字体名称的文字,分别绘制在画布元素中的不同坐标位置上。

2. 实现代码

在WebStorm中新建一个HTML页面7-14.html,加入代码如代码清单7-14-1所示。

代码清单7-14-1 使用fillText()与strokeText()方法绘制文字

```
<!DOCTYPE html>
<html>
<head>
<meta charset="UTF-8">
<title>使用fillText()与strokeText()方法绘制文字</title>
<link href="Css/css7.css" rel="stylesheet" type="text/css">
<script type="text/javascript" language="jscript"
        src="Js/js14.js">
</script>
</head>
```

```
<body onLoad="pageload();">
    <canvas id="cnvMain" width="280px" height="190px"></canvas>
</body>
</html>
```

在实例 7-14 中,页面导入一个 JavaScript 文件 js14.js,在该文件中,自定义一个 pageload()函数,该函数在页面加载时被调用。其实现的代码如代码清单 7-14-2 所示。

代码清单 7-14-2　实例 7-14 中的 JavaScript 文件 js14.js 的源码

```
// JavaScript Document
function $$(id) {
    return document.getElementById(id);
}
//自定义页面加载时调用的函数
function pageload() {
    var cnv = $$("cnvMain");
    var cxt = cnv.getContext("2d");
    drawText(cxt, "bold 35px impact", 90, 70, false);
    drawText(cxt, "bold 35px arial blank", 130, 110, true);
    drawText(cxt, "bold 35px comic sans ms", 170, 150, true);
}
//根据参数绘制不同类型的字体
function drawText(cxt, strFont, intX, intY, blnFill) {
    cxt.font = strFont;
    cxt.textAlign = "center";
    cxt.textBaseline = "bottom";
    if (blnFill) {
        cxt.fillStyle = "#ccc";
        cxt.fillText("HTML5 ", intX, intY);
    } else {
        cxt.strokeStyle = "#666";
        cxt.strokeText("HTML5 ", intX, intY);
    }
}
```

3. 页面效果

该页面在 Chrome 浏览器中执行的页面效果如图 7-17 所示。

4. 源码分析

在本实例的 JavaScript 代码中,自定义了一个用于页面加载时的函数 pageload(),在该函数中,分三次调用了另外一个用于绘制文字的函数 drawText()。在 drawText()函数中,有五个参数,其中,参数 cxt 表示上下文环境对象,参数 strFont 表示设置的 font 属性值,参数 intX 表示字体在画布中左上角的横坐标,参数 intY 表示字体在画布中左上角的纵坐标,参数 blnFill 表示是否采用 fill()方法绘制字符,如果为 true 表示是,否则表示使用 stroke 绘制文字。

第一次调用时,使用了 impact 字体名称,在画布左上角坐标(90,70)位置处,采用

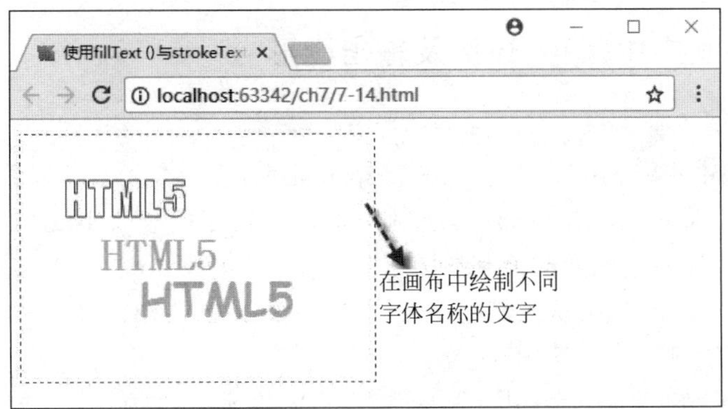

图 7-17 使用 fillText()与 strokeText()方法绘制文字的效果

stroke()方法,绘制了一个内容为“HTML5”的文字。

第二次调用时,使用了 arial blank 字体名称,在画布左上角坐标(130,110)位置处,采用 fill()方法,绘制了一个内容为“HTML5”的文字。

第三次调用与第二次调用基本相同,仅是字体名称与在画布中的坐标不同。详细实现过程见代码中加粗部分。

7.5.2 保存与还原及输出图形

在 HTML5 的画布 canvas 元素中,有时需要在画布中绘制多个图形,并在图形中往返切换,这时,如果不进行保存,那么切换后,原先已绘制的图形将丢失,这是我们不希望看到的。为了解决这一问题,可以通过调用上下文环境对象中的 save()方法,保存原先的已绘制图形;然后,当需要使用保存的已绘制图形时,再通过调用 restore()方法还原原先保存的图形,或者将保存的图形通过调用 toDataURL()方法输出至浏览器。以上三种方法调用的格式分别如下。

(1) save()方法。

```
cxt.save()
```

(2) restore()方法。

```
cxt.restore()
```

(3) toDataURL()方法。

```
cxt.toDataURL(imgType)
```

上述三种方法中,cxt 均表示上下文环境对象。前两种为无参数方法,分别实现保存画布中的图形与还原已保存图形的功能,toDataURL()方法用于实现将画布中的图形以 base64 位编码的方式输出至浏览器,其中,参数 imgType 表示输出数据的 MIME 类型,如 image/png 等。

下面通过实例介绍在 canvas 元素中保存、还原及输出图形的过程。

实例 7-15　在画布中保存、还原及输出图形

1. 功能描述

在页面中,新建一个 canvas 元素与三个 span 元素,后三个元素分别设置"保存""还原""输出"的内容。当第一次单击画布时,绘制一个指定填充色与大小的图形,同时,单击"保存"标记,保存第一次单击画布时绘制的图形。

当第二次单击画布时,再次绘制一个与第一次填充色不同的图形,同时,单击"恢复"标记,用于最后一次绘制图形时使用。

当第三次单击画布时,由于还原了第一次图形的填充色,因此,在最后一次绘制图形时,将用第一次图形的填充色填充最后一次绘制的图形。

当单击"输出"标记时,将最后绘制在画布中的图形以 base64 位编码的方式输出至浏览器中。

2. 实现代码

在 WebStorm 中新建一个 HTML 页面 7-15. html,加入代码如代码清单 7-15-1 所示。

代码清单 7-15-1　在画布中保存、还原及输出图形

```
<!DOCTYPE html>
<html>
<head>
<meta charset = "UTF - 8">
<title>在画布中保存、还原及输出图形</title>
<link href = "Css/css7.css" rel = "stylesheet" type = "text/css">
<script type = "text/javascript" language = "jscript"
        src = "Js/js15.js">
</script>
</head>
<body>
   <div><p>
    <span onClick = "spn1_click();">保存</span>
    <span onClick = "spn2_click();">还原</span>
    <span onClick = "spn3_click();">输出</span></p>
    <canvas id = "cnvMain" width = "280px" height = "190px"
            onClick = "cnvclick(this);">
    </canvas>
   <div>
</body>
</html>
```

在实例 7-15 中,页面导入一个 JavaScript 文件 js15. js,在该文件中,自定义多个函数,用于单击画布与标记时调用。其实现的代码如代码清单 7-15-2 所示。

代码清单 7-15-2　实例 7-15 中的 JavaScript 文件 js15. js 的源码

```
// JavaScript Document
function $$ (id) {
```

```
    return document.getElementById(id);
}
//定义保存单击次数的全局变量
var intNum = 0;
//自定义画布单击函数
function cnvclick(cnv) {
    intNum += 1;
    intNum = (intNum == 4) ? 1 : intNum;
    var cxt = cnv.getContext("2d");
    cxt.clearRect(0, 0, cnv.width, cnv.height);
    var intW = 120;
    var intH = 120;
    var intX = cnv.width / 2 - intW / 2;
    var intY = cnv.height / 2 - intH / 2;
    switch (intNum) {
    case 1:
        cxt.fillStyle = "#eee";
        cxt.fillRect(intX, intY, intW, intH);
        break;
    case 2:
        cxt.fillStyle = "#ccc";
        cxt.fillRect(intX + 15, intY + 15, intW - 30, intH - 30);
        break;
    case 3:
        cxt.fillRect(intX + 30, intY + 30, intW - 60, intH - 60);
        break;
    }
}
//自定义单击"保存"标记函数
function spn1_click() {
    var cnv = $$("cnvMain");
    var cxt = cnv.getContext("2d");
    cxt.save();
}
//自定义单击"还原"标记函数
function spn2_click() {
    var cnv = $$("cnvMain");
    var cxt = cnv.getContext("2d");
    cxt.restore();
}
//自定义单击"输出"标记函数
function spn3_click() {
    var cnv = $$("cnvMain");
    var cxt = cnv.getContext("2d");
    window.location = cxt.canvas.toDataURL("image/png");
}
```

3. 页面效果

该页面在 Chrome 浏览器中执行的页面效果如图 7-18 所示。

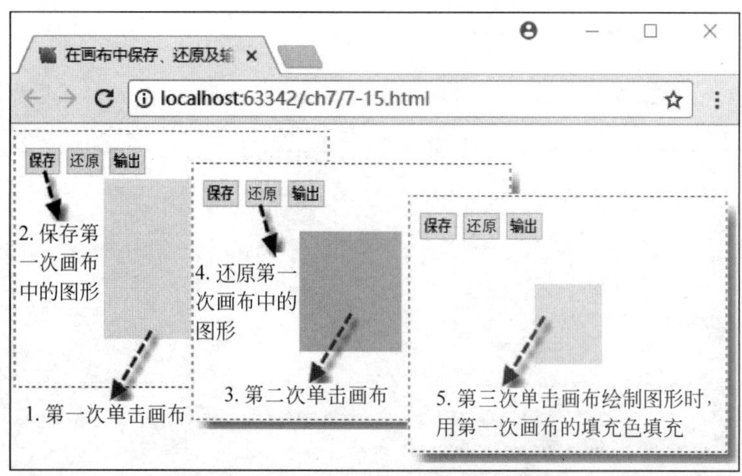

图 7-18 使用 save()与 restore()方法保存与恢复已绘制图形的效果

最后，单击页面中的"输出"标记后，将第三次绘制的图形以 base64 编码的方式输出至浏览器中，该页面在 Chrome 浏览器中执行的页面效果如图 7-19 所示。

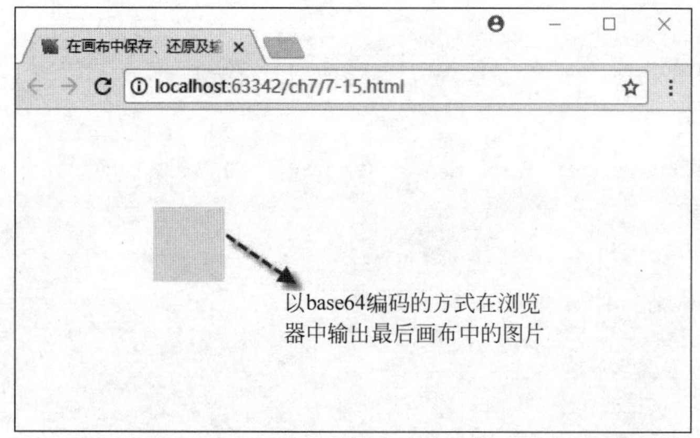

图 7-19 以 base64 编码的方式在浏览器中输出图片的效果

4. 源码分析

在本实例的 JavaScript 代码中，第一次单击画布时，在画布中绘制一个长宽为 120px，填充色为"#eee"的图形；然后，单击"保存"标记，调用 save()方法，保存第一次单击画布时绘制的这个图形；第二次单击画布时，在画布中绘制一个长宽为 90px，填充色为"#ccc"的图形；然后，单击"恢复"标记，调用 restore()方法，恢复已保存的第一次单击画布时绘制的图形；第三次单击画布时，在画布中绘制一个长宽为 60px，填充色为"#eee"的图形，该填充色与第一次单击画布时绘制的图形填充色一致。

单击"输出"标记时，调用 toDataURL()方法，将最后绘制的图形以 base64 编码的形式输出在浏览器中，可以将该编码值保存，输入浏览中，就可以显示图形。

无论是 save()方法，还是 restore()方法，都是对内存中堆栈的存取操作。操作 save()方法时，将图形保存在内存的堆栈中，执行 restore()方法时，又将保存的堆栈从内存中取出。

7.5.3　制作简单动画

在画布元素 canvas 中，除了绘制图形、图像、文字外，还可以制作一些简单的动画，制作过程十分简单，主要分为以下两步操作。

(1) 自定义一个函数，用于图形的移动或其他动作。

(2) 使用 setInterval()方法设置动画执行的间隔时间，反复执行自定义函数。

下面通过实例介绍在 canvas 元素中制作简单动画的过程。

实例 7-16　在画布中制作简单动画

1. 功能描述

在页面中，新建一个 canvas 元素，在该画布元素中，绘制一个动画人物的头部图形，当页面加载时，该头部图形从画布的左边慢慢移至右边，又从右边移动至左边，最后停止在开始移动时的位置。

2. 实现代码

在 WebStorm 中新建一个 HTML 页面 7-16. html，加入代码如代码清单 7-16-1 所示。

代码清单 7-16-1　在画布中制作简单动画

```
<!DOCTYPE html>
<html>
<head>
<meta charset = "UTF - 8">
<title>在画布中制作简单的动画</title>
<link href = "Css/css7.css" rel = "stylesheet" type = "text/css">
<script type = "text/javascript" language = "jscript"
        src = "Js/js16.js">
</script>
</head>
<body onLoad = "pageload();">
    <canvas id = "cnvMain" width = "280px" height = "190px"></canvas>
</body>
</html>
```

在实例 7-16 中，页面导入一个 JavaScript 文件 js16. js，在该文件中，自定义多个函数，用于页面加载过程中，制作简单动画的调用。其实现的代码如代码清单 7-16-2 所示。

代码清单 7-16-2　实例 7-16 中的 JavaScript 文件 js16. js 的源码

```
// JavaScript Document
function $$ (id) {
    return document.getElementById(id);
}
var intI, intJ, intX;
//自定义页面加载函数
```

```
function pageload() {
    var cnv =  $$ ("cnvMain");
    var cxt = cnv.getContext("2d");
    drawFace(cxt);
    intI = 1;
    intJ = 21;
    setInterval(moveFace, 100);
}
//调用自定义函数绘制动画人物脸部形状
function drawFace(cxt) {
    drawCirc(cxt, "#666", 30, 80, 30, 2, true);
    drawCirc(cxt, "#fff", 20, 70, 5, 2, true);
    drawCirc(cxt, "#fff", 40, 70, 5, 2, true);
    drawCirc(cxt, "#fff", 30, 80, 18, 1, false);
}
//根据参数绘制各类圆形
function drawCirc(cxt, strColor, intX, intY, intR, intH, blnFill) {
    cxt.beginPath();
    cxt.arc(intX, intY, intR, 0, Math.PI * intH, blnFill);
    if (blnFill) {
        cxt.fillStyle = strColor;
        cxt.fill();
    } else {
        cxt.lineWidth = 2;
        cxt.strokeStyle = strColor;
        cxt.stroke();
    }
    cxt.closePath();
}
//实现往返移动圆形脸部的功能
function moveFace() {
    var cnv =  $$ ("cnvMain");
    var cxt = cnv.getContext("2d");
    cxt.clearRect(0, 0, 280, 190);
    if (intI < 20) {
        intI += 1;
        intX = intI;
    } else {
        if (intJ > 0) {
            intJ -= 1;
            intX = - intJ;
        }
    }
    cxt.translate(intX, 0);
    drawFace(cxt);
}
```

3. 页面效果

该页面在 Chrome 浏览器中执行的页面效果如图 7-20 所示。

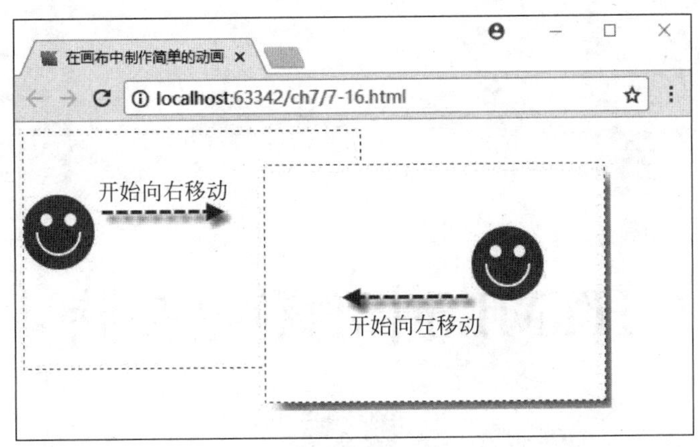

图 7-20　在画布中制作简单动画的效果

4. 源码分析

在本实例的 JavaScript 代码中，定义了四个自定义函数，其中，函数 pageload()用于页面加载时的调用；drawFace()函数用于根据上下文环境对象，在画布中绘制动画人脸；drawCirc()函数用于根据传递的参数值，使用 fill()与 stroke()方法绘制指定位置、填充色、半径、弧度的圆形；moveFace()函数用于实现往返移动圆形脸部的功能。

在 drawFace()函数中，四次调用 drawCirc()函数，分别绘制动画人物头部的头形、两只眼睛与笑脸。在 moveFace()函数中，先根据自增量 intI 的值，使用 translate()方法向右移动动画人物头部，当 intI 值大于 20 时，转为获取 intJ 值，根据自减量 intJ 的值，使用 translate()方法向左移动动画人物头部，直到 intJ 值小于 0，便停止移动。在自定义函数 pageload()中，通过 setInterval()方法，按时反复执行 moveFace()函数，最终在画布中制作成简单的动画效果。详细实现过程见代码中加粗部分。

小结

在本章中，先从画布的基础知识讲起，介绍绘制简单的矩形与圆形的方法；然后，讲述路径在画布中的使用，以及通过路径的方式，如何绘制直线与圆形；接着介绍如何操纵已绘制的各类图形；最后，通过理论与实例相结合的方式，详细介绍如何在画布中绘制图像，控制图像的方法以及绘制文字、制作简单动画的操作过程。通过本章的学习，读者将全面掌握在 HTML5 中通过 canvas 元素绘制各类图形的方法。

第 8 章

HTML5中的数据存储

视频讲解

本章学习目标

- 理解 Web Storage 的基本概念。
- 掌握 Web Storage 中对象的功能。
- 掌握 Web Storage API 的使用方法。

8.1 Web Storage 的基本概念

Web Storage 页面存储是 HTML5 为数据存储在客户端提供的一项重要功能。由于 Web Storage API 可以区分会话数据与长期数据，因此，相应的 API 类型分为两种，一种是 sessionStorage，用于实现保存会话临时数据功能；另一种是 localStorage，用于在客户端长期保存数据。正是由于 Web Storage API 可以将客户端的数据分类型进行存储，使它在运用上更加优越于传统、单一的 Cookie 方式。下面详细介绍这两种类型数据存储的方式。

8.1.1 sessionStorage 对象

在页面进行数据存储过程中，使用 sessionStorage 对象保存的数据，时间非常短暂，因为该数据实质上是被保存在 session 对象中，当用户打开浏览器时，可以查看操作过程中要求临时保存的数据，一旦关闭浏览器，所有使用 sessionStorage 对象保存的数据，将全部丢失。

sessionStorage 对象保存数据的操作非常简单，只需要调用 setItem()方法，其调用格式如下。

```
sessionStorage.setItem(key,value)
```

其中，参数 key 表示被保存内容的键名，参数 value 表示被保存内容的键值，在使用

setItem()方法保存数据时，对应格式为(键名，键值)。一旦键名被设置成功，则不允许修改，也不能重复，如果有重复的键名，那么只能修改对应的键值，即用新增重复的键值取代原有重复的键值。

使用 sessionStorage 对象中的 setItem()方法保存数据后，如果需要读取被保存的数据，需要调用 sessionStorage 对象中的 getItem()方法，其调用格式如下。

```
sessionStorage.getItem(key)
```

其中，参数 key 表示设置保存时被保存内容的键名，该方法将返回一个指定键名对应的键值，如果不存在，则返回一个 null 值。

下面通过实例介绍使用 sessionStorage 对象保存与读取临时数据的过程。

实例 8-1 使用 sessionStorage 对象保存与读取临时数据

1. 功能描述

在页面中，创建一个文本框与"读取"按钮，当用户在文本框中输入内容时，通过 sessionStorage 对象保存文本框输入的内容，并即时显示在页面中；当单击"读取"按钮时，将直接读取被保存的临时对话数据。

2. 实现代码

在 WebStorm 中新建一个 HTML 页面 8-1.html，加入代码如代码清单 8-1-1 所示。

代码清单 8-1-1 使用 sessionStorage 对象保存与读取临时数据

```
<!DOCTYPE html>
<html>
<head>
<meta charset = "UTF - 8">
<title>使用 sessionStorage 对象保存与读取临时数据</title>
<link href = "Css/css8.css" rel = "stylesheet" type = "text/css">
<script type = "text/javascript" language = "jscript"
        src = "Js/js1.js">
</script>
</head>
<body>
<fieldset>
   <legend> sessionStorage 对象保存与读取临时数据</legend>
   <input name = "txtName" type = "text" class = "inputtxt"
        onChange = "txtName_change(this);" size = "30px">
   <input name = "btnGetValue" type = "button" class = "inputbtn"
        onClick = "btnGetValue_click ();" value = "读取">
   <p id = "pStatus"></p>
</fieldset>
</body>
</html>
```

在实例 8-1 中，页面导入一个 JavaScript 文件 js1.js，在该文件中，自定义两个函数，分别用于输入文本框内容与单击“读取”按钮时的调用。其实现的代码如代码清单 8-1-1 所示。

代码清单 8-1-2　实例 8-1 中的 JavaScript 文件 js1.js 的源码

```
// JavaScript Document
function $$ (id) {
    return document.getElementById(id);
}
//输入文本框内容时调用的函数
function txtName_change(v) {
    var strName = v.value;
    sessionStorage.setItem("strName", strName);
    $$ ("pStatus").style.display = "block";
    $$ ("pStatus").innerHTML = sessionStorage.getItem("strName");
}
//单击"读取"按钮时调用的函数
function btnGetValue_click() {
    $$ ("pStatus").style.display = "block";
    $$ ("pStatus").innerHTML = sessionStorage.getItem("strName");
}
```

3. 页面效果

该页面在 Chrome 浏览器中执行的页面效果如图 8-1 所示。

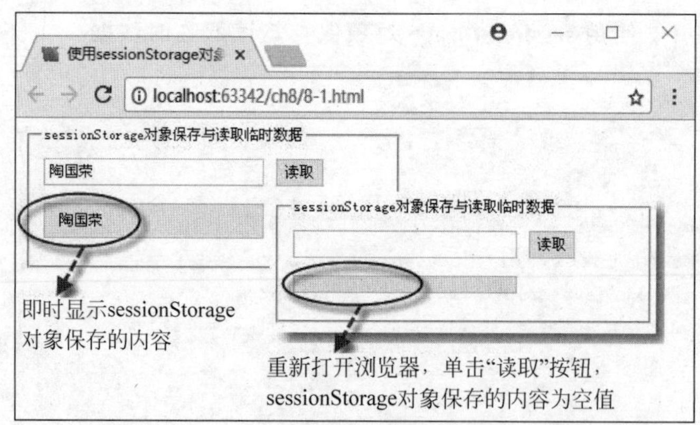

图 8-1　使用 sessionStorage 对象保存与读取临时数据的效果

4. 源码分析

在本实例的 JavaScript 代码中，当用户在页面中的文本框中输出内容时，将触发 onChange 事件。在该事件中，调用了自定义的函数 txtName_change()，该函数首先通过变量 strName 获取传来的文本框内容，然后通过调用 sessionStorage 对象中的 setItem()方法，将该内容值保存至 Session 对象中，键名为 strName，对应键值为已获取内容的变量 strName，保存完成后，再通过调用 sessionStorage 对象中的 getItem()方法，根据保存的键名，将对应的键值，通过 id 为 pStatus 的 p 元素显示在页面中。

在重新打开浏览器后，由于原先通过 sessionStorage 对象保存的内容全部丢失，所以

当用户直接单击“读取”按钮时,无法读取指定键名的键值。详细实现过程见代码中加粗部分。

8.1.2 localStorage 对象

使用 sessionStorage 对象只能保存用户在打开浏览器后临时的会话数据,关闭浏览器后,这些数据都将丢失。因此,如果需要长期在客户端保存数据,不建议使用 sessionStorage 对象,而需要使用 HTML5 中新提供的 localStorage 对象,使用该对象可以将数据长期保存在客户端,直至人工清除为止。如果要使用 localStorage 对象保存数据内容,需要调用对象中的 setItem()方法,其调用格式如下。

```
localStorage.setItem(key,value)
```

使用 localStorage 对象与 sessionStorage 对象保存数据的方法参数说明相同,仅是调用的对象不一样,也是通过调用 setItem()方法,按照(键名,键值)的方式进行设置。

使用 localStorage 对象保存数据后,与 sessionStorage 对象一样,可以通过调用对象中的 getItem()方法,读取指定键名所对应的键值,其调用格式如下。

```
localStorage.getItem(key)
```

其中,参数 key 就是需要读取内容的键名,与 sessionStorage 对象一样,如果设置的键名不存在,则返回一个 null 值。

localStorage 对象可以将内容长期保存在客户端,即使是重新打开浏览器也不会丢失。如果需要清除 localStorage 对象保存的内容,需要调用 localStorage 对象的另一个方法 removeItem(),其调用格式如下。

```
localStorage.removeItem(key)
```

其中,参数 key 表示需要删除的键名,一旦删除成功,与键名对应的相应数据将全部被删除。

下面通过实例介绍使用 localStorage 对象保存与读取登录用户名与密码的过程。

实例 8-2 使用 localStorage 对象保存与读取登录用户名与密码

1. 功能描述

新建一个登录页面,当用户在文本框中输入用户名与密码,单击“登录”按钮后,将使用 localStorage 对象保存登录时的用户名,如果选中了“是否保存密码”选项,那么将保存登录时的密码,否则清空原先保存的密码。当重新在浏览器中打开该页面时,所保存的用户名或密码数据将分别显示在相应的文本框中。

2. 实现代码

在 WebStorm 中新建一个 HTML 页面 8-2.html,加入代码如代码清单 8-2-1 所示。

代码清单 8-2-1　使用 localStorage 对象保存与读取登录用户名与密码

```
<!DOCTYPE html>
<html>
<head>
<meta charset="UTF-8">
<title>使用 localStorage 对象保存与读取登录用户名与密码</title>
<link href="Css/css8.css" rel="stylesheet" type="text/css">
<script type="text/javascript" language="jscript"
        src="Js/js2.js">
</script>
</head>
<body onLoad="pageload();">
   <form id="frmLogin" action="#">
    <fieldset>
       <legend>登录</legend>
       <ul>
           <li class="li_top">
               <span id="spnStatus"></span>
           </li>
           <li>名称:
               <input id="txtName" class="inputtxt"
                      type="text">
           </li>
           <li>密码:
               <input id="txtPass" class="inputtxt"
                      type="password">
           </li>
           <li>
               <input id="chkSave" type="checkbox">
               是否保存密码
           </li>
           <li class="li_bot">
               <input name="btnLogin" class="inputbtn" value="登录"
                      type="button" onClick="btnLogin_click();">
               <input name="rstLogin" class="inputbtn"
                      type="reset" value="取消">
           </li>
       </ul>
    </fieldset>
   </form>
</body>
</html>
```

在实例 8-2 中,页面导入一个 JavaScript 文件 js2.js,在该文件中,自定义两个函数,分别在页面加载和单击“登录”按钮时调用。其实现的代码如代码清单 8-2-2 所示。

代码清单 8-2-2　实例 8-2 中的 JavaScript 文件 js2.js 的源码

```
// JavaScript Document
function $$(id) {
```

```
    return document.getElementById(id);
}
//页面加载时调用的函数
function pageload() {
    var strName = localStorage.getItem("keyName");
    var strPass = localStorage.getItem("keyPass");
    if (strName) {
        $$ ("txtName").value = strName;
    }
    if (strPass) {
        $$ ("txtPass").value = strPass;
    }
}
//单击"登录"按钮后调用的函数
function btnLogin_click() {
    var strName = $$ ("txtName").value
    var strPass = $$ ("txtPass").value;
    localStorage.setItem("keyName", strName);
    if ( $$ ("chkSave").checked) {
        localStorage.setItem("keyPass", strPass);
    } else {
        localStorage.removeItem("keyPass");
    }
    $$ ("spnStatus").className = "status";
    $$ ("spnStatus").innerHTML = "登录成功!";
}
```

3. 页面效果

该页面在 Chrome 浏览器中执行的页面效果如图 8-2 所示。

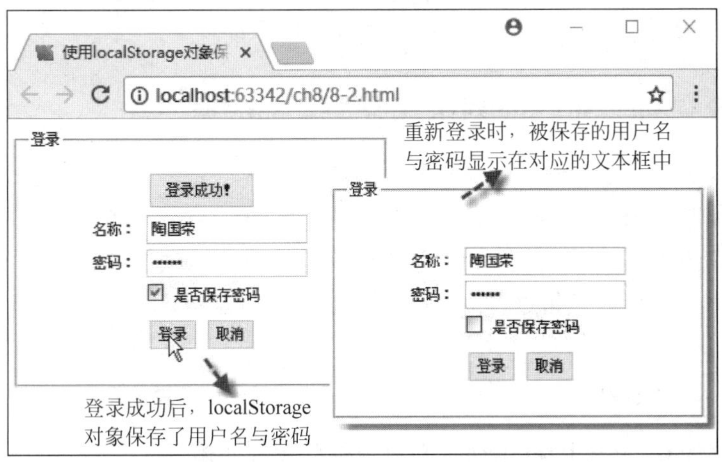

图 8-2　使用 localStorage 对象保存与读取登录用户名与密码的效果

4. 源码分析

在本实例中，页面在加载时，将调用自定义的 pageload() 函数，在该函数中，先通过

localStorage 对象中的 getItem()方法获取指定键名的键值，并保存在变量中，如果不为空，则将该变量值赋值于对应的文本框，用户下次登录时，不用再次输入，方便用户的操作。

当用户单击“登录”按钮时，将触发 onClick 事件。在该事件中，调用另外一个自定义的函数 btnLogin_click()。在该函数中，首先，分别通过两个变量保存在文本框中输出的用户名与密码，然后调用 localStorage 对象中的 setItem()方法，将用户名作为键名 keyName 的键值进行保存，如果选择了“是否保存密码”选项，则将密码作为键名 keyPass 的键值进行保存，否则，将调用 localStorage 对象中的 removeItem()方法，删除键名为 keyPass 的记录。详细实现过程见代码中加粗部分。

需要说明的是，尽管使用 localStorage 对象可以将数据长期保存在客户端，但在跨浏览器读取数据时，被保存的数据不可共用，即每一个浏览器只能读取各自浏览器下保存的数据，不能访问其他浏览器下保存的数据。

8.1.3 清空 localStorage 数据

在 8.1.2 节中，介绍了如果要删除某个键名对应的记录，只需要调用 localStorage 对象中的 removeItem()方法，传递一个保存数据的键名即可删除对应的保存数据。但是，有时保存数据很多，如果使用 removeItem()方法逐条删除相对麻烦，此时，可以调用 localStorage 对象中的另一个 clear()方法，该方法的功能是清空全部 localStorage 对象保存的数据，其调用格式如下。

```
localStorage.clear();
```

该方法是一个无参数方法，表示清空全部数据。一旦使用 localStorage 对象保存了数据，用户就可以在浏览器中打开相应的代码调试工具，查看每条数据对应的键名与键值；执行删除或清空操作后，其对应的数据也会发生变化，这些变化可以通过浏览器的代码调试工具进行监测。

下面通过实例介绍清空 localStorage 对象保存的全部数据的过程。

实例 8-3 清空 localStorage 对象保存的全部数据

1. 功能描述

在新建的页面中增加两个按钮，一个用于使用 localStorage 对象保存 6 条顺序记录，另一个用于清空所有 localStorage 对象保存的记录。无论是增加还是清空数据，都可以在浏览器的调试工具中查看其变化过程。

2. 实现代码

在 WebStorm 中新建一个 HTML 页面 8-3.html，加入代码如代码清单 8-3-1 所示。

代码清单 8-3-1 清空 localStorage 对象保存的全部数据

```
<!DOCTYPE html>
<html>
<head>
<meta charset = "UTF - 8">
```

```
<title>清空 localStorage 对象保存的全部数据</title>
<link href = "Css/css8.css" rel = "stylesheet" type = "text/css">
<script type = "text/javascript" language = "jscript"
        src = "Js/js3.js">
</script>
</head>
<body>
   <input id = "btnAdd" type = "button" value = "增加"
          class = "inputbtn" onClick = "btnAdd_Click();">
   <input id = "btnDel" type = "button" value = "清空"
          class = "inputbtn" onClick = "btnDel_Click();">
   <p id = "pStatus"></p>
</body>
</html>
```

在实例 8-3 中,页面导入一个 JavaScript 文件 js3.js,在该文件中,自定义两个函数,用于单击“增加”和“清空”按钮时的调用。其实现的代码如代码清单 8-3-2 所示。

代码清单 8-3-2 实例 8-3 中的 JavaScript 文件 js3.js 的源码

```
// JavaScript Document
function $$ (id) {
    return document.getElementById(id);
}
var intNum = 0;
//单击"增加"按钮时调用
function btnAdd_Click() {
    for (var intI = 0; intI <= 5; intI++) {
        var strKeyName = "strKeyName" + intI;
        var strKeyValue = "strKeyValue" + intI;
        localStorage.setItem(strKeyName, strKeyValue);
        intNum++;
    }
    $$ ("pStatus").style.display = "block";
    $$ ("pStatus").innerHTML = "已成功保存<b>" + intNum + "</b>条数据记录!";
}
//单击"清空"按钮时调用
function btnDel_Click() {
    localStorage.clear();
    $$ ("pStatus").style.display = "block";
    $$ ("pStatus").innerHTML = "已成功清空全部数据记录!";
}
```

3. 页面效果

该页面在 Chrome 浏览器中执行的页面效果如图 8-3 所示。

4. 源码分析

在本实例中,当用户单击“增加”按钮时,使用循环的方式,按执行顺序保存了 6 条数据记录,其键名为 strKeyName 与变量 intI 相连,即 strKeyName0,strKeyName1,…,对应键

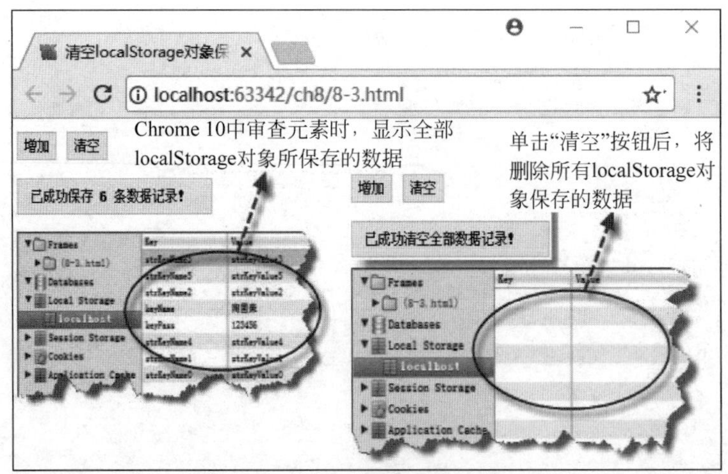

图 8-3 清空 localStorage 对象保存的全部数据的效果

值为 strKeyValue 与变量 intI 相连，即 strKeyValue 0，strKeyValue 1，…。这些被 localStorage 对象保存的数据记录，可以在浏览器 Chrome 10 中，通过单击右键，选择“审查元素”选项，打开 Resources 选项卡进行查看，效果如图 8-3 左边所示。

当用户单击“清空”按钮时，调用自定义函数 btnDel_Click()，在该函数中，执行 localStorage 对象中的 clear()方法，清空所有 localStorage 对象保存的数据，效果如图 8-3 右边所示。

需要说明的是，各浏览器查看 localStorage 对象所保存的数据方式不完全相同。在 Firefox 使用 Firebug 调试工具作为存储查看器；在 Opera 浏览器中，单击右键，选择“检查元素”选项，单击“本地资源”标签进行查看。

8.2 Web Storage API

在 HTML5 中，通过 localStorage 对象保存的数据会长期存储在用户的客户端，直到采取手动删除的方式才能彻底清空这些被保存的数据，在删除这些数据前，需要查看每个键名对应的值，即要遍历整个 localStorage 数据信息。另外，JSON 是一种以文本方式保存数据的格式，使用非常方便，这种格式可以很便捷地与 localStorage 对象中保存的数据进行转换，从而使 localStorage 对象保存的数据结构更加合理，更方便数据在页面中进行输出。下面将详细介绍上述提及的内容。

8.2.1 遍历 localStorage 数据

为了查看 localStorage 对象保存的全部数据信息，通常要遍历这些数据，在遍历过程中，需要访问 localStorage 对象的另外两个属性 length 与 key，前者表示 localStorage 对象中保存数据的总量，后者表示保存数据时的键名项，该属性常与索引号(index)配合使用，表示第几条键名对应的数据记录，其中，索引号(index)以 0 值开始，如果取第 3 条键名对应的数据，index 值应该为 2。

下面通过实例介绍遍历 localStorage 对象保存的全部数据的过程。

实例 8-4 遍历 localStorage 对象保存的全部数据

1. 功能描述

在创建的页面中，通过遍历的方式，获取 localStorage 对象保存的全部点评数据记录。另外，在文本框中输入点评内容，单击“发表”按钮后，可以通过 localStorage 对象保存输入的数据，并实时显示在页面中。

2. 实现代码

在 WebStorm 中新建一个 HTML 页面 8-4. html，加入代码如代码清单 8-4-1 所示。

代码清单 8-4-1 遍历 localStorage 对象保存的全部数据

```
<!DOCTYPE html>
<html>
<head>
<meta charset = "UTF - 8">
<title>遍历 localStorage 数据</title>
<link href = "Css/css8.css" rel = "stylesheet" type = "text/css">
<script type = "text/javascript" language = "jscript"
        src = "Js/js4.js">
</script>
</head>
<body onLoad = "getlocalData();">
   <ul id = "ulMessage">
        正在读取数据...
   </ul>
   <p class = "p4">
      <textarea id = "txtContent" class = "inputtxt"
                cols = "37" rows = "5">
      </textarea><br>
      <input id = "btnAdd" type = "button" value = "发表"
              class = "inputbtn"onClick = "btnAdd_Click();">
    </p>
</body>
</html>
```

在实例 8-4 中，页面导入一个 JavaScript 文件 js4. js，在该文件中，自定义多个函数，用于页面加载和单击“发表”按钮时的调用。其实现的代码如代码清单 8-4-2 所示。

代码清单 8-4-2 实例 8-4 中的 JavaScript 文件 js4. js 的源码

```
// JavaScript Document
function $$ (id) {
    return document.getElementById(id);
}
//单击"发表"按钮时调用
function btnAdd_Click() {
    //获取文本框中的内容
```

```
        var strContent = $$("txtContent").value;
        //定义一个日期型对象
        var strTime = new Date();
        //如果不为空,则保存
        if (strContent.length > 0) {
            var strKey = "cnt" + RetRndNum(4);
            var strVal = strContent + "," + strTime.toLocaleTimeString();
            localStorage.setItem(strKey, strVal);
        }
        //重新加载
        getlocalData();
        //清空原先内容
        $$("txtContent").value = "";
    }
    //获取保存数据并显示在页面中
    function getlocalData() {
        //标题部分
        var strHTML = "<li class = 'li_h'>";
        strHTML += "<span class = 'spn_a'>编号</span>";
        strHTML += "<span class = 'spn_b'>内容</span>";
        strHTML += "<span class = 'spn_c'>时间</span>";
        strHTML += "</li>";
        //内容部分
        var strArr = new Array();                    //定义一数组
        for (var intI = 0; intI < localStorage.length; intI++) {
            //获取 Key 值
            var strKey = localStorage.key(intI);
            //过滤键名内容
            if (strKey.substring(0, 3) == "cnt") {
                var strVal = localStorage.getItem(strKey);
                strArr = strVal.split(",");
                strHTML += "<li class = 'li_c'>";
                strHTML += "<span class = 'spn_a'>" + strKey + "</span>";
                strHTML += "<span class = 'spn_b'>" + strArr[0] + "</span>";
                strHTML += "<span class = 'spn_c'>" + strArr[1] + "</span>";
                strHTML += "</li>";
            }
        }
        $$("ulMessage").innerHTML = strHTML;
    }
    //生成指定长度的随机数
    function RetRndNum(n) {
        var strRnd = "";
        for (var intI = 0; intI < n; intI++) {
            strRnd += Math.floor(Math.random() * 10);
        }
        return strRnd;
    }
```

3. 页面效果

该页面在Chrome浏览器中执行的页面效果如图8-4所示。

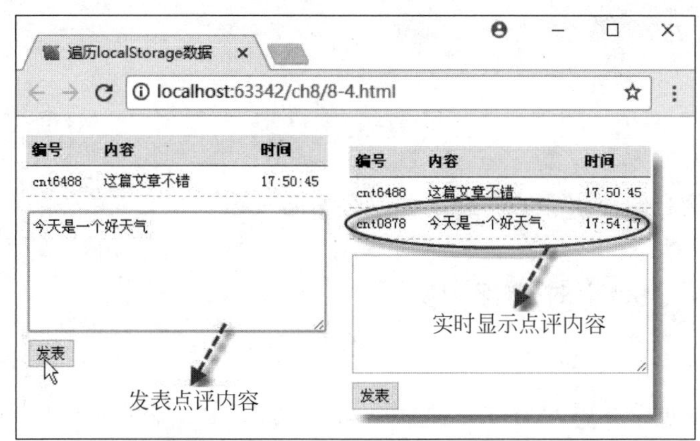

图8-4 遍历localStorage对象保存的全部数据的效果

4. 源码分析

在本实例中，当页面加载时，调用一个自定义的函数getlocalData()。在该函数中，根据localStorage对象的length值，使用for语句遍历localStorage对象保存的全部数据，在遍历过程中，通过strKey变量保存每次遍历的键名，获取键名后，为了只获取localStorage对象中保存的点评数据，检测键名前3个字符是否为cnt，如果是，则通过getItem()方法获取键名对应的键值，并保存在变量strVal中，由于键值是由逗号组成的字符串，因此，先通过数组strArr保存分割后的各项数值，然后，通过数组下标将各项获取的内容显示在页面中。

当用户在页面中输入点评内容，单击"发表"按钮时，将调用另外一个自定义的函数btnAdd_Click()，在该函数中，先获取点评内容并保存在变量strContent中，为了使保存内容的键名不重复，并且具有标记性，在生成键名时，调用RetRndNum()函数，随机生成一个4位数字，并与字符cnt组合成新的字符串，保存在变量strKey中。为了保存更多的数据信息，保存点评内容的变量strContent通过逗号与时间数据组合成新的字符串，保存在变量strVal中，最后通过setItem()方法将变量strKey与strVal分别作为键名与键值保存在localStorage对象中。

8.2.2 使用JSON对象存取数据

在实例8-4中，虽然使用逗号的方式可以存储更多的键值内容，但是处理相对复杂，拓展性差，数据的结构不合理，只能应对少量数据。为了解决这一问题，在HTML5中，可以通过localStorage数据与JSON对象的转换，快速实现存储更多数据的功能。

如果要将localStorage数据转成为JSON对象，需调用JSON对象的parse()方法，调用格式如下。

```
JSON.parse(data)
```

其中，参数data表示localStorage对象获取的数据，通过该方法的调用，将返回一个装载 data 数据的 JSON 对象。除使用 parse()方法转成 JSON 对象外，还可以通过 stringify()方法，将一个实体对象转成 JSON 格式的文本数据，调用格式如下。

```
JSON.stringify(obj)
```

其中，参数 obj 表示一个任意的实体对象，通过该方法的调用，将返回一个由实体对象转成 JSON 格式的文本数据集。

下面通过实例介绍使用 JSON 对象存取数据的过程。

实例 8-5　使用 JSON 对象存取数据

1. 功能描述

创建一个简单的学生信息管理页面，当用户输入姓名、分数，选择性别，单击“增加”按钮后，通过使用 JSON 中的 stringify()方法，将数据保存在 localStorage 对象中，同时，调用 JSON 中的 parse()方法实时在页面中显示新增的学生数据信息。

2. 实现代码

在 WebStorm 中新建一个 HTML 页面 8-5.html，加入代码如代码清单 8-5-1 所示。

代码清单 8-5-1　使用 JSON 对象存取数据

```
<!DOCTYPE html>
<html>
<head>
<meta charset="UTF-8">
<title>使用 JSON 对象存取数据</title>
<link href="Css/css8.css" rel="stylesheet" type="text/css">
<script type="text/javascript" language="jscript"
        src="Js/js5.js">
</script>
</head>
<body onLoad="getlocalData();">
   <ul id="ulMessage">
      正在读取数据...
   </ul>
   <p class="p5">
      <span class="spanl">
      学号:<input type="text" readonly="true" id="txtStuID"
                class="inputtxt" size="10"><br>
      姓名:<input type="text" id="txtName" class="inputtxt"
                size="15">
      </span>
      <span class="spanr">
      性别:<select id="selSex">
             <option value="男">男</option>
             <option value="女">女</option>
           </select><br>
```

```
        总分：< input type = "text" id = "txtScore" class = "inputtxt"
                    size = "8">
        </span>
        < p class = "btn">
        < input id = "btnAdd" type = "button" value = "增加"
              class = "inputbtn"onClick = "btnAdd_Click();">
        </p>
    </p>
</body>
</html>
```

在实例 8-5 中，页面导入一个 JavaScript 文件 js5.js，在该文件中，自定义多个函数，用于页面加载和单击“增加”按钮时的调用。其实现的代码如代码清单 8-5-2 所示。

代码清单 8-5-2 实例 8-5 中的 JavaScript 文件 js5.js 的源码

```
// JavaScript Document
function $$ (id) {
    return document.getElementById(id);
}
//单击"增加"按钮时调用
function btnAdd_Click() {
    var strStuID =  $$ ("txtStuID").value;
    var strName =  $$ ("txtName").value;
    var strSex =  $$ ("selSex").value;
    var strScore =  $$ ("txtScore").value;
    if (strName.length > 0 && strScore.length > 0) {
        //定义一个实体对象,保存全部获取的值
        varSetData = new Object;
        SetData.StuID = strStuID;
        SetData.Name = strName;
        SetData.Sex = strSex;
        SetData.Score = strScore;
        var strTxtData = JSON.stringify(SetData);
        localStorage.setItem(strStuID, strTxtData);
    }
    //重新加载
    getlocalData();
    //清空原先内容
     $$ ("txtName").value = "";
     $$ ("txtScore").value = "";
}
//获取保存数据并显示在页面中
function getlocalData() {
    //标题部分
    var strHTML = "< li class = 'li_h'>";
    strHTML += "< span class = 'spn_a'>学号</span >";
    strHTML += "< span class = 'spn_b'>姓名</span >";
    strHTML += "< span class = 'spn_a'>性别</span >";
    strHTML += "< span class = 'spn_c'>总分</span >";
```

```
        strHTML += "</li>";
        //内容部分
        for (var intI = 0; intI < localStorage.length; intI++) {
            //获取 Key 值
            var strKey = localStorage.key(intI);
            //过滤键名内容
            if (strKey.substring(0, 3) == "stu") {
                var GetData = JSON.parse(localStorage.getItem(strKey));
                strHTML += "<li class='li_c'>";
                strHTML += "<span class='spn_a'>" + GetData.StuID + "</span>";
                strHTML += "<span class='spn_b'>" + GetData.Name + "</span>";
                strHTML += "<span class='spn_a'>" + GetData.Sex + "</span>";
                strHTML += "<span class='spn_c'>" + GetData.Score + "</span>";
                strHTML += "</li>";
            }
        }
        $$("ulMessage").innerHTML = strHTML;
        $$("txtStuID").value = "stu" + RetRndNum(4);
    }
    //生成指定长度的随机数
    function RetRndNum(n) {
        var strRnd = "";
        for (var intI = 0; intI < n; intI++) {
            strRnd += Math.floor(Math.random() * 10);
        }
        return strRnd;
    }
```

3. 页面效果

该页面在 Chrome 浏览器中执行的页面效果如图 8-5 所示。

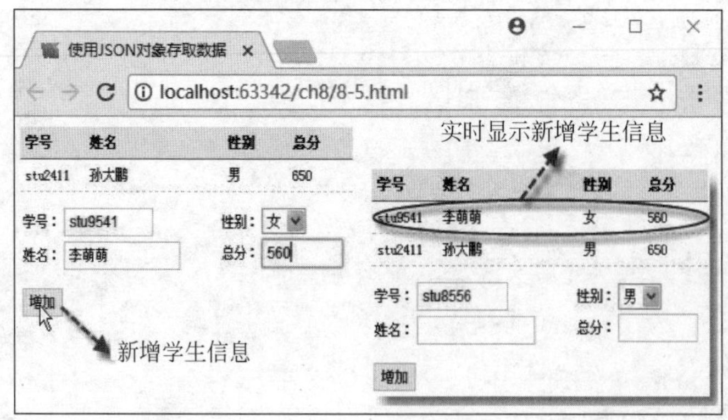

图 8-5 使用 JSON 对象存取数据的效果

4. 源码分析

在本实例中，事件的触发与实例 8-4 基本相同，页面在加载时，触发 onLoad 事件，调用自定义的 getlocalData()函数；单击“增加”按钮时，调用自定义的 btnAdd_Click()函数；不同之处在于，在调用 getlocalData()函数遍历 localStorage 对象保存的数据时，通过 JSON 对象中的 parse()方法，将对应的键值转成一个装载全部键值数据的 JSON 对象 GetData，调用该对象中的属性名称，获取各个对应的键值数据，如 GetData.StuID 表示学生编号，显示在页面中。

在调用 btnAdd_Click()函数时，先检测姓名与分数的内容是否为空，如果不为空，则使用 new Object 语句创建一个对象 SetData，将输入的各种学生数据作为该对象的不同属性值进行保存，然后，通过调用 JSON 对象中的 stringify()方法将对象 SetData 转成 JSON 格式的文本数据保存在变量 strTxtData 中，最后，调用 setItem()方法，将变量 strStuID 与 strTxtData 分别作为键名与键值保存在 localStorage 对象中。详细实现过程见代码中加粗部分。

8.2.3 管理 localStorage 数据

在 8.2.2 节中，通过引入 JSON 对象，可以结构化保存数据，对象型读取数据，极大地方便了使用 localStorage 对象保存多个字段数据的操作。此外，还可以通过键名，增加、查询、更新、删除对应的键值记录，真正实现对 localStorage 对象保存数据的管理功能。

下面通过实例介绍管理 localStorage 数据的过程。

实例 8-6 管理 localStorage 数据

1. 功能描述

在实例 8-5 页面的基础上，添加输入查询内容的文本框与“查询”按钮，同时，在列表内容项中，新增“编辑”与“删除”超链接；单击“查询”按钮时，可以根据输入的“学号”，返回对应的记录；单击“编辑”与“删除”超链接时，分别实现根据键名更新或删除对应的键值数据。

2. 实现代码

在 WebStorm 中新建一个 HTML 页面 8-6.html，加入代码如代码清单 8-6-1 所示。

代码清单 8-6-1 管理 localStorage 数据

```
<!DOCTYPE html>
<html>
<head>
<meta charset = "UTF-8">
<title>管理 localStorage 数据</title>
<link href = "Css/css8.css" rel = "stylesheet" type = "text/css">
<script type = "text/javascript" language = "jscript"
        src = "Js/js6.js">
</script>
</head>
<body onLoad = "getlocalData(0);">
   <ul id = "ulMessage">
      正在读取数据...
   </ul>
```

```
    <p class = "p5">
        <span class = "spanl">
        学号: <input type = "text" readonly = "true" id = "txtStuID"
                    class = "inputtxt" size = "10"><br>
        姓名: <input type = "text" id = "txtName" class = "inputtxt"
                    size = "15">
        </span>
        <span class = "spanr">
        性别: <select id = "selSex">
                <option value = "男">男</option>
                <option value = "女">女</option>
              </select><br>
        总分: <input type = "text" id = "txtScore" class = "inputtxt"
                    size = "8">
        </span>
        <p class = "btn">
        <input id = "btnAdd" type = "button" value = "增加"
                class = "inputbtn"onClick = "btnAdd_Click();">
        </p>
    </p>
</body>
</html>
```

在实例 8-6 中,页面导入一个 JavaScript 文件 js6.js,在该文件中,编写了多个自定义的函数,分别用于实现增加、删除、更新、查询功能的调用。其实现的代码如代码清单 8-6-2 所示。

代码清单 8-6-2　实例 8-6 中的 JavaScript 文件 js6.js 的源码

```
// JavaScript Document
function $$ (id) {
    return document.getElementById(id);
}
//单击"增加"按钮时调用
function btnAdd_Click() {
    var strStuID = $$ ("txtStuID").value;
    var strName = $$ ("txtName").value;
    var strSex = $$ ("selSex").value;
    var strScore = $$ ("txtScore").value;
    if (strName.length > 0 && strScore.length > 0) {
        //定义一个实体对象,保存全部获取的值
        var setData = new Object;
        setData.StuID = strStuID;
        setData.Name = strName;
        setData.Sex = strSex;
        setData.Score = strScore;
        var strTxtData = JSON.stringify(setData);
        localStorage.setItem(strStuID, strTxtData);
    }
```

```
    //重新加载
    getlocalData(0);
    //清空原先内容
    $$("txtName").value = "";
    $$("txtScore").value = "";
}
//单击"查询"按钮时调用
function btnSearch_Click() {
    //获取查询学号
    var strSearch = $$("txtSearch").value;
    //根据学号键名获取数据
    getlocalData(strSearch);
}
//获取保存数据并显示在页面中
function getlocalData(s) {
//标题部分
    var strHTML = "<li>";
    strHTML += "请输入学号: ";
    strHTML += "<input type='text' id='txtSearch'";
    strHTML += "class='inputtxt' size='22'>";
    strHTML += "<input id='btnSearch' type='button' value='查询'";
    strHTML += "class='inputbtn' onClick='btnSearch_Click();'>";
    strHTML += "</li>";
    strHTML += "<li class='li_h'>";
    strHTML += "<span class='spn_a'>学号</span>";
    strHTML += "<span class='spn_a'>姓名</span>";
    strHTML += "<span class='spn_c'>性别</span>";
    strHTML += "<span class='spn_c'>总分</span>";
    strHTML += "<span class='spn_d'>操作</span>";
    strHTML += "</li>";
    if (s) {
        var SearchData = JSON.parse(localStorage.getItem(s));
        strHTML += "<li class='li_c'>";
        strHTML += "<span class='spn_a'>" + SearchData.StuID + "</span>";
        strHTML += "<span class='spn_a'>" + SearchData.Name + "</span>";
        strHTML += "<span class='spn_c'>" + SearchData.Sex + "</span>";
        strHTML += "<span class='spn_c'>" + SearchData.Score + "</span>";
        strHTML += "<span class='spn_d'>";
        strHTML += "<a href='#' onclick=EditData(" + s + ")>编辑</a>";
        strHTML += " | ";
        strHTML += "<a href='#' onclick=DeleteData(" + s + ")>删除</a>";
        strHTML += "</span></li>";
    } else {
        for (var intI = 0; intI < localStorage.length; intI++) {
            //获取 Key 值
            var strKey = localStorage.key(intI);
            //过滤键名内容
            if (strKey.substring(0, 3) == "stu") {
                var GetData = JSON.parse(localStorage.getItem(strKey));
```

```
                strHTML += "<li class='li_c'>";
                strHTML += "<span class='spn_a'>"
                        + GetData.StuID + "</span>";
                strHTML += "<span class='spn_a'>"
                        + GetData.Name + "</span>";
                strHTML += "<span class='spn_c'>"
                        + GetData.Sex + "</span>";
                strHTML += "<span class='spn_c'>"
                        + GetData.Score + "</span>";
                strHTML += "<span class='spn_d'>";
                strHTML += "<a href='#' onClick=EditData('" ;
                strHTML +=  GetData.StuID ;
                strHTML +=  "')>编辑</a>";
                strHTML += " | ";
                strHTML += "<a href='#' onClick=DeleteData('" ;
                strHTML +=  GetData.StuID ;
                strHTML += "')>删除</a>";
                strHTML += "</span></li>";
            }
        }
    }
    $$("ulMessage").innerHTML = strHTML;
    $$("txtStuID").value = "stu" + RetRndNum(4);
}
//单击"编辑"超链接时调用
function EditData(k) {
    //根据键名获取对应数据
    var EditData = JSON.parse(localStorage.getItem(k));
    $$("txtStuID").value = EditData.StuID;
    $$("txtName").value = EditData.Name;
    $$("selSex").value = EditData.Sex;
    $$("txtScore").value = EditData.Score;
}
//单击"删除"超链接时调用
function DeleteData(k) {
    //删除指定键名对应的数据
    localStorage.removeItem(k);
    //重新加载
    getlocalData(0);
}
//生成指定长度的随机数
function RetRndNum(n) {
    var strRnd = "";
    for (var intI = 0; intI < n; intI++) {
        strRnd += Math.floor(Math.random() * 10);
    }
    return strRnd;
}
```

3. 页面效果

该页面在 Chrome 浏览器中执行的页面效果如图 8-6 所示。

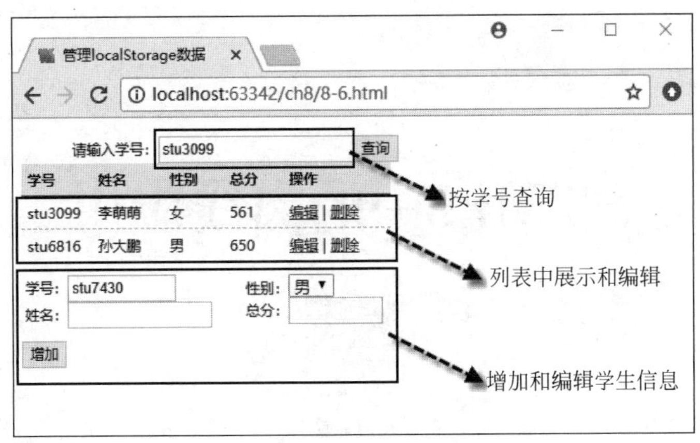

图 8-6 管理 localStorage 数据的效果

4. 源码分析

本实例与实例 8-5 相比，增加了查询、编辑、删除对应数据的功能。首先，为了实现根据键名查询数据的功能，对实例 8-5 中的 getlocalData()函数据进行了改造，新添加了一个参数 s，如果这个参数有值，则表示需要将该值作为键名，调用“JSON. parse(localStorage. getItem(s))”语句，获取对应的键值数据并转成 JSON 对象后，保存到对象变量 SearchData 中，通过该对象的属性显示各项保存的键值数据，展示在页面中。

其次，为了实现键值数据的“编辑”功能，新增加一个自定义函数 EditData()，通过该函数中的参数 k，获取编辑时传回的键名，根据该键名，调用 JSON. parse(localStorage. getItem(k))语句，将获取的键值数据转成 JSON 对象，并保存到对象变量 EditData 中，将对象属性的各项键值赋给页面中对应的文本框与下拉列表，当用户再次单击“增加”按钮时，将按照获取的键名，更新对应的键内容，从而实现保存数据更新的功能。

再次，为了实现根据键名删除对应键值的功能，新增加另外一个自定义函数 DeleteData()，通过该函数中的参数 k，获取编辑时传回的键名，根据该键名，使用 localStorage. removeItem(k)语句，删除 localStorage 对象中指定键名的数据，删除完成后，重新调用 getlocalData()函数，在页面中显示删除后的数据信息，其他功能的实现与实例 8-5 基本相同，在此不再赘述。详细实现过程见代码中加粗部分。

小结

在 HTML5 中，本地存储是一个十分重要的内容，本章首先从 sessionStorage 对象存储数据讲起，逐步深入地使用 localStorage 对象存取数据的方法以及该对象与 JSON 数据格式的相互转换方法，最后，以理论结合实例的方式，详细介绍了 WebDB 的相关基础知识以及如何编写相关 SQL 语句实现对数据的增加、查询、修改、删除功能。

第 9 章

HTML5中的离线应用

视频讲解

本章学习目标

- 掌握 cache manifest 文件的创建方法和功能。
- 理解 applicationCache 对象的基本概念。
- 掌握 applicationCache 对象中 API 的应用方法。

9.1 cache manifest 文件

Web 应用之所以在离线时也可以正常访问，是由于在线时将对应文件缓存在本地，离线时调用这些本地文件的缘故，而需要保存哪些文件、不需要保存哪些文件、在线与离线时需要调用哪些文件，这些都是由 manifest 文件来管理的。为了实现可以正常访问 manifest 文件，需要在服务器端进行相应的配置。另外，在使用 manifest 文件绑定页面后，浏览器与服务器是如何进行数据交互的，其中的交互过程也将在本章中进行详细的说明。

9.1.1 manifest 文件简介

为了能在离线状态下继续访问 Web 应用，可使用 manifest 文件将在离线时需要缓存文件的 URL 写入该文件中，当浏览器与服务器建立联系后，浏览器就会根据 manifest 文件所列的缓存清单，将相应的资源文件缓存在本地。

所有创建文本文件的编辑器都可以新建 manifest 文件，只需在保存时将扩展名设置为.manifest 即可。新建一个名为 tmp.manifest 的文件，其完整的内容如下列代码所示。

```
CACHE MANIFEST
#version0.0.0

CACHE:
#带相对路径的资源文件
```

```
JS/Js0.js
Css/Css0.css
Images/img0.jpg
Images/img1.png

NETWORK:
#列出在线时需要访问的资源文件
Index.jsp
Online.do

FALLBACK:
#以成对形式列出不可访问文件的替补资源文件
/Project/Index.jsp        /BkProject/Index.jsp
```

- manifest 类型的文件，第一行必须为 CACHE MANIFEST，表明这是一个通过浏览器将服务器资源进行本地缓存的格式文件。
- CACHE：标记，表示离线时，浏览器需要缓存到本地的服务器资源文件列表，为某个页面编写 manifest 类型文件时，不需要将该页面放入列表中，因为浏览器在进行本地资源缓存时，自动将这个页面进行了缓存。
- NETWORK：标记，表示在线时需要访问的资源文件列表，这些文件只有在浏览器与服务器之间建立了联系时，才能访问，如果设置为"*"，则表示除了在 CACHE：标记中标明需要缓存的文件之外，都不进行本地缓存。
- FALLBACK：标记，表示以成对方式列出不会访问文件的替补文件，前者为不可访问的文件，后者为替补文件，即当/Project/Index.jsp 文件不可访问时，浏览器会尝试访问/BkProject/Index.jsp 文件。
- 编写注释时，要另起一行，并且以"#"开头。
- manifest 类型文件内容允许重复编写分类标记，即可写多个 CACHE：标记或另外两种标记。
- 如果没有找到分类的标记，都视为 CACHE：标记下的资源文件。
- 每一个 manifest 类型的文件，建议通过注释的方式，标明该文件的版本号，上述代码中的"#version 0.0.0"就是内定的版本号，以便于更新文件时使用。

创建完 manifest 类型文件后，就可以通过页面中 html 元素的 manifest 属性，将页面与 manifest 类型文件绑定起来，从而实现在浏览器中查看页面时，自动将 manifest 类型文件中所涉及的资源文件缓存在本地，其绑定代码如下。

```
<html manifest="tmp.manifest">
```

9.1.2 一个简单的离线应用

通过上面的介绍，明确了要开发一个离线的 Web 应用，需要具备以下几个条件。

(1) 编写一个 manifest 类型文件，列出需要通过浏览器缓存至本地的资源性文件。

(2) 开发一个 Web 页面，通过 html 元素中的 manifest 属性将 manifest 文件与页面绑定。

(3) 对服务器端进行配置,使其能读取 manifest 类型的文件。

当以上三个条件都具备时,就可以实现 Web 页的离线访问功能,接下来通过一个简单的实例详细说明其实现的过程。

实例 9-1 开发一个简单离线应用

1. 功能描述

创建一个 HTML 页面,浏览该页面时,通过编写 JavaScript 代码,获取服务器时间,并按照时间的格式,动态显示在页面中;当断掉与服务器的联系后,再次浏览该页面时,仍然可以在页面中动态地显示时间。

2. 实现代码

在 WebStorm 中新建一个 HTML 页面 9-1. html,加入代码如代码清单 9-1-1 所示。

代码清单 9-1-1 开发一个简单离线应用

```
<!DOCTYPE html>
<html manifest = "ce1.manifest">
<head>
<meta charset = "UTF - 8">
<title>开发一个简单离线应用</title>
<link href = "Css/css9.css" rel = "stylesheet" type = "text/css">
<script type = "text/javascript" language = "jscript"
        src = "Js/js1.js">
</script>
</head>
<body>
<fieldset>
   <legend>简单离线实例</legend>
     <output id = "time">正在获取时间...</output>
 </fieldset>
</body>
</html>
```

在实例 9-1 中,页面导入一个 JavaScript 文件 js1. js,在该文件中,自定义两个函数,分别用于获取系统时间与格式化显示的时间。其实现的代码如代码清单 9-1-2 所示。

代码清单 9-1-2 实例 9-1 中的 JavaScript 文件 js1. js 的源码

```
// JavaScript Document
function $$ (id) {
    return document.getElementById(id);
}
//获取当前格式化后的时间并显示在页面上
function getCurTime(){
   var dt = new Date();
   var strHTML = "当前时间是 ";
   strHTML += RuleTime(dt.getHours(),2) + ":" +
```

```
            RuleTime(dt.getMinutes(),2) + ":" +
            RuleTime(dt.getSeconds(),2);
    $$ ("time").value = strHTML;
}
//转换时间显示格式
function RuleTime(num, n) {
    var len = num.toString().length;
    while(len < n) {
        num = "0" + num;
        len++;
    }
    return num;
}
//定时执行
setInterval(getCurTime,1000);
```

在实例 9-1 中，页面导入一个 CSS 文件 css9. css，该文件是一个样式文件，用于控制将获取的时间显示在页面中的样式。其实现的代码如代码清单 9-1-3 所示。

代码清单 9-1-3　实例 9-1 中的 CSS 文件 css9. css 的源码

```
@charset "UTF - 8";
/ * CSS Document * /
body {
    font - size:12px
}
fieldset{
    padding:10px;
    width:285px;
    float:left
}
output{
    font - size:14px;
    font - family:Verdana,Geneva, sans - serif;
    padding - left:72px
}
```

在实例 9-1 中，页面中通过 html 元素的 manifest 属性绑定了一个 manifest 类型的文件 ce1. manifest，列举服务器需要缓存至本地的文件清单。其实现的代码如代码清单 9-1-4 所示。

代码清单 9-1-4　实例 9-1 中的清单文件 ce1. manifest 的源码

```
CACHE MANIFEST
#version0.0.1
CACHE:
Js/js1.js
Css/css9.css
```

3. 页面效果

该页面在 Chrome 浏览器中执行的页面效果如图 9-1 所示。

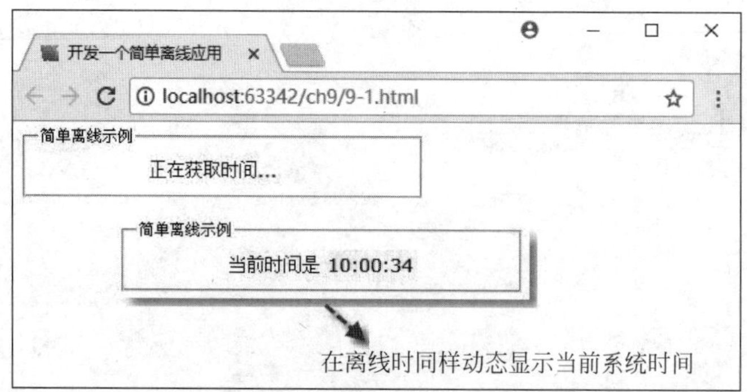

图 9-1 开发一个简单离线应用的效果

4. 源码分析

在本实例中,通过与页面绑定的 manifest 类型文件 ce1. manifest,缓存了 3 个资源文件,分别为 js1. js、css9. css 以及 9-1. html 页面本身。因为使用了本地缓存,使浏览器与服务器间的数据交互按照如下步骤进行。

(1) 浏览器:请求访问 9-1. html 页面。

(2) 服务器:返回 9-1. html。

(3) 浏览器:解析返回的 9-1. html 页面,请求服务器返回页面 9-1. html 所包含的全部资源性文件,包括 ce1. manifest 文件。

(4) 服务器:返回浏览器所请求的所有资源文件。

(5) 浏览器:解析返回的 ce1. manifest 文件,请求返回 URL 清单中的资源文件。

(6) 服务器:再次返回 URL 清单中的资源文件。

(7) 浏览器:更新本地缓存,将新获取的 URL 清单中的资源文件更新至本地缓存中,在进行更新过程中,将触发一个 onUpdateReady 事件,表示本地缓存更新完成。

(8) 浏览器再次查看访问 9-1. html 页面时,如果 ce1. manifest 文件没有发生变化,将直接调用本地的缓存,响应用户的请求,从而实现离线访问页面的功能。

9.2 applicationCache 对象

applicationCache 对象表示本地缓存,在开发离线应用时,通过调用该对象的 onUpdateReady 事件,能监测到本地缓存是否完成更新。另外,有两种手动更新本地缓存的方法,一种是在 onUpdateReady 事件中调用 swapCache()方法;另一种就是直接调用 applicationCache 对象的 update()方法。此外,当本地缓存更新时,可以调用 applicationCache 对象的其他事件,实时监测本地缓存更新的状态,接下来进行详细的介绍。

9.2.1 updateready 事件

在实例 9-1 中,如果与页面绑定的 manifest 文件 ce1. manifest 内容发生变化时,将引起本地缓存的更新，从而触发 updateready 事件。根据这一特征，可以在 updateready 事件中编写代码，实时监测本地缓存是否完成更新的信息。

下面通过实例介绍监测 updateready 事件触发的过程。

实例 9-2　监测 updateready 事件触发

1. 功能描述

创建一个 HTML 页面，当页面加载时，为 applicationCache 对象添加一个 updateready 事件，用于监测本地缓存是否发生改变，一旦更新本地缓存，触发 updateready 事件，将在页面显示"正在触发 updateready 事件..."字样。

2. 实现代码

在 WebStorm 中新建一个 HTML 页面 9-2.html，加入代码如代码清单 9-2-1 所示。

代码清单 9-2-1　监测 updateready 事件触发

```
<!DOCTYPE html>
<html manifest = "ce2.manifest">
<head>
<meta charset = "UTF - 8">
<title>监测 updateready 事件触发</title>
<link href = "Css/css9.css" rel = "stylesheet" type = "text/css">
<script type = "text/javascript" language = "jscript"
        src = "Js/js2.js">
</script>
</head>
<body onLoad = "pageload();">
<fieldset>
   <legend>监测 updateready 事件触发过程</legend>
     <p id = "pStatus"></p>
 </fieldset>
</body>
</html>
```

在实例 9-2 中，页面导入一个 JavaScript 文件 js2.js，在该文件中，自定义 pageload()函数，用于页面加载时的调用。其实现的代码如代码清单 9-2-2 所示。

代码清单 9-2-2　实例 9-2 中的 JavaScript 文件 js2.js 的源码

```
// JavaScript Document
function $$ (id) {
    return document.getElementById(id);
}
//自定义页面加载时调用的函数
function pageload() {
    window.applicationCache.addEventListener("updateready",function() {
         $$ ("pStatus").style.display = "block";
         $$ ("pStatus").innerHTML  =  "正在触发 updateready 事件...";
    },true);
}
```

在实例 9-2 中，页面导入的 CSS 文件 css9.css，在实例 9-1 的基础之上，又添加了用于控制实例 9-2 页面的部分样式代码。其实现的代码如代码清单 9-2-3 所示。

代码清单 9-2-3　实例 9-2 中的 CSS 文件 css9.css 的源码

```
@charset "UTF - 8";
/* CSS Document */
...省略实例 9 - 1 中已列出的代码
#pStatus{
    display:none;
    border:1px #ccc solid;
    width:158px;
    background - color:#eee;
    padding:6px 12px 6px 12px;
    margin - left:2px
}
```

在实例 9-2 中，页面中通过 html 元素的 manifest 属性绑定了一个 manifest 类型的文件 ce2.manifest，列举服务器需要缓存至本地的文件清单。实现的代码如代码清单 9-2-4 所示。

代码清单 9-2-4　实例 9-2 中的清单文件 ce2.manifest 的源码

```
CACHE MANIFEST
#version0.0.2
CACHE:
Js/js2.js
Css/css9.css
```

3. 页面效果

该页面在 Chrome 浏览器中执行的页面效果如图 9-2 所示。

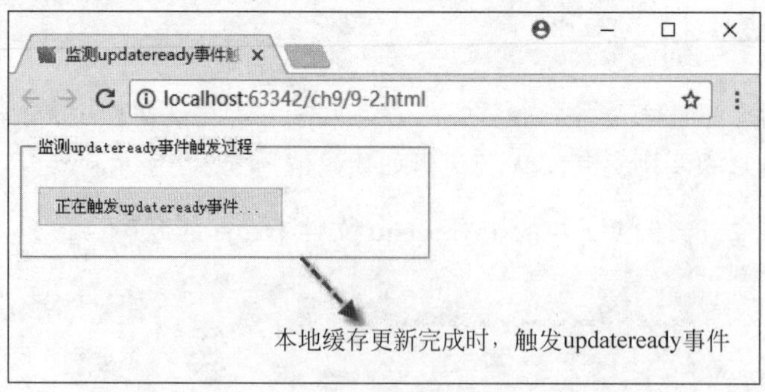

图 9-2　监测 updateready 事件触发的效果

4. 源码分析

在实例中，当与页面绑定的服务端 manifest 文件 ce2.manifest 内容发生改变时，才会触发本地缓存的更新，如果本地缓存更新完成，将触发设置好的 updateready 事件，在该事件中显示“正在触发 updateready 事件...”字样。

需要注意，即使完成了本地缓存的更新，当前页面也不会发生任何变化，需要重新打开该页面或刷新当前页，才能执行本地缓存更新后的页面效果。

9.2.2 update()方法

9.2.1节介绍了updateready事件，该事件的触发标志着本地缓存进行了更新。除了通过updateready事件监测本地缓存是否有更新外，还可以通过手动的方法，人工更新本地的缓存。在HTML5中，调用applicationCache对象中的update()方法，可以手动更新本地缓存，其调用格式如下。

```
window.applicationCache.update()
```

该方法的功能是：如果有可更新的本地缓存，调用该方法，将可以对本地缓存进行更新。那么如何检测是否有可更新的本地缓存？除通过updateready事件监测外，还可以调用applicationCache对象中的status属性。该属性有多个值，当该值为"4"时，则表示有可更新的本地缓存。

下面通过实例介绍使用update()方法更新本地缓存的过程。

实例9-3 使用update()方法更新本地缓存

1. 功能描述

创建一个HTML页面，当页面加载时，检测是否有可更新的本地缓存，如果存在，则显示"手动更新"按钮，单击该按钮后，将更新本地的缓存，同时在页面中显示"手动更新完成！"字样。

2. 实现代码

在WebStorm中新建一个HTML页面9-3.html，加入代码如代码清单9-3-1所示。

代码清单9-3-1 使用update()方法更新本地缓存

```
<!DOCTYPE html>
<html manifest = "ce3.manifest">
<head>
<meta charset = "UTF - 8">
<title>使用update()方法更新本地缓存</title>
<link href = "Css/css9.css" rel = "stylesheet" type = "text/css">
<script type = "text/javascript" language = "jscript"
        src = "Js/js3.js">
</script>
</head>
<body onLoad = "pageload();">
<fieldset>
  <legend>检测是否有更新并手动更新缓存</legend>
    <p id = "pStatus"></p>
    <p id = "pShow">
```

```
        < input id = "btnUpd" value = "手动更新" type = "button"
                class = "inputbtn" onClick = "btnUpd_Click()"/>
      </p >
  </fieldset >
</body >
</html >
```

在实例 9-3 中,页面导入一个 JavaScript 文件 js3.js,在该文件中,自定义了多个函数,用于页面加载与单击"手动更新"按钮时的调用。其实现的代码如代码清单 9-3-2 所示。

代码清单 9-3-2　实例 9-3 中的 JavaScript 文件 js3.js 的源码

```
// JavaScript Document
function $$ (id) {
    return document.getElementById(id);
}
//检测 manifest 文件是否有更新
function pageload() {
     if (window.applicationCache.status == 4) {
        Status_Handle("找到可更新的本地缓存!");
         $$ ("pShow").style.display = "block";
     }
}
//单击"手动更新"按钮时调用
function btnUpd_Click() {
    window.applicationCache.update();
    Status_Handle("手动更新完成!");
}
//自定义显示执行过程中状态的函数
function Status_Handle(message) {
     $$ ("pStatus").style.display = "block";
     $$ ("pStatus").innerHTML = message;
}
```

在实例 9-3 中,页面导入的 CSS 文件 css9.css,在实例 9-2 的基础之上,又添加了用于控制实例 9-3 页面的部分样式代码。其实现的代码如代码清单 9-3-3 所示。

代码清单 9-3-3　实例 9-3 中的 CSS 文件 css9.css 的源码

```
@charset "UTF - 8";
/ * CSS Document * /
…省略实例 9 - 1、实例 9 - 2 中已列出的代码
.inputbtn {
    border:solid 1px #ccc;
    background - color: #eee;
    line - height:18px;
    font - size:12px
}
#pShow{
    display:none
}
```

在实例 9-3 中，页面中通过 html 元素的 manifest 属性绑定了一个 manifest 类型的文件 ce3. manifest，列举服务器需要缓存至本地的文件清单。其实现的代码如代码清单 9-3-4 所示。

代码清单 9-3-4 实例 9-3 中的清单文件 ce3. manifest 的源码

```
CACHE MANIFEST
#version0.3.0
CACHE:
Js/js3.js
Css/css9.css
```

3. 页面效果

该页面在 Chrome 浏览器中执行的页面效果如图 9-3 所示。

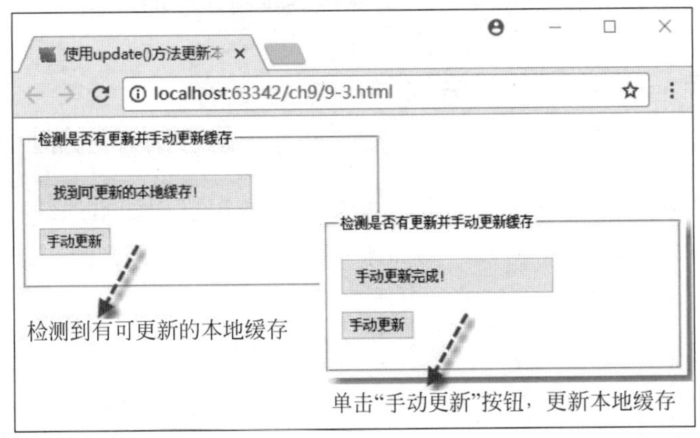

图 9-3 使用 update()方法更新本地缓存的效果

4. 源码分析

在本实例中，当页面加载时，调用自定义的函数 pageload()，在该函数中，首先通过 applicationCache 对象中的 status 属性检测是否有可更新的本地缓存，如果存在，即该值为"4"时，即显示"手动更新"按钮，然后如果单击"手动更新"按钮，将触发按钮的 onClick 事件，在该事件中，调用自定义的函数 btnUpd_Click()，该函数通过使用 applicationCache 对象中的 update()方法，更新了本地的缓存，并在页面中显示"手动更新完成!"的字样。

需要注意，applicationCache 对象中的 status 属性值，除了等于"4"表示本地有可以更新的本地缓存之外，还有其他的值与所代表的意义如表 9-1 所示。

表 9-1 status 属性返回值及说明

返回值	说明
0	表示空值，说明本地缓存不存在或不可用
1	表示空闲，说明当前的本地缓存是最新的，无须更新
2	表示检测，说明正在核查 manifest 文件的状态，确定是否发生了变化
3	表示下载，说明已经确定 manifest 文件发生了变化，并且正在下载中
4	表示状态，说明本地的缓存文件已经更新，刷新页面或手动更新即可
5	表示废弃，说明当前的本地缓存已被删除或不可用

9.2.3 swapCache ()方法

与 9.2.2 节中讲到的 update()方法相同,swapCache()方法的作用也是更新本地缓存,但与 update()方法有以下两个不同之处。

(1) 更新本地缓存的时间不一样:swapCache()方法早于 update()方法将本地缓存进行更新,swapCache()方法是将本地缓存立即更新。

(2) 触发事件不一样:swapCache()方法必须在 updateready 事件中才能调用,而 update()方法可以随时调用。

无论是使用 swapCache()方法还是 update()方法,当前执行的页面都不会立即显示本地缓存更新后的页面效果,都要进行重新加载一次或手动刷新页面,才能发挥作用。

下面通过实例介绍使用 swapCache()方法更新本地缓存的过程。

实例 9-4 使用 swapCache ()方法更新本地缓存

1. 功能描述

创建一个 HTML 页面,当页面加载时,检测是否有可更新的本地缓存,如果存在,则调用 swapCache()方法立即更新本地缓存,如果更新成功,则在页面中显示"本地缓存更新完成!"字样,同时自动刷新当前页面,展示更新后的效果。

2. 实现代码

在 WebStorm 中新建一个 HTML 页面 9-4.html,加入代码如代码清单 9-4-1 所示。

代码清单 9-4-1 使用 swapCache ()方法更新本地缓存

```
<!DOCTYPE html>
<html manifest = "ce4.manifest">
<head>
<meta charset = "UTF - 8">
<title>使用 swapCache()方法更新本地缓存</title>
<link href = "Css/css9.css" rel = "stylesheet" type = "text/css">
<script type = "text/javascript" language = "jscript"
        src = "Js/js4.js">
</script>
</head>
<body onLoad = "pageload();">
<fieldset>
   <legend>检测是否有更新并立即更新缓存</legend>
      <p id = "pStatus"></p>
 </fieldset>
</body>
</html>
```

在实例 9-4 中,页面导入一个 JavaScript 文件 js4.js,在该文件中,自定义 pageload()函数,用于页面加载时的调用。其实现的代码如代码清单 9-4-2 所示。

代码清单 9-4-2 实例 9-4 中的 JavaScript 文件 js4.js 的源码

```
// JavaScript Document
function $$(id) {
    return document.getElementById(id);
}
//在添加 updateready 事件中执行 swapCache()方法
function pageload() {
    window.applicationCache.addEventListener("updateready",function() {
        Status_Handle("找到可更新的本地缓存!");
        window.applicationCache.swapCache();
        Status_Handle("本地缓存更新完成!");
        location.reload();
    },false);
}
//自定义显示执行过程中状态的函数
function Status_Handle(message) {
    $$("pStatus").style.display = "block";
    $$("pStatus").innerHTML = message;
}
```

在实例 9-4 中，页面中通过 html 元素的 manifest 属性绑定了一个 manifest 类型的文件 ce4.manifest，列举服务器需要缓存至本地的文件清单。其实现的代码如代码清单 9-4-3 所示。

代码清单 9-4-3 实例 9-4 中的清单文件 ce4.manifest 的源码

```
CACHE MANIFEST
#version0.4.0
CACHE:
Js/js4.js
Css/css9.css
```

3. 页面效果

该页面在 Chrome 浏览器中执行的页面效果如图 9-4 所示。

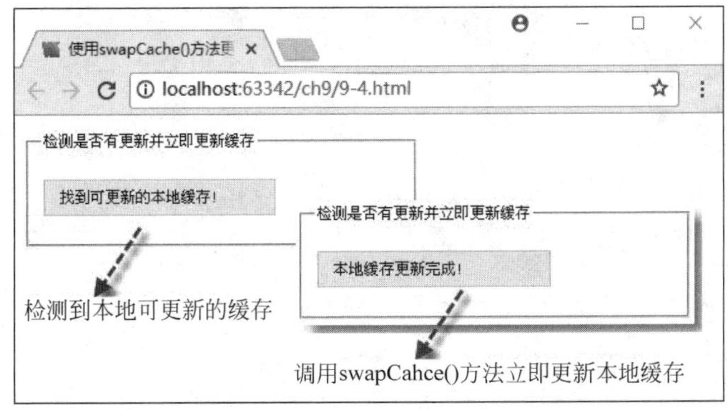

图 9-4 使用 swapCache()方法更新本地缓存的效果

4. 源码分析

在本实例中，如果本地有可更新的缓存，那么将触发 updateready 事件，这也是检测本地是否有可更新缓存的另外一个方法。当触发该事件时，调用 applicationCache 对象中的 swapCache()方法，更新本地已有的缓存，使用 swapCache()方法更新本地缓存的好处在于立即可以实现本地缓存的更新，但是，如果需要更新的缓存列表较多时，可能耗时很大，甚至会锁住浏览器，这时，需要在更新过程中，通过获取更新文件的进度信息，给客户进行提示，以优化用户的 UI 体验。

如何获取本地文件更新过程中的更多信息？将在接下来的章节中进行介绍。

9.2.4 其他事件

前面介绍了当触发 updateready 事件时，通过 swapCache()方法即时更新本地缓存的过程，其实，当浏览器加载一个离线应用时，还会触发许多其他的事件，例如，在更新本地缓存时，除触发 updateready 事件外，还将触发 downloading、progress、cached 事件。

下面通过实例介绍检测离线应用在加载过程中触发的事件。

实例 9-5 检测离线应用在加载过程中触发的事件

1. 功能描述

创建一个 HTML 页面，在页面加载时，为 applicationCache 对象添加各种可能触发的事件，当触发某一事件时，将在页面中显示该事件的名称。

2. 实现代码

在 WebStorm 中新建一个 HTML 页面 9-5. html，加入代码如代码清单 9-5-1 所示。

代码清单 9-5-1 检测离线应用在加载过程中触发的事件

```
<!DOCTYPE html>
<html manifest = "ce5.manifest">
<head>
<meta charset = "UTF - 8">
<title>检测离线应用在加载过程中触发的事件</title>
<link href = "Css/css9.css" rel = "stylesheet" type = "text/css">
<script type = "text/javascript" language = "jscript"
        src = "Js/js5.js">
</script>
</head>
<body onLoad = "pageload();">
 <fieldset>
   <legend>检测离线应用在加载过程中触发的事件</legend>
     <p id = "pStatus"></p>
 </fieldset>
</body>
</html>
```

在实例 9-5 中，页面导入一个 JavaScript 文件 js5. js，在该文件的自定义函数 pageload()

中添加了多个可能触发的事件，用于页面加载时的调用。实现的代码如代码清单 9-5-2 所示。

代码清单 9-5-2 实例 9-5 中的 JavaScript 文件 js5.js 的源码

```
// JavaScript Document
function $$ (id) {
    return document.getElementById(id);
}
//自定义页面加载时调用的函数
function pageload() {
    window.applicationCache.addEventListener("checking",function() {
            Status_Handle("正在检测是否有更新...");
    },true);
    window.applicationCache.addEventListener("downloading",function() {
            Status_Handle("正在下载可用的缓存...");
    },true);
    window.applicationCache.addEventListener("noupdate",function() {
            Status_Handle("没有最新的缓存更新!");
    },true);
    window.applicationCache.addEventListener("progress",function() {
            Status_Handle("本地缓存正在更新中...");
    },true);
    window.applicationCache.addEventListener("cached",function() {
            Status_Handle("本地缓存已更新成功!");
    },true);
    window.applicationCache.addEventListener("error",function() {
            Status_Handle("本地缓存更新时出错!");
    },true);
}
//自定义显示执行过程中状态的函数
function Status_Handle(message) {
    $$ ("pStatus").style.display = "block";
    $$ ("pStatus").innerHTML = message;
}
```

在实例 9-5 中，页面中通过 html 元素的 manifest 属性绑定了一个 manifest 类型的文件 ce5.manifest，列举服务器需要缓存至本地的文件清单。其实现的代码如代码清单 9-5-3 所示。

代码清单 9-5-3 实例 9-5 中的清单文件 ce5.manifest 的源码

```
CACHE MANIFEST
#version0.5.0
CACHE:
Js/js5.js
Css/css9.css
```

3. 页面效果

该页面在 Chrome 浏览器中执行的页面效果如图 9-5 所示。

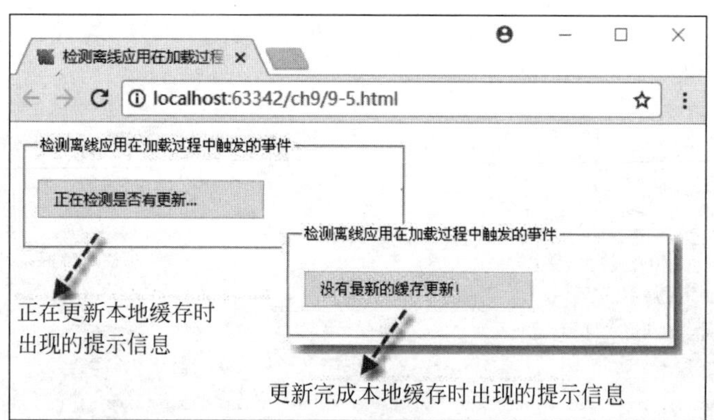

图 9-5 检测离线应用在加载过程中触发的事件的效果

4. 源码分析

在本实例中，为 applicationCache 对象添加各种可能触发的事件，下面再次分析首次在浏览器中加载一个离线应用时所触发的整个事件过程。

(1) 浏览器：请求访问页面 9-5.html。

(2) 服务器：返回页面 9-5.html。

(3) 浏览器：解析页面头部时，发现 manifest 属性，触发 checking 事件，检测属性对应的 manifest 类型文件是否存在，如果不存在，则触发 error 事件。

(4) 浏览器：解析返回的页面 9-5.html，请求服务器返回页面中所有的资源文件，包括 manifest 文件。

(5) 服务器：返回请求的所有资源文件。

(6) 浏览器：处理 manifest 文件，请求服务器返回所有 manifest 文件中所要求缓存在本地的文件，即使是第一次请求过的文件，也要重新请求一次。

(7) 服务器：返回所请求的需要缓存至本地的资源文件。

(8) 浏览器：下载资源文件时触发 downloading 事件，如果文件很多，将间歇性地触发 progress 事件，表示正在下载过程中，下载完成后，触发 cached 事件，表示下载完成并存入缓存中。

当没有修改 manifest 文件，而再次通过浏览器加载页面 9-5.html 时，将重复执行上述过程中的第 1～5 步，而在第 6 步时，将检测是否有可更新的本地缓存，如果无，则触发 noupdate 事件，表示没有最新的缓存可更新，如果有，则触发 updateready 事件，表示更新已下载完成，刷新页面或手动更新就可以展示本地缓存更新后的效果。

因此，当本地缓存更新的资源文件很多时，可以调用文件在下载时的 progress 事件，动态显示已更新的总量与未更新数量，从而优化用户在更新本地缓存过程中的 UI 体验。

小结

在本章中，先从认识 manifest 类型文件讲起，并通过一个简单的实例介绍使用 manifest 类型文件缓存资源的方法。然后，通过理论与实践结合的方式，详细介绍了本地缓存对象 applicationCache 的方法、事件及其更新的方法。

第 10 章

其他应用API

视频讲解

本章学习目标

- 掌握 Web Sockets API 的使用方法。
- 了解 Web Workers API 的实现方式。

10.1　Web Sockets API

Socket 又称套接字，是在一个 TCP 接口中进行双向通信的技术。Sockets 仍然基于 W3C 标准而开发，在通常情况下，Socket 用于描述 IP 地址与端口，是通信过程中的一个字符句柄，当服务器端有多个应用服务绑定一个 Socket 时，通过通信中的字符句柄，实现不同端口对应不同应用服务功能，目前大部分的浏览器都支持 HTML5 中 Sockets API 的运行。

在介绍使用 Web Sockets API 开发实例前，为了使读者对数据的通信或传输有一个基本的认识，下面首先介绍在 HTML5 中如何使用 postMessage()方法实现在同一文档中不同区域或跨文档传输数据的方法。

10.1.1　postMessage()方法

在 JavaScript 中，出于代码安全性的考虑，不允许跨域访问其他页面中的元素，这给不同区域的页面数据互访带来障碍；而在 HTML5 中，可以利用对象的 postMessage()方法，实现两个不同域名与端口的页面之间数据的接收与发送功能，从而有效地解决这个问题。

要实现跨域页面间的数据互访，需要调用对象的 postMessage()方法，其调用格式如下。

```
otherWindow.postMessage(message, targetOrigin)
```

其中，参数 otherWindow 为接收数据页面的引用对象，可以是 window. open 的返回值，也可以是 iframe 的 contentWindow 属性或通过下标返回的 window. frames 单个实体对象；参数 message 表示所有发送的数据，字符类型，也可以是 JSON 对象转换后的字符内容；参数 targetOrigin 表示发送数据的 URL 来源，用于限制 otherWindow 对象接受范围，如果该值为通配符 *，则表示不限制发送来源，指向全部的地址。

下面通过实例介绍使用 postMessage()方法实现跨文档传输数据的过程。

实例 10-1　使用 postMessage ()方法实现跨文档传输数据

1. 功能描述

新创建一个 HTML 页面，并在页面中添加一个 iframe 标记作为子页面，当在主页面中的文本框中输入生成随机数位数，并单击“请求”按钮后，子页面将接收该位数信息，并向主页面返回根据该位数生成对应的随机数，主页面接收指定位数生成的随机数，并显示在页面中，从而完成了在不同文档之间数据的互访功能。

2. 实现代码

在 WebStorm 中新建一个 HTML 页面 10-1. html，加入代码如代码清单 10-1-1 所示。

代码清单 10-1-1　使用 postMessage ()方法实现跨文档传输数据

```
<!DOCTYPE html>
<html>
<head>
<meta charset="UTF-8">
<title>使用 postMessage()方法实现跨文档传输数据</title>
<link href="Css/css10.css" rel="stylesheet" type="text/css">
<script type="text/javascript" language="jscript"
        src="Js/js1.js">
</script>
</head>
<body onLoad="pageload();">
 <fieldset>
   <legend>跨文档请求数据</legend>
   <p id="pStatus"></p>
   <input id="txtNum" type="text" class="inputtxt">
   <input id="btnAdd" type="button" value="请求"
          class="inputbtn"onClick="btnSend_Click();">
   <iframe id="ifrA" src="Message.html"
          width="0px" height="0px" frameborder="0"/>
 </fieldset>
</body>
</html>
```

在实例 10-1 中，页面导入一个 JavaScript 文件 js1. js，在该文件中，编写了多个自定义函数，分别用于主、子页面加载与单击“请求”按钮时调用。其实现的代码如代码清单 10-1-2 所示。

代码清单 10-1-2　实例 10-1 中的 JavaScript 文件 js1.js 的源码

```
// JavaScript Document
function $$ (id) {
    return document.getElementById(id);
}
//获取当前格式化后的时间并显示在页面上
function getCurTime(){
var dt = new Date();
   var strHTML = "当前时间是 ";
   strHTML += RuleTime(dt.getHours(),2) + ":" +
            RuleTime(dt.getMinutes(),2) + ":" +
            RuleTime(dt.getSeconds(),2);
    $$ ("time").value = strHTML;
}
//转换时间显示格式
function RuleTime(num, n) {
    var len = num.toString().length;
    while(len < n) {
        num = "0" + num;
        len++;
    }
    return num;
}
//定时执行
// JavaScript Document
function $$ (id) {
    return document.getElementById(id);
}
var strOrigin = "http://localhost";
//自定义页面加载函数
function pageload() {
    window.addEventListener('message',
    function(event) {
        if (event.origin == strOrigin) {
            $$ ("pStatus").style.display = "block";
            $$ ("pStatus").innerHTML += event.data;
        }
    },
    false);
}
//单击"请求"按钮时调用的函数
function btnSend_Click() {
    //获取发送内容
    var strTxtValue = $$ ("txtNum").value;
    if (strTxtValue.length > 0) {
        var targetOrigin = strOrigin;
        $$ ("ifrA").contentWindow.postMessage(strTxtValue, targetOrigin);
        $$ ("txtNum").value = "";
    }
```

```
}
//iframe 中子页面加载时调用的函数
function PageLoadForMessage() {
    window.addEventListener('message',
    function(event) {
        if (event.origin == strOrigin) {
            var strRetHTML = "<span><b>";
            strRetHTML += event.data + " </b>位随机数为: <b>";
            strRetHTML += RetRndNum(event.data);
            strRetHTML += " </b></span><br>";
            event.source.postMessage(strRetHTML, event.origin);
        }
    },
    false);
}
//生成指定长度的随机数
function RetRndNum(n) {
var strRnd = "";
    for (var intI = 0; intI < n; intI++) {
        strRnd += Math.floor(Math.random() * 10);
    }
    return strRnd;
}
```

在实例 10-1 的主页面中，通过 iframe 元素的 src 属性导入了一个名称为 Message.html 的子页面，用于接收主页面请求生成随机数长度的值，并返回根据该值生成的随机数，其完整的页面代码如代码清单 10-1-3 所示。

代码清单 10-1-3　实例 10-1 中的 HTML 文件 Message.html 的源码

```
<!DOCTYPE html>
<html>
<head>
<meta charset = "UTF-8">
<title></title>
<link href = "Css/css10.css" rel = "stylesheet" type = "text/css">
<script type = "text/javascript" language = "jscript"
        src = "Js/js1.js">
</script>
</head>
<body onLoad = "PageLoadForMessage();">
</body>
</html>
```

3. 页面效果

该页面在 Chrome 浏览器中执行的页面效果如图 10-1 所示。

4. 源码分析

在本实例中，首先，为了接收页面间传输的数据，主、子页面都在页面加载时，为页面添

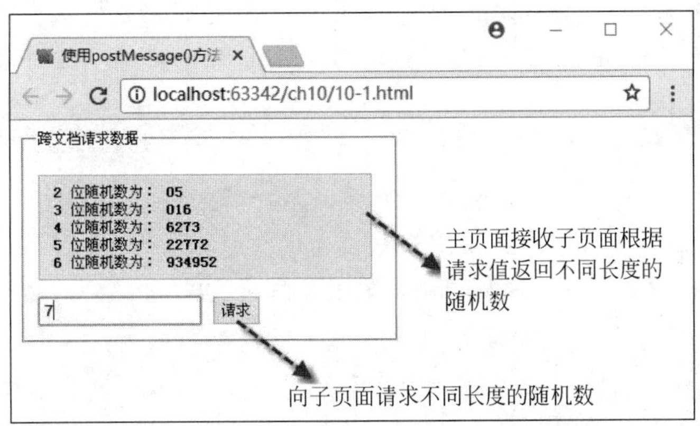

图 10-1　使用 postMessage()方法实现跨文档传输数据的效果

加了 message 事件，其添加方式如下。

```
window.addEventListener('message', function(event) {...}, false);
```

然后，如果页面添加了 message 事件成功，那么，当通过 postMessage()方法向页面发送数据请求时，将触发该事件，并通过事件回调函数中 event 对象的 data 属性捕获发送来的数据。本实例中，将捕获的数据 event.data 传递给另外一个自定义函数 RetRndNum()，用于生成随机数。

另外，event 对象中还包含 source 与 origin 属性，分别代表发送数据对象与发送来源，可以使用 source 属性向发送数据页面返回数据，同时，还可以通过 origin 属性检测互通数据的域名是否正确，以规避因域名不正确产生的恶意代码来源，确保数据交互的安全性。

在本实例中，主、从页面通过 event.origin == strOrigin 代码，判断各自请求来源是否为约定 strOrigin 值。如果是，则进行下面的操作，否则，不做任何的数据交互操作。详细实现过程见代码中加粗部分。

10.1.2　使用 WebSocket 传送数据

在本章开始时，简要介绍了 socket 的基本定义，而在 HTML5 中，WebSocket 为客户端与服务器端架起了一座双向通信的桥梁，利用该桥梁，可以实现服务器端的信息推送功能。因为该桥梁是一个实时、永久性的连接，服务器端一旦与客户端建立了这种双向连接，就可以将数据推送至 socket 中，而客户端只要有一个 socket 绑定的地址与端口与服务器端建立了联系，就可以接收推送来的数据。

Web Socket API 的使用方法十分简单，它分为下列几个操作。

(1) 创建连接，新建一个 WebSocket 对象十分方便，只需使用如下的代码。

```
var objWs = new WebSocket("ws://localhost:3131/test/demo");
```

其中，URL 必须以 ws 字符开头，剩余部分可以像使用 HTTP 地址一样来编写，该地址没有使用 HTTP，因为它属于 WebSocket URL，该 URL 必须由 4 部分组成，分别是通信标记(ws)、主机名称(host)、端口号(port)及 Web Socket Server。

(2) 发送数据,当 WebSocket 对象与服务器端建立联系后,使用如下代码发送数据。

```
objWs.send(dataInfo);
```

其中,objWs 为新创建的 WebSocket 对象,send()方法中的 dataInfo 参数为字符类型,即只能使用文本数据或者将 JSON 对象转成文本内容的数据格式。

(3) 接收数据,客户端添加事件机制接收服务器端发送来的数据,代码如下。

```
objWs.onmessage = function(event){
    alert(event.data)
    ...
}
```

其中,通过回调函数中 event 对象的 data 属性来获取服务器端发送的数据内容,该内容可以是一个字符串或者 JSON 对象。

(4) 状态标志,通过 WebSocket 对象的 readyState 属性记录连接过程中的状态值。

readyState 属性是一个连接的状态标志,用于获取 WebSocket 对象在连接、打开、关闭中和关闭时的状态,该状态标志共有 4 种属性值,如表 10-1 所示。

表 10-1 WebSocket 对象的 readyState 属性值及说明

属性值	属性常量	说明
0	CONNECTING	连接尚未建立
1	OPEN	WebSocket 的连接已建立,可以进行通信
2	CLOSING	连接正在关闭
3	CLOSED	连接已经关闭或不可用

WebSocket 对象在连接过程中,通过监测这个状态标志的变化,可以获取服务器端与客户端连接的进度,并将反馈的信息实时返回客户端。

下面通过实例介绍使用 WebSocket 对象传送数据的过程。

实例 10-2 使用 WebSocket 对象传送数据

1. 功能描述

新创建一个 HTML 页面,在页面中,当用户在文本框中输入发送内容并单击“发送”按钮后,通过创建的 WebSocket 对象,将内容发送至服务器端,同时,页面也将接收服务器端返回来的数据,展示在页面的 textarea 元素中。

2. 实现代码

在 WebStorm 中新建一个 HTML 页面 10-2.html,加入代码如代码清单 10-2-1 所示。

代码清单 10-2-1 使用 WebSocket 对象传送数据

```
<!DOCTYPE html>
<html>
```

```
<head>
<meta charset="UTF-8">
<title>使用 WebSocket 对象传送数据</title>
<link href="Css/css10.css" rel="stylesheet" type="text/css">
<script type="text/javascript" language="jscript"
        src="Js/js2.js">
</script>
</head>
<body onLoad="pageload();">
  <textarea id="txtaList" cols="26" rows="12"
           readonly="true"></textarea><br>
  <input id="txtMessage" type="text" class="inputtxt">
  <input id="btnAdd" type="button" value="发送"
         class="inputbtn"onClick="btnSend_Click();">
</body>
</html>
```

在实例 10-2 中，页面导入一个 JavaScript 文件 js2.js，在该文件中，编写了多个自定义的函数，用于页面加载与单击“发送”按钮时调用。其实现的代码如代码清单 10-2-2 所示。

代码清单 10-2-2　实例 10-2 的 JavaScript 文件 js2.js 的源码

```
// JavaScript Document
function $$(id) {
    return document.getElementById(id);
}
var strTip = "";
var objWs = null;
var conUrl = "ws://localhost:3131/test/demo";
var SocketCreated = false;
var arrState = new Array("正在建立连接...", "连接成功!",
                        "正在关闭连接...", "连接已关闭!",
                        "正在初始化值...", "连接出错!");
//自定义页面加载时函数
function pageload() {
    if (SocketCreated && (objWs.readyState == 0 || objWs.readyState == 1)) {
        objWs.close();
    } else {
        Handle_List(arrState[4]);
        try {
            objWs = new WebSocket(conUrl);
            SocketCreated = true;
        } catch(ex) {
            Handle_List(ex);
            return;
        }
    }
    //添加 socket 对象的打开事件
    objWs.onopen = function() {
        Handle_List(arrState[objWs.readyState]);
```

```
    }
    //添加 socket 对象接收服务器端数据事件
    objWs.onmessage = function(event) {
        Handle_List("系统消息:" + event.data);
    }
    //添加 socket 对象的关闭事件
    objWs.onclose = function() {
        Handle_List(arrState[objWs.readyState]);
    }
    //添加 socket 对象的出错事件
    objWs.onerror = function() {
        Handle_List(arrState[5]);
    }
}
//自定义单击"发送"按钮时调用的函数
function btnSend_Click() {
    var strTxtMessage =  $$("txtMessage").value;
    if (strTxtMessage.length > 0) {
        objWs.send(strTxtMessage);
        Handle_List("我说:" + strTxtMessage);
         $$("txtMessage").value = "";
    }
}
//自定义显示与服务器端交流内容的函数
function Handle_List(message) {
strTip += message + "\n";
    $$("txtaList").innerHTML = strTip;
}
```

3. 页面效果

该页面在 Chrome 浏览器中执行的页面效果如图 10-2 所示。

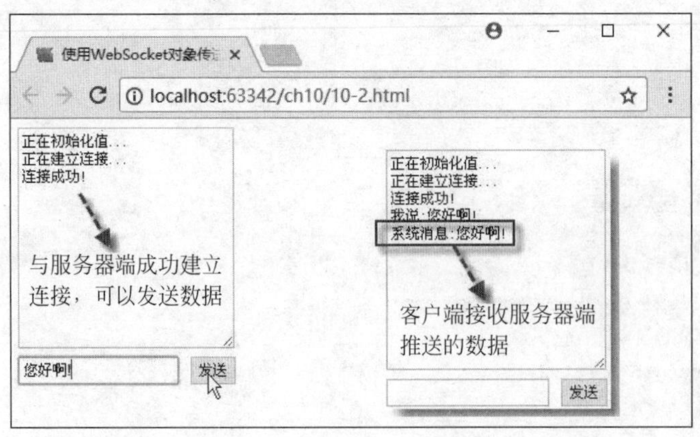

图 10-2 使用 WebSocket 对象传送数据的效果

4. 源码分析

在本实例的页面加载 onLoad 事件中，调用自定义函数 pageload()，在该函数中，首先

根据变量 SocketCreated 与 readyState 属性的值，检测是否还存在没有关闭的连接，如果存在，则调用 WebSocket 对象的 close()方法进行关闭。

然后，使用 try 语句通过新创建的 WebSocket 对象与服务器请求连接，如果连接成功，则将变量 SocketCreated 赋值为 true，否则执行 catch 部分代码，将错误显示在页面的 textarea 元素中。为了能实时捕捉与服务器端连接的各种状态，在 pageload()函数中，自定义了 WebSocket 对象的打开(open)、接收数据(message)、关闭连接(close)、连接出错(error)事件，一旦触发了这些事件，都将获取的数据显示在 textarea 元素中。

最后，当用户单击“发送”按钮时，先检测发送的内容是否为空，再调用 WebSocket 对象的 send()方法，将获取的数据发送至服务器端。详细实现过程见代码中加粗部分。

另外有一点需要说明，要实现客户端与服务器端的连接并双方互通数据，首要条件需要在服务器端进行一些系统的配置，并使用服务器端代码编写程序支持客户端的请求，由于这些功能的开发涉及服务器端语言，在此不再赘述，本实例假设这些配置都已在服务器端完成。

10.1.3 使用 WebSocket 传送 JSON 对象

在实例 10-2 中，介绍了使用 WebSocket 对象实现客户端与服务器端双向发送与接收数据的方法。那么，客户端能够发送与接收 JSON 对象吗？答案是肯定的，但是，在发送与接收过程中，需要借助 JavaScript 中的 JSON. parse()与 JSON. stringify()这两个方法，前者是将文本数据转成 JSON 对象，后者是将 JSON 对象转换成文本数据。由于 WebScoket 对象的 send()方法只能接收字符型的数据，因此，在发送时，需要将 JSON 对象转成文本数据；在接收过程中，再将服务器端推送的文本数据转成 JSON 对象。

下面通过实例介绍使用 WebSocket 传送 JSON 对象的过程。

实例 10-3 使用 WebSocket 传送 JSON 对象

1. 功能描述

在实例 10-2 基础之上，新添加一个 textarea 元素，用于显示从服务器端接收的在线人员数据，当用户输入发送内容并单击“发送”按钮后，将使用对象的形式，向服务器端发送输入的发送内容与时间。

2. 实现代码

在 WebStorm 中新建一个 HTML 页面 10-3. html，加入代码如代码清单 10-3-1 所示。

代码清单 10-3-1 使用 WebSocket 传送 JSON 对象

```
<!DOCTYPE html>
<html>
<head>
<meta charset = "UTF - 8">
<title>使用 WebSocket 传送 JSON 对象</title>
```

```
<link href="Css/css10.css" rel="stylesheet" type="text/css">
<script type="text/javascript" language="jscript"
        src="Js/js3.js">
</script>
</head>
<body onLoad="pageload();">
 <fieldset>
   <legend>使用 JSON 对象传输</legend>
      <div>
          <span><b>对话记录</b></span>
          <span class="pl140">
                <b>在线人员</b>
          </span>
      </div>
   <textarea id="txtaList" cols="26" rows="12"
             readonly="true"></textarea>
   <textarea id="txtaUser" cols="10" rows="12"
             readonly="true"></textarea>
      <div class="pl2">
   <input id="txtMessage" type="text" class="inputtxt w176">
   <input id="btnAdd" type="button" value="发送"
          class="inputbtn w85 ml4"onClick="btnSend_Click();">
      </div>
 </fieldset>
</body>
</html>
```

在实例 10-3 中，页面导入一个 JavaScript 文件 js3.js，在该文件中，编写用于页面加载与单击"发送"按钮时调用的自定义函数，其实现的代码如代码清单 10-3-2 所示。

代码清单 10-3-2　实例 10-3 中的 JavaScript 文件 js3.js 的源码

```
// JavaScript Document
function $$(id) {
    return document.getElementById(id);
}
var strList = "";
var strUser = "";
var objWs = null;
var conUrl = "ws://localhost:3131/test/JSON";
var SocketCreated = false;
var arrState = new Array("正在建立连接...", "连接成功!",
                         "正在关闭连接...", "连接已关闭!",
                         "正在初始化值...", "连接出错!");
//自定义页面加载时函数
function pageload() {
    if (SocketCreated && (objWs.readyState == 0 || objWs.readyState == 1)) {
        objWs.close();
    } else {
        Handle_List(arrState[4]);
```

```
        try {
            objWs = new WebSocket(conUrl);
            SocketCreated = true;
        } catch(ex) {
            Handle_List(ex);
            return;
        }
    }
    //添加 socket 对象的打开事件
    objWs.onopen = function() {
        Handle_List(arrState[objWs.readyState]);
    }
    //添加 socket 对象接收服务器端数据事件
    objWs.onmessage = function(event) {
         var objJSON = JSON.parse(event.data);
        for (var intI = 0; intI < objJSON.length; i++) {
            Handle_User(objJSON[intI].UserName);
            Handle_User(objJSON[intI].Stauts);
        }
    }
    //添加 socket 对象的关闭事件
    objWs.onclose = function() {
        Handle_List(arrState[objWs.readyState]);
    }
    //添加 socket 对象的出错事件
    objWs.onerror = function() {
        Handle_List(arrState[5]);
    }
}
//自定义单击"发送"按钮时调用的函数
function btnSend_Click() {
var strTxtMessage = $$("txtMessage").value;
    //定义一个日期型对象
    var strTime = new Date();
    if (strTxtMessage.length > 0) {
        objWs.send(JSON.stringify({
            content: strTxtMessage,
            datetime: strTime.toLocaleTimeString()
        }));
        Handle_List(strTime.toLocaleTimeString());
        Handle_List("我说:" + strTxtMessage);
         $$("txtMessage").value = "";
    }
}
//自定义显示对话记录内容的函数
function Handle_List(message) {
    strList += message + "\n";
     $$("txtaList").innerHTML = strList;
}
```

```
//自定义显示在线人员内容的函数
function Handle_User(message) {
    strUser += message + "\n";
    $$("txtaUser").innerHTML = strUser;
}
```

3. 页面效果

该页面在 Chrome 浏览器中执行的页面效果如图 10-3 所示。

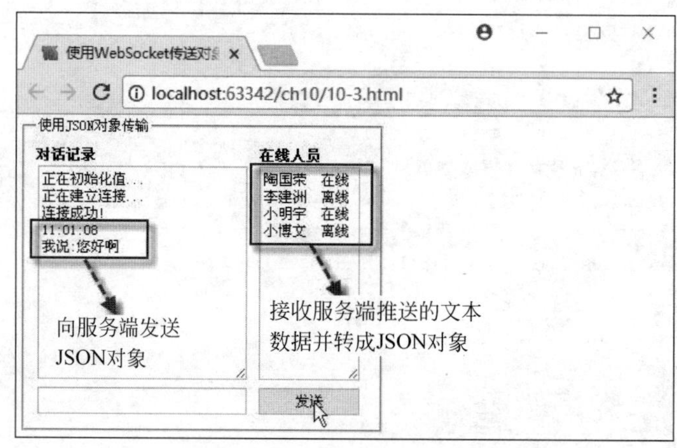

图 10-3　使用 WebSocket 传送 JSON 对象的效果

4. 源码分析

在本实例的 JavaScript 代码中,大致的结构与实例 10-2 基本相同,但还有两个地方存在明显差别,分别是发送客户端数据与接收服务器端推送来的数据处理方式不同。

首先,在本实例中,为了能够向服务器端发送输入内容与对应时间,需要将获取的内容变量 strTxtMessage 与当前时间 strTime. toLocaleTimeString( ) 这两项内容,通过调用 JSON. stringify()方法转成文本数据,再调用 send()方法,向服务端发送数据。

其次,在本实例的 message 事件中,为了更好地接收服务器端推送来的数据,先调用 JSON. parse()方法将获取的 event. data 数据转成 JSON 对象,再通过遍历对象元素的方法,将接收的全部数据信息展示在对应的 textarea 元素中。

10.2　Web Workers API

在 HTML5 中,Web Workers 是构造 Web 应用程序的重要功能,通过使用 Worker() 方法,可以将前台中的 JavaScript 代码,分割成若干个分散的代码块,分别由不同的后台线程负责执行,从而避免由于前台单线程执行缓慢,出现用户等待的局面。

后台的单个独立线程不仅可以被前台所调用,实现数据间的互访,在后台线程中还可以调用新的子线程,分割父线程的功能,实现线程的嵌套调用。

接下来详细介绍使用 Worker 线程的方式,实现前、后台数据交互的过程。

10.2.1 Worker 对象处理线程的简单实例

在页面中，如果出现执行时间较长，可能需要用户等待的操作，都可以交给后台线程 Worker 去处理，因为它与前台的线程分离，互相不影响，但可以通过 postMessage()方法与 onmessage 事件进行数据的交互，postMessage()方法用于 Worker 对象发送数据，其调用的代码格式如下。

```
var objWorker = new Worker("脚本文件 URL");
objWorker.postMessage(data);
```

其中，第一行通过实例化一个 Worker 类对象，创建了一个名为 objWorker 的后台线程，第二行代码通过 objWorker 调用 postMessage()方法，可以向后台线程发送文本格式的 data 数据。

另外，为了在前台接收后台线程返回的数据，需要在定义 objWorker 对象后，添加一个 message 事件，用于捕捉后台线程返回的数据，其调用的代码格式如下。

```
objWorker.addEventListener('message',
    function(event) {
        alert(event.data);
        ...
    },
    false);
```

其中，event.data 就是后台线程处理完成后返回给前台的数据。

下面通过实例介绍使用 Worker 对象处理线程。

实例 10-4　使用 Worker 对象处理线程的简单实例

1. 功能描述

在新建的 HTML 页面中，页面在加载时创建一个 Worker 后台线程，当用户在文本框中输入生成随机数位数并单击“请求”按钮时，向该后台线程发送文本框中的输入值，后台线程将根据接收的数据，生成指定位数的随机数，返回给前台调用代码，并显示在页面中。

2. 实现代码

在 WebStorm 中新建一个 HTML 页面 10-4.html，加入代码如代码清单 10-4-1 所示。

代码清单 10-4-1　使用 Worker 对象处理线程的简单实例

```
<!DOCTYPE html>
<html>
<head>
<meta charset="UTF-8">
<title>使用 Worker 对象处理线程的简单实例</title>
<link href="Css/css10.css" rel="stylesheet" type="text/css">
```

```
<script type="text/javascript" language="jscript"
        src="Js/js4.js">
</script>
</head>
<body onLoad="pageload();">
 <fieldset>
   <legend>线程脚本处理数据</legend>
   <p id="pStatus"></p>
   <input id="txtNum" type="text" class="inputtxt">
   <input id="btnAdd" type="button" value="请求"
          class="inputbtn"onClick="btnSend_Click();">
 </fieldset>
</body>
</html>
```

在实例 10-4 中，页面导入一个 JavaScript 文件 js7.js，在该文件中，自定义了两个函数，分别用于页面加载与单击“请求”按钮时的调用，其实现的代码如代码清单 10-4-2 所示。

代码清单 10-4-2　实例 10-4 中的 JavaScript 文件 js4.js 的源码

```
// JavaScript Document
function $$(id) {
    return document.getElementById(id);
}
var objWorker = new Worker("Js/js4_1.js");
//自定义页面加载时调用的函数
function pageload() {
    objWorker.addEventListener('message',
    function(event) {
         $$("pStatus").style.display = "block";
         $$("pStatus").innerHTML += event.data;
    },
    false);
}
//自定义单击"请求"按钮时调用的函数
function btnSend_Click() {
    //获取发送内容
    var strTxtValue = $$("txtNum").value;
    if (strTxtValue.length > 0) {
        objWorker.postMessage(strTxtValue);
         $$("txtNum").value = "";
    }
}
```

在实例 10-4 的 JavaScript 文件 js4.js 代码中，通过 Worker 对象调用了一个后台线程脚本文件 js4_1.js，该文件中实现根据获取的位数生成随机数并将该数值返回前台的功能，其实现的代码如代码清单 10-4-3 所示。

代码清单 10-4-3 实例 10-4 中的 JavaScript 文件 js4_1.js 的源码

```
// JavaScript Document
self.onmessage = function(event) {
    var strRetHTML = "<span><b>";
    strRetHTML += event.data + " </b>位随机数为: <b> ";
    strRetHTML += RetRndNum(event.data);
    strRetHTML += " </b></span><br>";
    self.postMessage(strRetHTML);
}
//生成指定长度的随机数
function RetRndNum(n) {
    var strRnd = "";
    for (var intI = 0; intI < n; intI++) {
        strRnd += Math.floor(Math.random() * 10);
    }
    return strRnd;
}
```

3. 页面效果

该页面在 Chrome 浏览器中执行的页面效果如图 10-4 所示。

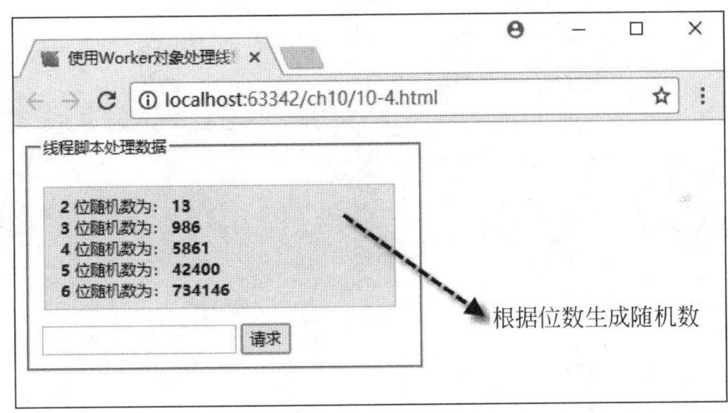

图 10-4 使用 Worker 对象处理线程的简单实例的效果

4. 源码分析

在本实例中，首先定义一个后台线程 objWorker，其脚本文件指向 js4_1.js，即表示由该文件实现前台请求的操作，当用户在文本框中输入随机数长度并单击"请求"按钮时，该输入的内容通过调用线程 objWorker 对象的 postMessage()方法，发送至脚本文件 js4_1.js。

然后，在脚本文件 js4_1.js 中，通过添加 message 事件获取前台传回的数据，并将该数据值 event.data 作为自定义函数 RetRndNum 的实参，生成指定位数的随机数，并将该随机数通过 self.postMessage()方法发送至调用后台线程的前台程序。

最后，在前台代码中，通过添加 message 事件获取后台线程处理完成后传回的数据，并将数据的信息展示在页面中。

需要注意，虽然后台线程可以处理前台的代码，但是不允许后台线程访问前台页面的对象或元素，如果访问，则后台线程将报错，它们只限于进行数据上的交互。

10.2.2 使用线程传递 JSON 对象

由于 JSON 对象在 HTML5 中的使用十分广泛,那么,可以使用后台线程传递 JSON 对象吗? 答案是肯定的。接下来通过一个简单的实例介绍如何通过后台线程传递一个 JSON 对象给前台,前台接收并显示 JSON 对象内容的方法。

实例 10-5 使用线程传递 JSON 对象

1. 功能描述

在新建的 HTML 页面中,页面在加载时创建一个 Worker 后台线程,该线程将返回前台页面一个 JSON 对象,前台获取该 JSON 对象,使用遍历的方式显示对象中的全部内容。

2. 实现代码

在 WebStorm 中新建一个 HTML 页面 10-5. html,加入代码如代码清单 10-5-1 所示。

代码清单 10-5-1 使用线程传递 JSON 对象

```
<!DOCTYPE html>
<html>
<head>
<meta charset="UTF-8">
<title>使用线程传递 JSON 对象</title>
<link href="Css/css10.css" rel="stylesheet" type="text/css">
<script type="text/javascript" language="jscript"
        src="Js/js5.js">
</script>
</head>
<body onLoad="pageload();">
 <fieldset>
   <legend>线程传递 JSON 对象</legend>
   <p id="pStatus"></p>
 </fieldset>
</body>
</html>
```

在实例 10-5 中,页面导入一个 JavaScript 文件 js5. js,在该文件中,自定义了一个 pageload()函数,用于页面加载时的调用,其实现的代码如代码清单 10-5-2 所示。

代码清单 10-5-2 实例 10-5 中的 JavaScript 文件 js5. js 的源码

```
// JavaScript Document
function $$(id) {
    return document.getElementById(id);
}
var objWorker = new Worker("Js/js5_1.js");
//自定义页面加载时调用的函数
function pageload() {
```

```
    objWorker.addEventListener('message',
    function(event) {
        var strHTML = "";
        var ev = event.data;
        for (var i in ev) {
            strHTML +="<span>" + i + " :";
            strHTML +="<b> " + ev[i] + " </b></span><br>";
        }
        $$("pStatus").style.display = "block";
        $$("pStatus").innerHTML = strHTML;
    },
    false);
    objWorker.postMessage("");
}
```

在实例10-5的JavaScript文件js5.js代码中，调用的后台线程脚本文件为js5_1.js，该文件中实现向前台通过postMessage发送JSON对象的功能，其实现的代码如代码清单10-5-3所示。

代码清单10-5-3 实例10-5中的JavaScript文件js5_1.js的源码

```
// JavaScript Document
    var json = {
    姓名: "陶国荣",
    性别: "男",
    邮箱: "tao_guo_rong@163.com"
};
self.onmessage = function(event) {
    self.postMessage(json);
    close();
}
```

3. 页面效果

该页面在Chrome浏览器中执行的页面效果如图10-5所示。

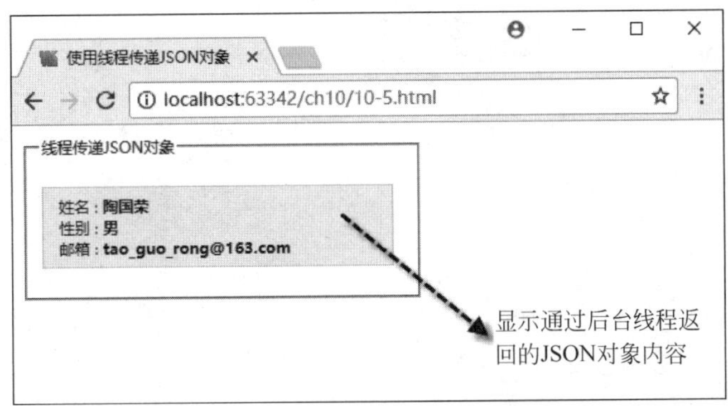

图10-5 使用线程传递JSON对象的效果

4. 源码分析

在本实例中,当页面加载时,触发 onLoad 事件,在该事件中调用 pageload()函数,在该函数中,首先定义一个后台线程对象 objWorker,脚本文件指向 js5_1.js,并通过调用对象的 postMessage()方法向后台线程发送一个空字符请求。

然后,在后台线程指向文件 js5_1.js 中,先自定义一个 JSON 对象 json,当通过 message 事件监测前台页面请求后,调用 self.postMessage()方法,向前台代码传递 JSON 对象,并使用 close 语句关闭后台线程。

最后,前台为了在 message 事件中获取传递来的 JSON 对象内容,使用 for 语句的方式,遍历整个 JSON 对象的内容,并显示在页面中。

小结

在本章中,首先介绍了可以使用服务器端推送数据的 Web Sockets API,详细说明了客户端与服务器端之间如何通过 Socket 建立连接后的数据交互过程。

然后,介绍在页面中调用 Web Workers API,通过后台线程交互数据的方法。通过本章的学习,读者将全面掌握 HTML5 中各类应用型 API 的使用方法。

第11章

HTML5中元素的拖放

视频讲解

本章学习目标

- 熟悉并理解元素拖放的原理和实现方法。
- 掌握 dataTransfer 对象的使用方法。
- 能编写一个简单的元素拖放实例。

11.1 拖放简介

在 HTML4 及以前的版本中，如果需要实现一个元素的拖放效果，需要结合该元素的 onmousedown、onmousemove、onmouseup 多个事件来共同实现，代码相对复杂与冗余，而且也仅限于在浏览器内元素间的拖动，不能实现跨越应用拖放。

在 HTML5 中，一旦某个元素的 draggable 属性值设置为 true 时，该元素就可以实现拖放的效果，并且，在拖放过程中，也能触发众多的事件，通过这些事件的调用，更加准确、及时地反映元素在被拖动到放下这一过程中的各种状态与数据值。

11.1.1 传统 JavaScript 代码实现拖放

在介绍使用 HTML5 中的元素实现拖放的功能之前，先来回顾在 HTML4 及以前的版本中，如何通过 JavaScript 代码，实现某个元素的拖放功能。

下面通过实例介绍使用传统 JavaScript 代码实现元素拖放的过程。

实例 11-1 使用传统 JavaScript 代码实现元素拖放

1. 功能描述

在新建的 HTML 页面中，添加两个 div 元素，并且使 id 为 divFrame 的元素包含 id 为 divTitle 的元素，当用户将鼠标指针移到 id 为 divTitle 的元素上时，按下鼠标左键并移动鼠标指针，则可以拖动整个 id 为 divFrame 的元素。

2. 实现代码

在 WebStorm 中新建一个 HTML 页面 11-1.html，加入代码如代码清单 11-1-1 所示。

代码清单 11-1-1 使用传统 JavaScript 代码实现元素拖放

```
<!DOCTYPE html>
<html>
<head>
<meta charset="UTF-8">
<title>使用传统 JavaScript 代码实现元素拖放</title>
<link href="Css/css11.css" rel="stylesheet" type="text/css">
<script type="text/javascript" language="jscript"
        src="Js/js1.js"/>
</script>
</head>
<body onLoad="pageload();">
    <div id="divFrame">
        <div id="divTitle">请拖动我</div>
    </div>
</body>
</html>
```

在实例 11-1 中，页面导入一个 JavaScript 文件 js1.js，在该文件中，自定义了一个页面加载时调用的函数 pageload()，其实现的代码如代码清单 11-1-2 所示。

代码清单 11-1-2 实例 11-1 中的 JavaScript 文件 js1.js 的源码

```
// JavaScript Document
function $$(id) {
    return document.getElementById(id);
}
var started;
var initX,initY,offsetX,offsetY;
//自定义页面加载时调用的函数
function pageload() {
    var divTitle = $$("divTitle");
    var divFrame = $$("divFrame");
    divFrame.style.left = 30 + "px";
    divFrame.style.top = 20 + "px";
      //鼠标按下时触发的事件
divTitle.onmousedown = function(e) {
        started = true;
        initX = parseInt(divFrame.style.left);
        initY = parseInt(divFrame.style.top);
        offsetX = e.clientX;
        offsetY = e.clientY;
    };
```

```
    //鼠标指针移动时触发的事件
    divFrame.onmousemove = function(e) {
        if (started) {
            var x = e.clientX - offsetX + initX;
            var y = e.clientY - offsetY + initY;
            divFrame.style.left = x + "px";
            divFrame.style.top = y + "px";
    divTitle.innerHTML = "已拖动";
        }
    };
    //鼠标指针弹起时触发的事件
    divFrame.onmouseup = function() {
        started = false;
        document.onmousemove = null;
    }
}
```

3. 页面效果

该页面在Chrome浏览器中执行的页面效果如图11-1所示。

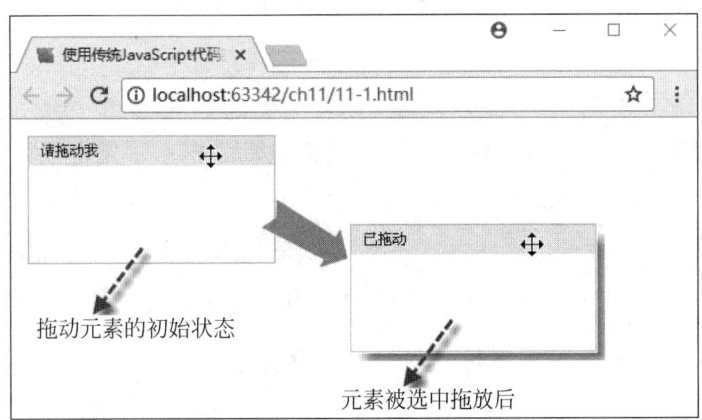

图11-1　使用传统JavaScript代码实现元素拖放的效果

4. 源码分析

在本实例的JavaScript代码中，为了拖放id为divFrame的元素，首先将为id为divTitle的被包含元素设为拖放标签，当单击该元素时，触发mousedown事件，在该事件中，设置变量started的值为true，表示可以拖放，然后获取被拖放元素divFrame与鼠标的坐标位置，分别保存到变量initX、initY、offsetX、offsetY中。

其次，当被拖放元素divFrame移动时，触发mousemove事件，在该事件中，先检测started变量值是否为true，如果是，则根据鼠标新旧坐标位置的对比及被拖放元素divFrame原有坐标的数据得到元素移动后的新坐标数据，并将获取的数值赋给被拖放元素divFrame的横、纵坐标属性，从而实现元素被拖放的效果。

最后，当拖放停止时，将触发onmouseup事件，在该事件中，将started变量值设置为false，并将DOM的mousemove事件设置为null，阻止别的鼠标移动事件的发生。

11.1.2 拖放时触发的事件

在 HTML5 中,元素的拖放变得十分简单,只要将元素的 draggable 属性设置为 true,就可以实现元素的拖放功能。同时,元素在拖放过程中,触发了多个事件,如表 11-1 所示。

表 11-1 元素拖放时触发的相关事件及说明

事 件 主 体	事 件 名 称	说 明
被拖放元素	dragstart	表示在被拖放元素开始拖放时触发
被拖放元素	drag	表示在被拖放元素正在拖放时触发
经过/目标元素	dragenter	表示在被拖放元素进入某元素时触发
经过/目标元素	dragover	表示在被拖放元素在某元素内移动时触发
目标元素	dragleave	表示在被拖放元素移出目标元素时触发
目标元素	drop	表示在目标元素完全接收被拖放元素时触发
被拖放对象元素	dragend	表示在整个拖放操作结束时触发

下面通过实例介绍元素在拖放过程中触发的事件的过程。

实例 11-2 元素在拖放过程中触发的事件

1. 功能描述

在新建的 HTML 页面中,分别使用 div 元素添加两个区域,前者是 id 为 divDrag 的拖放元素,后者是 id 为 divArea 的目标元素。当用户拖动 divDrag 元素放入目标元素 divArea 时,在页面中将显示所触发的重要事件状态。

2. 实现代码

在 WebStorm 中新建一个 HTML 页面 11-2.html,加入代码如代码清单 11-2-1 所示。

代码清单 11-2-1 元素在拖放过程中触发的事件

```
<!DOCTYPE html>
<html>
<head>
<meta charset = "UTF - 8">
<title>元素在拖放过程中触发的事件</title>
<link href = "Css/css11.css" rel = "stylesheet" type = "text/css">
<script type = "text/javascript" language = "jscript"
        src = "Js/js2.js"/>
</script>
</head>
<body onLoad = "pageload();">
  <div class = "wPub">
<div class = "wPub">
      <div id = "divDrag" draggable = "true"></div>
      <div id = "divTips"></div>
      </div>
      <div id = "divArea"></div>
```

```
    </div>
</body>
</html>
```

在实例 11-2 中，页面导入一个 JavaScript 文件 js2.js，在该文件中，自定义了一个 pageload()函数，用于页面加载时的调用，其实现的代码如代码清单 11-2-2 所示。

代码清单 11-2-2 实例 11-2 中的 JavaScript 文件 js2.js 的源码

```
// JavaScript Document
function $$(id) {
    return document.getElementById(id);
}
//自定义页面加载时调用的函数
function pageload() {
    var Drag = $$("divDrag");
    var Area = $$("divArea");
    //添加被拖放元素的 dragstart 事件
    Drag.addEventListener("dragstart",
    function(e) {
        Status_Handle("元素正在开始拖动...")
    });
    //添加目标元素的 drop 事件
Area.addEventListener("drop",
    function(e) {
        Status_Handle("元素拖入成功!")
    });
    //添加目标元素的 dragleave 事件
    Area.addEventListener("dragleave",
    function(e) {
        Status_Handle("拖动元素正在离开...")
    });
}
//自定义显示执行过程中状态的函数
function Status_Handle(message) {
    $$("divTips").innerHTML += message + "<br>";
}
//添加页面的 dragover 事件
document.ondragover = function(e) {
    //阻止默认方法，取消拒绝被拖放
    e.preventDefault();
}
//添加页面 drop 事件
document.ondrop = function(e) {
    //阻止默认方法，取消拒绝被拖放
    e.preventDefault();
}
```

3. 页面效果

该页面在 Chrome 浏览器中执行的页面效果如图 11-2 所示。

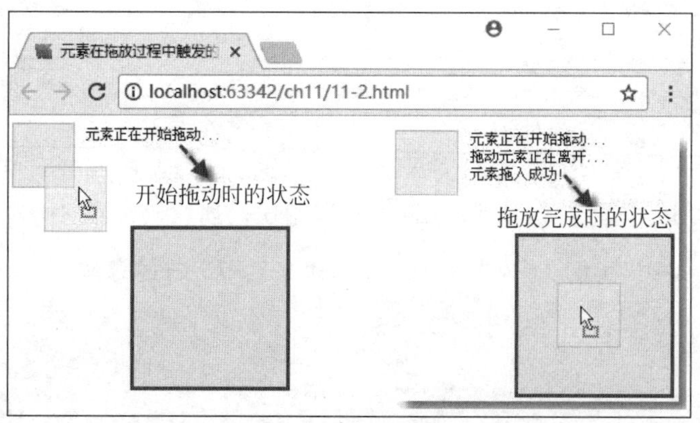

图 11-2 元素在拖放过程中触发的事件的效果

4. 源码分析

在本实例中，首先将拖放元素 divDrag 的 draggable 属性值设置为 true，同时，添加页面的 dragover 与 drop 事件，在这两个事件中，都使用 e. preventDefault()方法，取消页面的默认值，允许页面可以拖放，因为在元素的拖放过程中，首先被拖放的是页面，如果页面都不可以拖放，那么页面中的元素也将不可拖放。

接下来，分别向拖放元素 divDrag 和目标元素 divArea 添加 dragstart 事件和 drop、dragleave 事件，在这些添加的事件中，通过调用自定义的 Status_Handle()函数，在页面中显示事件触发时的各种状态值。

11.2 dataTransfer 对象

在实例 11-2 中，拖放元素还没有放入目标元素中，而要实现这一功能，需要调用 dataTransfer 对象，该对象专门用于携带拖放过程中的数据，它拥有许多相当实用的属性和方法，如 dropEffect 与 effectAllowed 属性结合使用，可以自定义在拖放过程中的拖放效果；使用 setData()与 getData()方法可以将拖放元素的数据放置在目标元素中，如表 11-2 和表 11-3 所示。

表 11-2 dataTransfer 对象的属性

属性名称	说明
effectAllowed	设置/返回被允许的操作效果类别，包括 none、copy、copyLink、copyMove、link、linkMove、move、all、uninitialized
dropEffect	设置/返回当前选定的操作效果类别，如果此类别不是 effectAllowed 属性所允许范围值，那么操作将失败
items	返回 DataTransferItemList 对象，即拖动数据
types	返回 dragstart 事件中设置的数据格式。此外，如果被拖动的是文件，那么将返回 Files 型字符串
files	返回被拖动的文件 FileList 清单，如果有的话

表 11-3 dataTransfer 对象的方法

方法名称	说明
setData(DOMString format,DOMString data)	将拖放元素中数据存入 dataTransfer 对象中
getData(DOMString format)	读取存入 dataTransfer 对象中的元素
setDragImage(Element img,long x,long y)	设置拖放过程中的图标
clearData(DOMString format)	清空 dataTransfer 对象中指定格式的数据

另外，在 dataTransfer 对象的方法中，都使用了 format 作为形参，表示读取、存入、清空时的数据格式，它包含如下几种。

- text/plain：表示文本文字格式。
- text/html：表示 HTML 页面代码格式。
- text/xml：表示 XML 字符格式。
- text/url-list：表示 URL 格式列表。

11.2.1 setData()与 getData()方法存入与读取拖放数据

在 HTML5 中，可以通过访问 dataTransfer 对象携带拖放元素的数据，携带的过程就是在拖放元素时，调用 setData()方法将数据存入 dataTransfer 对象中；在放入目标元素时，再调用 getData()方法读取存入的数据。当然，存入与读取时，指定的数据格式都是相同的。

下面通过实例介绍使用 setData()与 getData()方法存入与读取拖放数据的过程。

实例 11-3 使用 setData()与 getData()方法存入与读取拖放数据

1. 功能描述

在实例 11-2 的基础上，当拖放元素触发 dragstart 事件时，将元素的相关数据通过 setData()方法存入 dataTransfer 对象中，在目标元素接收拖放元素时，触发 drop 事件，在该事件中读取 dataTransfer 对象中存入数据，并放入目标元素中。

2. 实现代码

在 WebStorm 中新建一个 HTML 页面 11-3.html，加入代码如代码清单 11-3-1 所示。

代码清单 11-3-1 使用 setData()与 getData()方法存入与读取拖放数据

```
<!DOCTYPE html>
<html>
<head>
<meta charset = "UTF-8">
<title>使用 setData()与 getData()方法存入与读取拖放数据</title>
<link href = "Css/css11.css" rel = "stylesheet" type = "text/css">
<script type = "text/javascript" language = "jscript"
src = "Js/js3.js"/>
</script>
</head>
<body onLoad = "pageload();">
  <div class = "wPub">
```

```
    <div class = "wPub">
      <div id = "divDrag" draggable = "true"></div>
      <div id = "divTips"></div>
    </div>
    <div id = "divArea"></div>
  </div>
</body>
</html>
```

在实例 11-3 中，页面导入一个 JavaScript 文件 js3. js，在该文件中，自定义了一个 pageload()函数，用于页面加载时的调用，其实现的代码如代码清单 11-3-2 所示。

代码清单 11-3-2　实例 11-3 中的 JavaScript 文件 js3. js 的源码

```
// JavaScript Document
function $$ (id) {
    return document.getElementById(id);
}
//自定义返回 HTML 内容函数
function RetDragHTMLById(Id) {
    var strHTML = "< div id = " + Id + "></div>";
    return strHTML;
}
//自定义页面加载时调用的函数
function pageload() {
    var Drag = $$ ("divDrag");
    var Area = $$ ("divArea");
    //添加被拖放元素的 dragstart 事件
    Drag.addEventListener("dragstart",
    function(e) {
        var objDtf = e.dataTransfer;
        objDtf.setData("text/html", RetDragHTMLById(this.id));
    },
    false);
    //添加目标元素的 drop 事件
    Area.addEventListener("drop",
    function(e) {
        var objDtf = e.dataTransfer;
        var strHTML = objDtf.getData("text/html");
        Area.innerHTML += strHTML;
        e.preventDefault();
        e.stopPropagation();
    },
    false);
}
//添加页面的 dragover 事件
document.ondragover = function(e) {
    //阻止默认方法,取消拒绝被拖放
    e.preventDefault();
}
```

```
//添加页面 drop 事件
document.ondrop = function(e) {
    //阻止默认方法,取消拒绝被拖放
    e.preventDefault();
}
```

3. 页面效果

该页面在 Chrome 浏览器中执行的页面效果如图 11-3 所示。

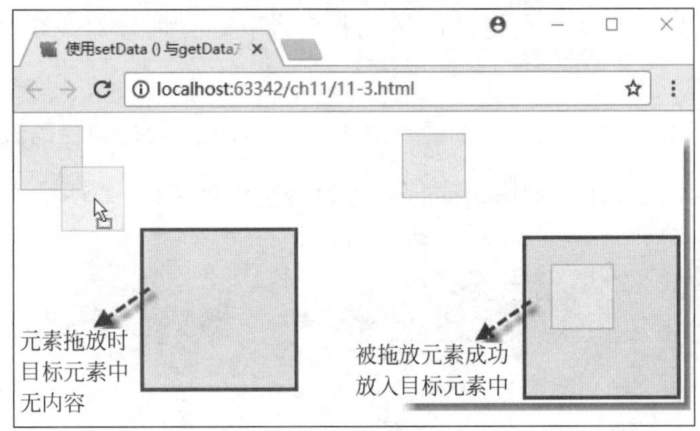

图 11-3　使用 setData()与 getData()方法存入与读取拖放数据的效果

4. 源码分析

在本实例中,首先在拖放元素开始被拖动时,便触发 dragstart 事件,在该事件中,this 表示触发事件的元素本身,而 this.id 则表示触发事件元素的 id,即 divDrag。在调用 setData()方法向 dataTransfer 对象存入对象时,数据的格式为 txt 与 html,内容为 this.id 作为实参的自定义函数 RetDragHTMLById 返回值,即一段 HTML 格式的字符串数据。

其次,当目标元素 divArea 完全接收拖放元素时,便触发 drop 事件,在该事件中,通过调用 getData()方法从 dataTransfer 对象中读取携带的数据,即 HTML 格式的字符串,并作为目标元素 divArea 的包含内容一起显示在页面中。

最后,在 drop 事件中,同样需要调用 e.preventDefault()方法阻止默认方法,取消拒绝被拖放的设置,同时,调用 e.stopPropagation()方法停止其他事件的进程,否则,目标元素不能正常接收拖放来的数据。

11.2.2　setDragImage ()方法设置拖放图标

在 HTML5 中,一个元素在被拖放时,还可以改变鼠标的图标,即可以自定义拖放元素时的鼠标图标,而要实现这一功能,需要调用 dataTransfer 对象的 setDragImage(),调用格式如下。

```
setDragImage(Element img,long x,long y)
```

其中,参数 img 是一个元素,表示拖放时显示的 img 元素图标,x 表示图标距离鼠标指

针的 x 轴方向偏移值，y 表示图标距离鼠标指针的 y 轴方向偏移值。

下面通过实例介绍使用 setDragImage()方法设置拖放图标的过程。

实例 11-4　使用 setDragImage ()方法设置拖放图标

1. 功能描述

在新创建的 HTML 页面中，添加两个 div 区域，一个作为拖放元素，用于被拖放，另一个作为目标元素，用于接收拖放来的元素或数据。当选中拖放元素，并按住鼠标开始拖放时，鼠标的图标将发生变化，拖放完成时，在目标元素中显示“拖动时改变图标”的字样。

2. 实现代码

在 WebStorm 中新建一个 HTML 页面 11-4. html，加入代码如代码清单 11-4-1 所示。

代码清单 11-4-1　使用 setDragImage ()方法设置拖放图标

```
<!DOCTYPE html>
<html>
<head>
<meta charset="UTF-8">
<title>setDragImage()方法设置拖放图标</title>
<link href="Css/css11.css" rel="stylesheet" type="text/css">
<script type="text/javascript" language="jscript"
        src="Js/js4.js"/>
</script>
</head>
<body onLoad="pageload();">
  <div class="wPub">
    <div class="wPub">
<div id="divDrag" draggable="true"></div>
      <div id="divTips"></div>
    </div>
    <div id="divArea"></div>
  </div>
</body>
</html>
```

在实例 11-4 中，页面导入一个 JavaScript 文件 js4. js，在该文件中，自定义了一个 pageload()函数，用于页面加载时的调用，其实现的代码如代码清单 11-4-2 所示。

代码清单 11-4-2　实例 11-4 中的 JavaScript 文件 js4. js 的源码

```
// JavaScript Document
function $$(id) {
    return document.getElementById(id);
}
//自定义页面加载时调用的函数
function pageload() {
var Drag = $$("divDrag");
```

```
    var Area = $$("divArea");
    //创建一个 img 元素,并设置图片来源
    var objImg = document.createElement("img");
    objImg.src = "Images/img01.jpg";
    //添加被拖放元素的 dragstart 事件
    Drag.addEventListener("dragstart",
    function(e) {
    var objDtf = e.dataTransfer;
        objDtf.setDragImage(objImg,0, 0);
        objDtf.setData("text/plain", "拖动时改变图标");
    },
    false);
    //添加目标元素的 drop 事件
    Area.addEventListener("drop",
    function(e) {
        var objDtf = e.dataTransfer;
        var strText = objDtf.getData("text/plain");
        Area.textContent += strText;
        e.preventDefault();
        e.stopPropagation();
    },
    false);
}
//添加页面的 dragover 事件
document.ondragover = function(e) {
    //阻止默认方法,取消拒绝被拖放
    e.preventDefault();
}
//添加页面 drop 事件
document.ondrop = function(e) {
    //阻止默认方法,取消拒绝被拖放
    e.preventDefault();
}
```

3. 页面效果

该页面在 Chrome 浏览器中执行的页面效果如图 11-4 所示。

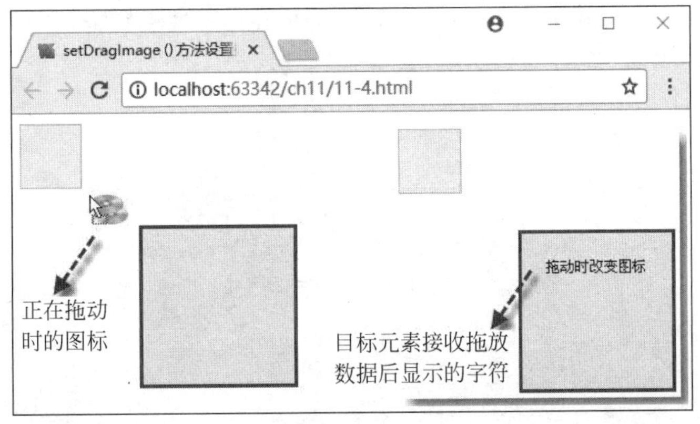

图 11-4　使用 setDragImage()方法设置拖放图标的效果

4. 源码分析

在本实例中，为了实现拖放元素在拖放过程中拖放图标的变化，首先，在页面加载时，创建了一个 img 元素，并为该元素设置了 src 属性，指定图片的来源；然后，在拖放元素的 dragstart 事件中，调用 setDragImage()方法自定义拖放图标，在调用过程中，将新创建的 img 元素作为第一个实参，第二、三个参数的值分别为 0，表示鼠标与图标在同一个坐标位置上。

另外，为了确定在拖放元素时，完全被目标元素所接收，在元素拖放时，通过 dataTransfer 对象携带了一个内容为"拖动时改变图标"的文字数据，当目标元素触发 drop 事件时，将从 dataTransfer 对象中读取该数据，显示在目标元素中。

11.2.3 effectAllowed 与 dropEffect 属性设置拖放效果

除了在元素拖放过程中自定义拖入图标外，还可以结合 effectAllowed 与 dropEffect 两个属性，自定义拖放过程中的效果，两个属性虽然都是为了实现同一功能，但绑定的元素不同，effectAllowed 属性用于 dragstart 事件中，绑定被拖放元素；而 dropEffect 属性用于绑定目标元素，同时，dropEffect 属性中指定的效果，必须在 effectAllowed 属性中存在，否则，也不能实现自定义的拖放效果。

下面通过实例介绍使用 effectAllowed 与 dropEffect 属性设置拖放的效果。

实例 11-5 使用 effectAllowed 与 dropEffect 属性设置拖放效果

1. 功能描述

在实例 11-4 的基础上，拖放元素在触发 dragstart 事件时，将 dataTransfer 对象的 effectAllowed 属性值设置为 move，同时，为目标元素添加一个 dragover 事件，当通过 dataTransfer 对象接收数据时，将对象的 dropEffect 属性值也设置为 move，从而实现自定义元素拖放的效果。

2. 实现代码

在 WebStorm 中新建一个 HTML 页面 11-5. html，加入代码如代码清单 11-5-1 所示。

代码清单 11-5-1 使用 effectAllowed 与 dropEffect 属性设置拖放效果

```
<!DOCTYPE html>
<html>
<head>
<meta charset = "UTF - 8">
<title>使用 effectAllowed 与 dropEffect 属性设置拖放效果</title>
<link href = "Css/css11.css" rel = "stylesheet" type = "text/css">
<script type = "text/javascript" language = "jscript"
        src = "Js/js5.js"/>
</script>
</head>
<body onLoad = "pageload();">
```

```
  <div class = "wPub">
    <div class = "wPub">
      <div id = "divDrag" draggable = "true"></div>
      <div id = "divTips"></div>
</div>
    <div id = "divArea"></div>
  </div>
</body>
</html>
```

在实例 11-5 中，页面导入一个 JavaScript 文件 js5. js，在该文件中，自定义了一个 pageload()函数，用于页面加载时的调用，其实现的代码如代码清单 11-5-2 所示。

代码清单 11-5-2　实例 11-5 中的 JavaScript 文件 js5. js 的源码

```
// JavaScript Document
function $$ (id) {
    return document.getElementById(id);
}
//自定义页面加载时调用的函数
function pageload() {
    var Drag = $$ ("divDrag");
    var Area = $$ ("divArea");
    //添加被拖放元素的 dragstart 事件
    Drag.addEventListener("dragstart",
    function(e) {
        var objDtf = e.dataTransfer;
        objDtf.effectAllowed = "copy";
        objDtf.setData("text/plain", "拖动时动画效果");
    },
    false);
    //添加目标元素的 dragover 事件
    Area.addEventListener("dragover",
    function(e) {
        var objDtf = e.dataTransfer;
        objDtf.dropEffect = "copy";
        e.preventDefault();
    },
    false);
    //添加目标元素的 drop 事件
    Area.addEventListener("drop",
    function(e) {
        var objDtf = e.dataTransfer;
        var strText = objDtf.getData("text/plain");
        Area.textContent += strText;
        e.preventDefault();
        e.stopPropagation();
    },
    false);
}
//添加页面的 dragover 事件
document.ondragover = function(e) {
```

```
        //阻止默认方法,取消拒绝被拖放
        e.preventDefault();
    }
    //添加页面 drop 事件
    document.ondrop = function(e) {
        //阻止默认方法,取消拒绝被拖放
        e.preventDefault();
    }
```

3. 页面效果

该页面在 Chrome 浏览器中执行的页面效果如图 11-5 所示。

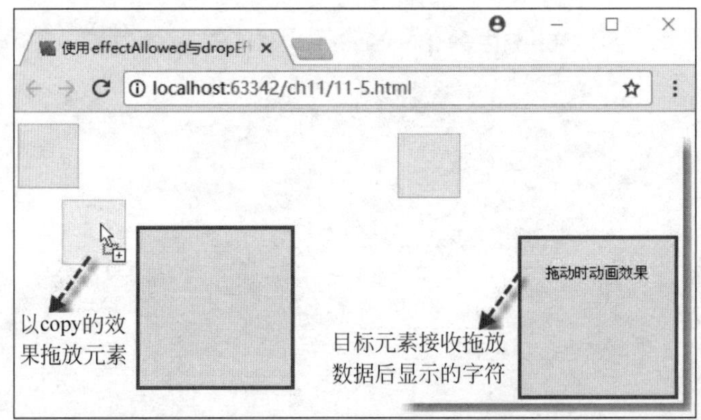

图 11-5 使用 effectAllowed 与 dropEffect 属性设置元素拖放时的效果

4. 源码分析

在本实例中,为了展示拖放元素放入目标元素时的效果,首先,在拖放元素的 dragstart 事件中,将 dataTransfer 对象的 effectAllowed 属性值设为 copy,此属性值表示被拖放的元素以复制的方式放置在目标元素中。

然后,在目标元素的 dragover 事件中,为了响应拖放元素设置的效果,将 dataTransfer 对象的 dropEffect 属性值设置为 copy,使 effectAllowed 与 dropEffect 属性值保持一致,从而最终实现以复制的方式将拖放元素放入目标元素中的功能。

另外,effectAllowed 属性值除 copy 之外,还包括 move,表示被拖动的元素以移动的方式放置在目标元素中; link 表示被拖动的元素以浏览的方式放置到目标元素中,该属性只对拖放 URL 有效; none 表示不允许拖放元素; all 表示允许 dropEffect 属性所有支持的效果。

需要注意,除非 effectAllowed 属性值为 all,dropEffect 与 effectAllowed 属性的值必须保持一致,否则,将不能显示设置的拖放效果。

11.3 拖放应用

在 HTML5 中,拖放是一个十分重要的功能,借助拖放操作的 API,可以在应用程序中实现相对复杂的功能与特效,例如,购物网中的购物车,用户可以将选中的商品以拖放的方式放入购物车中，同时，购物车接收拖放来的数据，检测重复性并自动计价，实现商品入购物车的功能。

另外，在相册集管理时，用户可以将需要删除的图片以拖放的方式，放入回收站；回收站在接收图片时，改变回收站的图标样式，并在相册中删除被拖放的图片。

接下来，以拖放商品入购物车和把图片拖入回收站为例，详细介绍拖放功能在应用程序中的使用方法与技巧。

11.3.1　购物车的实现

我们知道，通常情况下，用户在购买商品时，常常单击该商品的“购买”超链接，便可以将该商品放入购物车中，但在 HTML5 中，却可以利用元素的拖放 API，直接将需要购买的商品拖放至购物车中，也同样可以实现购买的功能。

下面通过实例介绍使用拖放 API 将商品拖入购物车的过程。

实例 11-6　使用拖放 API 将商品拖入购物车

1. 功能描述

在新创建的 HTML 页面中，展示 4 件图书商品，用户可以选中其中的任意一件，按住鼠标，以拖放的方式，将选择的商品放入购物车中，同时，购物车接收拖放来的商品数据，自动增加一条选择记录，该记录显示商品的基本信息。

2. 实现代码

在 WebStorm 中新建一个 HTML 页面 11-6.html，加入代码如代码清单 11-6-1 所示。

代码清单 11-6-1　使用拖放 API 将商品拖入购物车

```
<!DOCTYPE html>
<html>
<head>
<meta charset = "UTF - 8">
<title>使用拖放 API 将商品拖入购物车</title>
<link href = "Css/css11.css" rel = "stylesheet" type = "text/css">
<script type = "text/javascript" language = "jscript"
        src = "Js/js6.js"/>
</script>
</head>
<body onLoad = "pageload();">
  <ul>
<li class = "liF">
        <img src = "Images/img02.jpg" id = "img02"
              alt = "42" title = "2006 作品" draggable = "true">
    </li>
    <li class = "liF">
        <img src = "Images/img03.jpg" id = "img03"
              alt = "56" title = "2008 作品" draggable = "true">
    </li>
```

```
    <li class = "liF">
<img src = "Images/img04.jpg" id = "img04"
            alt = "52" title = "2010 作品" draggable = "true">
    </li>
    <li class = "liF">
        <img src = "Images/img05.jpg" id = "img05"
            alt = "59" title = "2011 作品" draggable = "true">
    </li>
  </ul>
  <ul id = "ulCart">
    <li class = "liT">
        <span>书名</span>
        <span>定价</span>
        <span>数量</span>
        <span>总价</span>
    </li>
  </ul>
</body>
</html>
```

在实例 11-6 中，页面导入一个 JavaScript 文件 js6.js，在该文件中，自定义了一个 pageload()函数，用于页面加载时的调用，其实现的代码如代码清单 11-6-2 所示。

代码清单 11-6-2　实例 11-6 中的 JavaScript 文件 js6.js 的源码

```
// JavaScript Document
function $$ (id) {
    return document.getElementById(id);
}
//自定义页面加载时调用的函数
function pageload() {
    //获取全部的图书商品
    var Drag = document.getElementsByTagName("img");
    //遍历每一个图书商品
    for (var intI = 0; intI < Drag.length; intI++) {
        //为每一个商品添加被拖放元素的 dragstart 事件
        Drag[intI].addEventListener("dragstart",
        function(e) {
            var objDtf = e.dataTransfer;
            objDtf.setData("text/html", addCart(this.title, this.alt, 1));
        },
        false);
    }
    var Cart = $$ ("ulCart");
    //添加目标元素的 drop 事件
    Cart.addEventListener("drop",
    function(e) {
        var objDtf = e.dataTransfer;
        var strHTML = objDtf.getData("text/html");
        Cart.innerHTML += strHTML;
```

```
            e.preventDefault();
            e.stopPropagation();
        },
        false);
}
//添加页面的 dragover 事件
document.ondragover = function(e) {
    //阻止默认方法,取消拒绝被拖放
    e.preventDefault();
}
//添加页面 drop 事件
document.ondrop = function(e) {
    //阻止默认方法,取消拒绝被拖放
    e.preventDefault();
}
//自定义向购物车中添加记录的函数
function addCart(a, b, c) {
    var strHTML = "<li class='liC'>";
    strHTML += "<span>" + a + "</span>";
    strHTML += "<span>" + b + "</span>";
    strHTML += "<span>" + c + "</span>";
    strHTML += "<span>" + b * c + "</span>";
    strHTML += "</li>";
    return strHTML;
}
```

3. 页面效果

该页面在 Chrome 浏览器中执行的页面效果如图 11-6 所示。

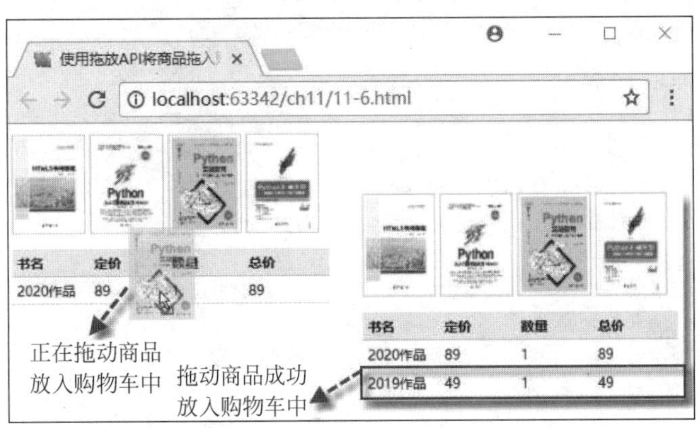

图 11-6 使用拖放 API 将商品拖入购物车的效果

4. 源码分析

在本实例中,为了使所有的图书商品都具有可拖放的功能,首先,在 HTML 页面中,为每个商品元素添加一个 draggable 属性,并将该属性的值设为 true,表示允许拖放。

其次,为了在 JavaScript 代码中,给每一个商品元素添加 dragstart 事件,先使用 getElementsByTagName()方法获取全部的商品元素,然后,采用遍历的方式,为每个商品元素添加一个 dragstart 事件，在该事件中，调用自定义的函数 addCart()，在该函数中，将商品的基本信息组成一段 HTML 代码格式数据，存入 dataTransfer 对象中，用于购物车中的接收。

最后，在购物车中，通过访问 dataTransfer 对象，读取存入的某个商品的数据信息，即一段 HTML 代码，将该代码追加至购物车元素的 innerHTML 属性中，从而实现购物车中新增一条选择记录的效果。详细实现过程见代码中加粗部分。

11.3.2 相册集的管理

除了使用拖动的方式选择商品放入购物车外，还可以通过拖放 API，将选中相册集中的某张图片，以拖放的方式放入回收站中，从而实现删除相册集中图片的功能。

下面通过实例介绍使用拖放 API 将图片拖入回收站的过程。

实例 11-7 使用拖放 API 将图片拖入回收站

1. 功能描述

在新创建的 HTML 页面中，以列表的方式展示相册集中的三张图片，用户可以选中任意一张，按住鼠标，以拖动的方式放入右下角的回收站中，当拖放成功后，将在页面中显示删除图片的记录数，同时，回收站的样式也发生了相应的变化。

2. 实现代码

在 WebStorm 中新建一个 HTML 页面 11-7.html，加入代码如代码清单 11-7-1 所示。

代码清单 11-7-1 使用拖放 API 将图片拖入回收站

```
<!DOCTYPE html>
<html>
<head>
<meta charset = "UTF - 8">
<title>使用拖放 API 将图片拖入回收站</title>
<link href = "Css/css11.css" rel = "stylesheet" type = "text/css">
<script type = "text/javascript" language = "jscript"
        src = "Js/js7.js"/>
</script>
</head>
<body onLoad = "pageload();">
 <div class = "wPub">
  <ul>
    <li class = "liF" id = "li01">
        <img src = "Images/img08.jpg" class = "img95"
             draggable = "true">
    </li>
    <li class = "liF" id = "li02">
        <img src = "Images/img09.jpg" class = "img95"
             draggable = "true">
    </li>
    <li class = "liF" id = "li03">
```

```
            < img src = "Images/img10.jpg" class = "img95"
                  draggable = "true">
        </li >
      </ul >
      < p id = "pStatus"></p >
      < div id = "divRecycle" class = "EmptRyl"></div >
    </div >
</body >
</html >
```

在实例 11-7 中，页面导入一个 JavaScript 文件 js7.js，在该文件中，自定义了一个 pageload()函数，用于页面加载时的调用，其实现的代码如代码清单 11-7-2 所示。

代码清单 11-7-2　实例 11-7 中的 JavaScript 文件 js7.js 的源码

```
// JavaScript Document
function $$ (id) {
    return document.getElementById(id);
}
var intDeleNum = 0;
//自定义页面加载时调用的函数
function pageload() {
    //获取全部的图片信息
    var Drag = document.getElementsByTagName("li");
    //遍历每一个图片元素
    for (var intI = 0; intI < Drag.length; intI++) {
        //为每一个图片元素添加被拖放元素的 dragstart 事件
        Drag[intI].addEventListener("dragstart",
        function(e) {
            var objDtf = e.dataTransfer;
            objDtf.setData("text/plain", this.id);
        },
        false);
    }
    var Recy = $$ ("divRecycle");
    //添加目标元素的 drop 事件
    Recy.addEventListener("drop",
    function(e) {
        var objDtf = e.dataTransfer;
        var intVal = objDtf.getData("text/plain");
        Drop_Event(intVal);
        Recy.className = "HaveRyl";
    },
    false);
}
//添加页面的 dragover 事件
document.ondragover = function(e) {
    //阻止默认方法,取消拒绝被拖放
```

```
e.preventDefault();
}
//添加页面 drop 事件
document.ondrop = function(e) {
    //阻止默认方法,取消拒绝被拖放
    e.preventDefault();
}
//自定义图片成功被拖入回收站时调用的函数
function Drop_Event(Id) {
    var Node = $$(Id);
    Node.parentNode.removeChild(Node);
    intDeleNum++;
    $$("pStatus").style.display = "block";
    $$("pStatus").innerHTML = "已成功删除 " + intDeleNum + " 张图片";
}
```

3. 页面效果

该页面在 Chrome 浏览器中执行的页面效果如图 11-7 所示。

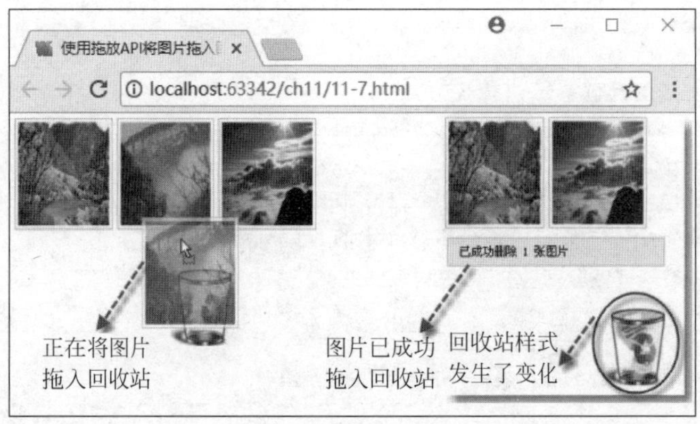

图 11-7　使用拖放 API 将图片拖入回收站的效果

4. 源码分析

在本实例中,为了实现将相册集中的图片以拖放的方式放入回收站的功能,首先使用 getElementsByTagName()方法获取全部相册集中的元素,然后遍历全部元素,为每一个图片元素添加拖动时触发的 dragstart 事件,在该事件中,通过调用 dataTransfer 对象存入每一个图片元素对应的 id,即 this.id 值。

其次,在回收站元素的接收事件 drop 中,调用 dataTransfer 对象读取存入的单个图片元素的 id,将该 id 作为实参,调用自定义的函数 Drop_Event()。在该函数中,先根据传回的 id,通过 removeChild()方法,移除相册集中的指定图片,形成删除的效果,同时,通过全局变量 intDeleNum 累计删除图片的总数量,并将该总数量值显示在页面中。

最后,在通过传回的 id 完成对函数 Drop_Event()的调用外,还通过 Recy.className 代码修改了拖放成功后的回收站的样式。详细实现过程见代码中加粗部分。

小结

本章先从介绍使用传统的 JavaScript 代码实现元素拖放的功能开始，描述了元素在拖放过程中可能会触发的全部事件，并结合实例介绍了重点事件触发时所做的动作。

接下来，以由浅入深的方式，结合有代表性的实例，详细介绍了 dataTransfer 对象的方法与属性，以及该对象在拖放元素过程中的使用技巧。

最后，通过两个常见的实例完整阐述了拖放的效果在实际的 Web 应用中的使用方法，使读者进一步加深了对 HTML5 中拖放 API 使用方法的了解。

第12章

CSS3的概念

视频讲解

本章学习目标

- 了解 CSS3 基本概念。
- 掌握 CSS3 的语法和使用方法。
- 掌握 CSS3 的模块结构和使用。

12.1 CSS3 简介

CSS3 是万维网的核心语言之一，其主要功能是展示页面样式，也就是说，网页的外观、布局、美化效果都是由它来完成的。因此，想开发高质量的页面，学习 CSS3 是必不可少的。

12.1.1 什么是 CSS3

CSS3 是在原有 CSS2 基础上的技术升级版本，因此，它的功能更加完善和强大，为了满足不同浏览器厂商对它的支持，CSS3 将组成的内容模块化，主要包括盒子模型、列表模块、超链接、语言模块、背景和边框、文字特效、多栏布局等模块。

虽然 CSS3 的许多功能目前还在讨论和研发中，但大部分功能已被绝大多数的浏览器厂商接受和适配，并不断向更好更强的方向发展。

12.1.2 CSS3 的发展历史

CSS3 的发展历史要上溯到 HTML 的标准，当 HTML 的标准更新时，CSS 样式的标准也会同步更迭；1997 年，随着 HTML4 标准发布，推出了 CSS1.0；1998 年，W3C 又发布了功能更强大的 CSS2.0 版本；2004 年，CSS2.1 版本正式推出。

虽然 CSS2.1 版本推出的时间已很长，但大量的开发人员和厂商仍在使用 CSS2.0 版本,基于这样的现状,在 2010 年,W3C 推出了一个全新的版本——CSS3,将功能模块化,侧重于移动端,最终统一了 Web 页面的样式方向。CSS 的发展过程如图 12-1 所示。

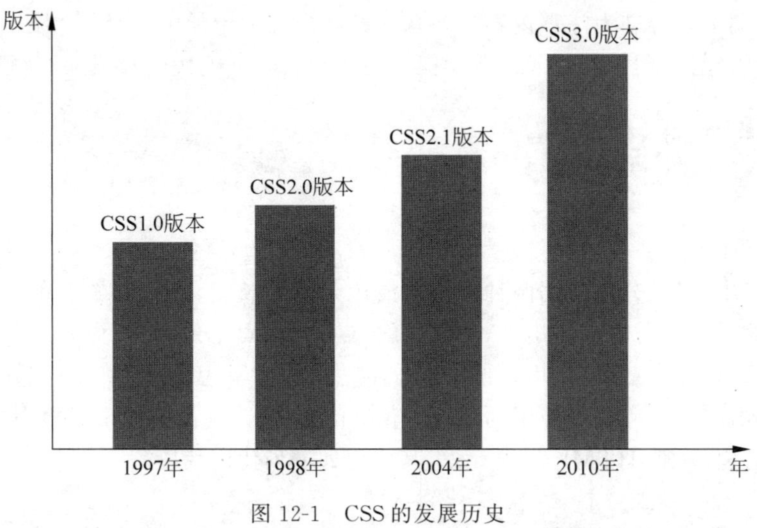

图 12-1　CSS 的发展历史

12.2　CSS3 的语法与使用

在了解了 CSS3 的模块内容和强大的功能之后,接下来通过实例介绍的方式详细介绍 CSS3 的语法结构和使用方式,旨在更进一步学习如何在页面中使用 CSS3。

12.2.1　CSS3 的语法介绍

CSS3 是 CSS 的一个升级版本,因此,CSS3 的语法结构与 CSS 是一样的,而 CSS 作为一门独立的语言,有自己独立的语法。具体来说,它由多组规则组成,每个规则由"选择器"(selector)、"属性"(property)和"值"(value)组成。

1. 基本语法

在 CSS 语法中主要包括选择器、属性名、值三个部分。其中,选择器,规定 CSS 代码作用于哪个或者哪些 HTML 元素;属性名,CSS 可以定义多种属性的名称,目的在于可以控制选择器的多种样式;值,指属性名可以接受的属性值,多个值时,以分号隔开。

属性名和值之间用冒号分开,属性名和值合称为"特性",多个特性之间加分号,前后用大括号"{}"包裹起来,示意图如图 12-2 所示。

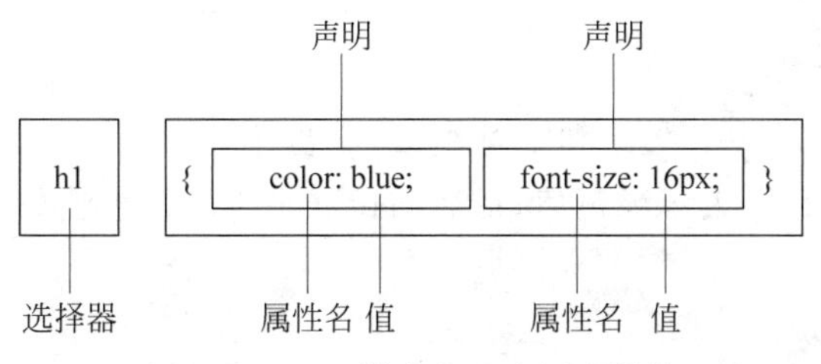

图 12-2　CSS 样式的基本语法结构

2. CSS 注释

在样式表中，可以使用“/ * … * /”符号注释样式内容，其中，“/ * ”为左侧符，“ * /”为右侧符，符号中间的内容则为注释内容。一旦在样式内容中添加了注释符，则浏览器将忽略该内容，因此，注释符只用于调试或说明功能时使用，例如，下列代码片段为注释内容。

```
/ * height: 102px; * /
/ * background: url("img/bg_img.png") no - repeat; * /
```

3. 长度单位

在样式表中，可以分别使用两种单位来描述元素的长度，一种是绝对的，另一种是相对的。绝对单位早于相对单位的出现，如常用的“点”(point)单位，简写为 pt。

相对单位以“像素”最为常用，“像素”(pixel)单位，简写为 px，它相对于显示器屏幕分辨率而言。此外，多用于移动端使用的相对单位 em 和 rem，前者相对于对象内的文本字体大小，而后者则是相对于 HTML 的根元素，其使用如下列代码片段。

```
div{font - size:12px;}
div{font - size:1.2em;}
div{font - size:1.2rem;}
```

4. 颜色设置

在样式中，可以使用以下几种方式来设置颜色。

1）直接英文单词

例如，blue(蓝色)，red(红色)，总共可以表示 17 种颜色，下列代码表示字体的颜色为红色。

```
div{color:red;}
```

2）使用 rgb()方法

rgb 是红色、绿色、蓝色的缩写，其中第一个值是红色，第二个值是绿色，第三个值是蓝色，每个值的范围都为 0～255。此外，每个值除使用数值外，还可以使用百分比。另外，rgb()方法还可以调用透明度，形成 rgba()的调用方式。下列设置字体颜色的代码都是正确的。

```
div{color:rgb(255,0,0);}
div{color:rgb(20 % ,30 % ,40 % );}
div{color:rgba(255,0,0,1);}
```

3）使用十六进制方法

以＃开头，由 0～9，A～F 数字和字符组成，字母不区分大小写，＃后面第 1、2 位数字，表示红色值，第 3、4 位数字表示绿色值，最后两位数字表示蓝色值。下列代码表示字体的颜色为红色。

```
div{color:＃FF0000;}
```

12.2.2 CSS3 的引入方式

在初步理解了 CSS3 的基本语法后，接下来介绍样式引入页面的方式，通常情况下，可以通过下列三种方式进行引入。

1. 外部导入方式

外部导入文件方式是指将样式写成一个 CSS 格式的文件，并在页面中作为外部文件导入的过程。在页面中导入时，使用 link 标记，导入的格式如下。

```
<link rel = "stylesheet" type = "text/css" href = "css/style.css"/>
```

在上述代码中，link 是 XHTML 标签，这里用于引入 CSS 文件。rel 属性规定当前文档与被超链接文档之间的关系，stylesheet 表示样式表；href 表示外部样式文件超链接的位置。type 属性规定被超链接文档的 MIME 类型，最常见的 MIME 类型为 text/css。

接下来通过一个完整的实例详细介绍使用外部导入文件的方式实现页面样式的加载。

实例 12-1 使用外部导入文件方式加载样式

(1) 功能描述。

先创建一个 HTML 页面，并在页面中添加一个 div 元素，再创建一个名为 style 的样式文件，通过样式，将页面中的 div 元素渲染成一个带边框的正方形。

(2) 实现代码。

在 WebStorm 开发工具中，新建一个名称为 12-1.html 的 HTML 页面，并加入代码，如代码清单 12-1-1 所示。

代码清单 12-1-1 使用外部导入文件方式加载样式

```
<!DOCTYPE html>
<html>
<head lang = "en">
    <meta charset = "UTF - 8">
    <title>使用外部导入文件方式加载样式</title>
    <link rel = "stylesheet"
          type = "text/css"
          href = "css/style.css"/>
</head>
<body>
    <div id = "div1"></div>
</body>
</html>
```

在上述代码中，通过 link 元素导入了一个名称为 style 的外部 CSS 文件，它的功能是将页面中 id 为 div1 的 div 元素渲染成一个带边框的正方形，它的代码如代码清单 12-2-2 所示。

代码清单 12-2-2　名称为 style 的样式文件

```
#div1{
    border: solid 2px #ccc;
    width: 180px;
    height: 180px;
    background-color: #eee;
}
```

（3）页面效果。

该页面在 Chrome 浏览器中执行的页面效果如图 12-3 所示。

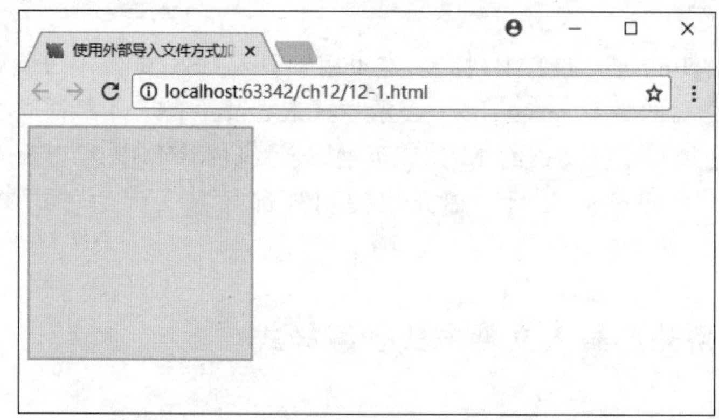

图 12-3　使用外部导入文件方式加载样式

（4）源码分析。

在本实例的页面代码中，通过 link 元素可以向页面中导入指定目标地址的样式文件，当页面在渲染 head 元素时，将解析、下载和执行该样式文件；这种方式导入的样式文件用于多个页面，且在完成首次读取后，一直使用缓存，速度非常快。

2. 页面内部方式

内部方式是指将样式写入 HTML 文件的 style 标签内，在页面中，这种方式的格式如下。

```
<style type="text/css">
div{
    border:5px;
    width:100px;
    height:100px;
    background-color:red;
}
</style>
```

在上述代码中，style 是样式标签，用于元素样式的声明，它的功能作用于整体页面的样式，这种方式也是在页面中引入样式的一种常用方式。

下面通过一个完整的实例详细介绍使用页面内部方式实现页面样式的加载。

实例 12-2 使用页面内部方式加载样式

（1）功能描述。

先创建一个 HTML 页面，并在页面中添加一个 div 元素，在 HTML 文件的 head 中创建一个名为 style 的样式文件，通过样式，将页面中的 div 元素渲染成一个带边框的正方形。

（2）实现代码。

在 WebStorm 开发工具中，新建一个名称为 12-2. html 的 HTML 页面，并加入代码，如代码清单 12-2 所示。

代码清单 12-2 使用页面内部方式加载样式

```
<!DOCTYPE html>
<html>
<head lang = "en">
    <meta charset = "UTF - 8">
    <title>使用页面内部方式加载样式</title>
    <style type = "text/css">
        #div1{
            border: solid 2px #ccc;
            width: 180px;
            height: 180px;
            background - color: #eee;
        }
    </style>
</head>
<body>
    <div id = "div1"></div>
</body>
</html>
```

（3）页面效果。

该页面在 Chrome 浏览器中执行的页面效果如图 12-4 所示。

图 12-4 使用页面内部加载方式显示样式

（4）源码分析。

在本实例的页面代码中，通过 style 元素可以向页面中导入样式文件，当页面在渲染 head 元素时，将该样式文件作用于页面，且速度非常快。

3. 内联样式方式

内联样式是指将样式直接写入标签内的一个方式。在页面中导入的格式如下。

```
<div style = "border:5px;color:red;...">
```

在上述代码中，div 是 HTML 标签，这里需要注意属性与属性值之间必须用"："分开，多个属性之间必须用"；"分开。

下面通过一个完整的实例详细介绍使用内联样式实现页面样式的加载。

实例 12-3 使用内联样式方式加载样式

（1）功能描述。

先创建一个 HTML 页面，并在页面中添加一个 div 元素，再在 div 元素中添加名为 style 的样式文件，通过样式，将页面中的 div 元素渲染成一个带边框的正方形。

（2）实现代码。

在 WebStorm 开发工具中，新建一个名称为 12-3. html 的 HTML 页面，并加入代码，如代码清单 12-3 所示。

代码清单 12-3 使用内联样式方式加载样式

```
<!DOCTYPE html>
<html>
<head lang = "en">
    <meta charset = "UTF - 8">
    <title>使用内联样式方式加载样式</title>
</head>
<body>
    <div style = " border: solid 2px #ccc;
    width: 180px;
    height: 180px;
    background - color: #eee;">
    </div>
</body>
</html>
```

（3）页面效果。

该页面在 Chrome 浏览器中执行的页面效果如图 12-5 所示。

（4）源码分析。

在本实例的页面代码中，通过 div 元素中的 style 样式向页面导入样式文件，当页面在渲染 div 元素时，如页面中同时出现外部引用、页面内部引用和内联样式时，浏览器优先导入内联样式，因此，内联样式拥有最高优先权。

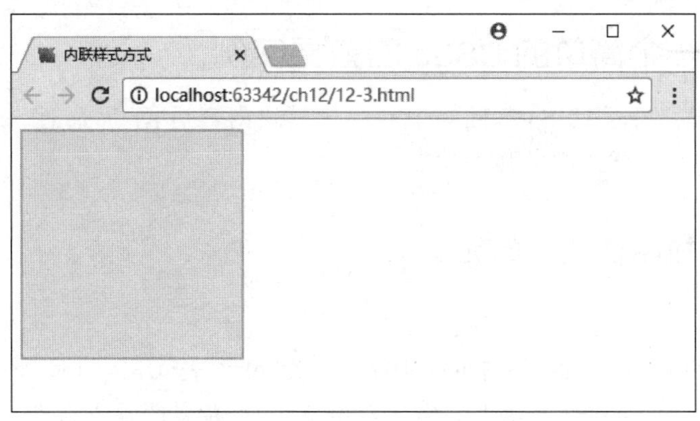

图 12-5 使用内联样式方式加载样式

12.3 CSS3 的功能

尽管 CSS3 正式发布是在 2010 年，但是早在 2001 年时，W3C 就开始着手准备开发 CSS3 的标准，相对于其他版本而言，它的开发周期是比较长的，因此在功能上相对要完备些。

12.3.1 模块与模块化结构

在功能上，CSS3 有一个非常明显的特点就是模块化，它将各个标准分为若干个功能相互独立的模块，这种做法主要是为了解决设备和厂商因为某个功能的限制而不能使用，用户可以选择支持的模块使用，这样，既改善了支持混乱的局面，又加快了 CSS3 的推广。

整个标准被划分为多个功能模块，其中最为重要的模块包括选择器、框模型、背景和边框、文本效果、2D/3D 转换、动画、多列布局和用户界面。目前，绝大部分的浏览器都支持这些功能，更多的模块如表 12-1 所示。

表 12-1 CSS3 中的模块和功能说明

模块名称	功能说明
Speech	定义各种与语音相关的样式，如音量、音速等
Text	定义各种与文字相关的样式
Color	定义各种与颜色相关的样式
Font	定义各种与字体相关的样式
Image Values	定义对 image 元素赋值的方式
2D Transforms	定义在页面中实现 2D 的变形效果
3D Transforms	定义在页面中实现 3D 的变形效果
Transitions	定义在页面中实现平滑过渡的视觉效果
Animations	定义在页面中实现动画的视觉效果
Multi-column Layout	定义在页面中使用多栏布局的方式
Flexible Box Layout	定义在页面中实现自适应的弹性布局方式

12.3.2 一个简单的 CSS3 的效果实例

在初步了解和熟悉了 CSS3 基础知识和组成模块内容后，下面通过一个简单的实例来详细介绍 CSS3 在页面样式中的强大功能。

实例 12-4 添加图像边框的元素

1. 功能描述

新创建一个 HTML 页面，并向页面中添加一个 ul 列表元素，同时，将一张带边框的图片设置为元素的背景，当列表元素中的内容发生变化时，背景图片进行动态的调整。

2. 实现代码

在 WebStorm 开发工具中，新建一个名称为 12-4. html 的 HTML 页面，并加入代码，如代码清单 12-4 所示。

代码清单 12-4 添加图像边框的元素

```
<!DOCTYPE html>
<html lang="en">
<head>
    <meta charset="UTF-8">
    <title>添加图像边框的元素</title>
    <style type="text/css">
        ul {
            width: 220px;
            padding: 30px 50px;
            -webkit-border-image:
            url("img/bg_img.png") 0 0 stretch stretch;
        }
    </style>
</head>
<body>
    <ul>
        <li>示例文字 1</li>
        <li>示例文字 2</li>
        <li>示例文字 3</li>
        <li>示例文字 4</li>
    </ul>
</body>
</html>
```

3. 页面效果

该页面在 Chrome 浏览器中执行的页面效果如图 12-6 所示。

4. 源码分析

在本实例中，为了实现边框图像可以自动适应内容变化的效果，向元素中添加了一个

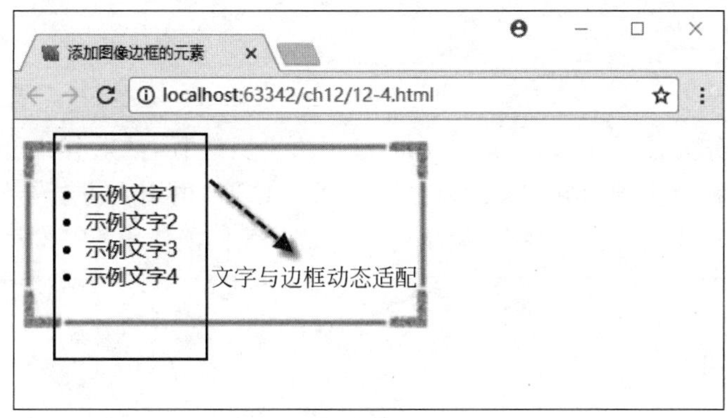

图 12-6 添加图像边框的元素

CSS3 新增的样式——border-image，代码如下。

```
-webkit-border-image:
url("img/bg_img.png") 0 0 stretch stretch;
```

在上述样式代码中，border-image 属性前添加-webkit 表示只是针对内核是 webkit 的浏览器，在属性值中，后面两个 stretch 值，分别用于设置内容超出边框处理的方式和图像是否以拉伸的方式显示内容，如果为 stretch 值，则可以自动与内容适应。

如果不使用 CSS3 中的 border-image 属性，在 CSS2 时代，只能使用 background 属性，以图片背景的方式实现添加元素边框的效果，代码如下。

```
height: 102px;
background: url("img/bg_img.png") no-repeat;
```

但上述代码添加后，并不能实现背景边框与元素内容的完整适配效果，需要根据内容的大小重新再制作新的背景图片，如果使用原图片，效果如图 12-7 所示。

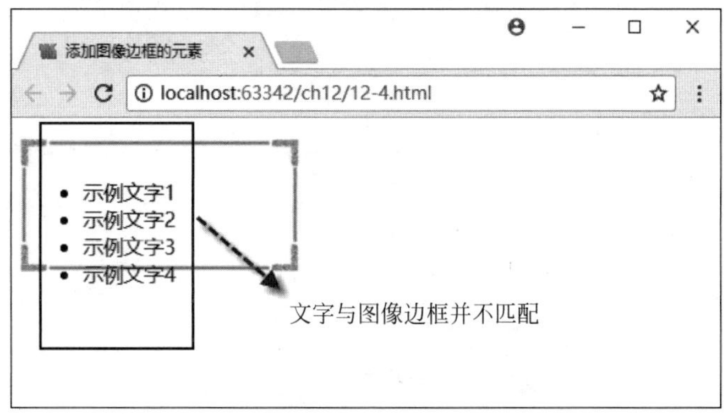

图 12-7 使用 CSS2 中的样式实现背景边框

通过上述的小实例发现，只要使用 CSS3 中新增加的 border-image 属性，就可以非常轻易地解决原有 CSS2 中背景图片不能进行自动适应的问题。以后在代码开发中，只需使用 CSS3 样式，就能实现页面强大的交互功能，极大地提升了开发代码的效率。

小结

在本章中,首先介绍了什么是 CSS3 和 CSS3 的发展进程,然后详细介绍了 CSS3 的语法结构,并以理论结合实例的方式详细阐述了页面中 CSS3 的引入方法与技巧,最后介绍了 CSS3 的模块与模块化结构,并以一个简单的实例展示我们能使用 CSS3 做些什么。

第13章

选择器

视频讲解

本章学习目标

- 了解CSS3中选择器的基本概念。
- 掌握CSS3中各属性选择器的使用方法。
- 掌握CSS3中各结构性伪类选择器的使用方法。

13.1 选择器概述

选择器是CSS中的重要组成内容，通过它可以快速获取页面中的元素，只有先获取元素，才能给元素添加样式，因此，它是元素应用样式的前提。在样式表中，可以通过各种选择器方式定位元素，给元素增加样式信息。

13.1.1 id和类别选择器

在HTML元素中，使用属性描述元素的特征，如width属性描述它的宽度，class属性说明它的类别样式；而在CSS样式表中，借助特定的属性名称来定位元素，常用的可以使用元素id和类别属性来选择元素，具体的书写格式如下。

在CSS中id选择器用“#”来表示，代码如下。

```
#div{background-color:blue;}
```

在CSS中类别选择器用“.”来表示，代码如下。

```
.red{background-color:red;}
```

需要注意，id或类别选择器不能以数字或汉字开头。

实例 13-1 id 和类别选择器

1. 功能描述

在页面中，分别通过使用 id 和类别选择器获取元素，并给元素增加不同的背景色。

2. 实现代码

在 WebStorm 中新建一个 HTML 页面 13-1. html，加入代码如代码清单 13-1 所示。

代码清单 13-1 id 和类别选择器

```
<!DOCTYPE html>
<html>
<head lang = "en">
    <meta charset = "UTF - 8">
    <title> id 和类别选择器</title>
    <style type = "text/css">
        #div1 {
            background - color: #666;
        }
        #div2 {
            background - color: grey;
        }
        .grey {
            background - color: lightgray;
        }
    </style>
</head>
<body>
    <div id = "div1">内容 1 </div>
    <div id = "div2">内容 2 </div>
    <div class = "grey">内容 3 </div>
    <div class = "grey">内容 4 </div>
    <div>内容 5 </div>
</body>
</html>
```

3. 页面效果

该页面在 Chrome 浏览器中执行的页面效果如图 13-1 所示。

4. 源码分析

在上述代码清单的样式表中，使用“#”号获取指定 id 的 div 元素，使用“.”获取添加了 class 属性的 div 元素，并分别指定不同的背景色。

需要注意的是：由于元素的 id 属性值不能重名的原因，同一个 id 选择器名在一个页面中只能出现一次，而类别选择器名则不受这个规则约束，可以使用多次。

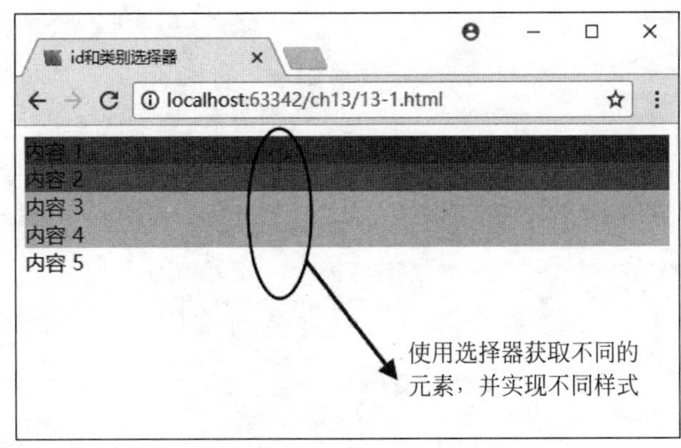

图 13-1 使用 id 和类别选择器的效果

13.1.2 元素和组合选择器

在 CSS 选择器中,可以使用元素名称查找元素,这种选择器被称为元素选择器,又称为类型选择器,因为它可以获取属于这一类型的全部元素。此外,各种选择器还可以组合使用,这种组合的方式被称为组合选择器,具体的书写格式如下。

在 CSS 中元素选择器用元素名称来表示,代码如下。

```
div{background - color:green;}
```

在 CSS 中多个选择器可以组合在一起使用,代码如下。

```
div.red{background - color:red;}
```

实例 13-2 元素和组合选择器

1. 功能描述

在页面中,分别使用元素和组合选择器获取元素,并给元素增加不同的背景色。

2. 实现代码

在 WebStorm 中新建一个 HTML 页面 13-2.html,加入代码如代码清单 13-2 所示。

代码清单 13-2 元素和组合选择器

```
<!DOCTYPE html>
<html>
<head lang = "en">
    <meta charset = "UTF - 8">
    <title>元素和组合选择器</title>
    <style type = "text/css">
        div{
            margin: 8px 0px;
        }
```

```
        #div1 {
            background-color: #666;
        }
        #div2 {
            background-color: grey;
        }
        div.grey{
            background-color: lightgray;
        }
    </style>
</head>
<body>
    <div id="div1">内容 1</div>
    <div id="div2">内容 2</div>
    <div class="grey">内容 3</div>
    <p class="grey">内容 4</p>
    <div>内容 5</div>
</body>
</html>
```

3. 页面效果

该页面在 Chrome 浏览器中执行的页面效果如图 13-2 所示。

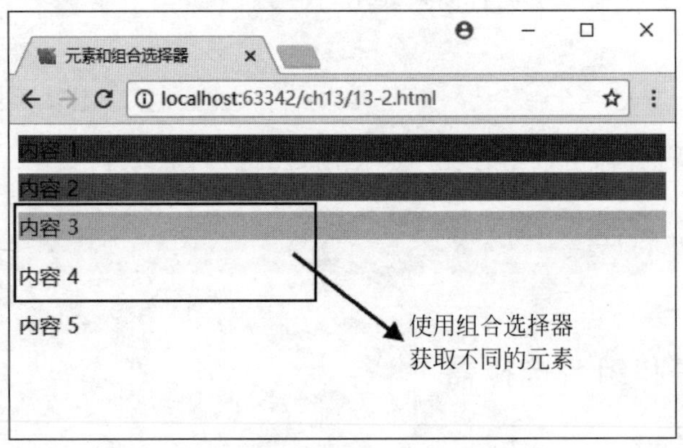

图 13-2 元素和组合选择器

4. 源码分析

在上述代码清单的样式表中，使用元素选择器控制全部 div 元素显示的上下外边距，通过组合选择器获取元素名称为 div，并且类别属性名称为 grey 的元素，并改变它的背景色，而不符合这个组合条件的元素背景色将不会变化。

除了上述介绍的几类选择器外，更多其他选择器的功能如表 13-1 所示。

表 13-1 常用选择器名称和功能

选择器名称	实　例	功　能
#id	#div	获取 id="div" 的元素
.class	.red	获取 class="red" 的全部元素
element	div	获取所有 <div> 元素

续表

选择器名称	实　例	功　能
element element	div p	获取<div>元素中的全部内部<p>元素
element,element	div,p	获取全部<div>元素和全部<p>元素
element>element	div>p	获取父元素为<div>元素的所有<p>元素
element+element	div+p	获取紧接在<div>元素后的全部<p>元素
*	*	获取所有元素

13.2 属性选择器

属性选择器的功能是借助元素的属性名称来定位元素，这种选择器的使用非常方便，可以添加任意的属性名称快速选择元素，但相对于其他选择器而言，它的执行速度相对要慢一些，因为浏览器在渲染元素之后，才会进行元素属性的解析。

13.2.1 常用属性选择器

获取元素的属性就可以在样式中选择元素，这种方式相对来说非常灵活，同时，也为相同名称、相同类别的元素分开选择增加了方法。下面通过一个简单的实例来演示在样式中使用属性选择器获取元素的过程。

实例 13-3 使用 att=value 属性选择器

1. 功能描述

在 HTML 页面中，根据不同的属性值分别获取 div 元素，并给它们添加不同的背景色。

2. 代码实现

在 WebStorm 中新建一个 HTML 页面 13-3.html，加入代码如代码清单 13-3 所示。

代码清单 13-3 使用 att=val 属性选择器

```
<!DOCTYPE html>
<html>
<head lang = "en">
    <meta charset = "UTF - 8">
    <title>常用属性选择器</title>
    <style type = "text/css">
        div{
            margin: 8px 0px;
        }
        [title = a1 - 1]{
            background - color: lightgray;
        }
        [title = a2 - 1]{
            background - color: gray;
        }
```

```
    </style>
</head>
<body>
    <div title="a1">内容 1</div>
    <div title="a1-1">内容 2</div>
    <div title="a1-2">内容 3</div>
    <div title="a2">内容 4</div>
    <div title="a2-1">内容 5</div>
    <div title="a2-2">内容 6</div>
</body>
</html>
```

3. 页面效果

该页面在 Chrome 浏览器中执行的页面效果如图 13-3 所示。

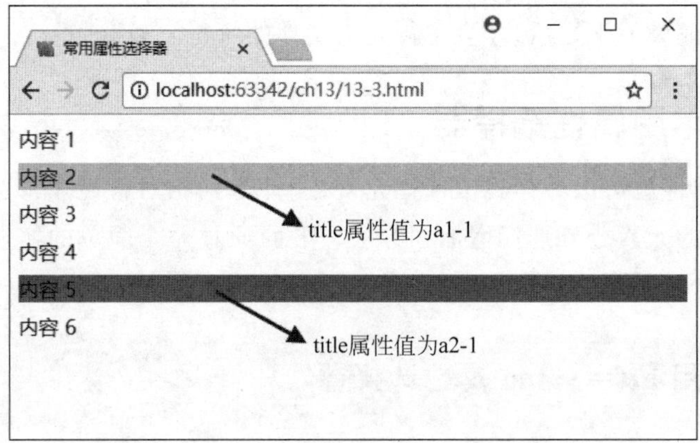

图 13-3 使用 att=val 属性选择器的效果

4. 源码分析

在上述代码清单中,title=a1-1 和 title=a2-1 属性选择器,表示元素中必须添加一个 title 属性,并且它的值是 a1-1 或者 a1-2 才能被选中。相对来讲,这种选择元素的条件相对严格,必须是属性名称和属性值都完全相等才能被选中。

13.2.2 CSS3 中属性选择器

在 CSS3 中,新增了三种匹配型的属性选择器,使得属性选择器拥有了通配符的概念,查询元素更加灵活方便。下面通过一个完整的实例演示其中一个属性选择器的功能。

实例 13-4 使用 att*=value 属性选择器

1. 功能描述

在 HTML 页面中,通过属性匹配选择器获取 div 元素,并给元素添加不同的背景色。

2. 代码实现

在 WebStorm 开发工具中,新建一个名称为 13-4.html 的 HTML 页面,并加入代码,如代码清单 13-4 所示。

代码清单 13-4　使用 att * =val 属性选择器

```
<!DOCTYPE html>
<html>
<head lang="en">
    <meta charset="UTF-8">
    <title>CSS3 中属性选择器</title>
    <style type="text/css">
        div{
            margin: 8px 0px;
        }
        [title*=a1]{
            background-color: lightgray;
        }
        [title*=a2]{
            background-color: gray;
        }
    </style>
</head>
<body>
    <div title="a1">内容 1</div>
    <div title="a1-1">内容 2</div>
    <div title="a1-2">内容 3</div>
    <div title="a2">内容 4</div>
    <div title="a2-1">内容 5</div>
    <div title="a2-2">内容 6</div>
</body>
</html>
```

3. 页面效果

该页面在 Chrome 浏览器中执行的页面效果如图 13-4 所示。

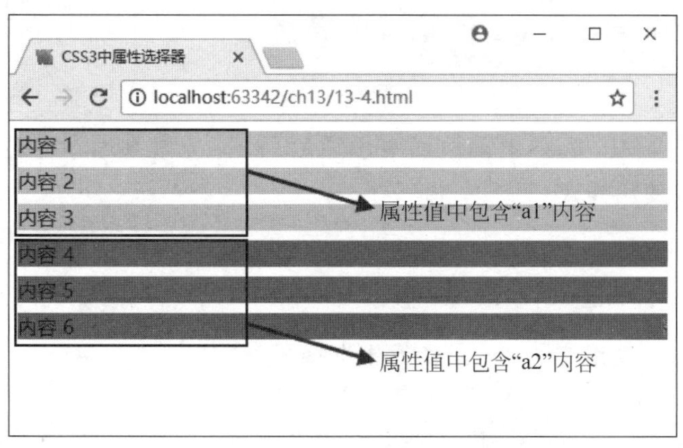

图 13-4　att * =val 属性选择器

4. 源码分析

在上述代码清单中，使用包含类的属性选择器，分别获取 title 属性值中包含 a1 和 a2 的 div 元素，并设置了它们的背景色。除了使用 att * =val 方式实现属性值的包含匹配外，更多的属性选择器如表 13-2 所示。

表 13-2 属性择器名称和功能

选择器名称	实 例	功 能
[attribute]	[title]	选择带有 title 属性的全部元素
[attribute=value]	[title = abc]	选择 title 属性值为 abc 的全部元素
[attribute~=value]	[title~=abc]	选择 title 属性包含单词 abc 的全部元素
[attribute|=value]	[title|=abc]	选择 title 属性值以 abc 开头的,其后紧跟"_"字符的全部元素
[attribute^=value]	[title ^="abc"]	选择 title 属性值以 abc 开头的全部元素
[attribute $ =value]	[title $ ="abc"]	选择 title 属性值以 abc 结尾的全部元素
[attribute * =value]	[title * ="abc"]	选择 title 属性值中包含 abc 的全部元素

13.3 结构性伪类选择器

伪类选择器是 CSS 中已经定义好的选择器,不能任意更改名称。功能上虽然与类选择器相似,但因其状态是动态变化的,当元素达到状态下实现样式,如果状态发生改变,样式也就会失去。它通常由伪元素和伪类选择器组成。

13.3.1 伪元素选择器

顾名思义,伪元素选择器并不是对真正的元素使用的选择器,而是针对 CSS 中已经定义好的伪元素使用的选择器,它的使用方法是:

```
选择器: 伪元素{ 元素样式内容 }
```

实例 13-5 使用 first-letter 伪元素选择器

1. 功能描述

新创建一个 HTML 页面,并向页面中添加两个 div 元素并增添内容,在样式中指定元素中的第一个文字使用样式。

2. 代码实现

在 WebStorm 中新建一个 HTML 页面 13-7. html,加入代码如代码清单 13-5 所示。

代码清单 13-5 使用 first-letter 伪元素选择器

```
<! DOCTYPE html >
< html lang = "en">
< head >
    < meta charset = "UTF - 8">
    < title >伪元素选择器</title >
    < style type = "text/css">
```

```
        p:first-letter{
            color: #666;
            font-size: 26px;
            font-weight: bold;
        }
    </style>
</head>
<body>
    <p>伪元素选择器<br>伪元素选择器</p>
    <p>我是第一行<br>我是第二行</p>
</body>
</html>
```

3. 页面效果

该页面在 Chrome 浏览器中执行的页面效果如图 13-5 所示。

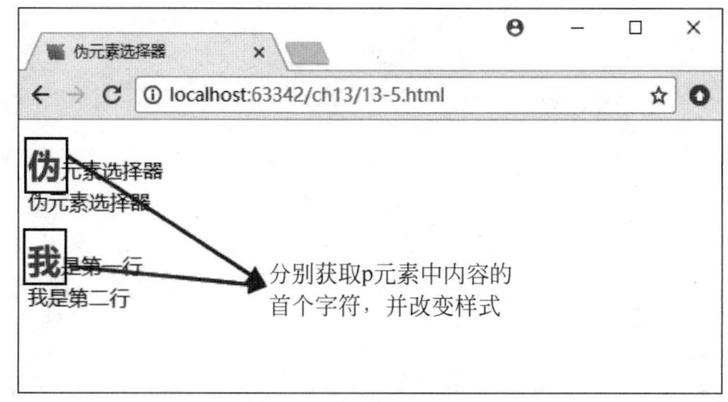

图 13-5　使用 first-letter 伪元素选择器的效果

4. 源码分析

在上述代码清单中，first-letter 伪元素选择器的功能是获取指定元素中内容的首个字母或者文字，它以指定的元素结束符为标志，不受 br 元素的影响。因此，即时在 p 元素内容中使用 br 换行形成下一行，但也不能被 first-letter 选择器获取。

更多的伪元素选择器的名称和功能见下表 13-3 所示。

表 13-3　伪元素选择器名称和功能

选择器名称	实　例	功　能
:first-letter	p:first-letter	获取每个 p 元素的首个字母
:first-line	p:first-line	获取每个 p 元素的第一行
:before	p:before	在每个 p 元素的内容之前插入内容
:after	p:after	在每个 p 元素的内容之后插入内容

13.3.2　伪类选择器

伪类选择器的公共特征是允许开发者根据文档结构来指定元素的样式，它又可以分为普通和结构性伪类选择器,前者是指获取某些指定元素或特定功能的伪类选择器,如 root、empty 等,后者是指获取有结构元素的伪类选择器,如 first-child、last-child 等。

实例 13-6 使用 empty 伪类选择器

1. 功能描述

在新建的页面中,通过 empty 伪类选择器,获取内容为空的元素,并添加背景色。

2. 代码清单

在 WebStorm 中新建一个 HTML 页面 13-6. html,加入代码如代码清单 13-6 所示。

代码清单 13-6 使用 empty 伪类选择器

```
<!DOCTYPE html>
<html lang="en">
<head>
    <meta charset="UTF-8">
    <title>empty 选择器</title>
    <style type="text/css">
        :empty{
            background-color: #666;
        }
        td{
            width: 50px;
            height: 50px;
        }
    </style>
</head>
<body>
<table border="2"
       cellpadding="4"
       cellspacing="2">
    <tr>
        <td>1</td>
        <td>2</td>
        <td>3</td>
    </tr>
    <tr>
        <td>4</td>
        <td></td>
        <td>6</td>
    </tr>
    <tr>
        <td>7</td>
        <td>8</td>
        <td>9</td>
```

```
    </tr>
</table>
</body>
</html>
```

3. 页面效果

该页面在 Chrome 浏览器中执行的页面效果如图 13-6 所示。

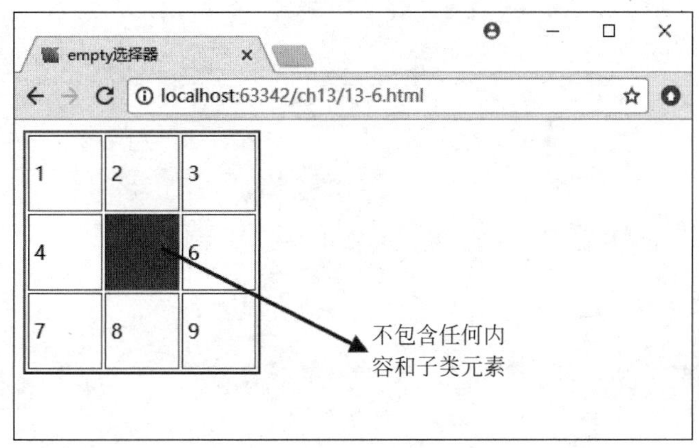

图 13-6 使用 empty 伪类选择器

4. 源码分析

在上述代码清单中，empty 伪类选择器的功能是获取没有任何子类元素（包括文本节点）的元素，由于第 5 个表格中的内容和子类元素都没有，因此，它被获取，并应用设置的样式效果，而其他表格都有文本节点，所以没有被获取。更多普通伪类选择器如表 13-4 所示。

表 13-4 普通伪类选择器名称和功能

选择器名称	实 例	功 能
:root	:root	获取文档的根元素
:empty	p:empty	获取没有子类元素的每个 p 元素（包括文本节点）
:target	#nav:target	获取当前活动的 #nav 元素
:enabled	input:enabled	获取每个可用的 input 元素
:disabled	input:disabled	获取每个禁用的 input 元素
:checked	input:checked	获取每个被选中的 input 元素
:not(selector)	:not(p)	获取非 p 元素的每个元素

实例 13-7 first-child 和 last-child 选择器

1. 功能描述

在页面中，使用伪类选择器分别获取第一个和最后一个 p 元素，并改变它们的背景色。

2. 代码清单

在 WebStorm 中新建一个 HTML 页面 13-7. html，加入代码如代码清单 13-7 所示。

代码清单 13-7 first-child 和 last-child 选择器

```
<!DOCTYPE html>
<html>
<head lang="en">
    <meta charset="UTF-8">
    <title>first-child 和 last-child 选择器</title>
    <style type="text/css">
        li:first-child{
            background-color: grey;
        }
        li:last-child{
            background-color: #ccc;
        }
    </style>
</head>
<body>
    <ul>
        <li>第一行</li>
        <li>第二行</li>
        <li>第三行</li>
        <li>第四行</li>
    </ul>
</body>
</html>
```

3. 页面效果

该页面在 Chrome 浏览器中执行的页面效果如图 13-7 所示。

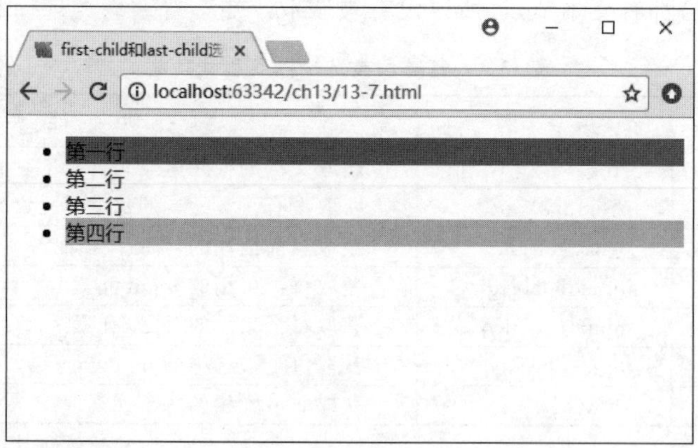

图 13-7 first-child 和 last-child 选择器

4. 源码分析

在上述代码清单中，分别使用伪类选择器 first-child 和 last-child 获取列表中的第一个表项和最后一个表项元素，并改变它们的背景色，除了这两个结构化的伪类选择器外，更多的结构化伪类选择器如表 13-5 所示。

表 13-5　结构化伪类选择器名称和功能

选择器名称	实　　例	功　　能
:first-child	li:first-child	选择每个子类 li 元素的第一个元素
:last-child	li:last-child	选择每个子类 li 元素的最后一个元素
:first-of-type	li:first-of-type	选择每个子类 li 元素的第一个元素
:last-of-type	li:last-of-type	选择每个子类 li 元素的最后一个元素
:only-of-type	li:only-of-type	选择每个 li 元素是其父级的唯一元素
:nth-child(n)	li:nth-child(2)	选择每个子类 li 元素的第二个元素

小结

在本章中，首先介绍了选择器的基本概念，并通过实例详细介绍了选择器的使用方法，然后详细介绍了 CSS3 中各种属性选择器的使用方法，最后通过实例开发的方式详细地阐述了结构性伪类选择器的完整使用方法。

第14章

选择器在页面的应用

视频讲解

本章学习目标

- 理解并掌握使用伪元素选择器插入文字的方法。
- 了解使用伪元素选择器插入图片的方法。
- 熟悉使用伪元素选择器显示有序编号的方法。

14.1 使用选择器插入文字

使用选择器插入文字是指先确定插入文字的先后顺序，之后，再使用 before 或 after 伪元素选择器获取元素，最后使用选择器中的 content 属性定义插入文字的内容，这种方式常用于在页面元素中插入一些固定结构和文字的信息。

14.1.1 在元素前后插入内容

为了让插入的文字更美观，可以在选择器中加入文字的颜色、背景色、文字字体等各种样式。当插入的内容为文字时，必须在插入文字的两旁加上单引号或双引号。

实例 14-1 在元素前后插入内容

1. 功能描述

在页面中，使用 before 和 after 伪元素选择器获取元素，向元素前后分别插入文字。

2. 实现代码

在 WebStorme 中新建一个 HTML 页面 14-1. html，加入代码如代码清单 14-1 所示。

代码清单 14-1 在元素前后插入内容

```
<!DOCTYPE html>
```

```
<html>
<head lang = "en">
    <meta charset = "UTF - 8">
    <title>在元素前后插入内容</title>
    <style type = "text/css">
        p:before{
            color: #ccc;
            font - size: 30px;
            padding: 1px 4px;
            margin - right: 15px;
            content: "一个优秀";
        }
        p:after{
            color: #666;
            font - size: 30px;
            padding: 1px 4px;
            margin - left: 15px;
            content: "必须专业";
        }
    </style>
</head>
<body>
    <p>程序员</p>
</body>
</html>
```

3. 页面效果

该页面在 Chrome 浏览器中执行的页面效果如图 14-1 所示。

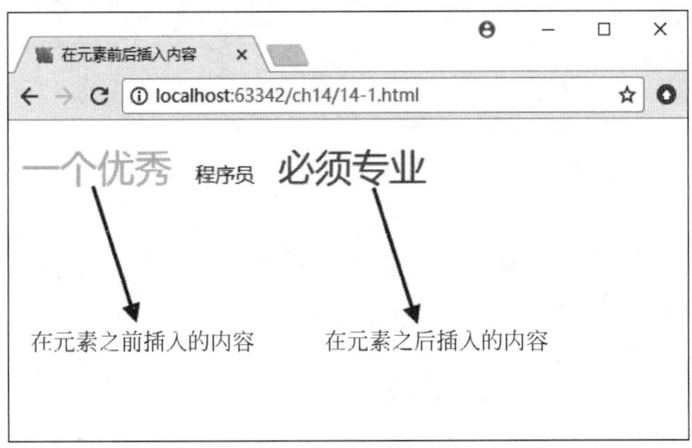

图 14-1　在元素前后插入内容的效果

4. 源码分析

在上述代码清单的样式表中分别使用 before 和 after 伪元素选择器获取并指定文字插入的顺序，使用 content 属性指定插入的文字内容，内容必须使用双引号或单引号进行包裹。此外，在代码中还可以设置插入文字的边距和字体样式。

14.1.2 不允许插入内容

当页面中有多个同名称的元素时，如果使用伪元素选择器在前后插入内容，那么，所有选中的元素都将插入同样的内容，这是不希望看到的现象，要解决这个问题，只需要再向选择的元素中添加一个不允许插入内容的样式即可。

实例 14-2 不允许插入内容

1. 功能描述

在页面的列表中，分别显示插入和不允许插入内容的表项元素。

2. 实现代码

在 WebStorm 中新建一个 HTML 页面 14-2.html，加入代码如代码清单 14-2 所示。

代码清单 14-2 不允许插入内容

```
<!DOCTYPE html>
<html>
<head lang="en">
    <meta charset="UTF-8">
    <title>不允许插入内容</title>
    <style type="text/css">
        li:before{
            color: #ccc;
            font-size: 30px;
            padding: 1px 4px;
            margin-right: 15px;
            content: "一个优秀";
        }
        li:after{
            color: #666;
            font-size: 30px;
            padding: 1px 4px;
            margin-left: 15px;
            content: "必须专业";
        }
        li.none:before,li.none:after{
            content: none;
        }
    </style>
</head>
<body>
    <ul>
        <liclass="none">程序员</li>
        <li>程序员</li>
        <liclass="none">程序员</li>
    </ul>
</body>
</html>
```

3. 页面效果

该页面在 Chrome 浏览器中执行的页面效果如图 14-2 所示。

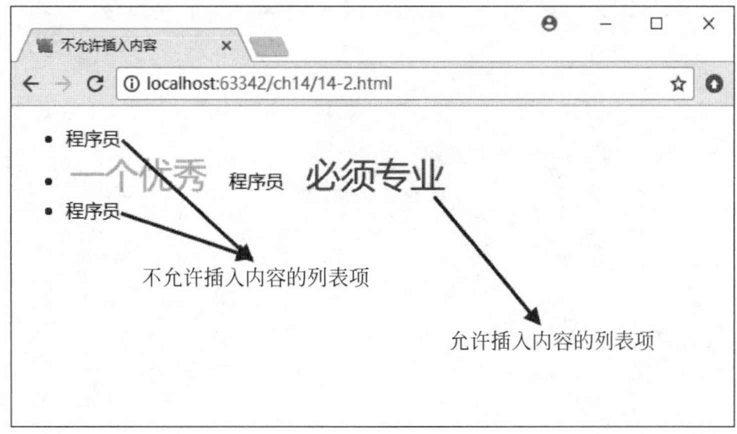

图 14-2　不允许插入内容的效果

4. 源码分析

在上述代码的样式清单中，为 li 元素增加了一个名称为 none 的类别，并在该类别的前后伪元素选择器中，将 content 属性的值设置为 none，表示在这个类别的样式中，元素的前后都不允许插入文字内容。content 属性值除了 none 外，还可以是 normal。

14.2　使用选择器插入图片

14.2.1　在元素前后插入图片

before 或 after 伪元素选择器不但可以在元素的前后插入文字，还可以插入图片文件。这种使用样式插入图片的方式，极大地节省了页面的代码并提升了执行效率。在插入图片时，只需要使用 content 属性，并通过 url 属性值来指定图片文件的路径，格式如下。

```
//在某元素之前插入图片
E:before{
    content:url(图片路径);
}
```

实例 14-3　在元素前后插入图片

1. 功能描述

在新建的页面中，使用伪元素选择器向指定元素的前后插入图片文件。

2. 实现代码

在 WebStorm 中新建一个 HTML 页面 14-3. html，加入代码如代码清单 14-3 所示。

代码清单 14-3　在元素前后插入图片

```
<!DOCTYPE html>
<html>
<head lang="en">
    <meta charset="UTF-8">
    <title>在元素前后插入图片</title>
    <style type="text/css">
        p:before{
            padding: 1px 4px;
            margin-right: 15px;
            content:url(images/css3.png);
        }
        p:after{
            padding: 1px 4px;
            margin-left: 15px;
            content:url(images/html5.png);
        }
    </style>
</head>
<body>
    <p>学习</p>
</body>
</html>
```

3. 页面效果

该页面在 Chrome 浏览器中执行的页面效果如图 14-3 所示。

图 14-3　在元素前后插入图片的效果

4. 源码分析

在上述代码的样式清单中，先调用两个伪元素选择器定位元素和选择顺序，再在样式中添加 content 属性，设置属性的 url 值，用于确定插入图片的来源。此外，还可以使用样式设置插入元素中的文字与图片之间的内外间距。

14.2.2　插入图片和背景图片的区别

在页面的样式表中，除了使用伪元素选择器插入图片外，还可以通过设置背景图片的方式向元素添加图片，这两种添加图片方式的区别在于：使用伪元素选择器插入图片时相对简单，但图片位置固定，不易调整，而背景图片则可以很灵活地调整图片的位置。

实例 14-4　插入图片和背景图片的区别

1. 功能描述

在页面中，分别使用伪元素选择器和背景图片的方式，向元素中添加图片。

2. 实现代码

在 WebStorm 中新建一个 HTML 页面 14-4.html，加入代码如代码清单 14-4 所示。

代码清单 14-4　插入图片和背景图片的区别

```
<!DOCTYPE html>
<html>
<head lang="en">
    <meta charset="UTF-8">
    <title>插入图片和背景图片的区别</title>
    <style type="text/css">
        div{
            float:left;
            border: solid 1px #ccc;
            padding: 5px;
            margin: 0px 5px;
        }
        div:nth-child(1):before{
            content:url("images/css3.png");
        }
        div:nth-child(2){
            width: 139px;
            height: 197px;
            background: url("images/html5.png") no-repeat;
        }
    </style>
</head>
<body>
    <div>学习</div>
    <div>学习</div>
</body>
</html>
```

3. 页面效果

该页面在 Chrome 浏览器中执行的页面效果如图 14-4 所示。

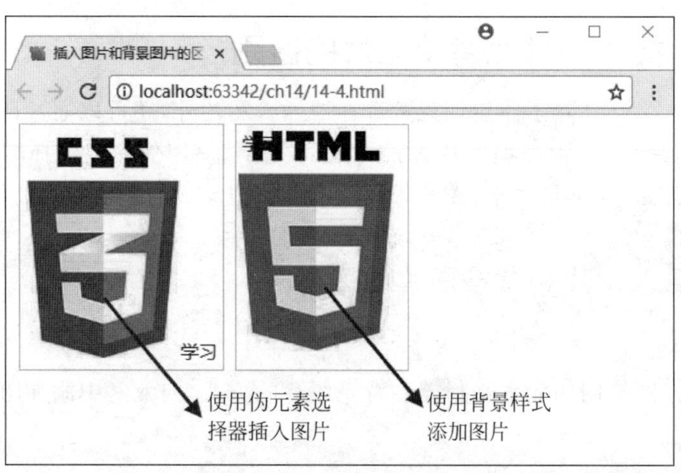

图 14-4　插入图片和背景图片效果的区别

4. 源码分析

在上述代码的样式清单中,分别使用伪元素选择器和背景图片的方式向元素添加图片,虽然页面显示的效果相差不大,但很明显第一种方式更简洁高效,第二种方式更方便灵活。如果是插入一些固定大小的图片,如网站 logo 图片,推荐使用第一种方式。

14.3　使用选择器插入编号

在 CSS3 中,允许使用样式的方式向任意的页面元素插入计数器,形成编号效果,实现有序列表显示的功能。这种方式与直接使用有序列表元素相比的最大优势在于:可以使任意元素都生成编号,并能实现个性化编号的效果。

14.3.1　简单的编号嵌套

要实现在样式中插入计数器,实现有序编号的效果,需要了解下面几个样式属性的概念。

1. counter-reset

该属性用于定义计数器变量名,设置初始值,默认初始值为 0,代码格式如下。

```
//定义一个名称为 a 的变量,并将它的值设置为 100
counter - reset: a 100
```

在上述代码中,定义了一个名称为 a 的计数器变量,初始值设置为 100,如果定义该变量的元素将 display 属性值设为 none,则定义的变量无效。

2. counter-increment

该属性的功能是用于设置计数器的增加量,即步长值,如下面代码所示。

```
//使用变量 a 的值每一次增加 10
counter - increment: a 10
```

在上述代码中，将定义的变量 a 的增加步长值设置为 10，即第 1 个元素的编号是 10，第 2 个元素的编号是 20，以此类推。通常情况下，变量步长的默认值是 1。

3. counter

该属性的功能是用于在伪元素选择器中执行定义的计数器，具体代码如下。

```
//在伪元素选择器中，直接调用计数器变量 a
content: counter(a);
//在伪元素选择器中，在调用计数器变量 a 前后添加文字
content:'第'counter(a)'章';
//在伪元素选择器中，调用计数器变量 a，并以罗马字的形式显示编号值
content: counter(a,upper - roman);
```

在上述调用计数器变量的代码中，使用 counter()方法直接调用，也可以在调用的前后增加字符，还可以在调用时通过第二个参数控制它的显示形式。

实例 14-5　简单的编号嵌套

1. 功能描述

在页面中，分别在元素 h3 和 h4 的样式中定义两个计数器变量，并以编号的形式显示在 h3 和 h4 元素中，并在 h4 元素中显示 h3 定义的计数器变量值。

2. 实现代码

在 WebStorm 中新建一个 HTML 页面 14-5.html，加入代码如代码清单 14-5 所示。

代码清单 14-5　简单的编号嵌套

```
<! DOCTYPE html >
< html >
< head lang = "en">
    < meta charset = "UTF - 8">
    < title >简单的编号嵌套</title >
    < style type = "text/css">
        h3:before{
            content:'第'counter(count)'章';
            font - size: 26px;
            padding - right: 20px;
        }
        h3{
            counter - increment: count;
            counter - reset: count2;
        }
        h4:before{
            padding - right: 5px;
            content:counter(count)' - 'counter(count2);
        }
        h4{
            counter - increment: count2;
```

```
            margin-left: 90px;
        }
    </style>
</head>
<body>
    <h3>CSS3 概述</h3>
    <h4>概要介绍</h4>
    <h3>选择器</h3>
    <h4>属性选择器</h4>
</body>
</html>
```

3. 页面效果

该页面在 Chrome 浏览器中执行的页面效果如图 14-5 所示。

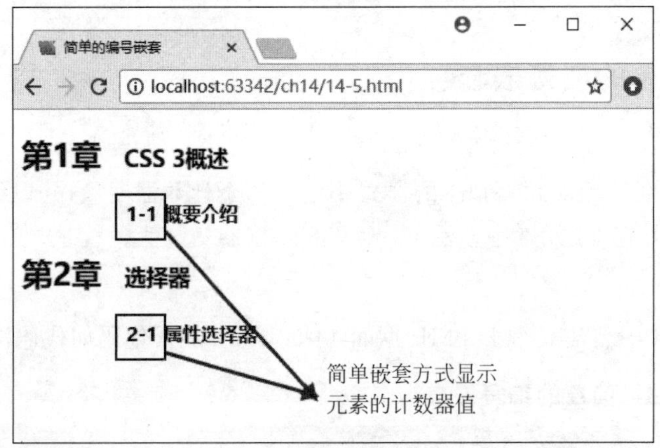

图 14-5 简单的编号嵌套

4. 源码分析

在上述代码的样式清单中,分别在 h3 和 h4 元素的样式中,使用 counter-increment 属性定义了两个计数器变量,一个为 count,另一个为 count2。如果没有设置初始值,则初始值默认为 1。为了能够调用定义的计数器变量,再使用伪元素选择器获取元素。

获取元素后,在样式中调用 content 属性,在属性值中通过 counter()方法调用已定义的计数器变量,由于计数器变量的作用域默认是全局性的,因此,多个变量可以相互调用,即可以在 h4 伪元素的样式中访问 h3 元素样式中定义的计数器变量。

需要说明的是,一个计数器变量在显示时,一直都是连续性的,如果想将连续的变量改为重新开始计数,需要在它显示的元素中调用 counter-reset 属性重置,代码如下。

```
h3{
    counter-reset: count2;
}
```

上述代码表示,在 h3 元素中显示计数器变量 count2 时,不连续,而是重新开始显示。

14.3.2　编号的类型

在使用伪元素选择器定义样式时，content 的属性值中，不仅可以通过 counter 方法来调用计数器变量，还可以设置变量在元素中显示的类型，调用如下列代码所示。

```
content:counter(count,upper - roman)
```

在上述代码中，以大写罗马文字形式显示计数器变量 count 的值，参数 upper-roman 用于设置变量显示的类型值。

实例 14-6　编号的类型

1. 功能描述

在新建的页面中，分别使用不同的计数器类型，显示多级嵌套中的编号值。

2. 实现代码

在 WebStorm 中新建一个 HTML 页面 14-6. html，加入代码如代码清单 14-6 所示。

代码清单 14-6　编号的类型

```
<! DOCTYPE html >
< html >
< head lang = "en">
    < meta charset = "UTF - 8">
    < title >编号的类型</title >
    < style type = "text/css">
        h3:before{
            font - size: 26px;
            padding - right: 20px;
            content:'第'counter(count)'章';
        }
        h3{
            counter - increment: count;
            counter - reset: count2;
        }
        h4:before{
            padding - right: 5px;
            content:counter(count,upper - roman)
            ' - '
            counter(count2);
        }
        h4{
            margin - left: 90px;
            counter - increment: count2;
            counter - reset: count3;
        }
        p:before{
            padding - right: 5px;
```

```
                content:counter(count,upper-roman)
                '-'
                counter(count2)
                '-'
                counter(count3,upper-alpha);
            }
            p{
                counter-increment: count3;
                margin-left: 120px;
            }
        </style>
</head>
<body>
    <h3>CSS3 概述</h3>
    <h4>概要介绍</h4>
    <p>什么是 CSS3 </p>
    <p>CSS3 的历史</p>
    <h3>选择器</h3>
    <h4>属性选择器</h4>
    <p>属性选择器概述</p>
    <p>CSS3 中的属性选择器</p>
</body>
</html>
```

3. 页面效果

该页面在 Chrome 浏览器中执行的页面效果如图 14-6 所示。

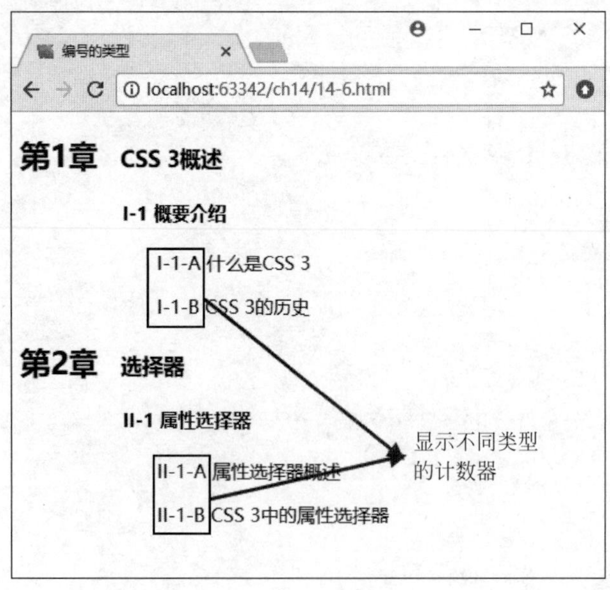

图 14-6 使用编号类型的效果

4. 源码分析

在上述代码的样式清单中，在 content 属性值中，当使用 counter()方法调用计数器变量时，通过第 2 个参数设置变量在元素中显示的类型，除了使用 counter()方法执行外，还可以调用 counters()方法来调用，该方法更为简单，它的调用格式如下。

```
counters(name,string,list - style - type)
```

在上述调用格式的代码中，参数 name 表示计数器变量名称，参数 string 表示编号之间的连接字符，参数 list-style-type 表示计数器变量在页面中显示的类型。

14.3.3 在元素前后插入符号

使用伪元素选择器 before 和 after 不仅可以在指定元素的前后插入文字和图片，还可以插入开始和关闭的双引号，并结合元素设置的 quotes 属性值，实现一些特殊的字符效果。下面通过一个简单的实例来进行说明。

实例 14-7　在元素前后插入符号

1. 功能描述

在页面中，通过 content 属性值的内容，实现在元素前后插入书名号的效果。

2. 实现代码

在 WebStorm 中新建一个 HTML 页面 14-7.html，加入代码如代码清单 14-7 所示。

代码清单 14-7　在元素前后插入符号

```
<!DOCTYPE html>
<html>
<head lang = "en">
    <meta charset = "UTF - 8">
    <title>在元素前后插入符号</title>
    <style type = "text/css">
        p:before{
            content: open - quote;
        }
        p:after{
            content: close - quote;
        }
        p{
            quotes: "«""»";
        }
    </style>
</head>
<body>
    <h3>前端开发图书: </h3>
    <p> jQuery 权威指南</p>
    <p> HTML5 实战</p>
</body>
</html>
```

3. 页面效果

该页面在 Chrome 浏览器中执行的页面效果如图 14-7 所示。

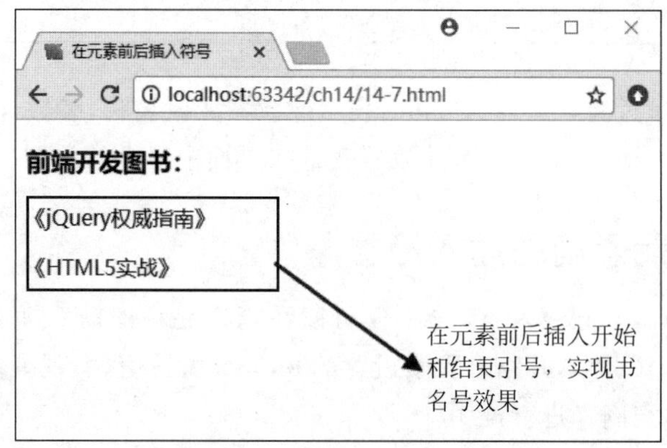

图 14-7　在元素前后插入符号的效果

4. 源码分析

在上述代码的样式清单中，在 p 元素之前添加 open-quote 属性值，表示开始的双引号，在 p 元素之后添加 close-quote 属性值，表示结束的双引号。然后，通过设置 p 元素的 quotes 属性值为"《""》"，根据前后对应关系，形成书名号效果。

小结

在本章中，首先介绍了使用伪元素选择器向元素前后插入文字和禁止插入的过程，然后通过实例演示使用伪元素选择器向元素插入图片的方法并与背景图片进行比较，最后详细介绍了使用伪元素选择器向元素插入有序编号和符号的过程。

第 15 章

文字相关的样式

视频讲解

本章学习目标

- 理解文本阴影的实现方法和作用。
- 掌握文本阴影各个属性值对应的功能和实现方法。
- 理解并掌握文本换行的各类方法。

15.1 文字的阴影

15.1.1 阴影的作用

在 CSS3 中，想要给某段文字添加阴影效果，只需要给该文字添加 text-shadow 属性，该属性的功能是设置指定文本的阴影效果，它的调用格式如下。

```
text - shadow: h - shadow v - shadow blur color
```

在上述格式调用代码中，text-shadow 属性分别对应 4 个值，它们通过空格分开，其中第 1 个参数为必填项，表示文字阴影的水平距离，正值阴影向右移动，负值阴影向左移动；第 2 个参数为必填项，表示文字阴影的垂直距离，正值阴影向下移动，负值阴影向上移动。

第 3 个和第 4 个参数都为可选项，分别表示文字阴影的模糊距离和颜色值，实现代码和文字效果在后续的章节中会有详细的介绍。

实例 15-1 设置文字的阴影

1. 功能描述

在页面中，添加一个带文字内容的 p 元素，通过阴影属性，实现文字的阴影效果。

2. 实现代码

在 WebStorm 中新建一个 HTML 页面 15-1. html，加入代码如代码清单 15-1 所示。

代码清单 15-1 设置文字的阴影

```
<!DOCTYPE html>
<html>
<head lang="en">
    <meta charset="UTF-8">
    <title>设置文字的阴影</title>
    <style type="text/css">
        p{
            text-shadow: 5px 5px 10px #ccc;
            font-size: 35px;
            font-weight: bold;
            font-family:黑体;
        }
    </style>
</head>
<body>
    <p>文字阴影</p>
</body>
</html>
```

3. 页面效果

该页面在 Chrome 浏览器中执行的页面效果如图 15-1 所示。

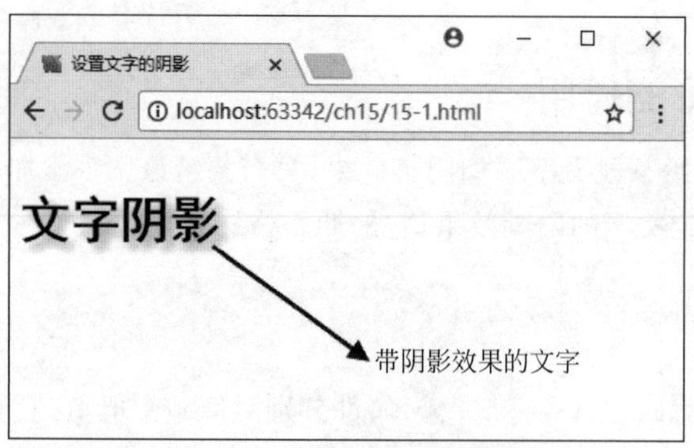

图 15-1 设置文字的阴影效果

4. 源码分析

在上述代码清单的样式表中，先使用选择器获取 p 元素，再使用 text-shadow 属性实现元素中文字的阴影效果。在属性值中，各个值的功能说明如下。

第 1 个数值表示阴影向右移动 5px 的距离，第 2 个数值表示阴影向下移动 5px 的距离；第 3 个数值表示阴影的模糊距离为 10px，最后一个数值指出阴影的颜色值为 #ccc。默认情况下，阴影的模糊距离为 0，颜色值为黑色。

实例 15-2　图片上的文字阴影

1. 功能描述

在新建的页面中，添加一个有背景图片和文字的 p 元素，并将文字设置为阴影效果。

2. 实现代码

在 WebStorm 中新建一个 HTML 页面 15-2.html，加入代码如代码清单 15-2 所示。

代码清单 15-2　图片上的文字阴影

```
<!DOCTYPE html>
<html>
<head lang="en">
    <meta charset="UTF-8">
    <title>图片上的文字阴影</title>
    <style type="text/css">
        p{
            text-shadow: 5px 5px 5px #ccc;
            font-size: 35px;
            color: #fff;
            font-weight: bold;
            font-family:黑体;
            text-align: center;
            background-image: url("images/img1.jpg");
            width: 250px;
            height: 160px;
            padding-top: 28px;
        }
    </style>
</head>
<body>
    <p>文字阴影</p>
</body>
</html>
```

3. 页面效果

该页面在 Chrome 浏览器中执行的页面效果如图 15-2 所示。

图 15-2　图片上的文字阴影效果

4. 源码分析

在上述代码清单的样式表中，虽然文字中有背景图片，但通过使用文字的阴影属性，却能更加突显文字的效果，因此，文字的阴影属性，不仅可以实现文字的一些特殊效果，而且在图文并茂展示页面时，更能发挥它的优势。

15.1.2 阴影的位移距离

在 text-shadow 属性值中，第 1 个参数是指阴影在文字的左侧或右侧，第 2 个参数是指阴影在文字的上面或下面，使用这个属性时，这两个值是必须指定的参数，它们在阴影属性中具体的功能说明如图 15-3 所示。

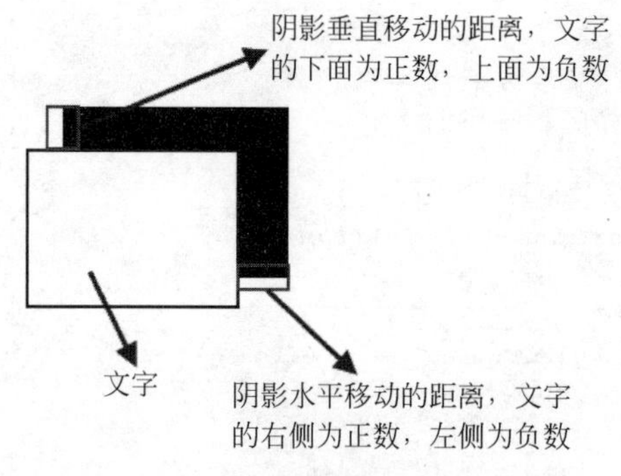

图 15-3 文字阴影中位移距离说明

阴影在文字中的方位与距离都决定了文字最终实现的效果，因此，在实现文字阴影效果之前，一定要确定好阴影的位移方向、距离值，因为这两个值决定了一个文字阴影效果的关键，下面通过一个实例详细说明不同组合的文字阴影效果。

实例 15-3 设置多种方位的阴影

1. 功能描述

在页面中，通过设置不同的阴影位移值，显示各种方位的文字阴影效果。

2. 实现代码

在 WebStorm 中新建一个 HTML 页面 15-3. html，加入代码如代码清单 15-3 所示。

代码清单 15-3 设置多种方位的阴影

```
<!DOCTYPE html>
<html>
<head lang = "en">
    <meta charset = "UTF - 8">
    <title>设置多种方位的阴影</title>
    <style type = "text/css">
        p {
            font - size: 35px;
            font - weight: bold;
```

```
            font-family:黑体;
            padding: 8px;
            margin: 8px;
            border: solid 1px #666;
            background-color: #fff;
            width: 180px;
            text-align: center;
        }
        p:nth-of-type(1){
            text-shadow: 5px 5px 1px #ccc;
        }
        p:nth-of-type(2){
            text-shadow: 5px -5px 1px #ccc;
        }
        p:nth-of-type(3){
            text-shadow: -5px 5px 1px #ccc;
        }
        p:nth-of-type(4){
            text-shadow: -5px -5px 1px #ccc;
        }
    </style>
</head>
<body>
    <p>文字阴影</p>
    <p>文字阴影</p>
    <p>文字阴影</p>
    <p>文字阴影</p>
</body>
</html>
```

3. 页面效果

该页面在 Chrome 浏览器中执行的页面效果如图 15-4 所示。

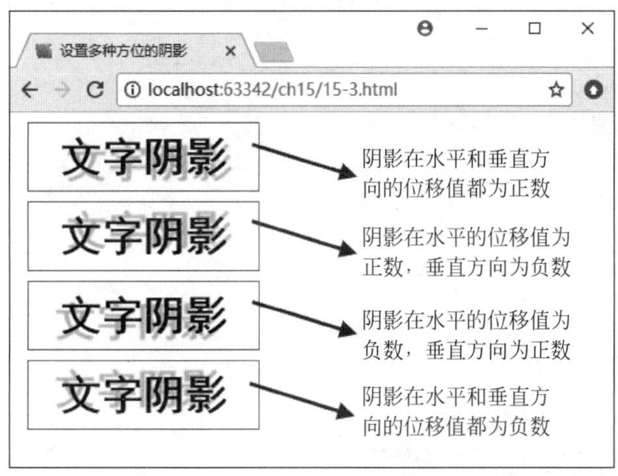

图 15-4　设置多种方位的阴影效果

4. 源码分析

在上述代码清单的样式表中,先定义 p 元素的全局样式,然后再结合 nth-of-type 选择器获取某一个 p 元素,最后通过设置 text-shadow 属性的第 1 个和第 2 个参数的正负值,实现文字阴影在不同方位显示的页面效果。

15.1.3 阴影的模糊距离

在文字阴影属性 text-shadow 属性值中,第 3 个参数是指阴影的模糊距离,该参数是可选项参数,默认值为 0,表示没有模糊距离,它是针对阴影的颜色而言,当距离为 0 时,是原始颜色;当距离值大于 0 且越来越大时,颜色将越来越模糊。当距离值小于 0 时,没有颜色。

实例 15-4 设置多种模糊距离值

1. 功能描述

在页面中,通过设置不同的阴影的模糊距离值,显示不同的文字阴影效果。

2. 实现代码

在 WebStorm 中新建一个 HTML 页面 15-4. html,加入代码如代码清单 15-4 所示。

代码清单 15-4 设置多种模糊距离值

```
<! DOCTYPE html >
< html >
< head lang = "en">
    < meta charset = "UTF - 8">
    < title >设置多种模糊距离值</title >
    < style type = "text/css">
        p {
            font - size: 35px;
            font - weight: bold;
            font - family:黑体;
            padding: 8px;
            margin: 8px;
            border: solid 1px #666;
            background - color: #fff;
            width: 180px;
            text - align: center;
        }
        p:nth - of - type(1){
            text - shadow: 5px 5px 0px #c1c1c1;
        }
        p:nth - of - type(2){
            text - shadow: 5px 5px - 1px #c1c1c1;
        }
        p:nth - of - type(3){
            text - shadow: 5px 5px 1px #c1c1c1;
        }
        p:nth - of - type(4){
```

```
            text - shadow: 5px 5px 10px #c1c1c1;
        }
    </style>
</head>
<body>
    <p>文字阴影</p>
    <p>文字阴影</p>
    <p>文字阴影</p>
    <p>文字阴影</p>
</body>
</html>
```

3. 页面效果

该页面在 Chrome 浏览器中执行的页面效果如图 15-5 所示。

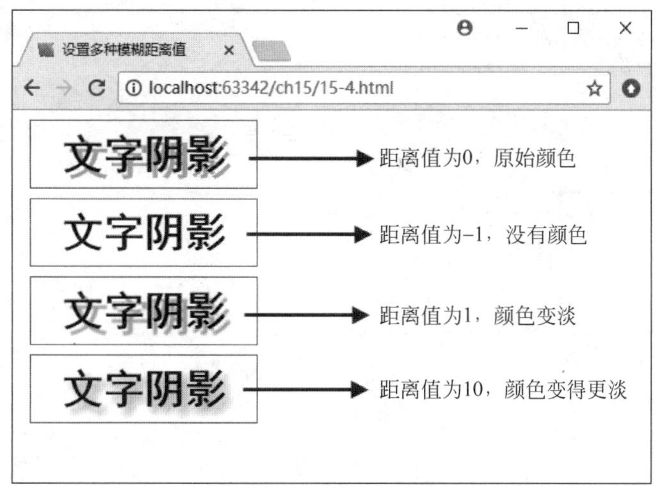

图 15-5 设置多种模糊距离值的效果

4. 源码分析

在上述代码清单的样式表中，通过修改 text-shadow 属性值的第 3 个参数，来改变文字阴影的模糊距离。该值越大，阴影颜色将越模糊，如果该参数值为负数时，将没有阴影颜色。阴影在模糊过程中，分别以水平和垂直方位的距离为中心，向外进行扩展。

15.1.4 组合阴影效果

在文字阴影效果中，可以使用两组或多组以上的属性值，作用于一个文字，它们之间用逗号隔开。之所以可以实现组合阴影的效果，主要是考虑到文字阴影在实际开发过程中的需求，使用组合的方式可以实现文字的多种特殊效果。

实例 15-5 使用组合阴影实现浮雕文字

1. 功能描述

在新创建的页面中，使用组合阴影，分别实现凸起和凹下效果的浮雕文字。

2. 实现代码

在 WebStorm 中新建一个 HTML 页面 15-5. html,加入代码如代码清单 15-5 所示。

代码清单 15-5 使用组合阴影实现浮雕文字

```
<!DOCTYPE html>
<html>
<head lang="en">
    <meta charset="UTF-8">
    <title>使用组合阴影实现浮雕文字</title>
    <style type="text/css">
        p {
            font-size: 60px;
            padding: 8px;
            margin: 8px;
            color: #ccc;
            font-family:黑体;
            border: solid 1px #666;
            background-color: #ccc;
            width: 280px;
            text-align: center;
        }
        p:nth-of-type(1) {
            text-shadow: 1px 1px 1px #000,
            -1px -1px 1px #fff;
        }
        p:nth-of-type(2) {
            text-shadow: -1px -1px 1px #000,
            1px 1px 1px #fff;
        }
    </style>
</head>
<body>
    <p>文字阴影</p>
    <p>文字阴影</p>
</body>
</html>
```

3. 页面效果

该页面在 Chrome 浏览器中执行的页面效果如图 15-6 所示。

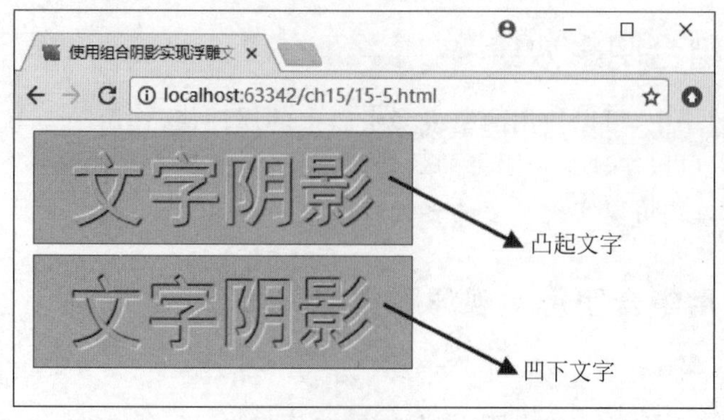

图 15-6 使用组合阴影实现浮雕文字效果

4. 源码分析

在上述代码清单的样式表中，使用组合的属性值，实现文字浮雕的效果。例如，在设置凸起文字时，第一组的属性值设置文字右下侧的阴影效果，第二组的属性值设置文字左上角的阴影效果，两组属性值按代码先后顺序同时作用于文字，最终实现凸起的文字效果。

实例 15-6 使用组合阴影实现发光与火焰字体

1. 功能描述

在新创建的页面中，使用组合阴影，分别实现发光和火焰效果的文字。

2. 实现代码

在 WebStorm 中新建一个 HTML 页面 15-6.html，加入代码如代码清单 15-6 所示。

代码清单 15-6 使用组合阴影实现发光与火焰字体

```
<!DOCTYPE html>
<html>
<head lang="en">
    <meta charset="UTF-8">
    <title>使用组合阴影实现发光与火焰字体</title>
    <style type="text/css">
        p {
            font-size: 60px;
            padding: 8px;
            margin: 8px;
            font-family:黑体;
            color: #ccc;
            border: solid 1px #666;
            background-color: #ccc;
            width: 280px;
            text-align: center;
        }
        p:nth-of-type(1) {
            background: #000;
            color: #fff;
            text-shadow:
            0 0 3px rgba(229, 0, 245, 1),
            0 0 6px rgba(229, 0, 245, 0.9),
            0 0 8px rgba(229, 0, 245, 0.9),
            0 0 14px rgba(229, 0, 245, 0.9),
            0 0 22px rgba(229, 0, 245, 0.7),
            0 0 28px rgba(229, 0, 245, 0.7),
            0 0 36px rgba(229, 0, 245, 0.6),
            0 0 48px rgba(229, 0, 245, 0.5),
            0 0 54px rgba(229, 0, 245, 0.3),
            0 0 68px rgba(229, 0, 245, 0.1);
        }
        p:nth-of-type(2) {
            background: #eee;
            color: #f90204;
            text-shadow:
```

```
                0 - 1px 2px rgba(255, 52, 7, 0.9),
                0 - 2px 4px rgba(255, 52, 7, 0.8),
                0 - 3px 7px rgba(255, 52, 7, 0.8),
                0 - 4px 11px rgba(255, 52, 7, 0.7),
                0 - 5px 17px rgba(255, 87, 7, 0.7),
                0 - 6px 35px rgba(255, 87, 7, 0.5),
                0 - 7px 48px rgba(255, 87, 7, 0.4),
                0 - 8px 68px rgba(255, 87, 7, 0.2);
        }
    </style>
</head>
<body>
    <p>文字阴影</p>
    <p>文字阴影</p>
</body>
</html>
```

3. 页面效果

该页面在 Chrome 浏览器中执行的页面效果如图 15-7 所示。

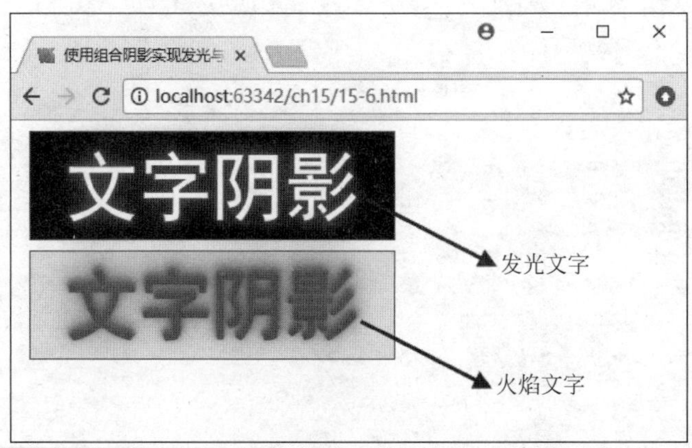

图 15-7 使用组合阴影实现发光与火焰字体效果

4. 源码分析

在上述代码清单的样式表中,第 1 个 p 元素,通过逐渐增加阴影属性值的模糊距离和颜色的透明度,实现文字的发光效果;第 2 个 p 元素,不仅逐步增加模糊距离和透明度,而且还要增加垂直向上的位移距离,使火焰字体有向上燃烧的效果。

15.2 文本换行

15.2.1 文本自动换行

众所周知,当浏览器在显示文本时,文本会根据浏览器窗口实现自动换行,对于中文,可以在任一个文字的后面换行,而对于英文单词,浏览器就会在半角空格或连字符的地方自动换行，而绝对不会把单词拆开后再换行，具体效果如以下实例所示。

实例 15-7 文本自动换行

1. 功能描述

在页面中，分别添加两个 p 元素，一个显示中文内容，另一个显示单词内容。当改变浏览器大小时，查看 p 元素内容在浏览器中自动换行的效果。

2. 实现代码

在 WebStorm 中新建一个 HTML 页面 15-7.html，加入代码如代码清单 15-7 所示。

代码清单 15-7 文本自动换行

```
<!DOCTYPE html>
<html>
<head lang="en">
    <meta charset="UTF-8">
    <title>文本自动换行</title>
</head>
<body>
    <p>今天的天气非常好,明天又是一个大晴天,后天将会下雨.</p>
    <p>Today's weather is very good. Tomorrow is another sunny day. It will rain the day after
tomorrow.</p>
</body>
</html>
```

3. 页面效果

该页面在 Chrome 浏览器中执行的页面效果如图 15-8 所示。

图 15-8 文本自动换行效果

4. 源码分析

在上述代码执行的页面效果中，由于浏览器自身对显示文本的处理规则，针对文本换行时，不会将标点符号作为下一行的开头，至少要有一个文字作为下一行的开头内容；在英文单词自动换行时，不会拆分任何的单词进行换行，而是一个完整的单词。

15.2.2 强制文本换行

虽然利用浏览器自带的处理文字换行可以省略很多的样式代码,但在实际的开发过程中,由于固定宽度的原因,必须使文本能在任意一处强制换行,而要实现这一功能,可以使用 word-break 属性,该属性可以规定强制换行的方法,具体属性对应的值如表 15-1 所示。

表 15-1 word-break 属性值的功能说明

属 性 值	功 能 说 明
normal	使用浏览器默认的换行规则
break-all	允许在单词内换行
keep-all	只能在半角空格或连字符处换行

下面通过一个简单的实例来演示 word-break 属性强制换行的效果。

实例 15-8 强制文本换行

1. 功能描述

在实例 15-7 的基础之上,使用强制换行属性,分别显示 p 元素中的文本效果。

2. 实现代码

在 WebStorm 中新建一个 HTML 页面 15-8.html,加入代码如代码清单 15-8 所示。

代码清单 15-8 强制文本换行

```
<!DOCTYPE html>
<html>
<head lang="en">
    <meta charset="UTF-8">
    <title>强制文本换行</title>
    <style type="text/css">
        p:nth-of-type(1) {
            word-break: keep-all;
        }
        p:nth-of-type(2) {
            word-break: break-all;
        }
    </style>
</head>
<body>
    <p>今天的天气非常好,明天又是一个大晴天,后天将会下雨.</p>
    <p>Today's weather is very good. Tomorrow is another sunny day. It will rain the day after tomorrow.</p>
</body>
</html>
```

3. 页面效果

该页面在 Chrome 浏览器中执行的页面效果如图 15-9 所示。

图 15-9　强制文本换行效果

4. 源码分析

在上述代码清单的样式表中，由于第 1 个 p 元素的 word-break 属性值为 keep-all，表示文字只能在半角空格或连字符处换行，第 2 个 p 元素的 word-break 属性值为 break-all，表示英文单词允许在内部换行，实现效果如图 15-9 所示。

15.2.3　强制长单词换行

虽然可以使用 word-break 属性实现文本或单词的强制换行，但这种换行的方式并未考虑到单词的完整性，而是直接从单词中间换行，即使上一行仅显示了一个字母，也会被拆开。为了解决一个长单词更加人性的换行，引入了 word-wrap 属性。

word-wrap 属性的功能是允许单词过长后换到下一行，但具体的方式是动态的，而这种方式的标准是能否完整地展示一个单词，如果上一行空间非常小，那么单词将不会被拆分，而是全部显示在下一行，具体属性对应的值如表 15-2 所示。

表 15-2　word-wrap 属性值的功能说明

属　性　值	功 能 说 明
normal	使用浏览器默认的换行规则
break-word	在长单词或 URL 地址内部进行换行

下面通过一个简单的实例来演示 word-break 和 word-wrap 属性的区别。

实例 15-9　强制长单词换行

1. 功能描述

在新建的页面中，添加两个英文单词内容完全相关的 p 元素，并分别使用 word-break 和 word-wrap 属性控制单词内容的换行，查看实现的换行效果。

2. 实现代码

在 WebStorm 中新建一个 HTML 页面 15-9. html，加入代码如代码清单 15-9 所示。

代码清单 15-9 强制长单词换行

```
<!DOCTYPE html>
<html>
<head lang="en">
    <meta charset="UTF-8">
    <title>强制长单词换行</title>
    <style type="text/css">
        p:nth-of-type(1) {
            word-break: break-all;
        }
        p:nth-of-type(2) {
            word-wrap: break-word;
        }
    </style>
</head>
<body>
    <p>Today's weather is veryveryveryveryveryveryveryveryveryveryveryveryveryvery good.</p>
    <p>Today's weather is veryveryveryveryveryveryveryveryveryveryveryveryveryvery good.</p>
</body>
</html>
```

3. 页面效果

该页面在 Chrome 浏览器中执行的页面效果如图 15-10 所示。

图 15-10 强制长单词换行效果

4. 源码分析

在上述代码清单的样式表中，由于第 1 个 p 元素将 word-break 属性值设置为 break-all，因此，第 1 个 p 元素将会自动根据宽度拆分长单词；而第 2 个 p 元素将 word-wrap 属性值设置为 break-word，它将会根据上一行的剩余宽度动态拆分长单词的内容并换行显示。

小结

在本章中，首先从介绍文字阴影的实现和作用讲起，并以实例的方式详细地介绍了实现阴影位移、模糊距离的使用方法，然后通过实践阐述了组合阴影的运用场景和实现效果，最后详细地介绍了文本换行的内容，包含自动换行、强制换行的方式和方法。

第16章

盒相关样式

视频讲解

本章学习目标

- 理解并掌握盒子类型的基础知识。
- 掌握盒子内容溢出显示处理的方法。
- 了解盒子阴影实现的原理和过程。

16.1 盒的类型

一个元素就是一个盒子，盒的类型本质上是元素的类型，总体来讲，页面的元素分为两种，一种是块类元素(block-level elements)，另一种是内联元素(inline elements)，前者为独立地占据浏览器的一行，后者不会换行，都在一行中排列，直到排满后才换行。

16.1.1 基本类型

在 HTML 元素中，常用的块类元素包括 div、form、table、p、pre、h1～h6、dl、ol、ul 元素；常用的内联元素包括 span、a、strong、em、label、input、select、textarea、img、br 等元素。块类元素可以包含块类和内联元素，但内联元素不能包含块类元素，只能包含内联元素。而在 CSS 样式表中，可以使用 display 属性定义盒的类型，它的属性值 block 类型与 inline 类型。下面举个实例将这两个类型做一下对比。

实例 16-1 块类和内联元素的区别

1. 功能描述

先创建一个 HTML 页面，并在页面中添加一个 div 元素和 span 元素，通过页面效果查看两种不同类型元素的区别。

2. 实现代码

在 WebStorm 中新建一个 HTML 页面 16-1. html,加入代码如代码清单 16-1 所示。

代码清单 16-1 块类和内联元素的区别

```
<! DOCTYPE html >
< html >
< head lang = "en">
    < meta charset = "UTF - 8">
    < title >块类和内联元素的区别</title >
    < style type = "text/css">
        div, span {
            width: 200px;
            height: 50px;
            padding: 15px 20px;
            margin: 35px 20px;
            border: solid 1px #666;
            background - color: #eee;
        }
    </style >
</head >
< body >
    < div >块类元素</div >
    < span >内联元素</span >
</body >
</html >
```

3. 页面效果

该页面在 Chrome 浏览器中执行的页面效果如图 16-1 所示。

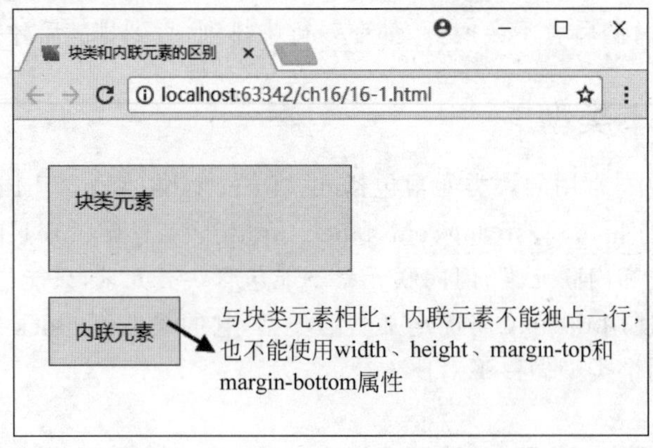

图 16-1 块类和内联元素的区别效果

4. 源码分析

在上述实例代码清单的样式中,使用逗号方式分别获取到 p 和 span 元素,并同时作用于一个样式,虽然如此,但两个元素在页面中显示的效果是不相同的,因为一个是块类元素,另一个是内联元素,它们的区别具体表现在如下几点。

(1) 一个块类元素能占一行,但内联元素则不能,只能在同一行,直到排满后换行。

(2) 块类元素可以使用 width 和 height 属性,但内联元素不能,其宽高由内容撑开。

(3) 块类元素能使用内、外边距属性,但内联元素中,margin-top 和 margin-bottom 属性值则无效,其他属性值都有效。

16.1.2　inline-block 类型

在 CSS 样式中,属性 display 的值,除了 block 和 inline 之外,还有一种 inline-block 类型,它的功能是使元素成为内联块元素,这样的元素既有块元素的特征,如可以使用宽度、高度和内外边距属性,又有内联元素的特征,如只占一行,排满后才换行。

实例 16-2　使用 inline-block 类型分列显示

1. 功能描述

在新建的页面中,分别添加两个列表元素,并指定表项元素的 dispaly 属性值为 inline-block,第 1 个列表的表项元素有间隙排列,第 2 个表项元素无间隙排列。

2. 实现代码

在 WebStorm 中新建一个 HTML 页面 16-2.html,加入代码如代码清单 16-2 所示。

代码清单 16-2　使用 inline-block 类型分列显示

```
<!DOCTYPE html>
<html>
<head lang="en">
    <meta charset="UTF-8">
    <title>使用 inline-block 类型分列显示</title>
    <style type="text/css">
        ul{
            list-style: none;
            padding: 0px;
            margin: 30px 0px;
        }
        ul li{
            width: 60px;
            height: 60px;
            border: solid 1px #666;
        }
        ul li:nth-child(2){
            height: 80px;
        }
        ul:nth-child(1) li{
            display: inline-block;
        }
        ul:nth-child(2){
```

```
                font - size: 0px;
            }
            ul:nth - child(2) li{
                display: inline - block;
            }
        </style>
</head>
<body>
    <ul>
        <li></li>
        <li></li>
        <li></li>
    </ul>
    <ul>
        <li></li>
        <li></li>
        <li></li>
    </ul>
</body>
</html>
```

3. 页面效果

该页面在 Chrome 浏览器中执行的页面效果如图 16-2 所示。

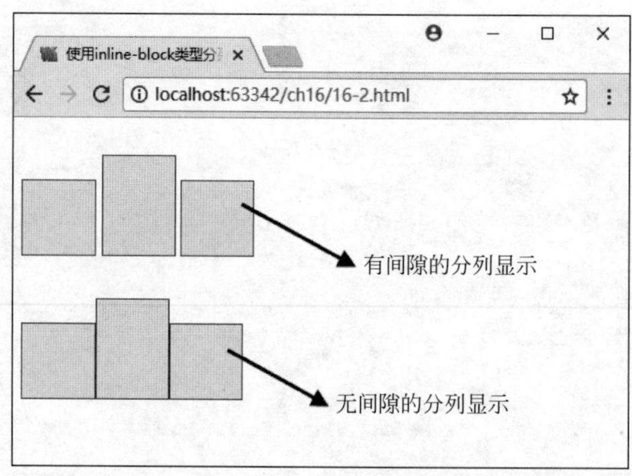

图 16-2　使用 inline-block 类型分列显示的效果

4. 源码分析

在上述实例代码清单的样式中，一旦将列表中的表项元素的 display 属性值设置为 inline-block，则原来的独占一行变为在一行中有序排列。在排列过程中，由于多次连续回车的操作，产生了“空白符”，使表项在分列过程中形成间隙，如图 16-2 上部分所示。

在属性值为 inline-block 的父级别元素 ul 中，将 font-size 属性值设置为 0，可以消除子类元素在排列时形成的间隙，效果如图 16-2 下部分所示。

在列表中，将表项元素的 float 属性值设置为 left，也可以实现块类元素在一行排列显示的效果，但如果表项元素的高度不统一时，将会出现排列混乱的现象，因此，表项的浮动排列更适合于有统一的宽度和高度，而 inline-block 属性值在显示时更加灵活。

16.2　盒子内容溢出显示

在实际开发中，由于排版的需要，会固定内容显示的宽度和高度，这样会导致元素中的内容从盒子中溢出的现象，为了解决这个问题，需要使用 CSS 中的 overflow 和相关的属性，根据不同溢出方向，调用不同的属性值。

16.2.1　overflow 属性

overflow 属性的功能是指定内容溢出盒子时显示的方式，如果属性值是 scroll，那么，将会在盒子中的内容框周边提供滚动条，用于显示溢出的内容，即使内容在盒子中能够完全显示，其他更多的属性值和功能说明如表 16-1 所示。

表 16-1　overflow 属性值的功能说明

属　性　值	功 能 说 明
visible	默认值，溢出的内容不会修剪，并显示在边框外
hidden	溢出的内容会修剪，只显示在边框内可见的内容
scroll	溢出的内容会修剪，但可以使用滚动条查看修剪的内容
auto	如果有溢出内容，则会被修剪，并使用滚动条查看修剪的内容

下面通过一个实例来说明 overflow 属性中各个值的使用效果。

实例 16-3　overflow 属性的使用

1. 功能描述

在新创建的页面中，添加一个列表元素，并增加多个有文字内容的子类表项，使用样式中的 overflow 属性，为每一个表项设置不同的属性值，查看它的显示效果。

2. 实现代码

在 WebStorm 中新建一个 HTML 页面 16-3. html，加入代码如代码清单 16-3 所示。

代码清单 16-3　overflow 属性的使用

```
<!DOCTYPE html >
< html >
< head lang = "en">
    < meta charset = "UTF - 8">
    < title > overflow 属性的使用</title >
    < style type = "text/css">
        ul{
            list - style - type: none;
            padding: 0px;
```

```
            margin: 0px;
        }
        ul li{
            width: 260px;
            height: 60px;
            padding: 8px;
            background-color: #eee;
            border: solid 1px #ccc;
            margin-bottom: 30px;
        }
        ul li:nth-child(2){
            overflow: hidden;
        }
        ul li:nth-child(3){
            overflow: scroll;
        }
        ul li:nth-child(4){
            overflow: auto;
        }
    </style>
</head>
<body>
    <ul>
        <li>今天的天气非常好,明天还是一个大晴天,后天可能会下雨.今天的天气非常好,明天
还是一个大晴天,后天可能会下雨.</li>
        <li>今天的天气非常好,明天还是一个大晴天,后天可能会下雨.今天的天气非常好,明天
还是一个大晴天,后天可能会下雨.</li>
        <li>今天的天气非常好,明天还是一个大晴天,后天可能会下雨.今天的天气非常好,明天
还是一个大晴天,后天可能会下雨.</li>
        <li>今天的天气非常好,明天还是一个大晴天,后天可能会下雨.今天的天气非常好,明天
还是一个大晴天,后天可能会下雨.</li>
    </ul>
</body>
</html>
```

3. 页面效果

该页面在 Chrome 浏览器中执行的页面效果如图 16-3 所示。

4. 源码分析

在上述实例代码清单的样式中,每一个表项元素都添加了不同的 overflow 属性值。当属性值为 auto 时,它会动态地根据盒子中内容溢出的方向出现相应的滚动条,如在水平方向溢出时,则出现水平方向的滚动条,在垂直方向溢出时,则出现垂直方向的滚动条。

当 overflow 属性值为 scroll 时,无论盒子中的内容是否有溢出现象,在内容框的周边都将会出现滚动条,仅仅是有溢出内容时,滚动条是可用的,否则是不可用的。

16.2.2 text-overflow 属性

与 overflow 属性不同,text-overflow 属性更多的是侧重于文本溢出盒子时替代显示的

图 16-3　overflow 属性的使用效果

方式，而在这些替代的方式中，没有滚动条，更多的属性值和功能说明如表 16-2 所示。

表 16-2　text-overflow 属性值的功能说明

属　性　值	功 能 说 明
clip	直接修剪文本，不显示溢出的内容
ellipsis	使用省略符号来替代被修剪的内容
string	使用给定的字符串来替代被修剪的内容

下面通过一个实例来说明 text-overflow 属性中各个值的使用效果。

实例 16-4　text-overflow 属性的使用

1. 功能描述

在新创建的页面中，添加一个列表元素，再添加多个包含文本内容的表项元素，分别为每个表项元素使用不同的 text-overflow 属性值，查看它们的显示效果。

2. 实现代码

在 WebStorm 中新建一个 HTML 页面 16-4. html，加入代码如代码清单 16-4 所示。

代码清单 16-4　text-overflow 属性的使用

```
<! DOCTYPE html >
< html >
```

```
<head lang="en">
    <meta charset="UTF-8">
    <title>text-overflow属性的使用</title>
    <style type="text/css">
        ul{
            list-style-type: none;
            padding: 0px;
            margin: 0px;
        }
        ul li{
            width: 260px;
            padding: 8px;
            background-color: #eee;
            border: solid 1px #ccc;
            margin-bottom: 20px;
            white-space:nowrap;
            overflow: hidden;
        }
        ul li:nth-child(2){
            text-overflow:ellipsis;
        }
    </style>
</head>
<body>
    <ul>
        <li>今天的天气非常好,明天还是一个大晴天,后天可能会下雨.</li>
        <li>今天的天气非常好,明天还是一个大晴天,后天可能会下雨.</li>
    </ul>
</body>
</html>
```

3. 页面效果

该页面在 Chrome 浏览器中执行的页面效果如图 16-4 所示。

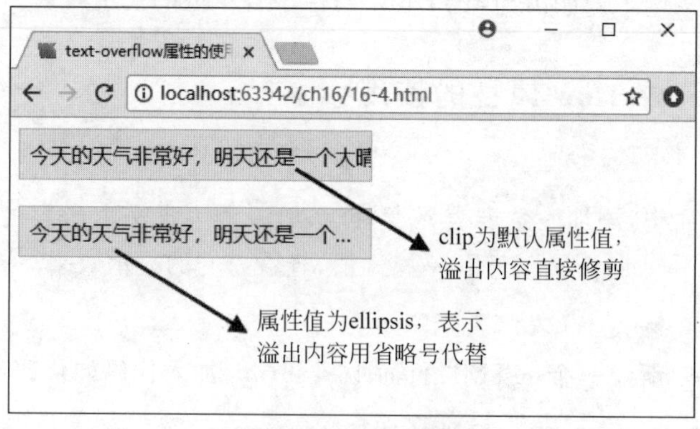

图 16-4　使用 text-overflow 属性显示的效果

4. 源码分析

在上述实例代码清单的样式中,要使 text-overflow 属性在添加的元素中生效,必须先将元素的 white-space 属性值设置为 nowrap,表示文本内容通行显示,不需要换行;再将元素的 overflow 属性值设置为 hidden，表示溢出的文本内容直接修剪。

在完成这两个前置的样式后，第 1 个表项的 text-overflow 属性值为默认值 clip，表示溢出的文本直接修剪，不显示它的内容；第 2 个表项的 text-overflow 属性值为默认值 ellipsis，表示溢出的文本使用省略号进行代替，与未修剪的内容一起显示在文本框中。

text-overflow 属性还有一个 string 属性值，表示使用自定义的一些字符内容来代替溢出的文本内容，如"---"，即溢出的内容使用"---"来代替，但由于该属性值不被大部分的浏览器支持，因此，这个属性值并没有真正被使用起来。

16.3 盒的阴影

与文字阴影不同，盒的阴影主要是针对元素的阴影，它的阴影目标是单个元素，既可以是父元素，也可以是子类元素，通过向元素添加不同组合的阴影属性值，可以为元素实现一些特殊的页面显示效果，如元素倒影、图片投影等。

16.3.1 box-shadow 属性

box-shadow 属性的功能是为盒子添加阴影，该属性对应多个值，各值间使用空格隔开，如果是两个数值时，它们将被浏览器解析为阴影在 X 轴和 Y 轴上的偏移量；如果是三个值时，前两个值不变，第三个值解析为模糊距离，如果是四个值时，第四个值则为阴影的半径。

更多的属性值和功能说明如表 16-3 所示。

表 16-3　box-shadow 属性值的功能说明

属　性　值	功 能 说 明
h-shadow	必填项，表示阴影在 X 轴方向的偏移量
v-shadow	必填项，表示阴影在 Y 轴方向的偏移量
blur	可选项，表示阴影的模糊距离
spread	可选项，表示阴影的半径距离
color	可选项，表示阴影的颜色值
inset	可选项，默认不使用 inset，表示内部阴影向外扩散，使用后，外部阴影向内扩散

下面通过一个实例来说明 box-shadow 属性中各个值的使用效果。

实例 16-5　box-shadow 属性的使用

1. 功能描述

在新建的页面中，使用 box-shadow 属性，实现一张带旋转角度、有阴影效果的图片。

2. 实现代码

在 WebStorm 中新建一个 HTML 页面 16-5.html，加入代码如代码清单 16-5 所示。

代码清单 16-5 box-shadow 属性的使用

```
<!DOCTYPE html>
<html>
<head lang="en">
    <meta charset="UTF-8">
    <title>box-shadow属性的使用</title>
    <style type="text/css">
        figure{
            margin: 0px;
            padding: 0px;
        }
        #box{
            margin: 45px;
            padding: 8px;
            border: 1px solid #ccc;
            width: 252px;
            transform:rotate(-20deg);
            box-shadow: 5px 5px 5px #666;
        }
    </style>
</head>
<body>
    <div id="box">
        <figure>
            <img src="images/img1.jpg" alt=""/>
        </figure>
        <figcaption>
            自家房屋后的小花园
        </figcaption>
    </div>
</body>
</html>
```

3. 页面效果

该页面在 Chrome 浏览器中执行的页面效果如图 16-5 所示。

4. 源码分析

在上述实例代码清单的样式中,先使用 transform 属性完成图片旋转,为了增强旋转后的图片立体感,如果以左上角为光源中心,那么图片的右侧和下面就有阴影,因此,再使用 box-shadow 属性向元素右侧和下面偏移 5 像素,添加模糊距离为 5 像素的阴影。

通常情况下,如果一个元素阴影的偏移距离值不大,它的模糊距离值也不建议设置太大,只有当距离值增大后,它的模糊距离才会变大,至于阴影的半径值,并不经常使用,因为在默认情况下,阴影的半径值为 0,与元素的大小一样,无须设置。

16.3.2 盒内子元素的阴影

box-shadow 属性不仅可以给单个元素添加阴影,而且可以给元素内的子类元素添加阴

图 16-5　box-shadow 属性的使用效果

影，无论子元素是块类元素，还是内联元素，甚至是某一行或某一个开头的字符元素，都可以添加阴影属性，实现一些特殊的页面显示效果。

实例 16-6　添加盒内子元素的阴影

1. 功能描述

在新创建的页面中，添加一个列表元素，并在列表元素中添加多个表项元素，同时，调用 box-shadow 属性，使全部表项元素显示阴影效果。

2. 实现代码

在 WebStorm 中新建一个 HTML 页面 16-6.html，加入代码如代码清单 16-6 所示。

代码清单 16-6　添加盒内子元素的阴影

```
<!DOCTYPE html>
<html>
<head lang="en">
    <meta charset="UTF-8">
    <title>添加盒内子元素的阴影</title>
    <style type="text/css">
        ul{
            padding: 10px;
            margin: 0px;
            list-style-type: none;
            width: 316px;
            float: left;
            border: solid 1px #ccc;
        }
        ul li{
```

```
                text-align: center;
                float: left;
                width: 60px;
                height: 60px;
                line-height: 60px;
                margin: 7px 10px 10px 7px;
                border: solid 1px #ccc;
                box-shadow: 5px 5px 5px #ccc;
            }
        </style>
    </head>
    <body>
        <ul>
            <li>A</li>
            <li>B</li>
            <li>C</li>
            <li>D</li>
            <li>E</li>
            <li>F</li>
            <li>G</li>
            <li>H</li>
        </ul>
    </body>
</html>
```

3. 页面效果

该页面在 Chrome 浏览器中执行的页面效果如图 16-6 所示。

图 16-6 添加盒内子元素的阴影效果

4. 源码分析

在上述实例代码清单的样式中，先定义列表的样式，再获取列表中全部的子类元素，并添加阴影属性，根据光源的位置，调节阴影的偏移方位，根据偏移方位的距离值，设置阴影的模糊距离，使列表中的表项元素在添加阴影属性后，具有控制面板的立体效果。

16.4　盒模型的种类

在实际的开发过程中，有时需要计算一个盒子的宽度和高度，但由于盒子模型的种类不同，计算结果也会有差别。一般而言，盒子的尺寸由它的内容决定，如果除了内容外，还有边框和内边距时，盒子的大小则还要添加它们的距离，这就是默认的CSS盒模型。

这种默认的盒模型在开发响应式页面时非常麻烦，因为在调用一个元素的宽度和高度时，要时刻注意它的边框和内边距的值。为了解决这个问题，在CSS3中新增加了一个名称为box-sizing的属性，它可以动态地指定盒模型的种类，接下来进行详细说明。

16.4.1　box-sizing属性的使用方法

在box-sizing的属性中，默认的CSS盒模型被定义为属性值content-box，另一种盒模型的类型为属性值border-box，这种类型规定盒子的尺寸包含边框和内边距的值，因此，在设置盒子宽度和高度时，无须考虑盒子边框和内边距的距离。

实例16-7　box-sizing属性的使用方法

1. 功能描述

新创建一个HTML页面，先添加一个div元素，再添加两个包含的子类div元素，并向它们添加box-sizing属性，分别设置不同的属性值，显示不同的盒模型效果。

2. 实现代码

在WebStorm中新建一个HTML页面16-7.html，加入代码如代码清单16-7所示。

代码清单16-7　box-sizing属性的使用方法

```
<!DOCTYPE html>
<html>
<head lang="en">
    <meta charset="UTF-8">
    <title>box-sizing属性的使用方法</title>
    <style type="text/css">
        .parent{
            border: solid 10px #ccc;
            width: 200px;
            height: 200px;
        }
        .content-box{
            margin: 20px 0px;
            width: 100%;
            padding: 10px;
            border: solid 10px #666;
        }
```

```
        .border - box{
            margin: 20px 0px;
            width: 100 % ;
            padding: 10px;
            border: solid 10px #666;
            box - sizing: border - box;
        }
    </style>
</head>
<body>
    <div class = "parent">
        <div class = "content - box">子元素</div>
        <div class = "border - box">子元素</div>
    </div>
</body>
</html>
```

3. 页面效果

该页面在 Chrome 浏览器中执行的页面效果如图 16-7 所示。

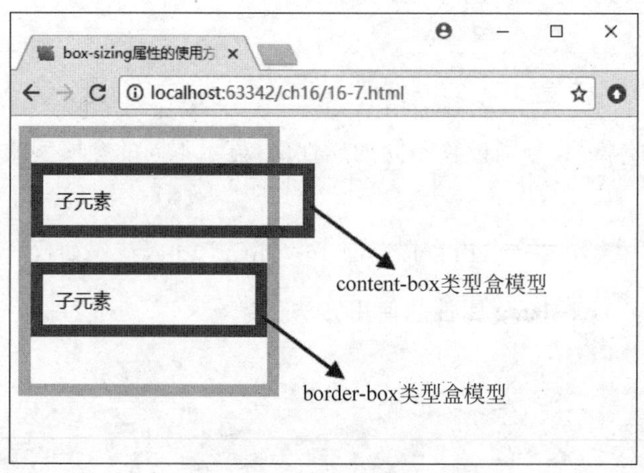

图 16-7 box-sizing 属性的使用方法

4. 源码分析

在上述实例代码清单的样式中，由于第一个子元素没有添加 box-sizing 属性，因此，它是默认类型值 content-box，这种类型的盒子宽度由内容决定，当新增边框和内边距时，它将会增加盒子的宽度，因此，它的宽度将超出父元素。

与 content-box 类型不同，border-box 类型值定义的盒宽度是由内容和内边距及边框组成的，因此，即使新增了边框和内边距，也不会增加盒子的宽度，内边距填充和边框都在整个盒子之内，因此，子元素的宽度不会超出父元素。

16.4.2 box-sizing 属性的应用

当 box-sizing 属性值为 border-box 时，定义或获取盒子的宽度将会更加容易，也不必担心各个盒子的宽度和边框及内边距的变化，基于这一点的便利性，可以将 box-sizing 属性应用到框架页面中，通过指定 border-box 属性值，确保各个框架元素结构不混乱。

实例 16-8　使用 box-sizing 属性值的简单布局

1. 功能描述

在新建的页面中，使用 box-sizing 属性中的 border-box 值，构建一个框架页面，页面结构分别由上、中、下三部分组成，其中，中间部分又分为左右结构。

2. 实现代码

在 WebStorm 中新建一个 HTML 页面 16-8. html，加入代码如代码清单 16-8 所示。

代码清单 16-8　box-sizing 属性的应用

```
<!DOCTYPE html>
<html>
<head lang="en">
    <meta charset="UTF-8">
    <title>box-sizing 属性的应用</title>
    <style type="text/css">
        .page{
            border: solid 3px #555;
            width: 500px;
            height: 300px;
        }
        .top,.bottom{
            width: 100%;
            height: 15%;
            box-sizing: border-box;
            border: solid 3px #ccc;
        }
        .body{
            width: 100%;
            height: 70%;
            border: solid 3px #ccc;
            box-sizing: border-box;
        }
        .menu{
            float: left;
            width: 15%;
            height: 100%;
            border: solid 3px #666;
            box-sizing: border-box;
        }
        .content{
            float: left;
            width: 85%;
            height: 100%;
            border: solid 3px #666;
            box-sizing: border-box;
        }
    </style>
```

```
</head>
<body>
    <div class="page">
        <div class="top">顶部</div>
        <div class="body">
            <div class="menu">菜单</div>
            <div class="content">内容</div>
        </div>
        <div class="bottom">底部</div>
    </div>
</body>
</html>
```

3. 页面效果

该页面在 Chrome 浏览器中执行的页面效果如图 16-8 所示。

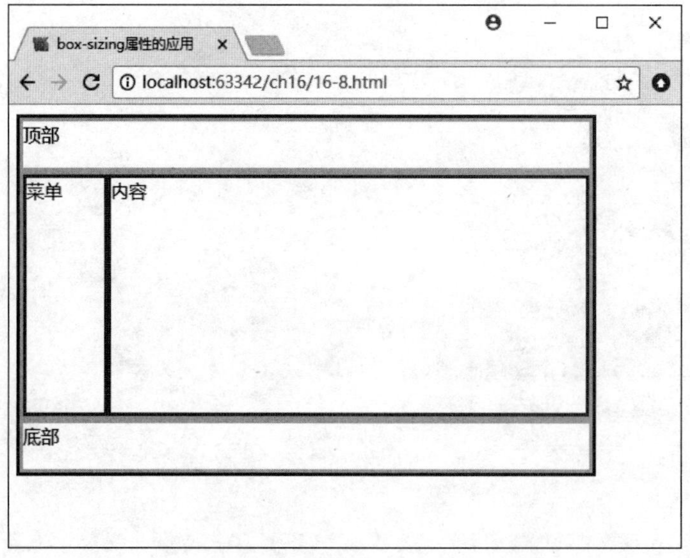

图 16-8　box-sizing 属性的应用效果

4. 源码分析

在上述实例代码清单的样式中，由于中间元素包含“菜单”和“内容”两个部分，因此，将它的 box-sizing 属性值设置为 border-box，以确保这部分的宽度一直被包裹在最外层的元素中。同时，再将中间部分包含的两个元素的 box-sizing 属性值设置为 border-box，以保证这两个子类元素的宽度不会超出它的外层父元素。

小结

在本章中，先从基础的盒子类型讲起，然后再通过一个个完整的实例，演示盒子内容溢出时显示的处理方法，最后使用实例的方式，分别介绍了盒子阴影和模型的种类知识。

第17章

背景和边框样式

视频讲解

本章学习目标

- 理解并掌握背景相关样式的原理和用法。
- 掌握圆角边框的使用方法。
- 了解和掌握图片边框的原理和用法。

17.1 背景相关的属性

在CSS3中，新增许多与背景相关的样式属性，如background-clip属性用于设置背景绘制时的区域，background-origin属性设置背景图片的相对位置，background-size属性可以设置背景图片在元素中显示的尺寸大小，接下来分别进行详细说明。

17.1.1 background-clip属性

在CSS3中，使用background-clip属性可以设置背景的绘制或剪切区域。该属性提供了三个可以设置的值，分别实现不同区域的剪切效果，它的默认值为border-box，表示可以将剪切区域扩展到元素的边框外沿，其他属性值的功能如表17-1所示。

表17-1 background-clip属性值的功能说明

属性值	功能说明
border-box	默认值，背景被剪切到边框的外沿处
padding-box	背景被剪切到内边距的外沿处
content-box	背景被剪切到内容的外沿处

下面通过一个简单的实例来演示各个属性值显示的页面效果。

实例 17-1　background-clip 属性值

1. 功能描述

在新创建的页面中添加三个 div 元素，并分别给它们添加不同的 background-clip 值，查看它们在页面中显示的背景剪切效果。

2. 实现代码

在 WebStorm 中新建一个 HTML 页面 17-1. html，加入代码如代码清单 17-1 所示。

代码清单 17-1　background-clip 属性的使用

```
<!DOCTYPE html>
<html>
<head lang="en">
    <meta charset="UTF-8">
    <title>background-clip 属性的使用</title>
    <style type="text/css">
        div {
            width: 200px;
            font-size: 30px;
            background-color: #888;
            border: dashed 8px #666;
            text-align: center;
            padding: 8px;
            margin: 20px 0px;
        }
        .border-box {
            background-clip: border-box;
        }
        .padding-box {
            background-clip: padding-box;
        }
        .content-box {
            background-clip: content-box;
        }
    </style>
</head>
<body>
    <div class="border-box">内容 1</div>
    <div class="padding-box">内容 2</div>
    <div class="content-box">内容 3</div>
</body>
</html>
```

3. 页面效果

该页面在 Chrome 浏览器中执行的页面效果如图 17-1 所示。

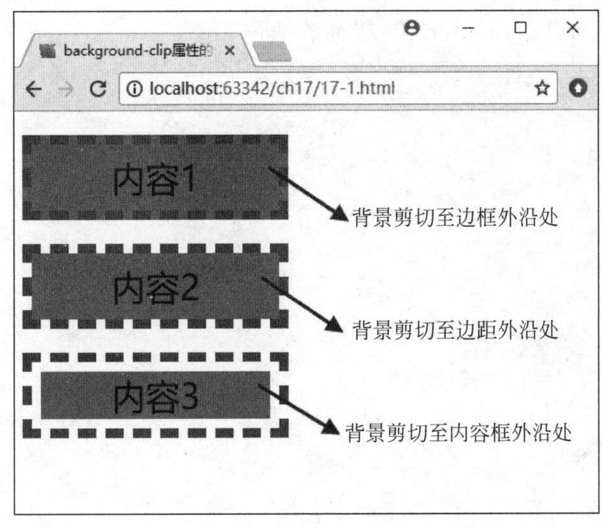

图 17-1 不同 background-clip 属性值的效果

4. 源码分析

在上述代码清单的样式表中，每一个 div 元素都添加了相同的背景色，但是由于 background-clip 属性值不同，导致背景在显示时的区域也不一样，如果没有设置背景色，那么该属性剪切的效果只有在边框透明时才能有效，否则会被边框覆盖。

17.1.2 background-origin 属性

与 background-clip 属性不同，background-origin 属性针对的是背景图片，它可以设置背景图片在元素背景中定位的原点位置，默认值为 padding-box，表示背景图片将相对于元素的内边距框来定位原点位置，其他属性值的功能如表 17-2 所示。

表 17-2 background-origin 属性值的功能说明

属 性 值	功 能 说 明
padding-box	默认值，表示背景图片相对于元素的内边距定位
border-box	表示背景图片相对于元素的边框定位
content-box	表示背景图片相对于元素的内容外沿定位

下面通过一个简单的实例来演示各个属性值显示的页面效果。

实例 17-2 background-origin 属性

1. 功能描述

在新创建的页面中添加三个 div 元素，并分别给它们添加不同的 background-origin 值，查看它们在页面中显示的背景图片位置。

2. 实现代码

在 WebStorm 中新建一个 HTML 页面 17-2.html，加入代码如代码清单 17-2 所示。

代码清单 17-2 background-origin 属性的使用

```
<!DOCTYPE html>
<html>
<head lang="en">
    <meta charset="UTF-8">
    <title>background-origin属性的使用</title>
    <style type="text/css">
        div{
            width: 200px;
            font-size: 30px;
            border: solid 15px #666;
            text-align: center;
            padding: 8px;
            margin: 20px 0px;
            background:url('images/car.png') no-repeat left;
        }
        .border-box{
            background-origin: border-box;
        }
        .padding-box{
            background-origin: padding-box;
        }
        .content-box{
            background-origin: content-box;
        }
    </style>
</head>
<body>
    <div class="border-box">内容 1 </div>
    <div class="padding-box">内容 2 </div>
    <div class="content-box">内容 3 </div>
</body>
</html>
```

3. 页面效果

该页面在 Chrome 浏览器中执行的页面效果如图 17-2 所示。

4. 源码分析

在上述代码清单的样式表中,先使用 background 属性为每一个 div 元素都添加了背景图片,并且将图片的位置设置为 left,即在文字内容的左侧,但这个左侧相对于哪个区域而言,则可以由 background-origin 属性来决定。从页面效果来看,background-origin 属性值不同,那么,它的相对区域则不一样,图片在左侧中显示的位置也是不同的。

需要说明的是:当使用 background-attachment 属性值为 fixed 时,该属性无效。

17.1.3 background-size 属性

在 CSS3 中,不仅可以使用 background-origin 属性设置背景图片的相对位置,而且可以

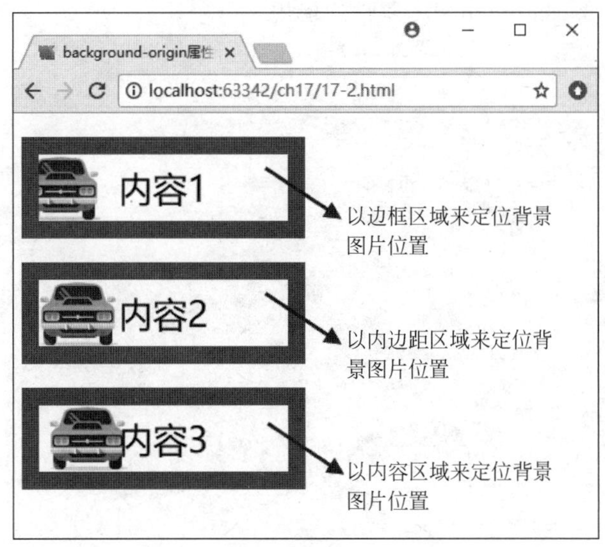

图 17-2　不同 background-origin 属性值的效果

调用 background-size 属性设置图片显示的尺寸大小，该属性的值，既可以是原图片的尺寸，也可以是拉伸后的新尺寸，还可以是按原尺寸比例缩放后的新值。

background-size 属性值的功能如表 17-3 所示。

表 17-3　background-size 属性值的功能说明

属　性　值	功 能 说 明
length	设置背景图片显示时的宽度和高度，第一个值为宽度，第二个值为高度，如果只设置第一个值，那么第二个值将为 auto，不能为负值
percentage	以父元素的百分比来设置背景图片显示时的宽度和高度，第一个值为宽度，第二个值为高度，如果只设置第一个值，那么第二个值将为 auto，不能为负值
cover	保持图片的宽高比例，尽可能大地扩展图片，以使背景图片完全覆盖背景区域
contain	保持图片的宽高比例，使背景图片完全装载至背景区域中，但如果背景区域的面积大于图片，那么背景图片不会扩展，而是使用背景区域留白

下面通过一个简单的实例来演示各个属性值显示的页面效果。

实例 17-3　background-size 属性的使用

1. 功能描述

在新创建的页面中，先添加三个 div 元素，并向这些元素添加相同的背景图片，然后使用 background-size 属性控制每一个 div 元素的背景图片显示位置。

2. 实现代码

在 WebStorm 中新建一个 HTML 页面 17-3. html，加入代码如代码清单 17-3 所示。

代码清单 17-3 background-size 属性的使用

```
<!DOCTYPE html>
<html>
<head lang="en">
    <meta charset="UTF-8">
    <title>background-size 属性的使用</title>
    <style type="text/css">
        div{
            width: 180px;
            height: 270px;
            font-size: 30px;
            border: dashed 8px #666;
            margin-right:20px;
            float: left;
            background:url('images/img1.jpg') no-repeat;
        }
        .contain{
            background-size: contain;
        }
        .cover{
            background-size: cover;
        }
    </style>
</head>
<body>
    <div></div>
    <div class="contain"></div>
    <div class="cover"></div>
</body>
</html>
```

3. 页面效果

该页面在 Chrome 浏览器中执行的页面效果如图 17-3 所示。

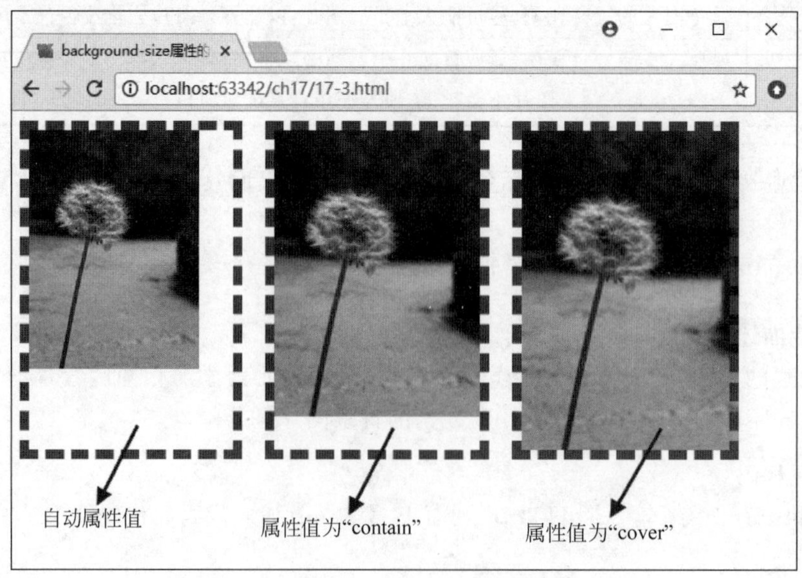

图 17-3 background-size 属性的使用效果

4. 源码分析

在上述代码清单的样式表中，虽然三个 div 元素都设置了相同的背景图片，但是由于它们的 background-size 属性值不同，使得背景图片显示出不同的页面效果，默认值为 auto 表示自动，背景图片在填充时，不进行拉伸，也不去缩放，效果如图 17-3 中第 1 张图片所示。

属性值为 contain 和 cover 时，背景图片在填充时都进行了与原图片等比例的拉伸，但属性值为 contain 时，背景图片在拉伸过程中，无论宽度或高度有一端完全填入，则停止拉伸，另一端以等比的方式显示，效果如图 17-3 中第 2 张图片所示。

与属性值为 contain 不同，当 background-size 属性值为 cover 时，不仅要进行拉伸，还要进行等比缩放，以确保背景图片可以完全地填充到背景区域中。因此，使用这种属性值时，绘制的背景图片会有放大的效果，如图 17-3 中第 3 张图片所示。

17.2 圆角边框的绘制

在 CSS3 中，不仅可以给元素添加边框，还可以通过设置每个角度中边框显示的半径，实现圆角边框的效果。此外，不同类型的边框，显示的页面效果也不相同，通过实现不同类型的圆角边框，可以丰富元素显示的页面效果，减少图片的调用。

17.2.1 border-radius 属性

在 CSS3 中，想要绘制一个圆角边框，只需要使用 border-radius 属性指定圆角的半径就可以了。四个半径值的顺序是：左上角，右上角，右下角，左下角。如果省略左下角，则与右上角相同；如果省略右下角，则与左上角相同；如果只有一个值，则四个角相同。

一个元素在添加圆角边框后的前后变化如图 17-4 所示。

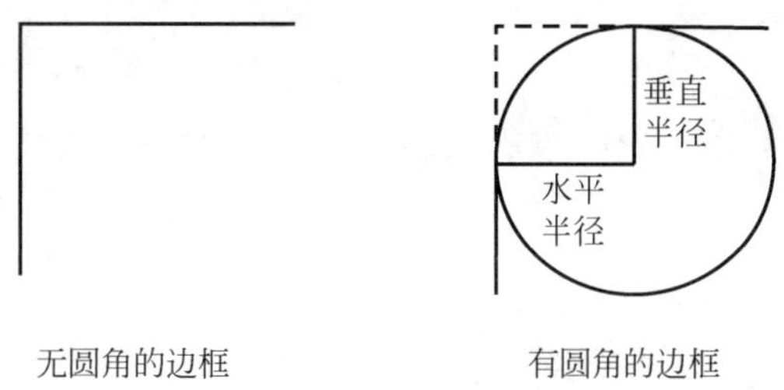

图 17-4　添加圆角边框后的前后变化

如图 17-4 所示，如果 border-radius 属性的值为“6px”，则表示每一个角的“垂直”和“水平”的半径都是“6px”，此时的圆角半径值就是“6px”。

实例 17-4　border-radius 属性

1. 功能描述

先创建一个 HTML 页面，添加一个列表元素，并在该元素中增加 4 个子类表项，在表项元素中，使用不同的 border-radius 属性值组合，绘制不同的图形效果。

2. 实现代码

在 WebStorm 中新建一个 HTML 页面 17-4.html,加入代码如代码清单 17-4 所示。

代码清单 17-4　border-radius 属性的使用

```
<!DOCTYPE html>
<html>
<head lang="en">
    <meta charset="UTF-8">
    <title>border-radius 属性的使用</title>
    <style type="text/css">
        ul{
            list-style-type: none;
            padding: 0px;
            margin:0px;
        }
        ul li{
            width: 80px;
            height: 80px;
            border: solid 3px #666;
            background-color: #eee;
            margin: 5px 10px;
        }
        ul li:nth-child(1){
            border-radius: 5px;
        }
        ul li:nth-child(2){
            width: 160px;
            border-radius: 80px/40px;
        }
        ul li:nth-child(3){
            width: 160px;
            border-radius: 40px;
        }
        ul li:nth-child(4){
            border-radius: 25px 25px 0px 25px;
        }
    </style>
</head>
<body>
    <ul>
        <li></li>
        <li></li>
        <li></li>
        <li></li>
    </ul>
</body>
</html>
```

3. 页面效果

该页面在 Chrome 浏览器中执行的页面效果如图 17-5 所示。

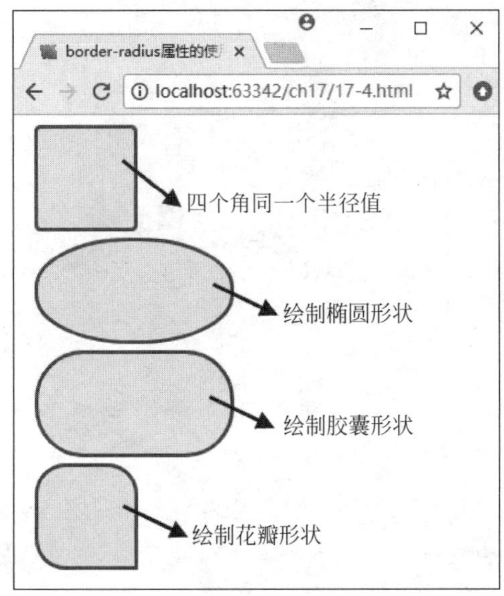

图 17-5　使用 border-radius 属性显示的效果

4. 源码分析

在上述代码清单的样式表中，第一个表项元素的圆角边框值是 5px，表示 4 个角的圆角半径都为 5px；第二个表项元素的圆角边框值是 80px/40px，表示圆角的水平和垂直半径分别为 80px 和 40px，其中，“/”符表示水平和垂直的分界符；第三个表项元素的圆角边框值是 40px，但由于它的宽度和高度不相等，因此绘制出“胶囊”形状；第四个表项元素的圆角边框值是 25px 25px 0px 25px，根据从左上角开始，顺时针旋转的对应关系，依次将设置每个角的半径值，最终呈现“花瓣”的效果。

17.2.2　圆角边框的种类

圆角边框针对的是四个角的边框使用半径后呈现不同的圆角效果，不仅如此，还可以改变边框呈现的种类，即圆角边框显示的线条类型，该属性由定义边框时的 border-style 属性值决定，常见的有：solid 值表示实线，dashed 值表示虚线，dotted 值表示点线。

下面通过一个实例来演示虚线圆角边框实现的各种页面效果。

实例 17-5　圆角边框的种类

1. 功能描述

先创建一个 HTML 页面，添加一个包含 4 个表项元素的列表，并给每个表项元素添加不同的 border-radius 属性值，以虚线圆角的方式显示不同的图形效果。

2. 实现代码

在 WebStorm 中新建一个 HTML 页面 17-5.html，加入代码如代码清单 17-5 所示。

代码清单 17-5　圆角边框的种类

```
<!DOCTYPE html>
<html>
<head lang="en">
    <meta charset="UTF-8">
    <title>圆角边框的种类</title>
    <style type="text/css">
        ul{
            list-style-type: none;
            padding: 0px;
            margin:0px;
        }
        ul li{
            width: 80px;
            height: 80px;
            border: dashed 3px #666;
            background-color: #eee;
            margin: 5px 10px;
        }
        ul li:nth-child(1){
            border-radius: 50%;
        }
        ul li:nth-child(2){
            width: 40px;
            border-radius: 40px 0px 0px 40px;
        }
        ul li:nth-child(3){
            width: 40px;
            height: 40px;
            border-radius: 0px 0px 0px 40px;
        }
        ul li:nth-child(4){
            width: 80px;
            height: 120px;
            border-radius: 40px 40px 40px 40px/
                           80px 80px 40px 40px;
        }
    </style>
</head>
<body>
    <ul>
        <li></li>
        <li></li>
        <li></li>
        <li></li>
    </ul>
</body>
</html>
```

3. 页面效果

该页面在 Chrome 浏览器中执行的页面效果如图 17-6 所示。

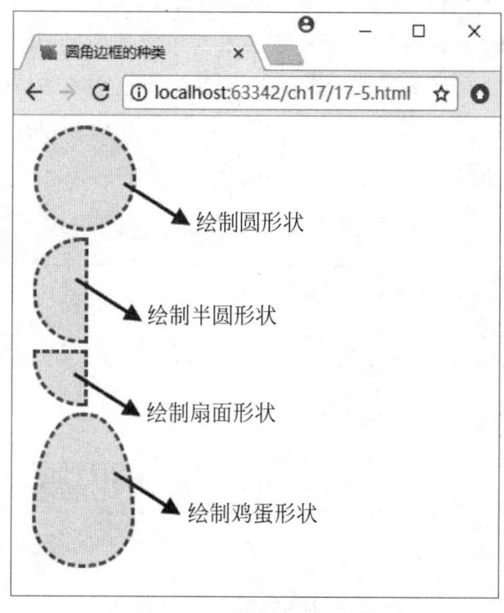

图 17-6 圆角边框的种类

4. 源码分析

在上述代码清单的样式表中,第一个表项元素的圆角边框值是 50%,使用百分数定义圆形半径,水平半轴相对于元素的宽度,垂直半轴相对于元素的高度,一个百分比值,既表示相对的宽度,又表示相对的高度,两个百分比值,分别表示相对的宽度和高度。

第四个表项元素的圆角边框值是 40px 40px 40px 40px/80px 80px 40px 40px,虽然在简写属性中有点儿长,但它同样遵循圆角边框的规则,通过"/"分隔符,将属性值分隔成水平和垂直两个部分,该值在执行过程中等价于下列代码。

```
border-top-left-radius:     40px 80px;
border-top-right-radius:    40px 80px;
border-bottom-right-radius: 40px 40px;
border-bottom-left-radius:  40px 40px;
```

17.3 使用图片边框

在 CSS3 中新增了 border-image 属性,允许在元素的边框上绘制图片或 CSS 渐变形状,这使得构建复杂外观的组件变得更加简单,一旦在元素中使用了 border-image 属性,那么,该元素已有的 border-style 属性将会被替代。

17.3.1 常用属性

border-image 是一个简写属性名称,在分解的属性名中,有三个常用属性,一个是

border-image-source，另外两个是 border-image-slice 和 border-image-repeat 属性。第一个属性，用于指定边框图片的目标地址，值可以是 URL 路径或者 CSS 渐变形状。

第二个属性的值，没有单位，默认单位是像素，它有 1～4 个参数，分别表示背景图片距离上面、右面、下面，左面的偏移距离，如果缺少一个值，则取对边的值。一个值时，表示四个方位的偏移距离都为该值，对边框图片按 4 个偏移距离进行剪切后，形成九宫格图形。

九宫格图形在填充边框时，默认原则是：固定四个方位顶端的方格，拉伸四周包含的方格，舍弃中间的居中方格，完整的填充过程如图 17-7 所示。

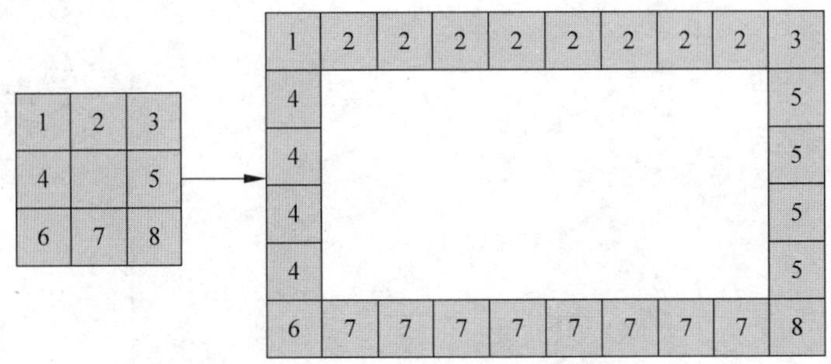

图 17-7　九宫格填充边框的过程

在图 17-7 中，编号为 1、3、8 和 6 的方格将被固定在边框四个方位的顶端，编号为 2、5、7 和 4 的方格将被拉伸，分别填充上、右、下和左的空余边框区域，居中的无编号方格将不被使用，直接舍弃，因此，变化区域集中在被拉伸的方格中。

第三个属性的值，用于指定变化区域中的方格显示的方式，默认是被拉伸，即 stretch，无论是水平还是垂直方位，都是对填充的方格拉伸；除了 stretch 值外，还有平铺(round)和重复(repeat)两个值，它们的相同之处在于，不会拉伸方格，整齐摆放在边框中。

平铺和重复的不同之处在于，平铺摆放方格时，会把每一个方块都等比例缩小，使其正好放置在中间部位，不会产生重叠，而重复摆放方格时，则不会考虑这一点，因此，重复方式填充的区域会有重叠的空格。

下面通过一个实例来演示剪切后的九宫格图形填充过程。

实例 17-6　border-image 常用属性的使用

1. 功能描述

在创建的页面中，添加一个包含三个表项的列表元素，分别向这三个表项添加相同的边框背景，并使用不同的 border-image-repeat 属性值，查看页面显示效果。

2. 实现代码

在 WebStorm 中新建一个 HTML 页面 17-6.html，加入代码如代码清单 17-6 所示。

代码清单 17-6　border-image 常用属性的使用

```
<! DOCTYPE html >
< html >
< head lang = "en">
    < meta charset = "UTF - 8">
```

```
    <title>border-image 常用属性的使用</title>
    <style type="text/css">
        ul{
            list-style-type: none;
            padding: 0px;
            margin: 0px;
        }
        ul li {
            width: 80px;
            height: 70px;
            border: solid 30px #666;
            border-image-source: url("images/border.png");
            border-image-slice: 30;
            margin: 10px 20px;
            float: left;
        }
        ul li:nth-child(2){
            border-image-repeat: round;
        }
        ul li:nth-child(3) {
            border-image-repeat: repeat
        }
    </style>
</head>
<body>
    <ul>
        <li></li>
        <li></li>
        <li></li>
    </ul>
</body>
</html>
```

3. 页面效果

该页面在 Chrome 浏览器中执行的页面效果如图 17-8 所示。

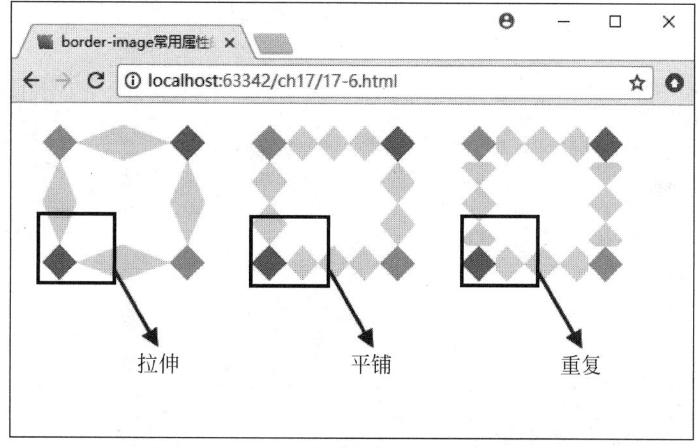

图 17-8　border-image 常用属性值的使用效果

4. 源码分析

在上述代码清单的样式表中，由于背景图片的最小格的宽度和高度都是30px，因此，将border-image-slice属性值设置为30，以该值为剪切偏移量，切割成九宫格图片。

默认剪切后的图片以拉伸方式填充边框，因此，第一个表项元素填充后，除顶点方格外，填充区域均为拉伸效果；第二个表项元素以平铺方式填充，因此，它的填充方格会自动缩小，正好放置在方位区域中；第三个表项元素以重复方式填充，出现方格重叠现象。

17.3.2 扩展属性

在简写的border-image属性中，除了三个常用的属性外，还有两个扩展的属性，一个是border-image-width属性，另一个是border-image-outset属性。第一个属性的值，用于定义元素边框四个方位(上右下左)的宽度。如果缺少一个值，则取对边的值，它的取值可以是百分比，也可以是不带单位的正数，还可以是auto值。第二个属性是指填充背景图片的边框区域从边框盒子向外扩展的距离，初始值为0，表示不扩展，该属性最多接受4个为正数的长度值或无单位的数字。

下面通过一个实例来演示这两个扩展属性实现的页面效果。

实例17-7 border-image扩展属性的使用

1. 功能描述

新建一个页面，添加一个包含三个子类表项的列表元素，并将全部的表项元素以平铺方式添加边框背景图片。此外，分别向第二个和第三个表项元素添加border-image-width和border-image-outset属性，查看添加属性后的元素显示效果。

2. 实现代码

在WebStorm中新建一个HTML页面17-7.html，加入代码如代码清单17-7所示。

代码清单17-7 border-image扩展属性的使用

```
<!DOCTYPE html>
<html>
<head lang="en">
    <meta charset="UTF-8">
    <title>border-image扩展属性的使用</title>
    <style type="text/css">
        ul{
            list-style-type: none;
            padding: 0px;
            margin: 0px;
        }
        ul li {
            width: 80px;
            height: 30px;
            border: solid 30px #666;
```

```
            border - image - source: url("images/border.png");
            border - image - slice: 30;
            border - image - repeat: round;
            margin: 30px 20px 10px 20px;
            float: left;
        }
        ul li:nth - child(2){
            border - image - width: 15px;
        }
        ul li:nth - child(3) {
            border - image - outset: 25px;
        }
    </style>
</head>
<body>
    <ul>
        <li></li>
        <li></li>
        <li></li>
    </ul>
</body>
</html>
```

3. 页面效果

该页面在 Chrome 浏览器中执行的页面效果如图 17-9 所示。

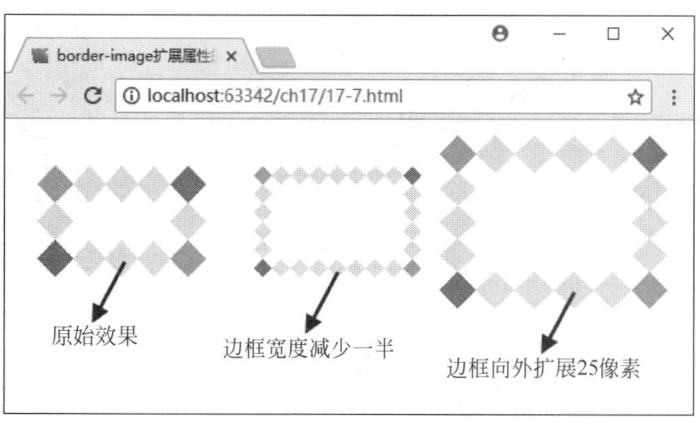

图 17-9　border-image 扩展属性的使用效果

4. 源码分析

在上述代码清单的样式表中，每个列表中的表项元素都以平铺的方式添加了边框图片，第一个表项为正常显示边框图片填充后的效果；第二个表项添加了 border-image-width 属性，并将它的属性值设置为 15px，由于背景图片剪切后，每个方格的宽度是 30px，因此，边框宽度先以等比的方式缩小到 15px 后，然后再将边框图片平铺显示；第三个表项元素添加了 border-image-outset 属性，并将它的值设置为 25px，这个属性值将使边框图片按指定区域平铺填充后，整体向外扩展 25px 的距离，这种扩展的距离值只能是正数，不能为负数，即不能向内扩展,最小值为 0,表示不扩展,与原始效果相同。

小结

在本章中,首先通过知识点结合实例的方式,详细介绍了背景和背景图片在 CSS3 中的用法和实践,然后介绍圆角边框的基础概念和实现方式,最后通过实例的方式,阐述了图片边框的常用属性和扩展属性的定义和使用。

第18章

CSS3中的变形处理

视频讲解

本章学习目标

- 理解和掌握 transform 属性中各变形函数的使用方法。
- 掌握复合变形的原理和实现方法。
- 了解 transform-origin 属性的使用方法。

18.1 transform 属性

使用 transform 属性可以实现元素的移动、缩放、旋转和倾斜效果，它可以指定一个 none 属性值，或者一个和多个转换函数（transform-function）值，修改盒模型的空间坐标，实现元素的各种转换效果，同时，作用效果的元素必须是块元素。

18.1.1 translate ()函数

translate()函数可以把元素从原来的位置移动，重新定位元素的坐标，函数包含两个参数，分别定义 x 和 y 轴坐标。当只有一个参数时，表示水平方向的移动距离；当有两个参数时，第一个参数表示水平方向的移动距离，第二个参数表示垂直方向的移动距离。

translate()函数有两种写法，一种是简写，如 translate(x,y)和 translate3d(x,y,z)，另一种是单独指定写法，如 translateX(x)、translateY(y)和 translateZ(z)，括号中参数均为移动的距离值，且必须添上“px”单位名称；在向 *Z* 轴方向移动时，必须构建 3D 的应用场景。

各种移动时的效果如图 18-1 所示。

下面通过一个实例来演示 translate()函数移动元素的各类页面效果。

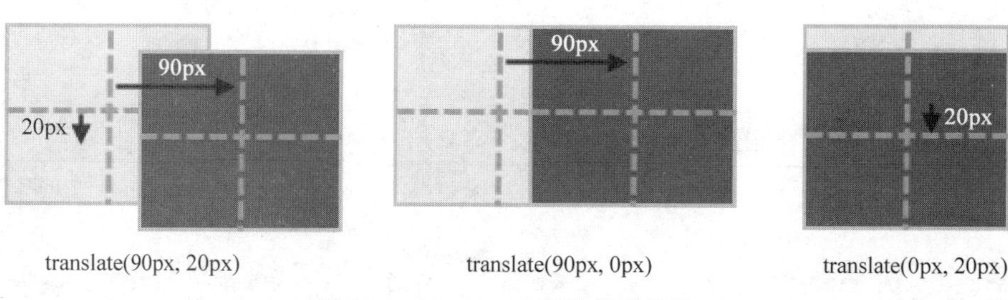

图 18-1 translate()函数使用效果

实例 18-1 使用 translate()函数以不同方向移动元素

1. 功能描述

在新创建的页面中,添加一个包含多个表项内容的列表元素,使用 translate()函数,以不同方向移动元素,查看移动后各元素的页面效果。

2. 实现代码

在 WebStorm 中新建一个 HTML 页面 18-1.html,加入代码如代码清单 18-1 所示。

代码清单 18-1 使用 translate()函数以不同方向移动元素

```
<!DOCTYPE html>
<html>
<head lang="en">
    <meta charset="UTF-8">
    <title>使用 translate()函数以不同方向移动元素</title>
    <style type="text/css">
        .box{
            float: left;
            margin: 20px;
            width: 80px;
            height: 80px;
            border-top: solid 2px #666;
            border-left: solid 2px #666;
        }
        .box .act{
            float: left;
            width: 60px;
            height: 60px;
            line-height: 60px;
            text-align: center;
            font-size: 40px;
            background-color: #ccc;
        }
        div:nth-child(2) .act{
            transform: translate(20px,20px);
        }
```

```
        div:nth-child(3) .act{
            transform: translateX(20px);
        }
        div:nth-child(4) .act{
            transform: translateY( - 20px);
        }
    </style>
</head>
<body>
    <div class = "box">
        <div class = "act"> A </div>
    </div>
    <div class = "box">
        <div class = "act"> A </div>
    </div>
    <div class = "box">
        <div class = "act"> A </div>
    </div>
    <div class = "box">
        <div class = "act"> A </div>
    </div>
</body>
</html>
```

3. 页面效果

该页面在 Chrome 浏览器中执行的页面效果如图 18-2 所示。

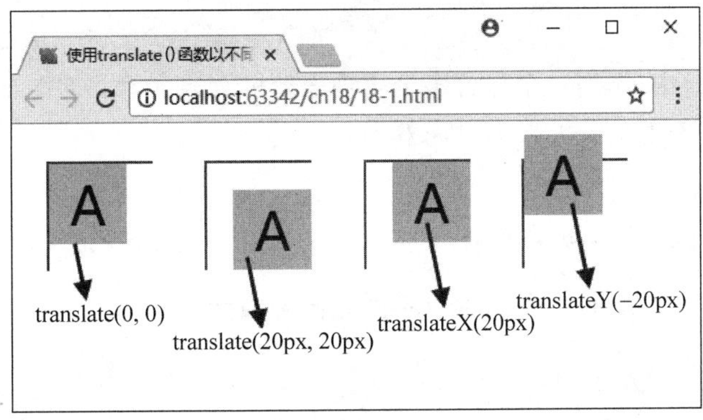

图 18-2　使用 translate()函数以不同方向移动元素

4. 源码分析

在上述代码清单的样式表中，第一个表项元素没有添加 translate()函数，因此不会移动；第二个表项元素中，translate()函数的参数值为 20px 和 20px，因此，元素将向右面和下面方向移动 20px 的距离；在第三个表项元素中，translateX()函数的参数值为 20px，由于它指明了移动的方向是沿 *X* 轴，因此，元素向右侧方向移动 20px 的距离；在第四个表项元素中，translateY 函数的参数值为－20px，由于移动的距离是负值，因此，元素将向上移动 20px 的距离。元素移动后的效果，如图 18-2 所示。

18.1.2 scale()函数

scale()函数的功能是以元素的中心位置为缩放原点，根据函数的参数进行缩放。函数包含两个参数，分别定义 x 轴和 y 轴缩放比例。只有一个参数时，表示水平和垂直同时缩放该基数比率；有两个参数时，第一个参数指定水平方向的缩放基数比率，第二个参数指定垂直方向的缩放基数比率，默认基数为 1，大于 1 则为放大，小于 1 则为缩小。

scale()函数有两种写法，一种是简写，如 scale(x,y)和 scale3d(x,y,z)，前者是按指定的缩放比率，沿 *X* 轴和 *Y* 轴缩放；后者是按指定的缩放比率，沿 *X* 轴和 *Y* 轴及 *Z* 轴缩放。

另一种是单独指定写法，如 scaleX(x)和 scaleY(y)及 scaleZ(z)，函数名称中的参数为缩放的比率值，如果是沿 *Z* 轴缩放，则先需要构建 3D 效果的应用场景。

各种缩放时的效果如图 18-3 所示。

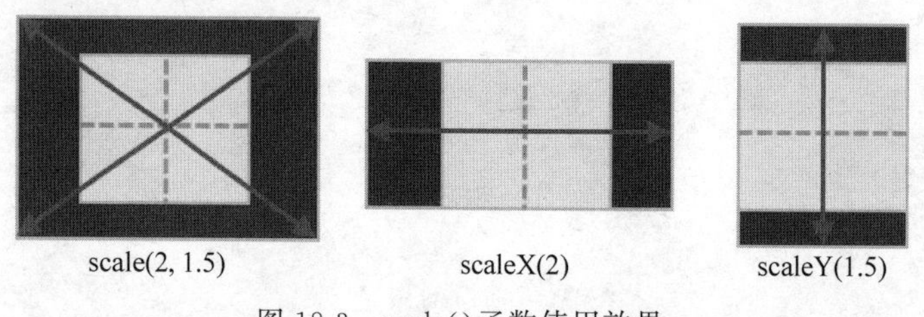

图 18-3 scale()函数使用效果

下面通过一个实例来演示 scale()函数缩放元素的各类页面效果。

实例 18-2 使用 scale()函数以不同方向缩放元素

1. 功能描述

在新创建的页面中，添加一个包含多个表项内容的列表元素，使用 scale()函数，以不同方向缩放元素，查看缩放后各元素的页面效果。

2. 实现代码

在 WebStorm 中新建一个 HTML 页面 18-2.html，加入代码如代码清单 18-2 所示。

代码清单 18-2 使用 scale()函数以不同方向缩放元素

```
<!DOCTYPE html>
<html>
<head lang="en">
    <meta charset="UTF-8">
    <title>使用 scale()函数以不同方向缩放元素</title>
    <style type="text/css">
        .box{
            float: left;
            margin: 20px;
            width: 80px;
            height: 80px;
```

```
            border - top: solid 2px #666;
            border - left: solid 2px #666;
        }
        .box .act{
            float: left;
            width: 60px;
            height: 60px;
            line - height: 60px;
            text - align: center;
            font - size: 40px;
            background - color: #ccc;
        }
        div:nth - child(2) .act{
            transform: scale(1.5,0.5);
        }
        div:nth - child(3) .act{
            transform: scaleX(1.5);
        }
        div:nth - child(4) .act{
            transform: scaleY(0.5);
        }
    </style>
</head>
<body>
    <div class = "box">
        <div class = "act"> A </div>
    </div>
    <div class = "box">
        <div class = "act"> A </div>
    </div>
    <div class = "box">
        <div class = "act"> A </div>
    </div>
    <div class = "box">
        <div class = "act"> A </div>
    </div>
</body>
</html>
```

3. 页面效果

该页面在 Chrome 浏览器中执行的页面效果如图 18-4 所示。

4. 源码分析

在上述代码清单的样式表中，第一个表项中没有使用 scale()函数，因此，它不会进行缩放；在第二个表项中，由于 scale()函数中的值为 1.5 和 0.5，分别表示沿 *X* 轴放大 0.5 倍，沿 *Y* 轴缩小 0.5 倍；在第三个表项中，使用 scaleX()函数指明了只沿 X 轴放大 0.5 倍；在第四个表项中，使用 scaleY()函数表明了只沿 *Y* 轴缩小 0.5 倍。

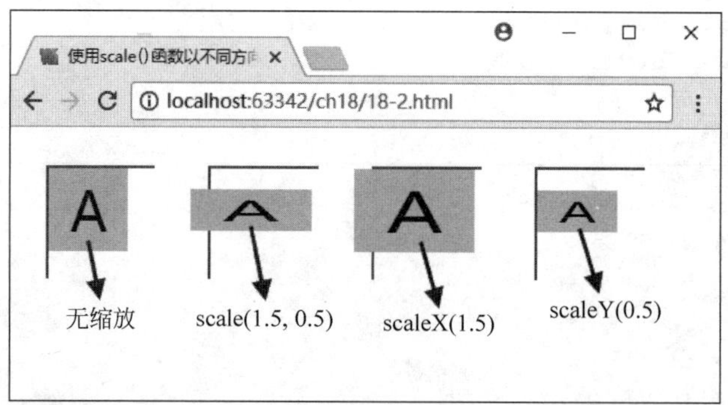

图 18-4 使用 scale()函数以不同方向缩放元素的效果

18.1.3 rotate ()函数

rotate()函数通过指定的角度参数对元素围绕固定轴旋转而不变形元素，旋转时默认中心为元素的中点，函数的参数表示旋转时的角度，单位为 deg。正数为顺时针旋转，负数则为逆时针旋转。rotate()函数有两种写法，一种是简写，如 rotate(angle)和 rotate3d(x,y,z,angle)，前者定义以 2D 方式旋转指定角度，后者定义以 3D 方式旋转指定角度；另一种是单独指定写法，如 rotateX(angle)、rotateY(angle)和 rotateZ(angle)，分别指定沿 X 轴、Y 轴和 Z 轴旋转指定的角度。

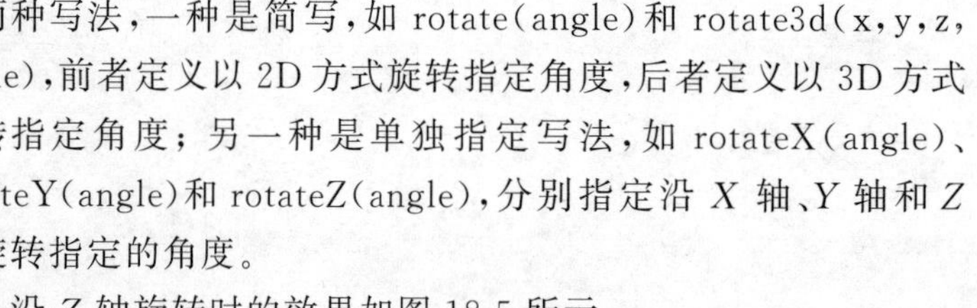

图 18-5 rotate()函数沿 Z 轴旋转时的效果

沿 Z 轴旋转时的效果如图 18-5 所示。

下面通过一个实例来演示 rotate()函数旋转元素的各类页面效果。

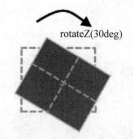

实例 18-3 使用 rotate ()函数以不同方向旋转元素

1. 功能描述

在新创建的页面中，添加一个包含多个表项内容的列表元素，使用 rotate()函数，以不同方向旋转元素，查看旋转后各元素的页面效果。

2. 实现代码

在 WebStorm 中新建一个 HTML 页面 18-3. html，加入代码如代码清单 18-3 所示。

代码清单 18-3 使用 rotate ()函数以不同方向旋转元素

```
<!DOCTYPE html>
<html>
<head lang = "en">
    <meta charset = "UTF - 8">
    <title>使用 rotate()函数以不同方向旋转元素</title>
    <style type = "text/css">
```

```
        .box{
            float: left;
            margin: 20px;
            width: 80px;
            height: 80px;
            border-top: solid 2px #666;
            border-left: solid 2px #666;
        }
        .box .act{
            float: left;
            width: 60px;
            height: 60px;
            line-height: 60px;
            text-align: center;
            font-size: 40px;
            background-color: #ccc;
        }
        div:nth-child(2) .act{
            transform: rotateX(50deg);
        }
        div:nth-child(3) .act{
            transform: rotateY(50deg);
        }
        div:nth-child(4) .act{
            transform: rotateZ(50deg);
        }
    </style>
</head>
<body>
    <div class="box">
        <div class="act">A</div>
    </div>
    <div class="box">
        <div class="act">A</div>
    </div>
    <div class="box">
        <div class="act">A</div>
    </div>
    <div class="box">
        <div class="act">A</div>
    </div>
</body>
</html>
```

3. 页面效果

该页面在Chrome浏览器中执行的页面效果如图18-6所示。

4. 源码分析

在上述代码清单的样式表中，第一个表项元素没有添加rotate()函数，因此不会旋转；

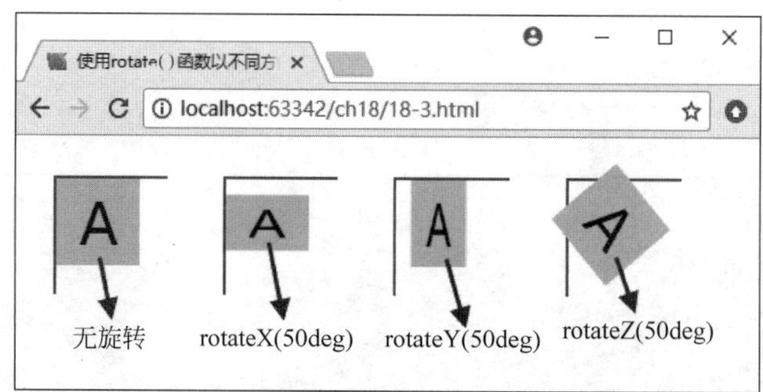

图 18-6　使用 rotate()函数以不同方向旋转元素

第二个表项元素中，将 rotateX()函数中的参数值设置为 50deg，表示沿 X 轴旋转 50°；第三个表项元素中，设置了 rotateY()函数中参数值为 50deg，表示元素沿 Y 轴旋转 50°；在第四个表项元素中，rotateZ()函数规定元素沿 Z 轴旋转 50°，虽然是沿 Z 轴旋转，但无须构建 3D 应用场景，都可以呈现旋转效果；如果是简写的 rotate3d(x,y,z,angle)函数，则需要先构建一个 3D 的应用场景，才能实现旋转元素的效果。

18.1.4　skew ()函数

skew()函数可以定义元素沿 X 轴或 Y 轴的倾斜度，即在水平和垂直方向上将像素点扭曲一定角度，该函数包含两个参数值，分别定义 X 轴和 Y 轴倾斜角度。当只有一个参数时，表示水平方向的倾斜角度；当有两个参数时，第一个参数表示水平方向的倾斜角度，第二个参数表示垂直方向的倾斜角度。参数表示倾斜角度，单位为 deg。

skew()函数有两种写法，一种是简写，如 skew(angle,angle)，表示按指定的角度，沿 X 轴和 Y 轴扭曲元素；另一种是单独指定写法，如 skewX(angle)和 skewY(angle)，分别表示沿 X 轴和 Y 轴倾斜指定的角度，目前该函数仅支持 2D 方式倾斜。

各种倾斜时的效果如图 18-7 所示。

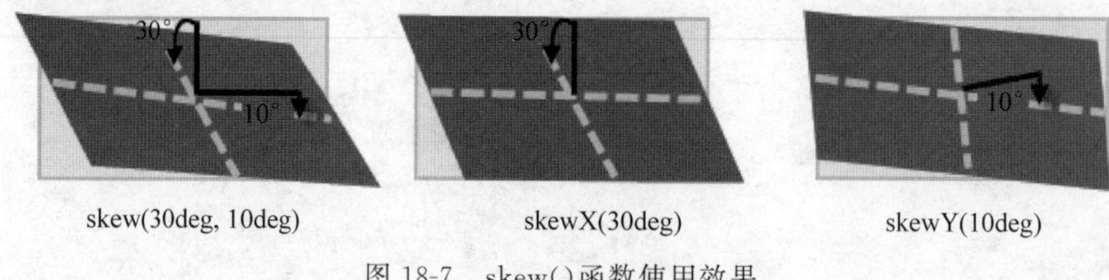

图 18-7　skew()函数使用效果

下面通过一个实例来演示 skew()函数倾斜元素的各类页面效果。

实例 18-4　使用 skew ()函数以不同方向和角度倾斜元素

1. 功能描述

在新创建的页面中，添加一个包含多个表项内容的列表元素，使用 skew()函数，以不同方向和角度倾斜元素，查看倾斜后各元素的页面效果。

2. 实现代码

在 WebStorm 中新建一个 HTML 页面 18-4.html，加入代码如代码清单 18-4 所示。

代码清单 18-4　使用 skew ()函数以不同方向和角度倾斜元素

```
<!DOCTYPE html>
<html>
<head lang = "en">
    <meta charset = "UTF - 8">
    <title>使用 skew()函数以不同方向和角度倾斜元素</title>
    <style type = "text/css">
        .box{
            float: left;
            margin: 20px;
            width: 80px;
            height: 80px;
            border - top: solid 2px #666;
            border - left: solid 2px #666;
        }
        .box .act{
            float: left;
            width: 60px;
            height: 60px;
            line - height: 60px;
            text - align: center;
            font - size: 40px;
            background - color: #ccc;
        }
        div:nth - child(2) .act{
            transform: skew(150deg,200deg);
        }
        div:nth - child(3) .act{
            transform: skewX(50deg);
        }
        div:nth - child(4) .act{
            transform: skewY( - 30deg);
        }
    </style>
</head>
<body>
    <div class = "box">
        <div class = "act"> A </div>
    </div>
    <div class = "box">
        <div class = "act"> A </div>
    </div>
    <div class = "box">
        <div class = "act"> A </div>
```

```
    </div>
    <div class="box">
        <div class="act">A</div>
    </div>
</body>
</html>
```

3. 页面效果

该页面在 Chrome 浏览器中执行的页面效果如图 18-8 所示。

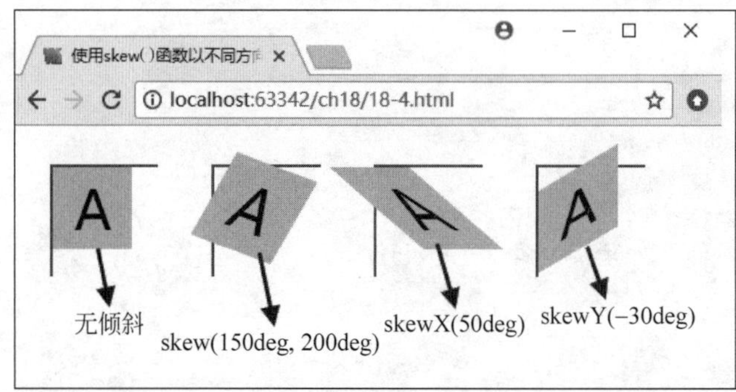

图 18-8　使用 skew()函数以不同方向和角度倾斜元素的效果

4. 源码分析

在上述代码清单的样式表中，第一个表项元素没有添加 skew()函数，因此，它不会发生倾斜的效果；第二个表项元素添加了 skew()函数，并在 X 轴和 Y 轴上都指定不同的倾斜角度，因此，元素将在 X 轴和 Y 轴上同时扭曲；第三个表项元素添加了 skewX()函数，并设置函数的参数值为 50deg，表示元素在 X 轴方向上倾斜 50°；第四个表项元素添加 skewY()函数，并将函数值设置为－30deg，由于是负数值，元素将在 Y 轴上向下开始，围绕 Y 轴倾斜 30°，如果是正数值，元素将在 Y 轴上向上开始，围绕 Y 轴倾斜指定的角度。页面展示的具体效果如图 18-8 所示。

18.2　复合变形和旋转中心

虽然 transform 属性对应多个独立的变形函数，但是这些函数也可以作用于一个元素，各函数之间使用空格隔开，按从右到左的顺序实现元素的复合变形。此外，一个变形元素在使用 rotate()函数时，需要考虑 transform-origin 属性，它可以改变旋转时的中心。

18.2.1　元素的复合变形

在实际的开发过程中，有时需要将多个变形的函数作用于一个元素，如在移动过程中，缩小或放大元素，并对元素进行旋转，针对这种效果，可以将多个变形的函数添加到一个元素的 transform 属性中，实现元素的复合变形效果。

实例 18-5 元素的复合变形

1. 功能描述

在新创建的页面中，添加一个包含多个表项内容的列表元素，以多种不同组合的变形函数，分别作用于各个表项元素，查看应用于复合变形后各元素的页面效果。

2. 实现代码

在 WebStorm 中新建一个 HTML 页面 18-5.html，加入代码如代码清单 18-5 所示。

代码清单 18-5 元素的复合变形

```
<!DOCTYPE html>
<html>
<head lang="en">
    <meta charset="UTF-8">
    <title>元素的复合变形</title>
    <style type="text/css">
        .box{
            float: left;
            margin: 20px;
            width: 80px;
            height: 80px;
            border-top: solid 2px #666;
            border-left: solid 2px #666;
        }
        .box .act{
            float: left;
            width: 60px;
            height: 60px;
            line-height: 60px;
            text-align: center;
            font-size: 40px;
            background-color: #ccc;
        }
        div:nth-child(2) .act{
            transform: translateX(20px)
                      scaleX(1.5) rotateZ(50deg);
        }
        div:nth-child(3) .act{
            transform: translateY(20px)
                      scaleY(0.5) rotateZ(50deg);
        }
        div:nth-child(4) .act{
            transform: translateX(20px)
                      scale(0.5) rotateZ(50deg);
        }
    </style>
```

```
</head>
<body>
    <div class="box">
        <div class="act">A</div>
    </div>
    <div class="box">
        <div class="act">A</div>
    </div>
    <div class="box">
        <div class="act">A</div>
    </div>
    <div class="box">
        <div class="act">A</div>
    </div>
</body>
</html>
```

3. 页面效果

该页面在 Chrome 浏览器中执行的页面效果如图 18-9 所示。

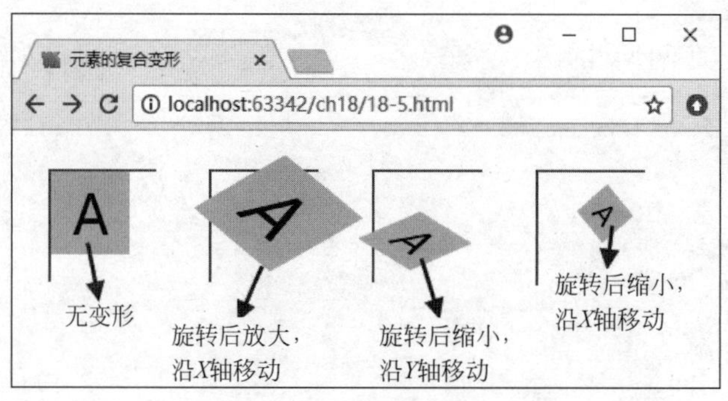

图 18-9　元素的复合变形效果

4. 源码分析

在上述代码清单的样式表中，除第一个表项元素之外，每个列表的表项元素都添加复合的变形样式。添加复合变形样式后，将按照从右到左的方式来执行，例如，第二个表项元素添加的复合样式值为 translateX(20px) scaleX(1.5) rotateZ(50deg)，因此，在执行时，首先沿 *Z* 轴旋转 50°，然后沿 *X* 轴放大 0.5 倍，最后再沿 *X* 轴向右移动 20px 的距离。

18.2.2　改变旋转中心点

当一个元素使用 rotate()函数旋转时，可以使用 transform-origin 属性改变旋转时的原点，该属性可以有一个、两个或三个值。当为一个值时，必须是数字、百分比或者一个方位值；如果是两个值时，必须是数字、百分比或者组合的方位值，如 left top 或者 right top；如果是三个值时，第三个数字始终代表 *Z* 轴偏移量。

实例 18-6　使用 transform-origin 属性改变中心点

1. 功能描述

在新创建的页面中，添加一个包含多个表项内容的列表元素，每个表项元素都沿 Z 轴旋转 60°，但对应的 transform-origin 属性值却不同，查看各自旋转后的页面效果。

2. 实现代码

在 WebStorm 中新建一个 HTML 页面 18-6.html，加入代码如代码清单 18-6 所示。

代码清单 18-6　使用 transform-origin 属性改变中心点

```
<!DOCTYPE html>
<html>
<head lang = "en">
    <meta charset = "UTF - 8">
    <title>使用 transform - origin 属性改变中心点</title>
    <style type = "text/css">
        .box{
            float: left;
            margin: 20px;
            width: 80px;
            height: 80px;
            border - top: solid 2px #666;
            border - left: solid 2px #666;
        }
        .box .act{
            float: left;
            width: 60px;
            height: 60px;
            line - height: 60px;
            text - align: center;
            font - size: 40px;
            background - color: #ccc;
        }
        div:nth - child(1) .act{
            transform: rotateZ(60deg);
        }
        div:nth - child(2) .act{
            transform - origin: top left;
            transform: rotateZ(60deg);
        }
        div:nth - child(3) .act{
            transform - origin: bottom right;
            transform: rotateZ(60deg);
        }
        div:nth - child(4) .act{
            transform - origin: bottom left;
```

```
                transform: rotateZ(60deg);
            }
        </style>
</head>
<body>
    <div class="box">
        <div class="act">A</div>
    </div>
    <div class="box">
        <div class="act">A</div>
    </div>
    <div class="box">
        <div class="act">A</div>
    </div>
    <div class="box">
        <div class="act">A</div>
    </div>
</body>
</html>
```

3. 页面效果

该页面在 Chrome 浏览器中执行的页面效果如图 18-10 所示。

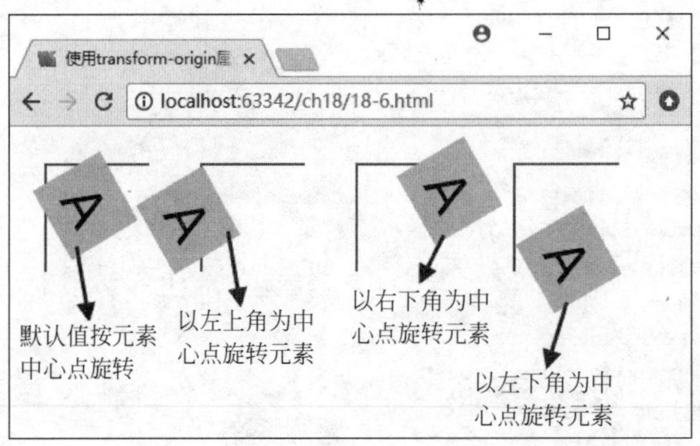

图 18-10 使用 transform-origin 属性改变中心点的效果

4. 源码分析

在上述代码清单的样式表中，不同 transform-origin 属性值时，即使旋转同一个角度，旋转后的页面效果也是不同的。在使用方位关键字组合时，由水平和垂直两个基准点的方向组成，水平基准点包括 left、center、right，垂直基准点包括 bottom、center、top。

小结

在本章中，首先通过实例介绍了使用 transform 属性对元素进行移动、缩放、旋转及倾斜变形的使用方法，然后结合实例开发，详细地阐述了元素复合变化的原理和效果；最后介绍使用 transform-origin 属性改变元素旋转时中心点的方法。

第 19 章

CSS3中的动画属性

视频讲解

本章学习目标

- 理解并掌握 transition 属性的原理和实现方法。
- 掌握 animation 属性的原理和执行动画方法。
- 了解并掌握在 CSS3 中自定义动画的过程。

19.1 transition 属性

19.1.1 transition 属性的使用

transition 是 CSS3 中新增加的一个属性，它的功能是元素在不同状态之间切换时，定义不同的过渡动画效果，如渐显、渐弱、动画快慢。它是一个简写的属性，分开编写之后，它包含对应的四个属性，它们的名称和功能说明如表 19-1 所示。

表 19-1 transition 的属性及功能说明

属性名称	功能说明
transition-property	指定使用过渡效果的 CSS 属性名称
transition-duration	指定过渡动画所需的时间，单位为秒或毫秒，默认值为 0
transition-timing-function	指定过渡动画时的速度曲线
transition-delay	指定过渡动画开始之前需要等待的时间

下面通过一个简单实例来演示 transitions 属性的使用。

实例 19-1 transition 属性的使用

1. 功能描述

在新创建的 HTML 页面中，添加一个 div 元素，并实现圆形的球状，当鼠标指针移动到元素上时,使用 transition 属性,以过渡动画的效果改变元素的背景色。

2. 实现代码

在 WebStorm 中新建一个 HTML 页面 19-1. html,加入代码如代码清单 19-1 所示。

代码清单 19-1　transition 属性的使用

```
<!DOCTYPE html>
<html>
<head lang="en">
    <meta charset="UTF-8">
    <title>transition属性的使用</title>
    <style type="text/css">
        div {
            width: 70px;
            height: 70px;
            line-height: 70px;
            text-align: center;
            font-size: 30px;
            box-shadow: 0px 5px 10px #ccc;
            border: solid3px #666;
            border-radius: 50%;
            background-color: #eee;
            transition: background-color 5s linear 2s;
        }
        div:hover {
            background-color: #ccc;
        }
    </style>
</head>
<body>
    <div>球</div>
</body>
</html>
```

3. 页面效果

该页面在 Chrome 浏览器中执行的页面效果如图 19-1 所示。

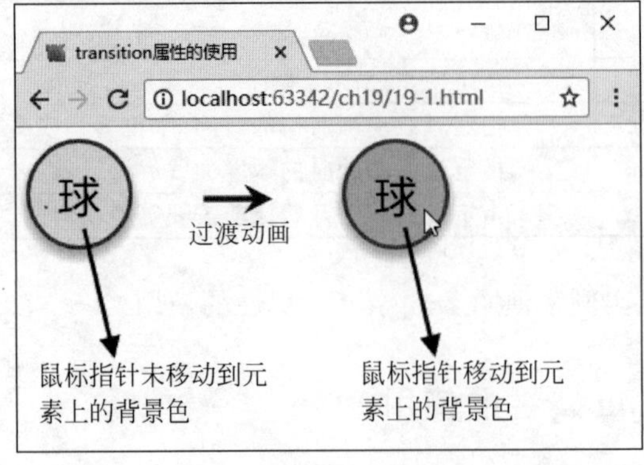

图 19-1　transition 属性的使用效果

4. 源码分析

在上述实例代码清单的样式表中，球状元素在鼠标指针移到元素上之前的背景色是灰白色的，当鼠标指针移到元素上后，背景色以动画的形式渐变为深色。这种效果的实现，是由于元素添加了 transition 属性，并指定在 background-color 样式变化时应用。

在 transition 属性中，第一个属性值表示动画应用的样式名称，第二个属性值表示整个动画执行所需要的时间，第三个属性值表示实现动画时的速度曲线，默认值是 ease，表示缓慢开始，快速过渡，缓慢结束。它有多个值，其他值的名称和功能如表 19-2 所示。

表 19-2　transition-timing-function 属性值及功能说明

属 性 值	功 能 说 明
ease	默认属性值，表示缓慢地开始，快速过渡，缓慢地结束
ease-in	规定动画开始时缓慢
ease-out	规定动画结束时缓慢
ease-in-out	规定动画开始和结束时都缓慢
linear	规定动画以相同的开始和结束速度

在 transition 属性中，第四个属性值表示过渡动画开始执行时，需要等待的时间，即延时的时间，它的单位可以是秒或毫秒，默认值为 0，表示不要延时，立刻执行。

19.1.2　transition 属性指定多个样式

在元素的过渡动画中，transition 属性不仅可以设置某一个 CSS 样式应用过渡动画效果，还可以指定多个 CSS 样式应用过渡动画效果，它们之间使用逗号进行隔开。如果执行时间和速度曲线都相同时，可以使用字符 all 来代表各种样式名称，实现属性值的简写。

实例 19-2　transition 属性指定多个样式

1. 功能描述

在新创建的 HTML 页面中，添加一个 div 元素，并实现圆形的球状，当鼠标指针移动到元素上时，使用 transition 属性指定多个样式，实现形状、字体变大和阴影变淡的效果。

2. 实现代码

在 WebStorm 中新建一个 HTML 页面 19-2. html，加入代码如代码清单 19-2 所示。

代码清单 19-2　transition 属性指定多个样式

```
<!DOCTYPE html>
<html>
<head lang = "en">
    <meta charset = "UTF - 8">
    <title>transition 属性指定多个样式</title>
    <style type = "text/css">
        div{
```

```
            width: 70px;
            height: 70px;
            line-height: 70px;
            text-align: center;
            font-size: 30px;
            box-shadow: 0px 5px 10px #ccc;
            border-radius: 50%;
            border: solid 3px #666;
            background-color: #eee;
            transition: all 2s linear;
        }
        div:hover{
            width: 120px;
            height: 120px;
            line-height: 120px;
            font-size: 50px;
            background-color: #e1e1e1;
            box-shadow: 0px 5px 20px #eee;
        }
    </style>
</head>
<body>
    <div>球</div>
</body>
</html>
```

3. 页面效果

该页面在 Chrome 浏览器中执行的页面效果如图 19-2 所示。

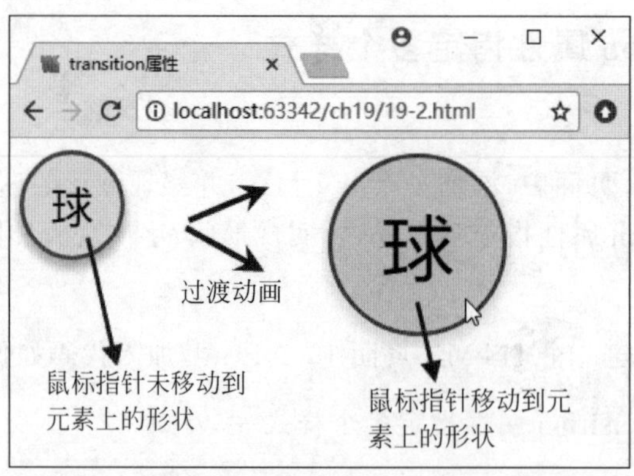

图 19-2　transitions 属性指定多个样式的效果

4. 源码分析

在上述实例代码清单的样式表中，为了使所有的样式在切换过程中都应用过渡的动画效果，在 div 元素的样式中，添加 transition 属性，并指定样式的名称值为 all，表示全部的样式名称，第二个属性值表示两秒内执行完成，第三个属性值表示以匀速应用过渡的动画效果。

19.2 animation 属性

在 CSS3 中，除了可以使用 transition 属性实现元素在样式交替过程中的过渡动画效果外，还可以添加 animation 属性来完成更加复杂的动画功能。动画由一帧或多帧组合成实现，每组之间使用逗号隔开，共同作用于完成动画的元素。

19.2.1 animation 属性的使用

animation 属性也是一个简写的属性，分开编写时，它由 6 个属性组成，第一个属性名称为 animation-name 指定动画的名称，每个名称是由@keyframes 定义的动画序列；而另外几个属性，如 animation-duration、animation-timing-function 和 animation-delay 则与 transition 属性的功能完全相同，在此不再赘述。完整的 animation 属性如表 19-3 所示。

表 19-3 animation 属性及功能说明

属 性 名 称	功 能 说 明
animation-name	指定使用@keyframes 定义的动画名称
animation-duration	指定自定义动画所需的时间，单位为秒或毫秒，默认值为 0
animation-timing-function	指定自定义动画时的速度曲线
animation-delay	指定自定义动画开始之前需要等待的时间
animation-iteration-count	指定自定义动画在结束前运行的次数，可以是 1 次或几次，也可以无限循环
animation-direction	指定自定义动画是否反向播放

下面通过一个简单实例来演示 animation 属性的使用。

实例 19-3 animation 属性的使用

1. 功能描述

在新创建的页面中，添加一个 div 元素，并实现圆形的球状，使用 animation 属性调用一个动画，元素以动画的形式向右移动 100px 的距离，且在 5 秒内执行两次。

2. 实现代码

在 WebStorm 中新建一个 HTML 页面 19-3.html，加入代码如代码清单 19-3 所示。

代码清单 19-3 animation 属性的使用

```
<!DOCTYPE html>
<html>
<head lang="en">
    <meta charset="UTF-8">
    <title>animation 属性的使用</title>
    <style type="text/css">
        div{
```

```
            width: 70px;
            height: 70px;
            line - height: 70px;
            text - align: center;
            font - size: 30px;
            box - shadow: 0px 5px 10px #ccc;
            border - radius: 50 % ;
            border: solid 3px #666;
            background - color: #eee;
            position:relative;
            animation:move 5s linear 2;
        }
        @keyframes move {
            from {
                left: 0px;
            }
            to {
                left: 100px;
            }
        }
    </style>
</head>
<body>
    <div>球</div>
</body>
</html>
```

3. 页面效果

该页面在 Chrome 浏览器中执行的页面效果如图 19-3 所示。

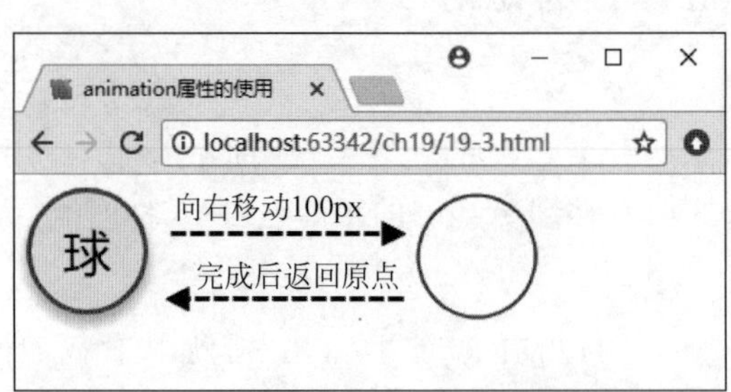

图 19-3　animation 属性的使用效果

4. 源码分析

在上述实例代码清单的样式表中，先使用关键指令@keyframes 定义了一个名称为 move 的动画，使用 from 和 to 将动画分成两帧，即从 0 向右移动到 100px，如果一个动画只有两帧，那么第一帧就是开始，第二帧则是结束，因此，这个动画的功能就是以动画形式向右移动 100px 的距离。动画定义完成后，再使用 animation 属性完成动画的调用和设置。

在使用 animation 属性调用动画时，第一个属性值就是自定义的动画名称 move，第二个属性值表示整个执行时长为 5s，第三个属性值为 linear，表示动画以匀速执行，第四个属性值表示动画将执行两次，该属性值除次数外，其他值的名称和功能如表 19-4 所示。

表 19-4 animation-iteration-count 属性值及功能说明

属 性 值	功 能 说 明
number	表示动画播放的次数，不可为负值，默认值为 1，也可以是 0.5
infinite	表示无限循环播放动画

在使用 animation 属性时，还有一个名称为 animation-direction 的属性，它表示是否反向执行动画，虽然在本实例中没有使用，但它的值名称和功能如表 19-5 所示。

表 19-5 animation-direction 属性值及功能说明

属 性 值	功 能 说 明
normal	默认值，表示动画正常循环，每个动画循环结束，动画重置到起点重新开始
alternate	表示动画交替反向运行，运行时，动画按步后退
reverse	表示反向运行动画，每次动画结束，再由尾到头开始
alternate-reverse	表示反向交替，首次反向运行，然后正向运行，后面依次循环

19.2.2 animation 属性指定多帧动画

在实际开发过程中，复杂的动画并不是由一两帧来完成的，而是需要多帧动画来实现，每一帧中又可以调用各类的动画样式，如移动、旋转和缩放。animation 属性在执行动画时，将按照动画帧的定义先后顺序，在规定的时间内执行动画效果。

实例 19-4 animation 属性指定多帧动画

1. 功能描述

在新创建的页面中，添加一个 div 元素，并实现圆形的球状，使用 animation 属性调用一个自定义的 5 帧动画，实现元素以动画方式移动、放大、扭曲和旋转的功能。

2. 实现代码

在 WebStorm 中新建一个 HTML 页面 19-4.html，加入代码如代码清单 19-4 所示。

代码清单 19-4 animation 属性指定多帧动画

```
<!DOCTYPE html>
<html>
<head lang="en">
    <meta charset="UTF-8">
    <title>animation 属性指定多帧动画</title>
    <style type="text/css">
        div{
            width: 70px;
            height: 70px;
```

```
            line - height: 70px;
            text - align: center;
            font - size: 30px;
            box - shadow: 0px 5px 10px #ccc;
            border - radius: 50 %;
            border: solid 3px #666;
            background - color: #eee;
            position:relative;
            animation:move 10s;
        }
        @keyframes move {
            0 % {
                background - color: #ccc;
                left: 50px;
                top: 50px;
            }
            10 % {
                background - color: #ccc;
                left: 50px;
                top: 50px;
                transform: scale(1.5, 1.5);
            }
            50 % {
                background - color: #eee;
                left: 80px;
                top: 50px;
                transform: skew( - 35deg);
            }
            75 % {
                background - color: #ccc;
                left: 100px;
                top: 50px;
                transform: rotate(100deg);
            }
            100 % {
                background - color: #eee;
                left: 0px;
                top: 50px;
                transform: rotate( - 100deg);
            }
        }
    </style>
</head>
<body>
    <div>球</div>
</body>
</html>
```

3. 页面效果

该页面在 Chrome 浏览器中执行的页面效果如图 19-4 所示。

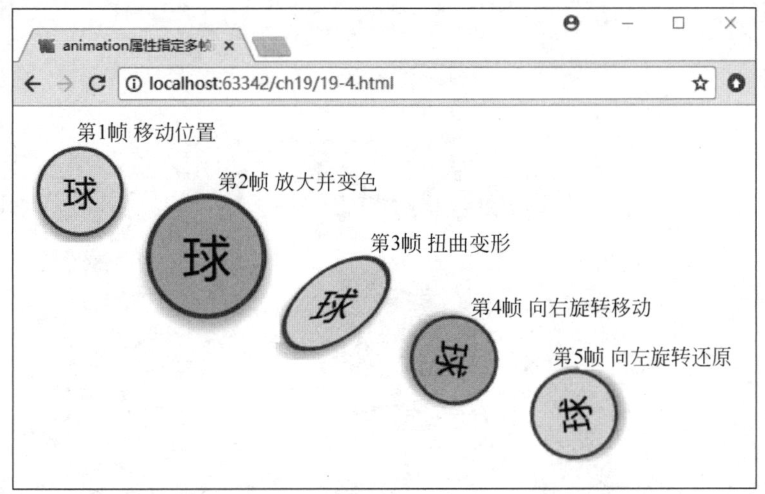

图 19-4 animation 属性指定多帧动画效果

4. 源码分析

在上述实例代码清单的样式表中，先使用@keyframes 指令自定义了一个名称为 move 的动画，在动画中，使用百分比的方式定义动画帧的数量。在第一帧中，移动元素的位置并改变背景色；第二帧中，在移出的位置放大元素 0.5 倍；第三帧中，沿 X 轴向上扭曲 35°；第四帧中，沿 X 轴向右旋转 100°；最后一帧，沿 X 轴向左旋转 100°，并返回原点。

在使用百分比规定动画帧时，每个@keyframes 规则可以包含多个关键帧，但通常需要有一个开始和结束的帧，中间可以再进行分割，以确保整体动画在执行时的完整性。另外，如果一个动画里的关键帧的百分比存在重复的情况，以最后一次定义的帧为准。

小结

在本章中，先通过实例的方式介绍了 transition 属性的基本使用，包括它的单个和多个样式动画效果的应用，然后介绍了 animation 属性的原理，并以实例开发的方式，详细地说明了如何使用 animation 属性执行单帧和多帧动画的过程。

第 20 章

布局相关样式

视频讲解

本章学习目标

- 理解并掌握盒布局的原理和实现方法。
- 了解并掌握盒布局中改变子元素排列方向和显示顺序的方法。
- 理解盒布局中消除子元素空白区域的方法。

20.1 多列布局

无论是元素还是文字，都有多列显示的需求，针对这种需求，目前主流的解决方案是使用浮动样式的属性 float 或者 position，虽然这些属性可以在整体布局上实现多列显示的效果，但在宽高自适应上存在不足的地方，接下来详细进行介绍。

20.1.1 float 属性多列布局的不足

float 属性通过 left 和 right 值，可以实现元素的多列显示，但各个列之间的元素高度却都是以各自的内容为标准进行自动伸缩，因此，如果某列的内容新增元素后，高度会自动增加，而其他列则保持不变。

下面通过一个简单的实例来说明这一点。

实例 20-1 float 属性多列布局的不足

1. 功能描述

在新建的 HTML 页面中，添加两个 div 元素，并通过 float 属性实现左右排列，当向右列元素中新添加内容时，查看两列显示的高度。

2. 实现代码

在 WebStorm 中新建一个 HTML 页面 20-1. html，加入代码如代码清单 20-1 所示。

代码清单 20-1　float 属性多列布局的不足

```
<!DOCTYPE html>
<html>
<head lang = "en">
    <meta charset = "UTF - 8">
    <title>float 属性多列布局的不足</title>
    <style type = "text/css">
        div {
            width: 260px;
            font - size: 13px;
            float: left;
        }
        .left {
            border: dashed 2px #666;
        }
        .right {
            border: dashed 2px #ccc;
        }
        img {
            float: right;
        }
    </style>
</head>
<body>
    <div class = "left">
        <h3>左侧主题</h3>
        <p>左侧内容</p>
    </div>
    <div class = "right">
        <h3>右侧主题</h3>
        <p>右侧内容</p>
        <img src = "images/car.png" alt = ""/>
    </div>
</body>
</html>
```

3. 页面效果

该页面在 Chrome 浏览器中执行的页面效果如图 20-1 所示。

图 20-1　float 属性多列布局的不足

4. 源码分析

在上述实例代码清单的样式表中，两个 div 元素使用 float 属性分成左右两列，但由于在右列中添加了一张图片，使右列的内容进行了增加，也使它的高度随之增长，但左侧的内容并无变化，因此，高度不变，在这种情况下，导致了两边元素的高度并不一致。

20.1.2 使用盒布局

为了解决使用 float 属性在列布局中高度不一致的问题，可以在布局元素之外，再添加一个父元素，并将它的样式定义为盒布局，即将 display 属性设置为-webkit-box，添加完成后，子级列布局元素自动成为内联元素，按指定的宽度等高显示。

实例 20-2 盒布局的使用

1. 功能描述

在新创建的页面中，添加一个包含两个子元素的 div，并使用盒布局的方式，使子元素按指定的宽度并等高显示元素中的内容。

2. 实现代码

在 WebStorm 中新建一个 HTML 页面 20-2.html，加入代码如代码清单 20-2 所示。

代码清单 20-2 盒布局的使用

```
<!DOCTYPE html>
<html>
<head lang="en">
    <meta charset="UTF-8">
    <title>盒布局的使用</title>
    <style type="text/css">
        #box {
            display: -webkit-box;
        }
        .left,.right {
            width: 260px;
            font-size: 13px;
        }
        .left {
            border: dashed 2px #666;
        }
        .right {
            border: dashed 2px #ccc;
        }
        img {
            float: right;
        }
    </style>
</head>
```

```
<body>
    <div id="box">
        <div class="left">
            <h3>左侧主题</h3>
            <p>左侧内容</p>
        </div>
        <div class="right">
            <h3>右侧主题</h3>
            <p>右侧内容</p>
            <img src="images/car.png" alt=""/>
        </div>
    </div>
</body>
</html>
```

3. 页面效果

该页面在 Chrome 浏览器中执行的页面效果如图 20-2 所示。

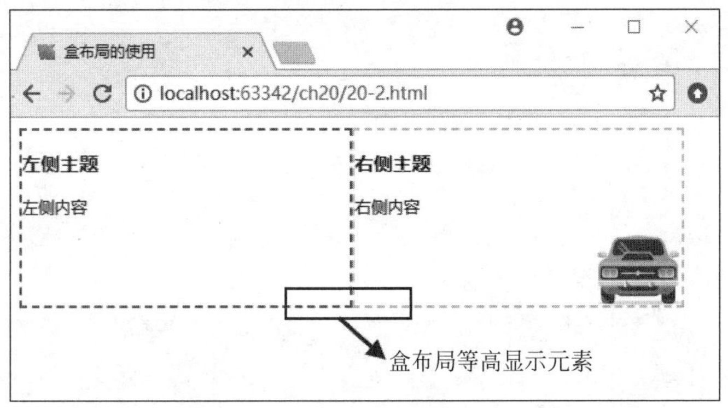

图 20-2　盒布局的使用效果

4. 源码分析

在上述实例代码清单的样式表中，由于父元素将 display 属性设为-webkit-box，那么，它的子元素自动成为内联元素，并且按指定宽度，等高显示，即使两个子元素的内容不相同，如果要使子元素的内容居中，只需在父元素中将 text-align 属性设置为 center 即可。

20.2　弹性盒布局

盒布局不仅可以实现指定宽度的元素等高显示，还可以使元素根据窗口的宽度，以自适应方式显示，实现弹性的盒布局。同时，在弹性盒布局中，还能改变子元素的显示方向、排列顺序和所占比率，真正实现元素的自适应动态布局效果。

20.2.1　改变元素的排列方向

在盒布局中，可以设置父元素的 box-orient 属性值来控制子元素显示时排列的方向，默认值是水平方向排列，即默认值为 horizontal，当该属性值为 vertical 时，则子元素都将以垂直方式排列。

下面通过一个实例来演示它的使用方式。

实例 20-3　改变元素的排列方向

1. 功能描述

在新创建的 HTML 页面中，先构建一个包含顶部、中部和底部的页面框架，然后在中部元素中，使用弹性盒布局，构建左侧、内容和右侧显示区域，并改变它的显示方向。

2. 实现代码

在 WebStorm 中新建一个 HTML 页面 20-3.html，加入代码如代码清单 20-3 所示。

代码清单 20-3　改变元素的排列方向

```
<!DOCTYPE html>
<html>
<head lang="en">
    <meta charset="UTF-8">
    <title>改变元素的排列方向</title>
    <style type="text/css">
        ul {
            list-style-type: none;
        }
        ul, h3 {
            padding: 0px;
            margin: 0px;
        }
        div {
            border: dashed 2px #666;
            padding: 8px;
            font-size: 13px;
        }
        .body {
            display: -webkit-box;
            /* -webkit-box-orient:vertical; */
            margin-top: -2px;
            margin-bottom: -2px;
        }
        .header, .footer {
            width: auto;
            text-align: center;
        }
        .content {
            margin-left: -2px;
            margin-right: -2px;
        }
    </style>
</head>
```

```
<body>
    <div class="header">
        <h3>头部</h3>
    </div>
    <div class="body">
        <div class="left">
            <h3>左侧栏</h3>
            <ul>
                <li><a href="#">菜单一</a></li>
                <li><a href="#">菜单一</a></li>
                <li><a href="#">菜单一</a></li>
            </ul>
        </div>
        <div class="content">
            <h3>中间标题</h3>
            <p>内容区</p>
        </div>
        <div class="right">
            <h3>右侧栏</h3>
            <ul>
                <li><a href="#">链接一</a></li>
                <li><a href="#">链接二</a></li>
                <li><a href="#">链接三</a></li>
            </ul>
        </div>
    </div>
    <div class="footer">
        <h3>底部</h3>
    </div>
</body>
</html>
```

3. 页面效果

该页面在 Chrome 浏览器中执行的页面效果如图 20-3 和图 20-4 所示。

图 20-3　水平方向排列显示效果

图 20-4　垂直方向排列显示效果

4. 源码分析

在上述实例代码清单的样式表中，先在样式类别名为 body 的元素样式中，将 display 属性设置为-webkit-box 值，表示盒布局，默认以水平方向显示子元素的内容，如果想以垂直方式显示子元素，则在该类别样式中，将-webkit-box-orient 属性设置为 vertical。

20.2.2　改变元素的显示顺序

在盒布局中，不仅可以改变子元素排列的方向，还可以使用 box-ordinal-group 属性，改变子元素显示时的顺序，该属性的功能是设置一个表示序号的属性值，来定义框中子元素的显示顺序，默认序号的属性值为 1。

下面通过一个实例来演示它的使用方式。

实例 20-4　改变元素的显示顺序

1. 功能描述

在实例 20-3 的基础之上，调用 box-ordinal-group 属性，将第 1 列和第 3 列元素的显示顺序进行互换，查看改变前后的页面效果。

2. 实现代码

在 WebStorm 中新建一个 HTML 页面 20-4. html，加入代码如代码清单 20-4 所示。

代码清单 20-4　改变元素的显示顺序

```
<!DOCTYPE html>
<html>
<head lang="en">
```

```
    <meta charset="UTF-8">
    <title>改变元素的显示顺序</title>
    <style type="text/css">
        ul {
            list-style-type: none;
        }
        ul, h3 {
            padding: 0px;
            margin: 0px;
        }
        div {
            border: dashed 2px #666;
            padding: 8px;
            font-size: 13px;
        }
        .body {
            display: -webkit-box;
            margin-top: -2px;
            margin-bottom: -2px;
        }
        .header, .footer {
            width: auto;
            text-align: center;
        }
        .left{
            -webkit-box-ordinal-group:3;
        }
        .content {
            margin-left: -2px;
            margin-right: -2px;
            -webkit-box-ordinal-group:2;
        }
        .right{
            -webkit-box-ordinal-group:1;
        }
    </style>
</head>
<body>
    <div class="header">
        <h3>头部</h3>
    </div>
    <div class="body">
        <div class="left">
            <h3>左侧栏</h3>
            <ul>
                <li><a href="#">菜单一</a></li>
                <li><a href="#">菜单一</a></li>
                <li><a href="#">菜单一</a></li>
            </ul>
```

```
        </div>
        <div class = "content">
            <h3>中间标题</h3>
            <p>内容区</p>
        </div>
        <div class = "right">
            <h3>右侧栏</h3>
            <ul>
                <li><a href = "#">链接一</a></li>
                <li><a href = "#">链接二</a></li>
                <li><a href = "#">链接三</a></li>
            </ul>
        </div>
    </div>
    <div class = "footer">
        <h3>底部</h3>
    </div>
</body>
</html>
```

3. 页面效果

该页面在 Chrome 浏览器中执行的页面效果如图 20-5 所示。

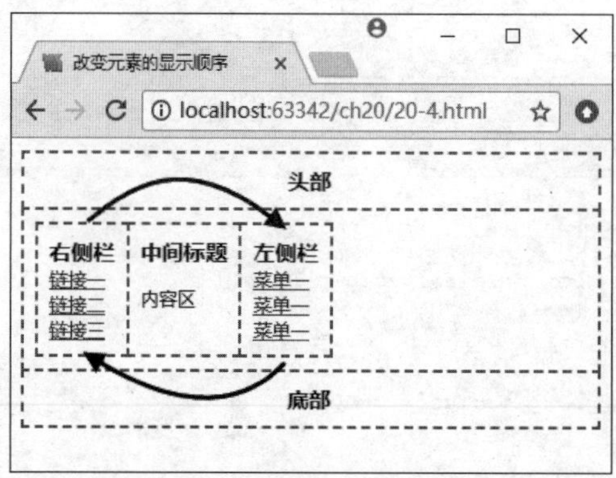

图 20-5 显示顺序改变之后的效果

4. 源码分析

在上述实例代码清单的样式表中，向需要调整顺序的元素添加 box-ordinal-group 属性，并设置相应的属性值，该值低的元素会显示在值更高的元素前；由于该属性还存在兼容性，因此，需要针对不同浏览器添加前缀，如 Chrome 浏览器，必须添加-webkit-前缀。

20.2.3 使用弹性盒布局消除空白区域

在盒布局中，由于子元素的宽度都是根据内容自动适应的，因此，当父元素的宽度增长后，其内的子元素会留有空白区域，可以使用-webkit-box-flex 属性来解决这个问题。该属性的功能是指定子元素是否动态缩放，默认为 0，表示不会缩放，值为 1 时，表示缩放。

实例 20-5 使用弹性盒布局消除空白区域

1. 功能描述

在实例 20-3 的基础之上，将第 2 列的 box-flex 属性值设置为 1，表示第 2 列进行动态缩放，查看缩放后的页面效果。

2. 实现代码

在 WebStorm 中新建一个 HTML 页面 20-5. html，加入代码如代码清单 20-5 所示。

代码清单 20-5 使用弹性盒布局消除空白区域

```
<!DOCTYPE html>
<html>
<head lang="en">
    <meta charset="UTF-8">
    <title>使用弹性盒布局消除空白区域</title>
    <style type="text/css">
        ul {
            list-style-type: none;
        }
        ul, h3 {
            padding: 0px;
            margin: 0px;
        }
        div {
            border: dashed 2px #666;
            padding: 8px;
            font-size: 13px;
        }
        .body {
            display: -webkit-box;
            margin-top: -2px;
            margin-bottom: -2px;
        }
        .header, .footer {
            width: auto;
            text-align: center;
        }
        .content {
            margin-left: -2px;
            margin-right: -2px;
            -webkit-box-flex:1;
        }
    </style>
</head>
<body>
    <div class="header">
```

```
        <h3>头部</h3>
    </div>
    <div class="body">
        <div class="left">
            <h3>左侧栏</h3>
            <ul>
                <li><a href="#">菜单一</a></li>
                <li><a href="#">菜单一</a></li>
                <li><a href="#">菜单一</a></li>
            </ul>
        </div>
        <div class="content">
            <h3>中间标题</h3>
            <p>内容区</p>
        </div>
        <div class="right">
            <h3>右侧栏</h3>
            <ul>
                <li><a href="#">链接一</a></li>
                <li><a href="#">链接二</a></li>
                <li><a href="#">链接三</a></li>
            </ul>
        </div>
    </div>
    <div class="footer">
        <h3>底部</h3>
    </div>
</body>
</html>
```

3. 页面效果

该页面在 Chrome 浏览器中执行的页面效果如图 20-6 所示。

图 20-6 使用弹性盒布局消除空白区域的效果

4. 源码分析

在上述实例代码清单的样式表中，给需要动态缩放的类别名为 content 的元素，添加了名称为 box-flex 的属性，并将它的值设置为 1，表示该子元素需要动态缩放。动态缩放是指在盒框中，如果有额外的空间，该元素会自动进行扩展，以填补这些区域。

由于目前各浏览器对 box-flex 属性的支持并不统一，因此，需要针对不同浏览器添加前缀，如 Chrome 浏览器，必须添加-webkit-前缀，否则无法识别。

小结

在本章中，首先从多列布局面临的问题讲起，并介绍使用盒布局解决问题的方法和实现过程，然后通过实例的方式，完整地演示了改变盒布局中的排列方向、显示顺序的过程，最后，通过一个简单的实例说明如何在盒布局中消除空白区域的方法。

第21章

JavaScript简介

视频讲解

本章学习目标

- 理解并掌握JavaScript的功能。
- 熟悉JavaScript的开发工具。
- 动手编写一个简单的JavaScript程序。

21.1 JavaScript是什么

21.1.1 JavaScript的起源

1992年,一家名为Nombas的公司开发了一种CMM语言,捆绑在一款共享软件上使用,由于它功能强大,并与C语言语法相似,因此,受到了很多用户的喜爱。后来,CMM更名为ScriptEase,成为最早的嵌入式语言,至今仍然在使用。

1994年,正处于技术革新最前沿的Netscape公司,从Nombas公司开发的CMM语言中受到了启发,决定开发一种客户端的脚本语言,用于处理用户与浏览器的交互问题。这种脚本语言被命名为LiveScript。但在正式发布时,为了能够与当时名噪一时的Java语言有所关联,又更名为JavaScript,一直沿用至今,成为浏览器与页面交互的最主要的脚本语言。

21.1.2 JavaScript的特点

JavaScript的诞生,弥补了HTML的不便性,也舍弃掉Java的臃肿性,是一种中间态的脚本语言。其特性如下。

1. 面向对象性

JavaScript吸取了Java和其他优秀编程语言的特性,运用JavaScript创建对象,能与其他脚本语言进行互补。

2. 动态执行语言

JavaScript 是一种动态语言，可以在程序运行时逐行解释并运行，而无须先编译后再运行，因为它是一种嵌在浏览器中的脚本语言。

3. 具有跨平台性

JavaScript 代码能在不同的平台之间进行执行，只需要浏览器支持即可，如在 Linux、Mac OS、Windows 平台下都可以执行 JavaScript 脚本代码。

4. 安全性高

JavaScript 不允许开发者对本地硬盘的读写访问，也不允许操作修改网络信息，它只负责信息的浏览和交互，从而确保了信息的安全性。

21.1.3 JavaScript 的开发工具

相对其他开发语言而言，JavaScript 语言的开发工具更加广泛，几乎所有能开发网站页面的工具都可以编写 JavaScript 代码，但如果从专业的角度来说，有下列几类开发工具。

1. WebStorm

它是一款强大的 JavaScript IDE，支持多种框架和 CSS 语言，包括前端、后端、移动端和桌面的应用，同时，它可以无缝整合第三方工具，还提供了代码补全、实时错误监测、导航、内置控制台、各种插件等一系列的功能，被广大中国 JavaScript 开发者誉为“Web 前端开发神器”，其软件图标如图 21-1 所示。

2. Atom

它是由 GitHub 团队开发的，开发者可以很容易地对 Atom 进行自定义。Atom 自带了一个包管理工具，具有代码补全、文件系统浏览器功能，同时，还支持多个平台以及其他有用的功能，其软件图标如图 21-2 所示。

图 21-1 WebStorm 集成开发工具的图标

图 21-2 Atom 集成开发工具的图标

3. Visual Studio Code

它是微软开发的 IDE，是针对编写现代 Web 和云端应用的跨平台源代码的编辑器，支持 TypeScript。它提供了代码补全、语法高亮、支持 Git 命令等功能。另外，它还有非常多的插件，其软件图标如图 21-3 所示。

图 21-3 Visual Studio Code 集成开发工具的图标

21.2 JavaScript 引入方式

作为页面开发中最流行的交互语言，JavaScript 代码在页面中的使用方式也是非常简单的，通俗来讲，就是嵌入式，即将 JavaScript 代码嵌入到页面中执行就可以，而嵌入代码的方式分别为外部引入、内部添加和属性执行。接下来分别进行介绍。

21.2.1 外部引入 JavaScript 文件

在页面中，通过外部引入的方式执行 JavaScript 代码非常简单，只需要先创建一个扩展名为.js 的 JavaScript 文件，并将该文件通过 script 元素引入到页面中，即完成外部引入的过程。

下面通过一个完整的实例来说明其详细的效果。

实例 21-1 外部引入 JavaScript 文件

1. 功能说明

通过外部引入文件的方式，将页面中 div 元素的内容设置为“hello，world!”。

2. 实现代码

在 WebStorm 中新建一个 HTML 页面 21-1.html，加入代码如代码清单 21-1 所示。

代码清单 21-1-1 外部引入 JavaScript 文件

```
<!DOCTYPE html>
<html>
<head lang="en">
    <meta charset="UTF-8">
    <title>外部引入 JavaScript 文件</title>
</head>
<body>
    <div id="div1"></div>
    <script type="text/javascript"
            src="js/js1.js">
    </script>
</body>
</html>
```

在上述代码中，使用 script 元素，引入了一个名称为 js1.js 的外部 JavaScript 文件，该文件的代码如清单 21-2 所示。

代码清单 21-1-2 名称为 js1.js 的文件代码

```
//获取 div 元素并保存到变量中
var div1 = document.getElementById("div1");
//将 div1 的内容设置为 hello,world
div1.innerText = 'hello,world';
```

3. 页面效果

该页面在 Chrome 浏览器中执行的页面效果如图 21-4 所示。

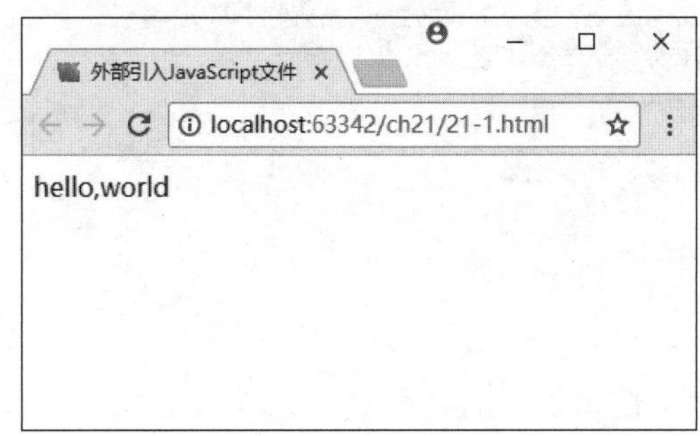

图 21-4 外部引入 JavaScript 文件

4. 源码分析

在上述实例的代码中,在 div 元素的后面,添加了一个 script 元素,用于在页面中导入 JavaScript 文件,并在文件中,先获取 div 元素,后再重置元素的内容,从而实现动态控制 div 元素的效果。

需要说明的是:由于页面的代码是顺序结构,因此,必须将 script 元素放置在 div 元素之后,才能获取到 div 元素,否则获取的对象为空。

21.2.2 内部添加 JavaScript 代码

内部添加 JavaScript 代码是指通过在页面的任何位置使用 script 元素添加 JavaScript 代码,页面在编译时一起执行的过程,相比外部引入的方式,更加简单和快捷。

下面通过一个完整的实例来说明其详细的效果。

实例 21-2 内部添加 JavaScript 代码

1. 功能说明

通过内部添加 JavaScript 代码的方式,计算两个数字的值,并将结果显示在页面元素中。

2. 实现代码

在 WebStorm 中新建一个 HTML 页面 21-2. html,加入代码如代码清单 21-2 所示。

代码清单 21-2 内部添加 JavaScript 代码

```
<!DOCTYPE html>
<html>
<head lang="en">
    <meta charset="UTF-8">
    <title>内部添加 JavaScript 代码</title>
</head>
<body>
```

```
    <div>30 + 20 的值是: <span id = "spn1"></span></div>
    <script type = "text/javascript">
        //获取 span 元素对象并保存在变量中
        var spn1 = document.getElementById("spn1");
        //计算两数的值并赋值给变量显示在页面中
        spn1.innerText = 30 + 20;
    </script>
</body>
</html>
```

3. 页面效果

该页面在 Chrome 浏览器中执行的页面效果如图 21-5 所示。

图 21-5　内部添加 JavaScript 代码

4. 源码分析

在上述实例的代码中，script 元素放置在 div 元素后面，便于在代码中直接获取元素。元素获取后，利用 JavaScript 代码中的计算功能，完成数值的计算，并将结果显示在页面中。

21.2.3　属性执行 JavaScript 代码

属性执行 JavaScript 是指在元素的属性中通过事件属性直接执行 JavaScript 代码，这是一种最直接运行 JavaScript 的方式，不利于编写大量的 JavaScript 代码，常用于按钮元素的事件中。

下面通过一个完整的实例来说明其详细的效果。

实例 21-3　属性执行 JavaScript 代码

1. 功能说明

单击一个名称为“删除”的按钮，直接执行 JavaScript 代码，弹出一个询问对话框。

2. 实现代码

在 WebStorm 中新建一个 HTML 页面 21-3. html，加入代码如代码清单 21-3 所示。

代码清单 21-3　属性执行 JavaScript 代码

```
<!DOCTYPE html>
<html>
```

```
<head lang="en">
    <meta charset="UTF-8">
    <title>属性执行 JavaScript 代码</title>
</head>
<body>
    <button
        onclick="var yn=confirm('你真的要删除这条记录吗?')">
        删除
    </button>
</body>
</html>
```

3. 页面效果

该页面在 Chrome 浏览器中执行的页面效果如图 21-6 所示。

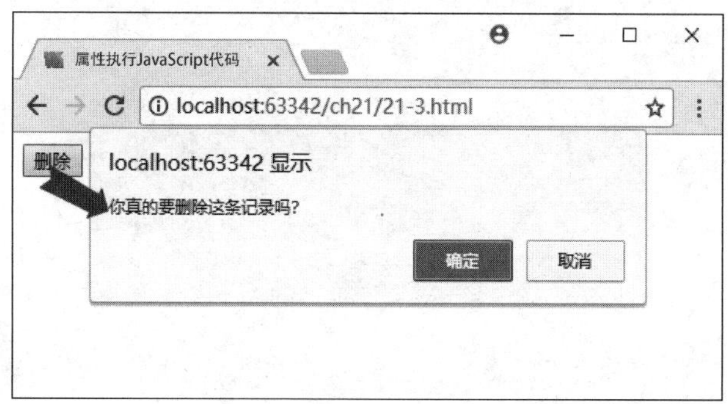

图 21-6　属性执行 JavaScript 代码

4. 源码分析

在上述实例的代码中，onclick 表示按钮的单击事件，confirm()方法用于显示一个带有指定消息和“确定”及“取消”按钮的对话框，是 JavaScript 代码中常用于询问类的方法。

21.2.4　一个简单的 JavaScript 程序

下面通过一个简单的页面交互的实例进一步理解 JavaScript 的强大功能。

实例 21-4　一个简单的 JavaScript 程序

1. 功能说明

在页面中，添加一个输入“姓名”的文本框和用于“提交”的按钮，当单击按钮时，通过 JavaScript 代码检测文本框的内容是否为空，如果为空则显示“姓名不能为空”，否则显示“提交成功!”。

2. 实现代码

在 WebStorm 中新建一个 HTML5 页面 21-4.html，加入代码如代码清单 21-4 所示。

代码清单 21-4　一个简单的 JavaScript 程序

```
<!DOCTYPE html>
<html>
<head lang="en">
    <meta charset="UTF-8">
    <title>一个简单的 JavaScript 程序</title>
    <style type="text/css">
        div{
            margin:5px 0px;
        }
        div .txt{
            padding: 5px;
        }
        div .error{
            color:red;
            font-size: 10px;
        }
    </style>
</head>
<body>
    <div>
        <div>
            <input type="text"
                   id="txt1"
                   class="txt"
                   placeholder="请输入姓名"/>
            <div id="tip" class="error"></div>
        </div>
        <button id="btn1">提交</button>
    </div>
    <script type="text/javascript">
        //获取元素并保存到变量对象中
        var txt1 = document.getElementById("txt1");
        var tip = document.getElementById("tip");
        var btn1 = document.getElementById("btn1");
        //绑定按钮的事件
        btn1.onclick = function(){
            //检测文本框的内容
            if(txt1.value!= ''){
                tip.innerText = '数据提交成功!'
            }else{
                tip.innerText = '姓名不能为空!'
            }
        }
    </script>
</body>
</html>
```

3. 页面效果

该页面在 Chrome 浏览器中执行的页面效果如图 21-7 所示。

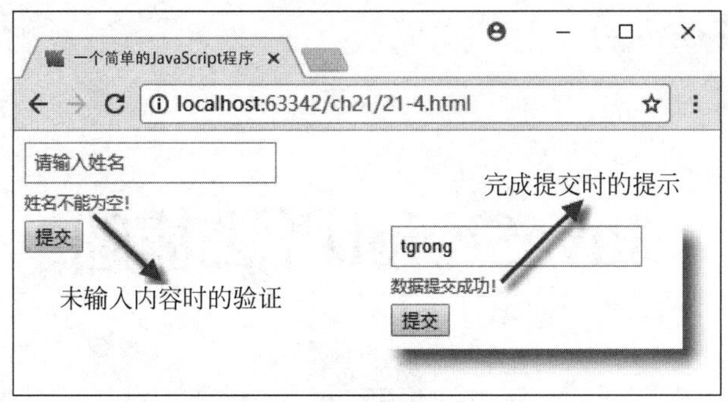

图 21-7 一个简单的 JavaScript 程序

4. 源码分析

在上述实例的代码中,先通过变量保存全部的元素对象,用于后续的使用,然后绑定按钮的单击事件,在事件中判断文本框的内容是否为空,获取不同的文字信息,并将信息显示在页面的元素中。关于更多的 JavaScript 语法,将会在后续的章节中进行详细的介绍。

小结

本章先从介绍 JavaScript 的概念讲起,然后介绍 JavaScript 的开发工具和引入页面的方式,最后通过一个简单的程序来演示如何在页面中使用 JavaScript 代码。

第22章

JavaScript语法基础

视频讲解

本章学习目标

- 理解并掌握变量和常量的定义方法。
- 掌握数据类型和运算符的使用。
- 熟练掌握类型转换和代码注释的方法。

22.1 语法简介

JavaScript 是一种脚本语言，也是一种可以嵌入页面由浏览器编译的程序语言，它的语法定义它的结构，由于它常用于页面的逻辑执行，因此，它的语法相对简单，但它的功能却很强大，因此，可以说是一种轻量级，但功能强悍的编程语言。

22.2 常量与变量

在 JavaScript 的语法中，首先必须要掌握的是常量与变量的概念，因为它们是使用 JavaScript 语法的基础，是编写代码功能的前提，因此，常量与变量的概念在整个 JavaScript 语法中占有重要的地位，接下来对它们进行详细的介绍。

22.2.1 常量

顾名思义，常量通常是不变化的一个“常态”值。当然，这种不变化仅是针对后面介绍的变量而言，因此，可以将某个数据的值，理解为是一个常量，比如“3.14159”，在一定时间内，它是不变化的。此外，JavaScript 语法中的具体数据类型其实也是常量。

在新版的 ECMAScript6 中，常量的定义通常使用关键字 const。

常量的类型包括字符型、数值型、布尔型、null 和 undefined，下面分别通过代码片断来进行说明。下列代码定义了一个字符型的常量。

```
//定义一个保存姓名的字符常量
const NAME = 'tgrong';
//在控制台输出字符常量
console.log(NAME);
```

上述代码中，const 为 ES6(ECMAScript6)定义常量的关键字，NAME 为常量的名称，tgrong 为常量的值，常量定义后，则可以在代码中使用，因此，执行上述代码后，将在控制台中输入 tgrong 的字符内容。

除定义字符型常量外，还可以定义其他类型的常量，如以下代码所示。

```
//定义一个数值型的常量
const AGE = 18;
//定义一个布尔型的常量
const MARRY = true;
//定义一个 null 型的常量
const WORK = null;
//定义一个 undefined 型的常量
const SCORE = undefined;
```

上述代码中，数字与布尔型的常量使用较多，null 型和 undefined 型通常使用的很少，所有常量，一旦定义了，将不能进行修改，否则将报错，因此，在定义常量时，一定要规划好，包括名称和值的类型，完成定义后，不需要再修改。

22.2.2 变量

与常量不同，变量是指在程序执行过程中可以改变的量，这种的改变是随时发生的。由于页面在执行过程中是按顺序结构来完成的，因此，前一个同名称变量的值将被后一个变量所代换，直到无改变语句为止。

变量的类型也与常量基本相同，但是它们的定义方式却不相同，常量使用关键字 const 定义，而变量则使用 var 定义或者不使用，直接使用变量的名称，如以下代码所示。

```
//定义一个字符型的名称变量
var name = 'tgrong'
//定义一个数值型的年龄变量
age = 18;
```

在上述代码中，定义变量的关键字使用 var，变量名称常用小写字母或者大小写混合，名称的命名要以望文生义为原则，变量的类型在定义时不需要声明，而是由变量的赋值类型来决定的，如果赋值是字符型，则变量的类型就是字符型。

1. 变量命名的规则

由于在编写代码的过程中，经常需要使用到变量，因此，它的命名规则是使用变量前必须要掌握的内容。一般来说，变量名通常由字母、英文单词、数字和下画线组成，首个字符可以是英文字母或下画线，但不能是汉字。严格来说，还必须遵守以下几个原则。

(1) 严格区分大小写。

变量在定义时,名称中的字母大小写是有区别的,相同字母,大写与小写是不相同的变量名称,因此,在定义变量时,要注意合理地使用和区分字母的大小写,如以下代码所示。

```
//定义一个小写字母的字符变量
var first = 'abc';
//定义一个带有大写字母的字符变量
var First = 'Abc';
//分别在浏览器的控制台输出这两个变量
console.log(first);
console.log(First);
```

执行上述代码后,虽然变量 first 和 First 是相同字母的变量名称,但由于大小写不同,它们是两个变量,因此,在控制台将输出两个变量分别对应保存的值。

(2) 遵守驼峰命名方式。

一个变量名可以由多个有意义的单词组成,第一个单词缩写成小写部分,另外组合的单词第一个字母大写,使变量名称看上去形成高低错落的驼峰状。这种命名方式的好处在于能透过有规律的变量名称,理解变量值的功能,便于变量代码的管理,如以下代码所示。

```
//驼峰式命名的用户名变量
var strName = 'tgrong'
//驼峰式命名的逻辑变量
var blnMarry = true;
```

在上述代码中,变量 strName 和 blnMarry 都是驼峰式命名,前面三个小写字母代表变量的数据类型缩写,后面的单词表示变量的功能,每一个大写字母形成驼峰形状。以这种方式命名的变量名称更加容易记忆和理解,推荐使用。

(3) 避免使用关键字。

无论是大小写,还是驼峰状,都需要使用到多个单词,而在使用这些单词时,一定要注意名称的望文生义原则,要尽量避免使用拼音,不能使用关键字,如以下代码所示。

```
//使用关键字作为变量名
var break = 'tgrong';
var do = 'abc'
```

在上述代码中,虽然 break 和 do 是英文单词,但它们同时又是 JavaScript 代码中的关键字,因此,它们不能作为变量名称,如果将关键字作为变量的名称,系统将会报错。

2. 变量的作用域

掌握了变量的定义和命名规则之外,要想更好地使用一个变量,必须理解变量的作用域。变量的作用域分为两种,一种是局部的,另一种是全局的。局部变量的定义必须使用关键字 var,而全局变量的定义则不需要使用 var,如以下代码所示。

```
//先定义一个名称为 strBig 的全局变量
strBig = '全局变量'
```

```
//再在函数中定义一个名称为 strSml 的局部变量
function retSml(){
    //定义局部变量
    var strSml = '局部变量';
    //返回局部变量
    return strSml;
}
```

在上述代码中，可以在 retSml()函数中访问全局变量 strBig，但在函数体外部，无法访问到通过关键字 var 定义的局部变量 strSml，因为该变量的作用域仅局限于函数体，而全局变量的作用域则是整体 JavaScript 代码文件。

如果想在函数体外访问局部变量 strSml，只需要除掉关键字 var，使局部变量变成全局变量，然后再执行函数，使全局变量生效，修改后的代码如下所示。

```
//先定义一个名称为 strBig 的全局变量
strBig = '全局变量'
//再在函数中定义一个名称为 strSml 的局部变量
function retSml(){
    //定义局部变量
    strSml = '局部变量';
    //返回局部变量
    return strSml;
}
//执行函数
retSml();
```

关于函数的定义和执行，将会在第 24 章中详细介绍。

22.3 数据类型

每种计算机语言都有自己所支持的数据类型，相比其他计算机语言而言，JavaScript 语言的数据类型属于弱定义方式，即在变量定义时，并不会声明它的类型，而是在赋值或使用时由具体的值来决定这个变量的真正类型。

JavaScript 语言的数据类型由字符串型、数字型、布尔型、null 型、undefined 型和对象型 6 大类型组成，前面 5 种为基本的数据类型，后面 1 种为扩展的数据类型。接下来详细地介绍每种数据类型的功能和使用方法。

22.3.1 字符串(String)型

字符串是由 Unicode 字符、数字、标点符号等组成的序列，在 JavaScript 代码中用于表示 JavaScript 文本的数据类型。字符串型数据通常由单引号或双引号包裹，由双引号定界的字符串中可以再包含单引号，单引号定界的字符串中也可以再包含双引号。

1. 双引号界定的字符串内容

```
//双引号界定的多个字符内容
```

```
var strInfo = "今天的天气非常好";
//双引号界定的单个字符内容
var strI = "好";
```

在上述代码中,使用双引号界定字符串型的数据是代码开发中十分常见的一种方式,被界定的内容可以是单个或多个汉字、字母或其他字符。一旦被界定符包裹,即使是数字,它也变成了字符,因此,它是字符串型数据定义的常用标识符。

2. 单引号界定的字符串内容

```
//单引号界定的多个字符内容
var strMess = '明天的天气非常好';
//单引号界定的单个字符内容
var strM = '好';
```

出于简化代码的考虑,开发人员在定义字符串型数据类型时,也常常使用单引号,它的功能与双引号相同,既可以包括单个,也可以包含多个字符串的内容。

3. 双引号界定的字符串中包含单引号内容

```
//双引号界定的字符串中包含单引号的内容
var strTip = "后天的天气一定很'好'";
```

出于文本数据中突出和格式的需求,有时在双引号的字符串中又要包含单引号的内容,这种方式也是被允许的,但要注意编写时的成对顺序,如上述代码所示。

4. 单引号界定的字符串中包含双引号内容

```
//单引号界定的字符串中包含双引号的内容
var strTip = '后天的天气一定很"好"';
```

无论是单引号还是双引号,都必须是在输入法是拼音和字母的情况下输入,否则,引号将无效。如需要在双引号中再次显示双引号的字符或在单引号中再次显示单引号的字符,则需要使用转义符,代码如下。

```
//双引号界定的字符串中包含双引号的内容
var strTip = "后天的天气一定很\"好\"";
//单引号界定的字符串中包含单引号的内容
var strTip = '后天的天气一定很\'好\'';
```

所谓的转义符,是指以反斜杠“\”为开始标记的特殊字符,它可以将一些字符通过增加反斜杠的方式进行转义,因此,反斜杠又称转义符,它后面的字符就是发生转义的内容,如上述代码中的“\"”或“\'”表示,将双引号“"”或单引号“\'”显示在字符串中。

通过提供的转义符,既可以丰富代码编写的内容,又能在字符串中添加一些不方便显示的字符,防止引号匹配引起的混乱、常用转义字符的功能如表 22-1 所示。

表 22-1　常用转义字符的功能对应表格

转义字符	功能说明	转义字符	功能说明
\b	退格	\"	双引号
\n	回车换行	\v	跳格(Tab,水平)
\t	Tab 符号	\r	换行
\f	换页	\\	反斜杠
\'	单引号		

22.3.2　数字(Number)型

在 JavaScript 代码中,数字型变量的使用非常广泛,它也是最基本的类型,但它与其他语言的数字类型不同,它并不区别整数型和浮点型,而是统称为浮点型,这种类型既可以表示整数,也可以表示小数,同时还能使用指数形式表示更大或更小的值。

```
//定义多种形式的数字类型的变量
var intAge = 28;
var fltX = 23.45;
var intBig = 50e5;
var intSml = 50e - 5;
```

在上述代码中,数字变量 intAge 是整型,它以十进制形式来表示,包括正整型、负整型和零;数字变量 fltX 是一个带有小数点的数据,如果想要表示更大或更小的整型,可以使用指数的方式;变量 intBig 的值为 50 乘以 10 的 5 次方;而 intSml 则表示更小的值。

22.3.3　布尔(Boolean)型

与数字类型的值不同,布尔型变量的值只有固定的两种表示方式,一种是 true,另一种是 false,前者表示真,后者表示假。如果用数字表示,那么,true 可以使用 1 来表示,false 可以使用 0 来表示,布尔型变量的值来源于逻辑运算符,常用于控制结构流程。

```
//定义一个布尔类型的变量并赋值初始值
var blnAdd = false;
//根据变量的值决定结构流程
if(blnAdd == true){
   //变量值为真时执行的代码
}else{
   //变量值为假时执行的代码
}
```

在上述代码中,布尔型变量 blnAdd 的值是 false,接下来根据这个变量的值,来执行不同的代码块,因此,布尔型变量的核心作用是用于控制 JavaScript 代码的结构流程。

此外,可以使用 Boolean()函数,将一些字符和数字及对象转变成布尔型值,在转变过程中,不等于 0、不是空字符串和对象都可以转成 true 值,否则为 false 值,如以下代码所示。

```
//不为空的字符串转换后的值为真
var blnX1 = Boolean("a");
//不为零的数字转换后的值为真
var blnX2 = Boolean(1);
//对象转换后的值为真
var blnX3 = Boolean(new Object());
//空的字符串转换后的值为假
var blnX4 = Boolean("");
//为零的数字转换后的值为假
var blnX5 = Boolean(0);
//null 和 undefined 转换后的值为假
var blnX6 = Boolean(null);
```

在实际的代码开发过程中,使用 Boolean()函数获取布尔类型值的场景并不是太多,大部分都先定义一个布尔类型的变量,然后修改变量的值,最后根据该值控制流程。

22.3.4 空值(Null)型

在 JavaScript 代码中,空值型是一个比较特殊的类型,它只有一个值,就是 null。当引用一个未定义的对象时,则将返回一个 null 值。从严格意义上来说,null 值本质上是一个对象类型,是一个空指针的对象类型,如以下代码所示。

```
//定义一个 Null 类型的对象变量
var objNull = null;
//在控制台输出对象变量的类型
console.log(typeof objNull);
//显示 object
```

在上述代码中,变量 strNull 的类型为 Null,因此,当使用 typeof()函数检测时,将返回一个空指针的对象,这种情形是 JavaScript 最初实现的一个错误,后来被 ECMAScript 一直沿用下来。简单来讲,null 值就是一个不存在的对象的占位符。

根据上述对空值型的描述,建议它的应用场景是:如果需要定义一个空值的对象,在初始化该对象时,可以直接赋值 null。

22.3.5 未定义(Undefined)型

与 Null 型相同,Undefined 型也是只有一个 undefined 值,当在编写 JavaScript 代码时,如果定义了一个变量,但没有给它赋值,那么,这个变量将返回 undefined 值,这也是变量默认的值。与 Null 型不同之处在于,Null 型是一个空值,而 Undefined 型表示无值。

```
//定义一个变量但不赋值
var strUndefined;
//在控制台输出变量的类型
console.log(typeof strUndefined);
//显示 undefined
```

在上述代码中，虽然变量 strUndefined 定义了名称，但它并没有被赋值，因此，当使用 typeof()函数检测时，它返回了 undefined 值，表示未定义型。

需要进一步说明的是，ECMAScript 认为 undefined 是从 null 派生出来的，因此，两者类型的值在表面上是相等的，即 null==undefined 返回 true，但它们的类型并不相同，所以，两者并不完全相等，即 null===undefined 将返回 false。

22.3.6 对象(Object)型

与前面的基本类型不同，对象型变量保存的内容更多，更容易处理复杂的业务，因此，更加受到开发人员的钟爱，在定义对象型变量时，以花括号界定，括号中以 key/value 的形式来定义对象中属性的内容，各属性之间使用逗号隔开，如以下代码所示。

```
//定义一个保存用户基本信息的对象
var objInfo = {
    code:0,
    data:{
        name:'tgrong',
        sex:'男',
        age:18
    }
}
//使用对象.属性名称的方式获取对象值
console.log(objInfo.data.name)
//显示 tgrong
//使用对象[属性名称]的方式获取对象值
console.log(objInfo["data"]["name"])
//显示 tgrong
```

在上述代码中，对象型变量 objInfo 有两个属性值 code 和 data，后者又是另外一个对象，它定义了 name、sex、age 三个属性值，形成多层嵌套的效果，用于处理复杂的数据请求。此外，可以采用对象.属性名称或对象[属性名称]的方式访问对象中的属性值。

22.4 运算符

在 JavaScript 中，运算符是用于计算、赋值和判断的符号，通过这些符号才能进行相关的操作，因此，这些符号也被称为操作符，整个运算符包括算术、比较、赋值、逻辑和条件 5 大类别，各类别实现不同的功能，接下来分别进行介绍。

22.4.1 算术运算符

算术运算符常用于代码的加、减、乘和除操作，除法在书写时，使用的是“/”符号，而不是传统数学中的“÷”，这一点需要在编程时注意，更多算术运算符号如表 22-2 所示。

表 22-2 JavaScript 中常用的算术运算符

运 算 符	功能说明	代码示例	执行结果
＋	用于两个数字相加	X＝6＋3	X＝9
－	用于两个数字相减	X＝5－2	X＝3
*	用于两个数字相乘	X＝7 * 4	X＝28
/	用于两个数字相除	X＝8/5	X＝1.6
%	用于两个数字间计算余数	X＝10%3	X＝1
＋＋	用于数值的累加	X＝2；＋＋X	X＝3
－－	用于数值的累减	X＝5；－－X	X＝4

针对算术运算符中的累加和累减符，在实际使用时，分别有两种不同的表示方式，一种是前置，如＋＋X，另一种是后置，如 X＋＋。两者的区别在于，前者在使用 X 前，先使 X 的值加 1；后者在使用 X 后，使 X 的值加 1，累减符的使用方法相同。

22.4.2 比较运算符

比较运算符用于对操作数进行比较，操作数可以是数字，也可以是字符。完成操作数的比较运算后，返回一个布尔值 true 或者 false。更多比较运算符如表 22-3 所示。

表 22-3 JavaScript 中常用的比较运算符

运 算 符	功能说明	代码示例	执行结果
＝＝	等于	X＝(9＝＝8)	X＝false
＝＝＝	全等(值和类型)	X＝(7＝＝＝7)	X＝true
!＝	不等于	X＝(6!＝5)	X＝false
>	大于	X＝(4 > 3)	X＝true
<	小于	X＝(2 < 3)	X＝true
>＝	大于或等于	X＝(14 >＝13)	X＝true
<＝	小于或等于	X＝(12 <＝13)	X＝true

在比较运算符中，等于运算符有两种表现形式，一种是“＝＝”，表示只要操作数的值相等，就可以返回 true 值，另一种是“＝＝＝”，表示不仅操作数据的值相等，类型也要相等，才能返回 true 值，否则返回 false 值。

22.4.3 赋值运算符

在 JavaScript 中，赋值运算符包括简单和复合两种形式，确切来说，简单赋值运算符就是一个“＝”号，即将等号右边的值赋值给左边，这种形式常用于变量的初始化。

复合运算符则是建立在简单运算符的基础之上，只是在赋值过程中，右边需要经过表达式的计算，将计算后的结果赋值给左边，这种形式常用于变量值的重置。更多赋值运算符如表 22-4 所示。

需要进一步说明的是，在运算的同时还要赋值的操作，都是一种简写的方式，并且只能有两个操作数，表格中最后的三个运算符在实际开发中使用不多，读者可仅作了解。

表 22-4 JavaScript 中常用的赋值运算符

运 算 符	功 能 说 明	代 码 示 例	执 行 结 果
=	简单赋值语句	X='tgrong'	变量 X 保存字符串 tgrong 值
+=	变量在增加的同时赋值	X+=Y	变量 X 保存 X+Y 值
-=	变量在减少的同时赋值	X-=Y	变量 X 保存 X-Y 值
*=	变量在相乘的同时赋值	X*=Y	变量 X 保存 X*Y 值
/=	变量在相除的同时赋值	X/=Y	变量 X 保存 X/Y 值
%=	变量在求余数的同时赋值	X%=Y	变量 X 保存 X%Y 值
&=	变量在逻辑与的同时赋值	X&=Y	变量 X 保存 X&Y 值
|=	变量在逻辑或的同时赋值	X|=Y	变量 X 保存 X|Y 值
^=	变量在逻辑异或的同时赋值	X^=Y	变量 X 保存 X^Y 值

22.4.4 逻辑运算符

逻辑运算符通常用于逻辑(布尔)型运算,它的结果将返回一个布尔值 true 或 false,通常有 3 类逻辑运算符,分别是"&&""||"和"!"。通过这些逻辑运算符组合的表达式,可以解决业务中较为复杂的业务判断需求,更多逻辑运算符如表 22-5 所示。

表 22-5 JavaScript 中常用的逻辑运算符

运 算 符	功 能 说 明	代 码 示 例	执 行 结 果
&&	逻辑与,如果表达式两边的值都为 true,结果则返回 true;任意一个值为 false,结果则返回 false	X=(8>7&&9>6)	X=true
||	逻辑或,如果表达式两边的值都为 false,结果才返回 false;任意一个值为 true,结果则返回 true	X=(8<7||9<6)	X=false
!	逻辑非,如果表达式的值为 true,则返回 false;若表达式的值为 false,则返回 true	X=!(9>8)	X=false

需要进一步说明的是,虽然只提供了 3 种类型的逻辑运算符,但它们之间可以再嵌套,再组合,通过这种方式才能响应业务逻辑的需求。

22.4.5 条件运算符

条件运算符又称选择运算符,它是 JavaScript 支持的一种特殊的运算符,它的特殊之处在于,它能依据条件,赋值不同的数据内容,书写简单,代码编写效率高,因此,在应用过程中深受开发人员喜欢。它的语法格式如下。

```
条件?表达式 1:表达式 2;
```

在上述语法格式中,先判断条件表达式语句,如果返回逻辑真值,即 true 值,则使用表达式 1 的值,如果返回逻辑假值,即 false 值,则使用表达式 2 的值,代码如下。

```
//定义两个数字型变量 X 和 Y
var X = 5,Y = 6;
```

```
//根据条件运算符的值获取不同的内容
var strOut = (X > Y)?'X 大于 Y 值':'X 小于 Y 值';
//输出获取的结果
console.log(strOut);
//输出 X 小于 Y 值
```

在上述代码中,由于条件运算符返回的内容是 X 小于 Y 值并赋值给字符串变量 strOut,因此,在控制台输出该变量时,显示的内容就是 X 小于 Y 值。

22.5 语句与表达式

JavaScript 中的语句是向浏览器发出的指令,它的功能是告知浏览器需要执行哪些动作;一条完整的语句应在结束时添加分号,同时,分号也可以在一行中隔开多条语句,由于 JavaScript 的松散性,分号可以不写,代码也能正常执行。

JavaScript 中的表达式则是语句的集合,它由运算元件和运算符组成,执行后返回一个运算值。根据操作功能和返回值的类型不同,表达式又分为赋值、算术、布尔和字符串型表达式,下面详细说明它们的功能和区别。

22.5.1 语句

浏览器在执行语句时,将按语句在代码中的编写顺序执行。在执行过程中,可以使用花括号将多行代码包裹,形成语句块,代码中的函数就是语句块的典型实例。另外,语句中的代码区分大小写,会忽略多余的空格,如以下代码所示。

```
//最简单的一条语句
var strName = '我的名字叫陶国荣';
//通过代码块执行的语句
var funShow = function(){
      var _x = 1000;
      return _x + 10;
}
//没有空格的语句
var strNoSpace = '今天下雪了';
//有空格的语句
var strHasSpace =  '今天下雪了';
```

需要进一步说明的是,忽略的多余空格是针对语句值的左右两边,并不是双引号或单引号界定的内容中,且忽略的多余空格在编译时,会自动添加,因此,开发人员在日常编写代码时,应尽量按规范编写,增强代码的可读性和执行效率。

22.5.2 表达式

表达式是语句的集合,它将返回一个结果值。表达式是构成代码的重要组成部分,是代码编写的基础,总体来说,包括赋值、算术、布尔和字符串型这 4 大类表达式。

1. 赋值表达式

赋值表达式是代码中使用最为广泛的一种，常用于定义变量时的初始化值，它的基本格式如下。

```
变量 赋值运算符(=) 表达式;
```

在上述赋值表达式的格式中，执行的流程是自右向左的方向，即先计算赋值运算符右侧的值，再将该值赋予运算符左侧的变量，实现赋值的功能，如以下代码所示。

```
//定义一个变量并初始化赋值
var intResult = 0;
//计算表达式的值并重新赋值
intResult = 5/6 * 8 + 4 - 2;
//输出变量的值
console.log(intResult);
//输出 8.66
```

在上述代码中，无论是定义变量时的初始化赋值，还是计算表达式后的重新赋值，都是赋值表达式的一种，仅是简单与复杂不同。

2. 算术表达式

算术表达式是用算术运算符连接的 JavaScript 语句，它的最大特点是运算符右侧的表达式中全部都是数字，且全部是算术运算符连接，格式如下。

```
变量 赋值运算符(=) 数字 算术运算符 数字;
```

在上述表达式中，赋值运算符右侧表达式的返回值通常是数字，表达式中的运算符也是算术运算符，如果在“+”运算符中，一边是字符，另一边是数字，那么数字将自动转成字符类型，返回两个数据相连接的内容，而非相加的结果，如以下代码所示。

```
//定义一个数字型变量
var intAge = 18;
//定义一个字符型变量
var strYear = "岁";
//数字型与字符型进行相加运算
var strResult = intAge + strYear;
//在控制台输出结果
console.log(strResult);
//输出 18 岁
```

在上述代码中，由于 intAge 变量与 strYear 变量进行相加操作，因此，intAge 变量会自动转换成字符串，最终变成两个字符串相连接，所以，在控制台显示 18 岁的字符。

3. 布尔表达式

布尔表达式通常返回一个布尔值 true 或 false，用于判断某个条件是否成立或某个表达式的值是否为真，因此，布尔表达式常用于控制代码的流程，如以下代码所示。

```
//定义一个数字型的输入值变量
var intInput = 20;
//根据输入值变量的奇偶性显示不同内容
if( intInput % 2 == 0){
      //在控制台输出偶数
}else{
      //在控制台输出奇数
}
```

在上述代码中,代码 if(intInput%2==0)就是一个布尔型表达式,它的功能是如果变量 intInput 与 2 求余数时,结果为 0,表示没有余数,即可以被数字 2 整除,因此,该变量就是一个偶数,反之,则是一个奇数,所以布尔型表达式可以控制代码流程。

4. 字符串表达式

严格来说,真正的字符串表达式,并不是上述介绍的数字转换后与字符串相加的操作,而是两个字符串型的操作符相加,这种相加的实质就是相连接,因此,字符串表达式返回的值是相连接后的内容,如以下代码所示。

```
//定义一个保存用户名的字符串变量并赋初始值
var strName = "tgrong";
//定义一个保存密码的字符串变量并赋初始值
var strPass = "123456";
//定义一个用于保存输出结果的变量并赋值
var strResult = strName + "/" + strPass;
//在控制台输出结果
console.log(strResult);
//输出 tgrong/123456
```

在上述代码中,var strResult=strName+"/"+strPass 就是一个字符串表达式的赋值语句,在语句中,字符串变量 strName 和"/"以及 strPass 通过加号"+"字符进行连接,最后将这些字符串变量组合输出到控制台。

需要进一步说明的是,字符串表达式常用于在代码开发过程中,字符串数据的组合提交和调试数据的联合输出。

22.6 类型转换

类型转换在代码开发过程中经常使用,它的功能是将一种类型转换成另外一种类型,转换的目的是便于代码的操作和执行。类型转换又分为隐式转换和显式转换,隐式转换是系统的一种自动行为,如数字型在与数字相加时,自动转换成字符型。

与隐式转换不同,显式转换并不是一种系统自动的行为,而是在代码编写时的手动类型转换,为实现这种显式的转换,JavaScript 提供了许多相应的函数,如 Number()、Boolean()这两个实用性很强的转换函数,接下来分别进行介绍。

22.6.1 Number()函数

在类型转换函数中，函数 Number()的功能是可以将任意的字符内容转换成数字，根据函数参数的不同，函数 Number()转换后返回的值也不同，如表 22-6 所示。

表 22-6 JavaScript 中 Number()函数转换值

参　　数	功 能 说 明	代 码 示 例	执 行 结 果
布尔值	返回值 1 或 0	Number(3 > 2)	1
数字值	原样返回	Number(123)	123
null 值	返回 0	Number(null)	0
undefined	返回 NaN	Number(undefined)	NaN
字符串	字符串只含数字，则返回数字	Number('456')	456
	空的字符串，则返回 0	Number('')	0
	字符串含字母，则返回 NaN	Number('abc')	NaN

22.6.2 Boolean()函数

与 Number()函数不同，Boolean()函数的功能是将任意的字符内容转换成布尔值，根据函数参数的不同，Boolean()函数转换后返回的值也不同，如以下代码所示。

```
//将空字符串转换成布尔型值
var blnEmpty = Boolean('');
//将 NaN 串转换成布尔型值
var blnNaN = Boolean(NaN);
//将 null 值转换成布尔型值
var blnNull = Boolean(null);
//将 undefined 转换成布尔型值
var blnUndefined = Boolean(undefined);
//将 false 转换成布尔型值
var blnFalse = Boolean(false);
//将 0 转换成布尔型值
var blnZero = Boolean(0);
```

在上述代码中，全部的参数值被转换后都将返回 false 值，因此，除了以上 6 种情形的参数外，其他类型的参数调用 Boolean()函数，都将返回 true 值。

22.7 代码注释

与其他编程语言相同，JavaScript 也有自己代码注释的方式，它的方式分为两种，一种是单行注释，另一种是多行注释，以单行注释使用最广泛和方便。此外，程序员养成良好的代码注释习惯，也有助于代码的阅读和后期的维护。

22.7.1 单行注释

顾名思义,单行注释,表示只注释一行代码,这种方法在编写代码时使用最为频繁,常在核心或关键的代码处添加。单行注释的符号是"//",无论是在代码的上面还是右侧,都可以添加"//",该符号后的文字就是注释内容,如以下代码所示。

```
//定义一个布尔型变量并赋初始值
var blnType = true;
blnType = false;                    //重置布尔值
if(blnType) {                       //如果该值为真
     //则重置为假
     blnType = false
}
```

在上述代码中,列出了所有可能出现单行注释的场景,包含代码的上面和右侧,常用的单行代码注释在代码的上面,表示对下一行代码的编写描述。

22.7.2 多行注释

与单行注释不同,有时需要对一段或多行代码进行注释,这时就可以使用多行的代码注释。它与单行注释相比而言,注释的内容更多,更高效,但它的使用率不及单行注释,且通常用于功能模块的头部,用于描述整个模块代码的用途,它的注释符号是"/ ** /"。

```
/**
 * Created by Administrator on 2019\1\1 0001.
 */
var strMess = '';
```

在使用 WebStorm 编辑器编写 JavaScript 文件代码时,新创建的 JavaScript 文件中会自动以注释的方式在头部添加一行说明,阐述该文件创建的作者和时间。

此外,许多前端的框架在文件的头部也会以多行注释的方式说明模板的功能和相关的信息内容,如 jQuery 3.3.1 版本的文件,在头部的多行注释代码如下。

```
/*!
 * jQuery JavaScript Library v3.3.1
 * https://jquery.com/
 *
 * Includes Sizzle.js
 * https://sizzlejs.com/
 *
 * Copyright JS Foundation and other contributors
 * Released under the MIT license
 * https://jquery.org/license
 *
 * Date: 2018-01-20T17:24Z
 */
```

```
( function( global, factory ) {
…
})
```

这里需要进一步说明的是，多行注释完全可以使用单行注释来替代，无论是单行还是多行注释，在代码中仅是说明性的文字，代码并不会被编译执行。

关于更多的 JavaScript 语法内容，将会在后续的章节中继续进行介绍。

小结

在本章中先从基础的语法讲起，介绍变量和常量的使用，然后讲述数据类型和运算符的使用方法，最后介绍类型的相互转换和代码注释的方法。

第 23 章

流 程 控 制

视频讲解

本章学习目标

- 理解并掌握流程控制的原理和组成。
- 掌握选择结构的使用方法。
- 熟练循环结构的使用方法。

23.1 流程控制简介

JavaScript 与其他语言一样，通过流程控制代码的执行，基本的流程由顺序、选择和循环结构组成，依据这些流程结构，实现代码的流向和执行，因此，在掌握 JavaScript 代码的基础语法之后，理解流程控制的组成结构成为编写高质量代码的前提。

23.1.1 顺序结构

顺序结构是 JavaScript 中最基本的结构，它也是其他结构的基础，这种结构总的方向是按照代码编写过程中的先后顺序来执行，在执行过程中，以从上而下、由左到右的方向去执行，示意图如图 23-1 所示。

顺序结构是代码执行的基本结构，这种结构的优势是简单，易于理解，但它的弊端也是显而易见的，由于在执行过程中，代码是按自上而下的顺序执行的，因此，如果在前段代码中出现了异常，那么后段代码将不会被执行。下面通过一个简单的实例来介绍。

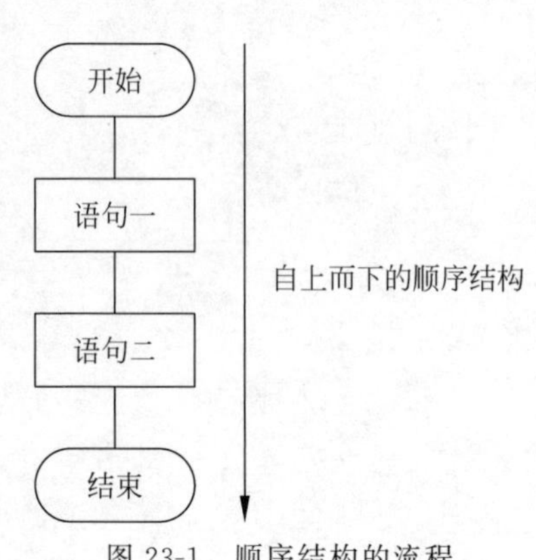

图 23-1　顺序结构的流程

实例 23-1　代码的顺序结构

1. 功能说明

在浏览器的控制台上，按前后顺序分别输出一个未定义和已定义的变量。

2. 实现代码

在 WebStorm 中新建一个 HTML 页面 23-1. html,加入代码如代码清单 23-1 所示。

代码清单 23-1 代码的顺序结构

```
<!DOCTYPE html>
<html>
<head lang="en">
    <meta charset="UTF-8">
    <title>代码顺序结构</title>
</head>
<body>
    <script type="text/javascript">
        //定义一个字符型变量并赋初始值
        var strMess = '今天是一个好日子';
        //在控制台输出一个未定义的变量
        console.log(strError);
        //再在控制台输出已定义的变量
        console.log(strMess);
    </script>
</body>
</html>
```

3. 页面效果

该页面在 Chrome 浏览器中执行的页面效果如图 23-2 所示。

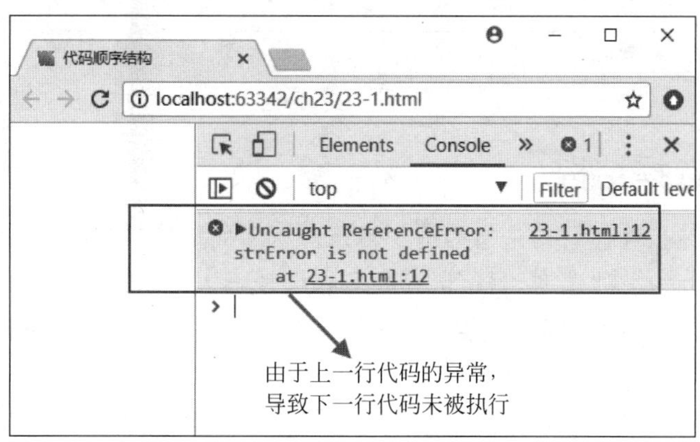

图 23-2 代码出现异常停止执行

4. 源码分析

在上述实例的代码中,由于使用 console. log(strError);语句输出一个未定义的字符串变量,因此,在编译执行时出错。按照代码的顺序结构原则,由于上一行的语句有错误,则执行被停止,所以,该语句的下一行代码 console. log(strMess);并没有被执行。

为了有效地避免代码在按顺序结构执行时,由于异常现象出现停止执行的情况,开发人员在编写代码时,对可能出现异常的情形要做前期的预判,在预判的代码中添加异常捕捉语句，用于保证代码的顺利执行。

根据上述介绍，可以将上述代码中的 console. log(strError)；语句使用 try…catch 语句进行包裹，修改后的代码如下。

```
...省略头部原有代码
        //在控制台输出一个未定义的变量
        try{
            console.log(strError);
        }catch(e){
            console.log(e.message)
        }
...省略底部原有代码
```

代码经过上述修改之后，既输出了异常信息，又正常执行了下一行的代码，最终该页面在 Chrome 浏览器中执行的页面效果如图 23-3 所示。

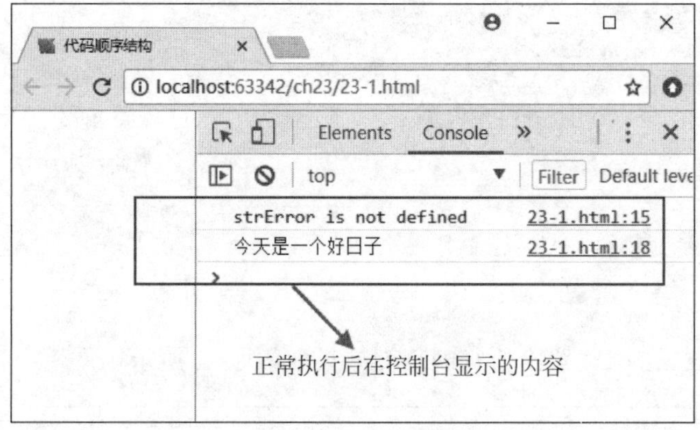

图 23-3　代码正常执行显示的内容

23.1.2　选择结构

与顺序结构不同，选择结构是指根据逻辑条件返回的值决定代码执行的方向，根据条件的数量不同，可以分为单项选择、双项选择和多项选择三大类别。

在三类选择结构中，最为简单的单项选择，只有一个条件，如果条件满足，则执行，否则执行后续代码，它的选择结构流程如图 23-4 所示。

与单项选择不同，双项选择的方向有两个，如果条件成立时，执行相应代码块，不成立时，执行对应代码块。该结构类型适合只有两种情况的需求，选择结构流程如图 23-5 所示。

在实际的开发过程中，选择并不都是单项或双项，有可能是两个以上的选择，即多项选择。对于两个以上的多项选择，可以使用多个逻辑条件语句，选择结构流程如图 23-6 所示。

在图 23-6 中，将根据逻辑条件是否为真，决定执行对应的代码块，如果不为真，则执行条件为假的代码块，当全部的逻辑条件都不符合时，如果添加了 else 语句，则执行该语句下的代码块，否则按顺序执行后续的代码。

多项选择中，可以使用 if…elseif…else 语句，也可以使用 switch 语句，这两种选择语句可以互换使用。更多的详细用法，见后续章节中的实例代码。

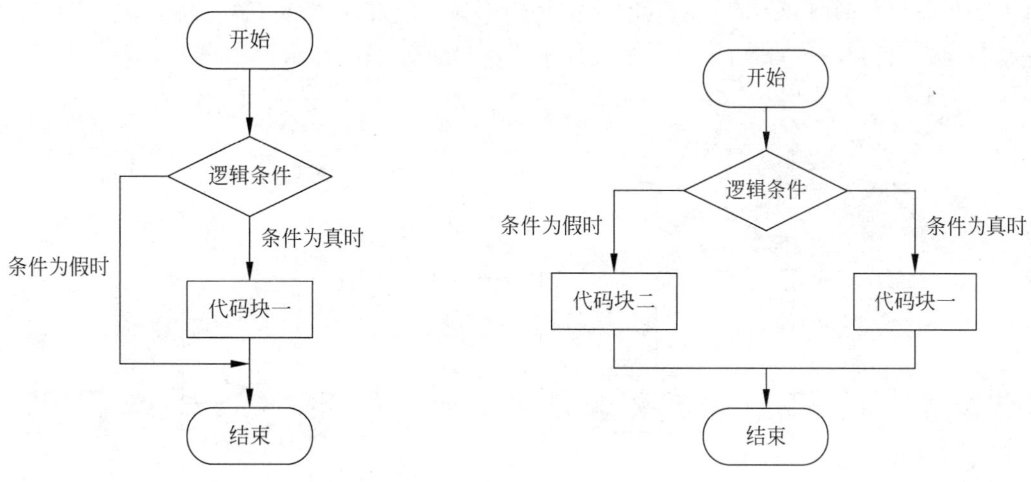

图 23-4　单项选择结构的流程　　　图 23-5　双项选择结构的流程

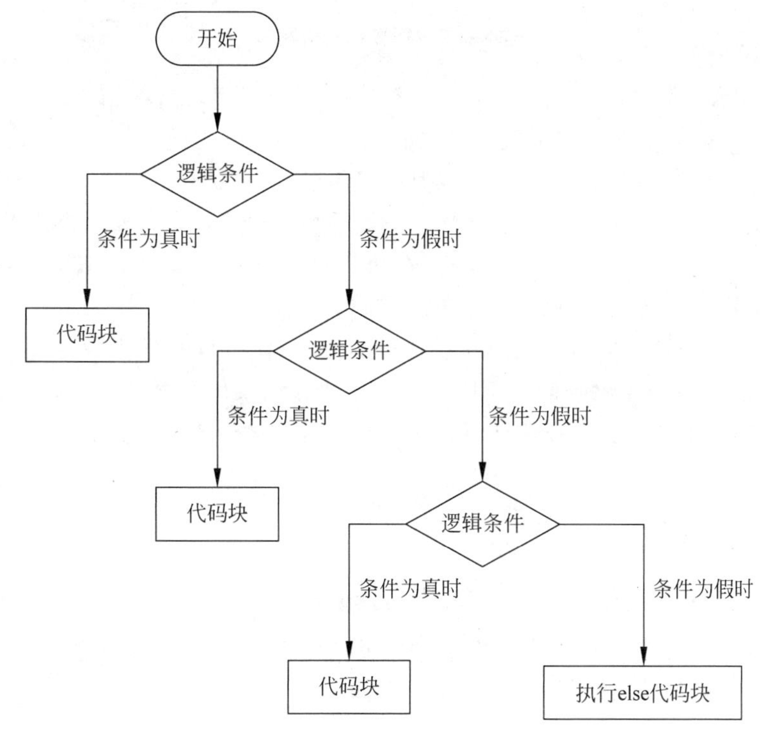

图 23-6　多项选择结构流程

23.1.3　循环结构

在程序执行过程中，有时需要反复地去执行一段代码块，如求 1～100 的累加和，就需要使用到循环结构，它的最大优势是，简化代码，提升效率。根据循环结构中逻辑条件执行的先后顺序，又分为 while、do…while 和 for 语句三种。

相对于 for 语句而言，while 和 do…while 执行的语法更加接近些，它们两者的根本区别在于代码执行的时间不同,do…while 语句是先判断逻辑条件,再执行代码,while 语句是先执行代码,再判断逻辑条件,它们的循环结构流程如图 23-7 所示。

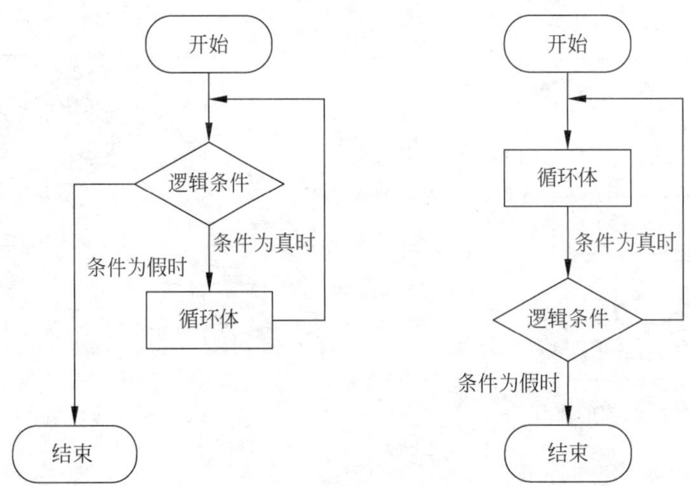

图 23-7 循环结构流程

在图 23-7 中,左侧描述了 do…while 循环结构的执行流程,这种结构在执行过程中,先判断逻辑条件,再根据条件的结果决定是否执行循环体;右侧描述了 while 语句执行的流程,这种结构首先执行一次循环体,然后再判断逻辑条件,再执行。

do…while 和 while 语句最大的区别是,第一次的执行是否需要判断逻辑条件,do…while 需要判断,而 while 则不需要,因此,在执行循环体的总量上,while 语句要比 do…while 多一次。更多的区别,详见后续章节的实例。

严格来说,for 语句也是属于先判断后执行的流程,在执行的过程中与 do…while 语句有很多相似的地方,但 for 语句侧重于明确了初始值和结束值的循环需求,而 do…while 语句则只需要确定逻辑条件和循环体即可,相比而言,这种循环的执行更加灵活。

23.2 选择结构

在介绍完语句的流程控制之后,接下来详细地结合代码的方式来介绍流程控制的语句结构。在流程控制中,选择结构包含单项、双项和多项选择,它也是语句结构中最简单、最常用的一种,下面分别来进行介绍。

23.2.1 单项选择 if 语句

单项选择的 if 语句是指仅指定一个选择的代码块,当逻辑判断为真时,则执行该代码块,否则不执行。它的语句格式如下。

```
if(条件)
{
    执行语句;
};
```

在上述语句格式中，if 后面的条件可以是逻辑判断语句或逻辑值，当语句或值返回真时，才执行大括号中的执行语句，否则执行大括号后面的代码。需要注意的是，关键字 if 不能大写，如果是大写的 if 字母将出现 JavaScript 代码异常。

下面通过一个简单的实例来说明单项选择 if 语句的基本用法。

实例 23-2 单项选择 if 语句

1. 功能说明

在页面中，根据变量值是否大于 60 分，向页面元素输出内容。

2. 实现代码

在 WebStorm 中新建一个 HTML 页面 23-2. html，加入代码如代码清单 23-2-1 所示。

代码清单 23-2-1 单项选择 if 语句

```
<!DOCTYPE html>
<html>
<head lang="en">
    <meta charset="UTF-8">
    <title>单项选择 if 语句</title>
    <link href="css/style.css" rel="stylesheet" />
</head>
<body>
    <div id="tip">...</div>
    <div id="end">...</div>
    <script type="text/javascript">
        //将获取的元素对象保存到变量中
        var objTip = document.getElementById("tip");
        var objEnd = document.getElementById("end");
        //定义一个保存分数的变量
        var intScore = 90;
        //根据单项选择语句向元素输出内容
        if(intScore > 60){
            //重置页面元素输出的内容
            objTip.innerText = '已及格';
        }
        //重置页面结束元素显示的内容
        objEnd.innerText = '执行完成';
    </script>
</body>
</html>
```

在上述代码中，向页面导入了一个名为 style. css 的样式文件，用于控制页面元素的位置和样式，它的完整代码如代码清单 23-2-2 所示。

代码清单 23-2-2 style. css 文件的内容

```
body{
    font-size: 13px;
```

```
}
div{
    margin: 10px 0px;
    padding: 8px;
    width: 160px;
    background-color: aliceblue;
    border-bottom: solid 2px #ccc;
}
.number{
    font-size: 30px;
    font-family:fantasy;
}
```

3. 页面效果

该页面在 Chrome 浏览器中执行的页面效果如图 23-8 所示。

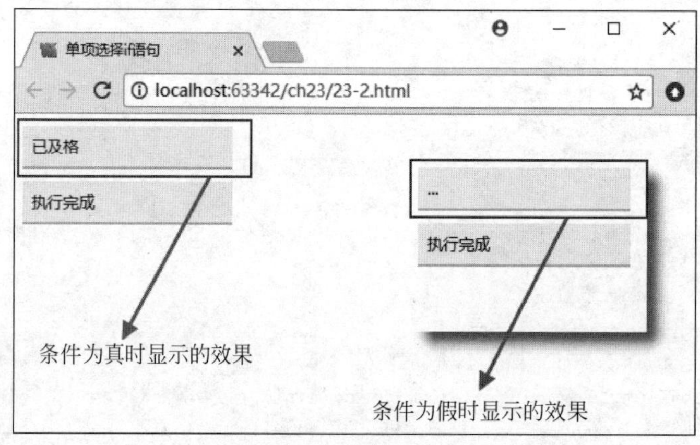

图 23-8 单项选择 if 语句

4. 源码分析

在上述实例的代码中,如果条件成立,即变量 intScore 的值大于 60,则返回 true,当这个返回值为 true 时,执行大括号中的代码块,在元素中输出“已及格”字样;如果条件不成立,将不会执行大括号中的代码块,而直接执行大括号后面的代码。

无论条件是否成立,都会执行大括号后面的代码,因此,元素中“执行完成”的字样一定会输出,详细页面效果如图 23-8 所示。

23.2.2 双项选择 if…else 语句

与单项选择不同,双项选择 if…else 语句有两个选择项,如果条件成立,则执行对应代码块,否则执行另外部分的代码块。完成代码块的执行后,都将跳出选择语句,继续执行后面的代码,它的语句格式如下。

```
if(条件)
{
```

```
    执行语句 1;
}
else
{
    执行语句 2;
}
```

在上述语句格式中,当条件成立时,执行语句 1,否则执行语句 2。一般来讲,双项选择需要有两个对应的执行语句来完成,比单项选择在格式上要多一个执行语句。

下面通过一个简单的实例来说明双项选择 if…else 语句的基本用法。

实例 23-3　双项选择 if…else 语句

1. 功能说明

在页面中,如果变量值大于 60,则页面元素输出"已及格"字符,否则输出"不及格"字符。

2. 实现代码

在 WebStorm 中新建一个 HTML 页面 23-3.html,加入代码如代码清单 23-3 所示。

代码清单 23-3　双项选择 if…else 语句

```
<!DOCTYPE html>
<html>
<head lang="en">
    <meta charset="UTF-8">
    <title>双项选择 if…else 语句</title>
    <link href="css/style.css" rel="stylesheet" />
</head>
<body>
    <div id="tip">...</div>
    <div id="end">...</div>
    <script type="text/javascript">
        //将获取的元素对象保存到变量中
        var objTip = document.getElementById("tip");
        var objEnd = document.getElementById("end");
        //定义一个保存分数的变量
        var intScore = 90;
        //根据双项选择语句向元素输出内容
        if(intScore > 60){
            //重置页面元素输出的内容
            objTip.innerText = '已及格';
        } else{
            //重置页面元素输出的内容
            objTip.innerText = '不及格';
        }
        //重置页面结束元素显示的内容
        objEnd.innerText = '执行完成';
```

```
    </script>
</body>
</html>
```

3. 页面效果

该页面在 Chrome 浏览器中执行的页面效果如图 23-9 所示。

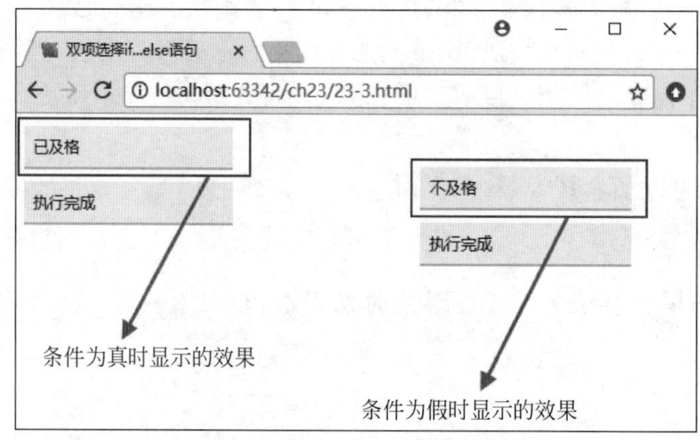

图 23-9 双项选择 if…else 语句

4. 源码分析

在上述实例的代码中，如果条件成立，即变量 intScore 的值大于 60，则返回 true 值，在元素中输出“已及格”字样；如果条件不成立，则返回 false 值，在元素中输出“不及格”字样，最后再执行后面的代码，在元素中输出“执行完成”的字样。

23.2.3 多项选择 if…else if 语句

与双项选择不同，多项选择 if…else if 语句的功能不仅是针对两项选择，而是两项以上的多项选择。在多项选择语句中，每一个条件对应一段执行的语句，当某一个条件成立时，则执行相应的语句，如果都不成立，又添加了 else 语句，则执行 else 语句中的代码。

严格来讲，多项选择中的每一个条件不能出现相同的范围，它们之间是相互独立的条件，不能存在包含或者相似的情形，它的语句格式如下。

```
if(条件 1)
{
   执行语句 1;
}
else if(条件 2)
{
   执行语句 2;
}
else if(条件 3)
{
   执行语句 3;
```

```
}
…
else
{
    执行其他语句;
}
```

在上述语句格式中，当条件 1 成立时，则执行语句 1，当条件 2 成立时，则执行语句 2，以此类推，当所有的语句都不成立时，又添加了 else 语句，则执行其他语句。多项选择语句的应用场合非常多，下面通过一个简单的实例来详细说明它的用法。

实例 23-4 多项选择 if…else if 语句

1. 功能说明

在页面中，根据变量的值，显示不同的等级，如大于或等于 60 分、小于或等于 70 分时，显示“已及格”；大于 70 分、小于或等于 90 分时，显示“良好”；大于 90 分时，显示“优秀”；小于 60 分时，显示“不及格”。

2. 实现代码

在 WebStorm 中新建一个 HTML 页面 23-4. html，加入代码如代码清单 23-4 所示。

代码清单 23-4 多项选择 if…else if 语句

```
<!DOCTYPE html>
<html>
<head lang="en">
    <meta charset="UTF-8">
    <title>多项选择 if…else if 语句</title>
    <link href="css/style.css" rel="stylesheet"/>
</head>
<body>
<div id="tip">...</div>
<div id="end">...</div>
<script type="text/javascript">
    //将获取的元素对象保存到变量中
    var objTip = document.getElementById("tip");
    var objEnd = document.getElementById("end");
    //定义一个保存分数的变量
    var intScore = 76;
    //根据多项选择语句向元素输出内容
    if (intScore >= 60 && intScore <= 70) {
        //重置页面元素输出的内容
        objTip.innerText = '已及格';
    } else if (intScore > 70 && intScore <= 90) {
        //重置页面元素输出的内容
        objTip.innerText = '良好';
    } else if (intScore > 90) {
        //重置页面元素输出的内容
```

```
            objTip.innerText = '优秀';
        } else if (intScore < 60) {
            //重置页面元素输出的内容
            objTip.innerText = '不及格';
        }
        else {
            //重置页面元素输出的内容
            objTip.innerText = '不识别';
        }
        //重置页面结束元素显示的内容
        objEnd.innerText = '执行完成';
    </script>
    </body>
    </html>
```

3. 页面效果

该页面在 Chrome 浏览器中执行的页面效果如图 23-10 所示。

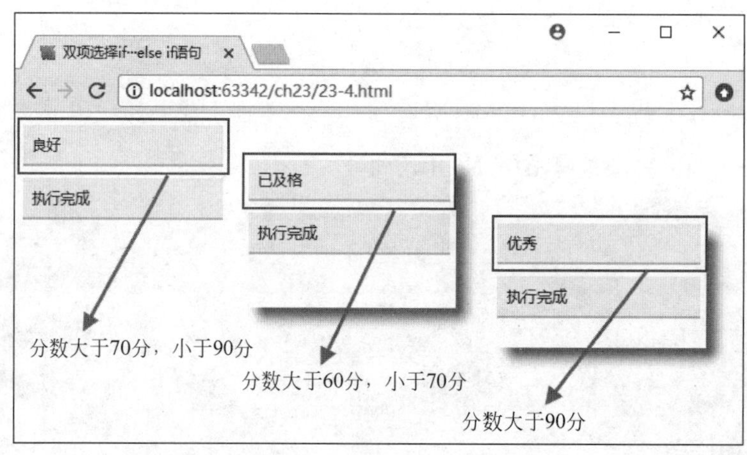

图 23-10　多项选择 if…else if 语句

4. 源码分析

在上述实例的代码中，使用 if…else if 语句，根据不同分数值，显示不同的等级。if…else if 语句可以解决多分支结构的需求，在实际开发使用时，要注意将容易实现的条件放置在前面，不易实现的条件放置在后面，以优化代码执行的流程。

23.2.4　多项选择 switch 语句

严格来说，switch 语句也是选择结构的一种，常用于多项选择，也可以完成双项选择，它与 if…else if 语句很相似，但它们的语法结构不相同。相比而言，switch 语句的语法要更加简单，功能更易理解，它的语句格式如下。

```
switch(表达式)
{
```

```
    case 取值 1:
      执行语句 1;
      break;
    case 取值 2:
      执行语句 2;
      break;
    …
    case 取值 n:
      执行语句 n;
      break;
    default:
      执行语句 n+1;
}
```

在上述语句的格式中，表达式通常是一个常量，这个值将会与结构中的每个 case 值进行比较，如果比较后返回的值为真，则执行对应的执行语句，并使用 break 语句，阻止代码继续与下一个 case 值进行比较。

如果所有的 case 值都不与表达式返回的值匹配，且添加了 default 关键字，则执行 default 关键字对应的执行语句。需要说明的是，default 关键字是可选项，它的功能是：当规则与所有的 case 值不匹配时，所执行的语句。

下面通过一个简单的实例来详细说明它的用法。

实例 23-5　多项选择 switch 语句

1. 功能说明

在页面中，将变量的不同数字值，转换成相应的星期文字字符。

2. 实现代码

在 WebStorm 中新建一个 HTML 页面 23-5. html，加入代码如代码清单 23-5 所示。

代码清单 23-5　多项选择 switch 语句

```
<!DOCTYPE html>
<html>
<head lang="en">
    <meta charset="UTF-8">
    <title>switch 语句</title>
    <link href="css/style.css" rel="stylesheet"/>
</head>
<body>
<div id="tip">...</div>
<div id="end">...</div>
<script type="text/javascript">
    //将获取的元素对象保存到变量中
    var objTip = document.getElementById("tip");
    var objEnd = document.getElementById("end");
    //定义一个保存星期数字的变量
```

```
    var intWeek = 3;
    //定义一个保存星期文字的变量
    var strWeek = '';
    //根据选择语句向元素输出内容
    switch (intWeek){
        //如果表达式的值等于0时
        case 0:
            //重置变量星期文字的内容
            strWeek = '星期日';
            //跳出选择语句
            break;
        case 1:
            strWeek = '星期一';
            break;
        case 2:
            strWeek = '星期二';
            break;
        case 3:
            strWeek = '星期三';
            break;
        case 4:
            strWeek = '星期四';
            break;
        case 5:
            strWeek = '星期五';
            break;
        case 6:
            strWeek = '星期六';
            break;
        default:
            strWeek = '未知数字';
    }
    //重置页面元素输出的内容
    objTip.innerText = strWeek;
    //重置页面结束元素显示的内容
    objEnd.innerText = '执行完成';
</script>
</body>
</html>
```

3. 页面效果

该页面在 Chrome 浏览器中执行的页面效果如图 23-11 所示。

4. 源码分析

在上述实例的代码中，定义了两个变量 intWeek 和 strWeek，前者用于保存待转换的数字，后者用于保存转换之后的文字字符，它是一个临时保存的中间变量，用于元素内容的最终赋值，这种用变量保存临时值的方式有利于简化代码，提高执行效率。

default 是当所有条件都与 case 值不匹配时的代码入口，以确保数字转成星期文字代码的完整性，该项并不是必填项，也可以省略不写，或在定义变量时仅初始化值即可。

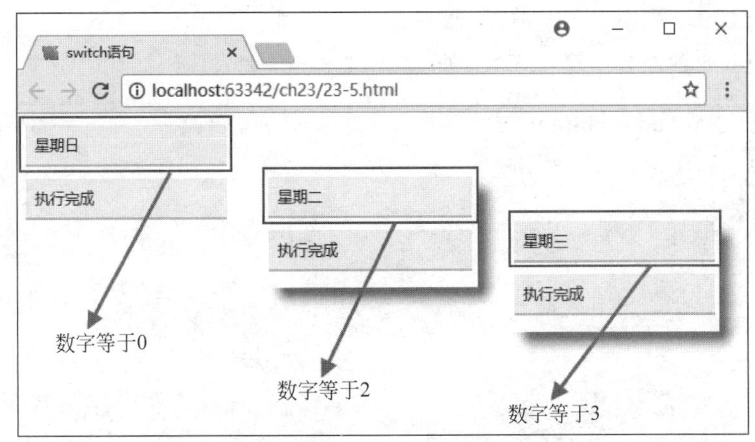

图 23-11 多项选择 switch 语句

23.3 循环结构

在程序执行的过程中，有时需要反复地去执行一段代码，如计算一系列数据的总和，需要不断地保存每次和的值。像这样的应用场景还有很多，在编写代码时，可以借助循环结构的语句，快速高效地解决这种需求。确切地讲，循环结构包括下面三种语句形式。

23.3.1 do…while 语句的用法

这种语句的形式在编程时也会经常使用，它的执行流程是先执行循环体，再去判断逻辑条件，如果逻辑条件返回 true 时，继续再去执行循环体，直到逻辑条件返回 false 时，才跳出循环体，去执行后续的代码。它的语句执行格式如下。

```
do
{
    循环体语句块;
}
while(逻辑条件表达式);
```

在上述代码的格式中，先无条件地执行一次循环体语句块，再判断是否符合逻辑条件，如果符合，即返回值为真时，继续执行循环体语句块，否则退出循环体的执行。

需要说明的是，第一次执行循环体是无条件的，无论逻辑条件返回值是否为真，都会执行。另外，循环体语句块，可以是一条语句，也可以是多条语句组成的语句块，由大括号包裹，在编写时，如果是一条语句，可以省略大括号。

下面通过一个简单的实例来详细说明它的用法。

实例 23-6 do…while 语句的使用

1. 功能说明

计算 1～100 相加的总和，并将计算后的结果显示在页面元素中。

2. 实现代码

在 WebStorm 中新建一个 HTML 页面 23-6.html,加入代码如代码清单 23-6 所示。

代码清单 23-6　do…while 语句

```
<!DOCTYPE html>
<html>
<head lang="en">
    <meta charset="UTF-8">
    <title>do…while 语句</title>
    <link href="css/style.css" rel="stylesheet"/>
</head>
<body>
<h2>do…while 语句的用法</h2>
<div id="tip" class="number">...</div>
<div id="end">...</div>
<script type="text/javascript">
    //将获取的元素对象保存到变量中
    var objTip = document.getElementById("tip");
    var objEnd = document.getElementById("end");
    var intMax = 100;
    var intI = 1;
    var intSum = 0;
    do {
        intSum += intI;
        intI++;
    }
    while (intI <= intMax)
    //重置页面显示元素的内容
    objTip.innerText = intSum;
    //重置页面结束元素显示的内容
    objEnd.innerText = '执行完成';
</script>
</body>
</html>
```

3. 页面效果

该页面在 Chrome 浏览器中执行的页面效果如图 23-12 所示。

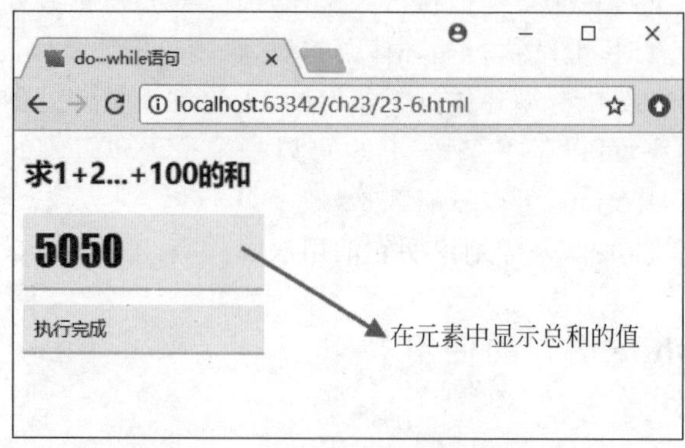

图 23-12　do…while 语句的执行结果

4. 源码分析

在上述实例的代码中，先执行循环体，完成变量 intSum 和的第一次保存，并将索引号变量 intI 自增 1，以确保代码向下累加执行。然后，再检测逻辑条件，变量 intI 的值小于 100，因此，再次去执行循环体，直到变量 intI 的值为 101 时停止，执行后续代码。

23.3.2 while 语句的用法

虽然 do…while 语句可以实现循环的功能需求，但它在首次执行循环体时，无视逻辑条件的值，因此，存在一定的结构风险。为了更好地完善代码的执行结构，可以使用单独的 while 语句，它的功能与 do…while 语句相同，仅是执行结构不同，格式如下。

```
while(逻辑条件表达式)
{
    循环体语句块;
}
```

在上述代码格式中，先判断逻辑条件的值，如果为真，则执行循环体语句，否则执行循环体后续的代码。与 do…while 语句相比，它的结构更加严谨，每一次的循环体执行都必须满足逻辑条件，否则不执行。

下面通过一个简单的实例来详细说明它的用法。

实例 23-7　while 语句的使用

1. 功能说明

计算 50～1 相加的总和，并将计算后的结果显示在页面元素中。

2. 实现代码

在 WebStorm 中新建一个 HTML 页面 23-7.html，加入代码如代码清单 23-7 所示。

代码清单 23-7　while 语句

```
<!DOCTYPE html>
<html>
<head lang="en">
    <meta charset="UTF-8">
    <title>while 语句</title>
    <link href="css/style.css" rel="stylesheet"/>
</head>
<body>
<h2>while 语句的用法</h2>
<div id="tip" class="number">...</div>
<div id="end">...</div>
<script type="text/javascript">
    //将获取的元素对象保存到变量中
    var objTip = document.getElementById("tip");
    var objEnd = document.getElementById("end");
    var intMax = 1;
    var intI = 50;
```

```
        var intSum = 0;
        while (intI >= intMax){
            intSum += intI;
            intI--;
        }
        //重置页面显示元素的内容
        objTip.innerText = intSum;
        //重置页面结束元素显示的内容
        objEnd.innerText = '执行完成';
    </script>
    </body>
    </html>
```

3. 页面效果

该页面在 Chrome 浏览器中执行的页面效果如图 23-13 所示。

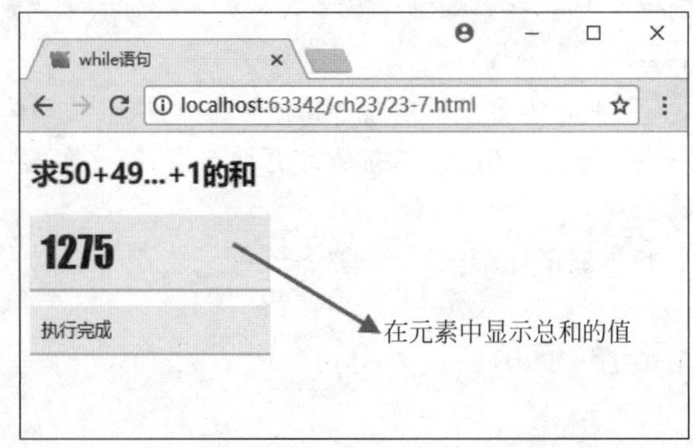

图 23-13　while 语句的执行结果

4. 源码分析

在上述实例的代码中,先判断逻辑条件表达式 intI >= intMax 的值是否为真,如果为真,再执行循环体的代码 intSum += intI;累加计算的和,同时执行 intI--;减少索引号的值,直到逻辑条件表达式的值为假时,跳出循环体,执行后续代码。

需要说明的是,while 语句与 do…while 语句的功能相同,在第一次执行不影响结果的前提下,两个语句之间可以进行互换。它们的最大不同就在于执行流程中的区别,前者是先判断后执行,而后者是先执行后判断。

23.3.3　for 语句的用法

相对于 while 语句,for 语句在语法格式上要简单些,它由两个部分组成,一部分是条件控制,另一部分是循环体。在已知初始值和结束值的情况下,使用 for 语句的代码将更加简单,同时,它的效率更高。它的语句执行格式如下。

```
for(表达式 1; 表达式 2; 表达式 3)
{
    循环语句块;
}
```

在上述代码的执行格式中，for 语句是先判断后执行。首先，计算表达式 1，该语句常用于定义初始变量，可以定义多个变量，也可以不定义，直接使用分号结束定义。

然后，计算表达式 2，该语句是一个逻辑表达式，如果返回 true，则执行循环体，完成后再执行表达式 3，如果返回 false，则直接跳出循环，执行后续代码。

循环执行完成后，再执行表达式 3，该语句用于改变初值变量，如累加或累减，执行完成后，再次转向执行计算表达式 2，从而形成一个闭环的操作。

下面通过一个简单的实例来详细说明它的用法。

实例 23-8 for 语句的使用

1. 功能说明

计算 51～100 相加的总和，并将计算后的结果显示在页面元素中。

2. 实现代码

在 WebStorm 中新建一个 HTML 页面 23-8. html，加入代码如代码清单 23-8 所示。

代码清单 23-8 for 语句的用法

```
<!DOCTYPE html>
<html>
<head lang="en">
    <meta charset="UTF-8">
    <title>for 语句</title>
    <link href="css/style.css" rel="stylesheet"/>
</head>
<body>
<h2>for 语句的用法</h2>
<div id="tip" class="number">...</div>
<div id="end">...</div>
<script type="text/javascript">
    //将获取的元素对象保存到变量中
    var objTip = document.getElementById("tip");
    var objEnd = document.getElementById("end");
    var intMax = 100;
    var intI = 51;
    var intSum = 0;
    for(;intI <= intMax;intI++){
        intSum += intI;
    }
    //重置页面显示元素的内容
    objTip.innerText = intSum;
    //重置页面结束元素显示的内容
    objEnd.innerText = '执行完成';
</script>
</body>
</html>
```

3. 页面效果

该页面在 Chrome 浏览器中执行的页面效果如图 23-14 所示。

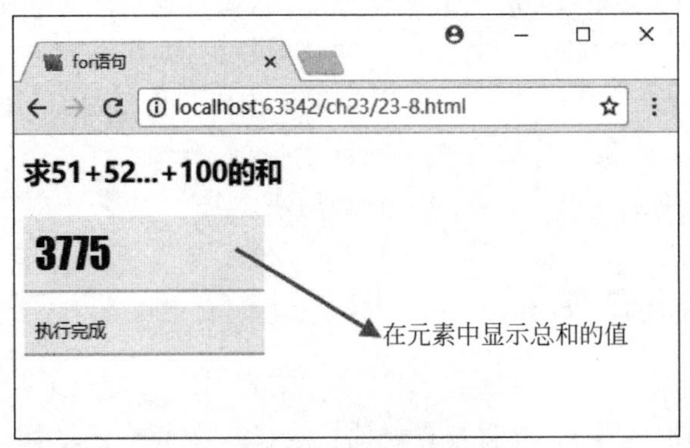

图 23-14　for 语句的执行结果

4. 源码分析

在上述实例的代码中,循环语句更加简单,由于在上一行代码中已定义并初始化了变量 intI 值,因此,for 循环中可以省略第一个表达式,但一定要添加一个分号,表示语句。

由于在 for 循环中的第三个表达式对 intI 变量进行了递增,因此可以在循环体中省略,如果省略第三个表达式,则在循环体中必须添加,否则将会出现死循环。

需要说明的是,无论是何种形式的循环语句,都必须使循环的逻辑条件得到满足,从而跳出循环体,否则将会出现循环体无限制执行的情形,将会严重影响页面执行的效率。

23.4　跳转语句

在循环过程中,当循环的逻辑条件不满足时,将会自动跳出循环体,这是由循环的逻辑条件来控制的,但有时需要在逻辑条件成功时,也可以跳出循环体,即不执行循环体语句,这种情形的实现需要添加跳转语句。

专用于循环语句中,进行单次跳转和完全退出的语句有两种,一种是 continue 语句,另一种是 break 语句,前者用于跳出单次的循环体执行,后者则用于直接退出循环,但它们的相同之处,都是可以结束本次的循环。

23.4.1　continue 语句的用法

与 break 语句不同,continue 语句仅退出当前循环体的执行,并且开始下一次循环体的执行,因此,它并没有完全退出,所以,根据这样的语句特性,可以从整体循环中筛选或过滤出需要的数据。它的语句执行格式如下。

```
continue;
```

上述语句仅适用于循环结构的语句中,实现本次循环的结束。

下面通过一个简单的实例来详细说明它的用法。

实例 23-9 continue 语句的使用

1. 功能说明

计算 1～100 中奇数相加的总和，并将计算后的结果显示在页面元素中。

2. 实现代码

在 WebStorm 中新建一个 HTML 页面 23-9. html，加入代码如代码清单 23-9 所示。

代码清单 23-9 continue 语句

```
<!DOCTYPE html>
<html>
<head lang="en">
    <meta charset="UTF-8">
    <title>continue 语句</title>
    <link href="css/style.css" rel="stylesheet"/>
</head>
<body>
<h2>求 1 + 2... + 100 的奇数和</h2>
<div id="tip" class="number">...</div>
<div id="end">...</div>
<script type="text/javascript">
    //将获取的元素对象保存到变量中
    var objTip = document.getElementById("tip");
    var objEnd = document.getElementById("end");
    var intMax = 100;
    var intI = 1;
    var intSum = 0;
    for(;intI <= intMax;intI++){
       //如果是偶数,则退出循环体
        if(intI % 2 == 0){
            continue;
        }
        intSum += intI;
    }
    //重置页面显示元素的内容
    objTip.innerText = intSum;
    //重置页面结束元素显示的内容
    objEnd.innerText = '执行完成';
</script>
</body>
</html>
```

3. 页面效果

该页面在 Chrome 浏览器中执行的页面效果如图 23-15 所示。

4. 源码分析

在上述实例的代码中，使用 for 语句计算 1～100 中的奇数总和，但在每一次执行循环

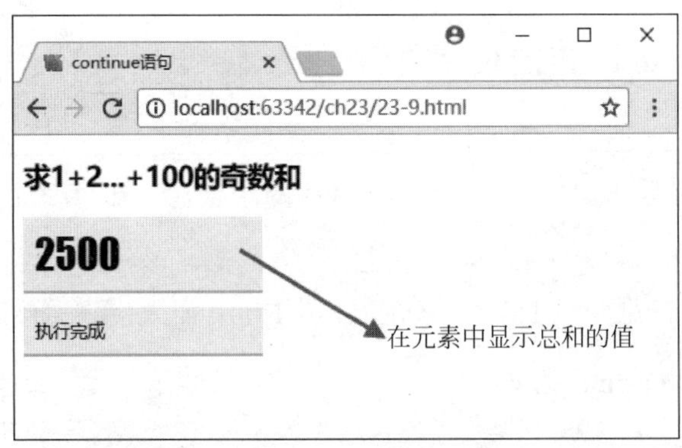

图 23-15　continue 语句的执行结果

体时，都需要判断逻辑表达式 if(intI%2==0)，如果返回真，则说明是偶数，调用 continue;语句退出本次循环，用于确保所有计算和的数据都是奇数。

23.4.2　break 语句的用法

与 continue 语句不同，break 语句并不是退出当前某一次的循环，而是退出整体循环，因此，相对而言，break 语句在循环体中只执行一次，而 continue 语句可以执行多次。根据这一特征，可以使用 break 语句提前终止循环体的执行，它的语句执行格式如下。

```
break;
```

上述语句不仅用于循环体中，还可用于 switch 语句，实现选择流程的中断效果。

下面通过一个简单的实例来详细说明它的用法。

实例 23-10　break 语句的使用

1. 功能说明

计算 1～100 前 30 位相加的总和，并将计算后的结果显示在页面元素中。

2. 实现代码

在 WebStorm 中新建一个 HTML 页面 23-10.html，加入代码如代码清单 23-10 所示。

代码清单 23-10　break 语句

```
<!DOCTYPE html>
<html>
<head lang = "en">
    <meta charset = "UTF-8">
    <title>break 语句</title>
    <link href = "css/style.css" rel = "stylesheet"/>
</head>
<body>
<h2>求 1 + 2... + 100 的前 30 位数和</h2>
```

```
<div id="tip" class="number">...</div>
<div id="end">...</div>
<script type="text/javascript">
    //将获取的元素对象保存到变量中
    var objTip = document.getElementById("tip");
    var objEnd = document.getElementById("end");
    var intMax = 100;
    var intI = 1;
    var intSum = 0;
    for(;intI<=intMax;intI++){
        if(intI>30){
            break;
        }
        intSum += intI;
    }
    //重置页面显示元素的内容
    objTip.innerText = intSum;
    //重置页面结束元素显示的内容
    objEnd.innerText = '执行完成';
</script>
</body>
</html>
```

3. 页面效果

该页面在 Chrome 浏览器中执行的页面效果如图 23-16 所示。

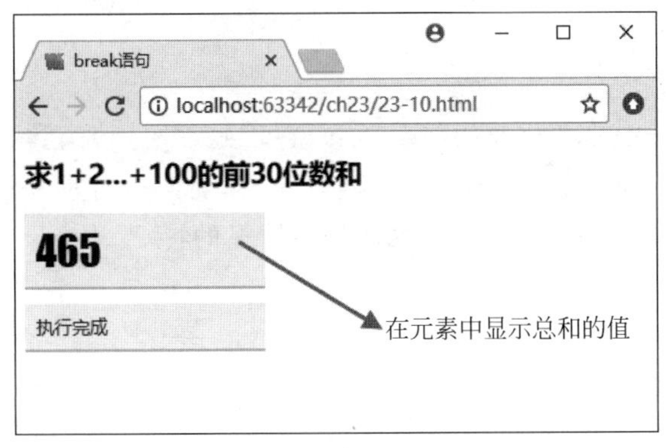

图 23-16　break 语句的执行结果

4. 源码分析

在上述实例的代码中，虽然数据遍历时的最大值是 100，但可以使用 break 语句控制最终遍历的次数，即如果 if(intI>30)表达式返回真，则调用 break 语句终止循环，跳出整个循环语句，直接执行后续的代码。

小结

在本章中，先从基础的流程控制概念和组成部分讲起，然后详细地介绍了选择语句的使用方法和应用场景，最后以实例的方式介绍循环语句和跳转语句的使用过程。

第 24 章

初识函数

视频讲解

本章学习目标

- 理解并掌握函数的原理和定义方法。
- 掌握函数的调用方式。
- 能编写一个实现简单功能的函数。

24.1 函数简介

函数是 JavaScript 中非常重要的一个概念,在代码编写中,函数是最主要的表现形式,在性能优化时,也强调多使用函数的方式。确切地说,函数指将重复性、功能性代码封装成代码块的一种编写方式,因此,它有以下两个比较明显的特征。

24.1.1 重复性

在代码开发过程中,经常会有大量重复性的需求,如计算 $1+2+\cdots+n$ 的和,这个 n 是一个未知数,或者是一个动态值,如果确定一次值后,再写一个循环语句进行计算,不仅增加代码编写的工作量,并且会导致后期代码难以维护。

针对这种重复性很强的需求,一个优秀的开发人员要想到使用函数的形式来解决,使用函数体代替每次都要编写的循环体语句,通过函数的参数接收 n 的动态值,当不同的值传入函数体后,返回不同和的值,实现的流程如图 24-1 所示。

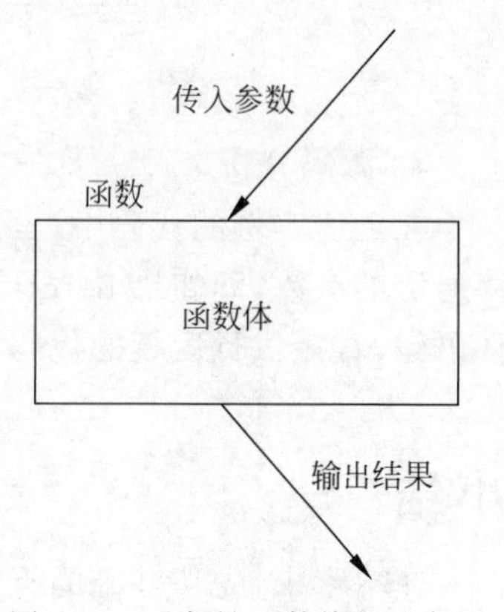

图 24-1 重复性函数执行示意图

此时的函数,更像是一个生产数据的工厂,客户无须关注工厂的设备,只需要传入参数,就可以得到结果;而工厂也不需要了解是什么类型的客户,只需要传入符合的参数,就可以返回想要的结果。因此,通过函数的方式,可以极大地解决重复性很强的需求。

24.1.2　功能性

优质的代码都会有两个特征,一个是复用性,另一个是封装性,而函数是这两个特征的最佳表现体,因此,函数除了复用性外,还有封装的特征,而这种封装,都是与功能相关。严格来说,功能性是指通过函数的形式将需求的功能进行封装。

根据封装主体的不同,功能性函数又分为自定义型和内置型。自定义型函数将用于呼应事件的驱动和功能的需求,如单击按钮时,单击事件驱动的函数;内置型函数用于开发过程功能的调用,如内置的数学 Math()函数等。

确切地说,函数的功能性包含它的重复性,属于自定义型函数中的一种,只是在实际开发中,函数的使用大部分在解决代码的复用性功能,因此这一特征会更明显。

24.2　函数的定义

根据函数的功能不同,又可以分为无返回值和有返回值函数,无论是哪种函数,都必须先进行定义,然后再使用。接下来说明函数定义的规则。

24.2.1　定义格式

函数的定义非常简单,首先取一个名称,并用花括号包裹代码,然后在名称的前面使用关键字 function 进行定义。如果定义的函数需要传递参数,那么,在函数名称后面的括号中进行定义,定义后的参数就可以在包裹的代码块中使用。详细的格式如下。

```
//函数的定义
function funName(){
    //代码块
    …
}
```

上述定义格式是用于定义无参数的函数,如果想要定义有参数的函数,则只需要在函数名称的括号中进行定义,格式如下。

```
//函数的定义
function funName(arg1,arg2){
    //代码块
    console.log(arg1);
    …
}
```

虽然在定义函数时可以声明参数,但参数的个数不要太多,1～5 个为最佳,参数定义时,不需要声明类型,由使用时的赋值决定,定义时为形参,调用时按照参数的顺序进行传递,调用时的参数就是实参。

24.2.2 无返回值函数

一般来说,无返回值的函数常用于实现某项功能,当执行函数时,并不在调用处返回任何数据,而仅是完成了某项功能,如以下代码所示。

```
function changeBgColor(color){
    var objbody = document.body;
    objbody.style.backgroundColor = color;
}
```

在上述名称为 changeBgColor 的函数体内,第一行代码用于获取 body 元素对象,第二行代码将元素对象的背景色重置为形参的值,这个函数就是一个无返回值函数,仅是完成修改页面中 body 元素背景色的功能。

24.2.3 有返回值函数

与无返回值函数不同,有返回值函数的最终功能是返回一个值,因此,按照代码顺序执行原则,在函数体内的最后一行需要使用 return 语句,用于返回最终的结果值。

在函数体内,如果 return 语句后面不带值,则表示结束代码的执行;如果后面带值,则表示在函数调用处返回该值,具体代码如下。

```
function division(x,y){
    if(y == 0) return;
    var result = x/y;
    return result;
}
```

上述代码定义了一个名称为 division 的函数,它的功能是将两个参数进行除法运算,返回运算后的值。函数的第一行先判断除数是否为 0,如果为 0,则使用 return 语句结束代码的执行,第二行计算两个传入参数整除的结果值,并将该值保存到变量 result 中,最后再通过 return 语句返回 result 变量。

24.2.4 全局变量和局部变量

根据变量的使用范围不同,可以分为全局变量和局部变量。全局变量通常可以在整个文件中使用,而局部变量只能在函数体内被调用。下面分别进行阐述。

1. 全局变量

全局变量定义的位置非常重要,位置不同,定义的方式也不一样,如果是在函数体外,那么可以使用关键字 var 或不使用 var;如果是在函数体内定义全局变量,则不能使用 var。关键字 var 之后,使用空格隔开,再加上变量名称即可,格式如下。

```
var variableName  或 var iableName
```

无论是函数体内或函数体外，一旦完成了全局变量的定义，则在整个文件中都可以被调用，同时，不允许在同一个文件中定义两个相同名称的全局变量，如以下代码所示。

```
var intAge = 20;
function showAge(){
      intAge = 18;
}
//执行函数
showAge()
//输出全局变量
console.log(intAge);
//输出值为 18
```

在上述代码中，函数体外的 intAge 和函数体内的 intAge 都是全局变量，只是定义的方式不同，由于执行顺序的原因，后者将自动覆盖前者，因此，在控制台中输出值为 18。

2. 局部变量

与全局变量不同，局部变量只能在函数体内定义，并且必须使用关键字 var，否则定义的就是全局变量，定义格式如下。

```
var variableName
```

由于是局部变量，因此，它的使用范围仅限于函数体内，函数体外部无法访问。如果需要在函数体外部访问，则需要使用闭包的形式。关于闭包的更多知识，将在后续的章节中会有详细的介绍，接下来通过几行代码进一步理解局部变量的概念。

```
function showNewAge(){
      //1.输出无定义的变量
      console.log(intNewAge);
      //定义局部变量并赋值
      var intNewAge = 18;
      //2.再次输出变量
      console.log(intNewAge);
}
//执行函数
showNewAge()
//3.外部直接输出局部变量
console.log(intNewAge);
//输出未定义的错误
```

在上述代码中，由于还未定义，因此，在第 1 次输出变量 intNewAge 时，返回值是 undefined；当在函数体内使用 var 定义了一个名称为 intNewAge 的局部变量时，第 2 次输出时，则显示局部变量的赋值。

由于 intNewAge 是一个函数体内定义的局部变量，因此，即使在函数体外执行了变量定义的函数，也无法访问这个局部变量，因此，第 3 次在控制台输出时，返回 intNewAge 变量未定义的错误信息。

24.3 函数的调用

在一个页面文件中，定义函数的目的是为了后续代码的调用，因此，调用是函数功能的体现，同时，根据代码执行的顺序原则，必须是先定义后调用，否则会出现调用时函数未定义的错误信息。相对来说，函数的调用非常简单灵活，包含以下三种形式。

24.3.1 函数的直接调用

直接调用是函数定义后最简单的一种方式，"直接调用"指的是"直接执行函数名称"，即在定义函数后，并在代码中调用函数名称，完成执行的过程，调用格式如下。

```
functionName(arg1,arg2, … )
```

在上述函数调用的代码中，functionName 表示定义的函数名称，括号中的 arg1 表示实际调用时的参数，即实参，它可以有多个，之间使用逗号隔开。需要说明的是：在函数执行时，实参的顺序和类型，都必须与定义时的函数一致，否则将会出现异常。

下面通过一个简单实例来介绍直接调用函数的过程。

实例 24-1 函数的直接调用

1. 功能说明

定义一个函数，计算 1＋2＋3＋…＋n，显示在页面中，其中，n 是函数传递的参数。

2. 实现代码

在 WebStorm 中新建一个 HTML 页面 24-1. html，加入代码如代码清单 24-1-1 所示。

代码清单 24-1-1 函数的直接调用

```
<!DOCTYPE html>
<html>
<head lang = "en">
    <meta charset = "UTF - 8">
    <title>函数的直接调用</title>
    <link rel = "stylesheet" href = "css/style.css" />
</head>
<body>
    <h2>函数的直接调用</h2>
    <div>
        1 + 2 + ... + 20  =
        <output id = "result"></output>
    </div>
    <script type = "text/javascript">
        //将获取的元素对象保存到变量中
        var objResult  =  document.getElementById("result");
        //定义一个求累加数和的函数
```

```
        function SumByMax(max){
            var sum = 0;
            for(var i = 1;i <= max;i++){
                sum += i;
            }
            return sum;
        }
        //直接调用函数来重置页面显示元素的内容
        objResult.innerText = SumByMax(20);
    </script>
</body>
</html>
```

在上述代码中,向页面导入了一个名为“style.css”的样式文件,用于控制页面元素的位置和样式,它的完整代码如下列清单 24-1-2 所示。

代码清单 24-1-2　style.css 文件的内容

```
div{
    margin: 10px 0px;
    padding: 8px;
    font-size: 16px;
    width: 160px;
    background-color: aliceblue;
    border-bottom: solid 2px #ccc;
}
#result{
    font-size: 30px;
    font-family:fantasy;
}
```

3. 页面效果

该页面在 Chrome 浏览器中执行的页面效果如图 24-2 所示。

图 24-2　函数的直接调用的执行结果

4. 源码分析

在页面的代码中,先定义一个名称为 SumByMax()的函数,用于返回指定累加值的和,参数 max 为累加的结束值；由于在函数体中使用 return 语句将值返回，因此，当直接调用该函数时，则将获取返回的值，并将该值作为元素的内容显示在页面中。

24.3.2 函数在超链接中调用

函数除了直接调用之外，还可以在页面的超级链接 a 元素中被调用，而这种方式也非常流行，例如，当在页面中单击超链接元素时，调用函数重置页面中元素的显示内容；这种调用方式也可以向函数传参数，具体的调用格式如下。

```
<a href='javascript:functionName(arg1,arg2, …)'></a>
```

在上述函数调用的格式中，函数是在元素的 href 属性中被执行的，在执行时，必须添加 JavaScript 前缀，用于表示执行的是 JavaScript 代码，因此，在前缀格式之后，既可以调用函数，也可以直接执行 JavaScript 代码。

下面通过一个简单实例来介绍函数在超链接中调用的过程。

实例 24-2 函数在超链接中的调用

1. 功能说明

定义一个函数，根据传入参数计算两数之和，并在 a 元素中调用该函数。

2. 实现代码

在 WebStorm 中新建一个 HTML 页面 24-2.html，加入代码如代码清单 24-2 所示。

代码清单 24-2 函数在超链接中的调用

```
<!DOCTYPE html>
<html>
<head lang="en">
    <meta charset="UTF-8">
    <title>函数在超链接中的调用</title>
    <link rel="stylesheet" href="css/style.css" />
</head>
<body>
    <h2>函数在超链接中的调用</h2>
    <div>
        <output id="result">...</output><br />
        <a href="JavaScript:Add(35,25)">
            计算两数之和
        </a>
    </div>
    <script type="text/javascript">
        //将获取的元素对象保存到变量中
        var objResult = document.getElementById("result");
        //定义一个求两数和的函数
        function Add(a,b) {
            var _s = 0;
```

```
            _s = a + b;
            objResult.innerText = _s;
        }
    </script>
</body>
```

3. 页面效果

该页面在 Chrome 浏览器中执行的页面效果如图 24-3 所示。

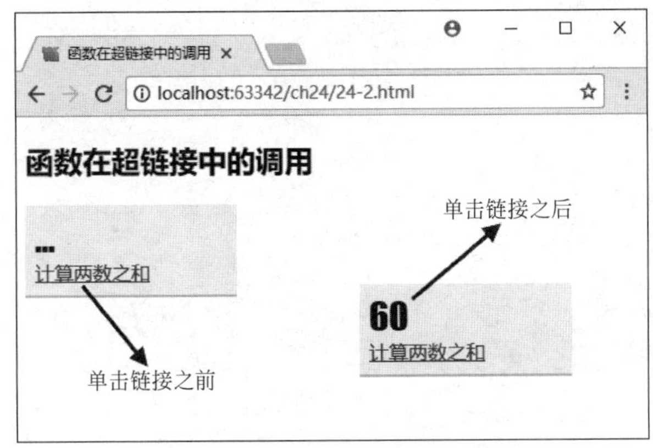

图 24-3　函数在超链接中调用的执行结果

4. 源码分析

在页面的代码中，先定义一个名称为 Add()的函数，用于计算传入两个参数的和，并将该值赋值给元素内容，显示到页面中；当单击页面中的 a 元素时，调用函数，并传入实参，最终将计算的和值显示在页面的元素中。

24.3.3　函数在事件中调用

页面的执行是由不同的事件来驱动的，事件是页面的重要组成部分，关于事件的更多内容，会在后续的章节中进行详细介绍。当页面加载完成时，会触发 load 事件，当单击页面中的按钮时，会触发 click 事件，事件在触发时，可以执行相应的函数，格式如下。

```
eventName = functionName(arg1,arg2, … )
```

在上述格式代码中，eventName 表示事件的名称，如果需要绑定事件名称时，则可以在事件名称前添加 on，表示绑定该事件，一旦绑定，事件触发时，则直接执行事件绑定的函数，在执行过程中，可以传递函数的参数。

下面通过一个实例来进行介绍。

实例 24-3　DOM 函数在事件中的调用

1. 功能说明

单击页面中的按钮元素，触发绑定的单击事件，在事件函数中，将指定元素的内容修改为“单击后修改”,同时,将按钮自身设为不能使用。

2. 实现代码

在 WebStorm 中新建一个 HTML 页面 24-3.html,加入代码如代码清单 24-3 所示。

代码清单 24-3　函数在事件中的调用

```
<!DOCTYPE html>
<html>
<head lang="en">
    <meta charset="UTF-8">
    <title>函数在事件中的调用</title>
    <link rel="stylesheet" href="css/style.css" />
</head>
<body>
    <h2>函数在事件中的调用</h2>
    <div>
        <output id="result">...</output><br />
        <button onclick="changeTip(this)">
            点我改变内容
        </button>
    </div>
    <script type="text/javascript">
        //将获取的元素对象保存到变量中
        var objResult = document.getElementById("result");
        //定义一个按钮单击事件的函数
        function changeTip(t) {
            objResult.innerText = '单击后修改';
            t.disabled = true;
        }
    </script>
</body>
</html>
```

3. 页面效果

该页面在 Chrome 浏览器中执行的页面效果如图 24-4 所示。

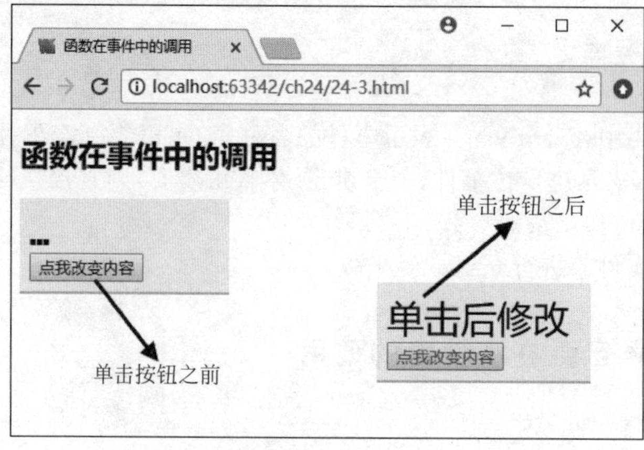

图 24-4　函数在事件中调用的执行结果

4. 源码分析

在页面的代码中，先定义一个名称为 changeTip()的函数，用于按钮单击事件的调用，当用户单击按钮时，触发绑定的单击事件，执行事件函数 changeTip()。在函数中，先重置元素显示的内容，并获取传入的 this 参数，设置按钮 disabled 属性值为 true，表示不能使用。

24.4　特殊的函数

除了自定义的函数之外，还有几种比较特殊的函数，如嵌套函数、递归函数和内置函数，这几类函数之所以特殊，是由于它们的定义形式和调用方式与自定义函数有所不同，但它们的功能却很强大，经常在程序开发中使用，接下来逐一进行介绍。

24.4.1　嵌套函数

嵌套函数是指在一个自定义的函数中，再定义一个函数，形成函数嵌套或包裹的形式，这种形式可以将函数中的多个功能分散封装，有助于代码的复用和简洁，提升编程的效率和后期维护。

下面通过一个简单的实例来进行详细的介绍。

实例 24-4　DOM 嵌套函数

1. 功能说明

使用嵌套的方式自定义一个函数，并在函数内再定义一个加法和减法函数，当单击“加法”按钮时，执行嵌套的加法函数，单击“减法”按钮时，执行嵌套的减法函数。

2. 实现代码

在 WebStorm 中新建一个 HTML 页面 24-4.html，加入代码如代码清单 24-4 所示。

代码清单 24-4　嵌套函数

```
<!DOCTYPE html>
<html>
<head lang = "en">
    <meta charset = "UTF-8">
    <title>嵌套函数</title>
    <link rel = "stylesheet" href = "css/style.css" />
</head>
<body>
    <h2>嵌套函数</h2>
    <div>
        <output id = "result">...</output><br />
        <button onclick = "Calc(1,50,20)">
            加法
        </button>
        <button onclick = "Calc(2,50,20)">
            减法
        </button>
```

```
    </div>
    <script type="text/javascript">
        //将获取的元素对象保存到变量中
        var objResult = document.getElementById("result");
        //定义一个按钮单击事件的函数
        function Calc(t,x,y) {
            var _tip = 0;
            //被嵌套的相加函数
            function _add(a,b){
                var _s = a + b;
                return _s;
            }
            //被嵌套的相减函数
            function _sub(a,b){
                var _s = a - b;
                return _s;
            }
            //根据传入类型执行不同的嵌套函数
            if(t == 1){
                _tip = _add(x,y);
            }else{
                _tip = _sub(x,y);
            }
            objResult.innerText = _tip;
        }
    </script>
</body>
</html>
```

3. 页面效果

该页面在 Chrome 浏览器中执行的页面效果如图 24-5 所示。

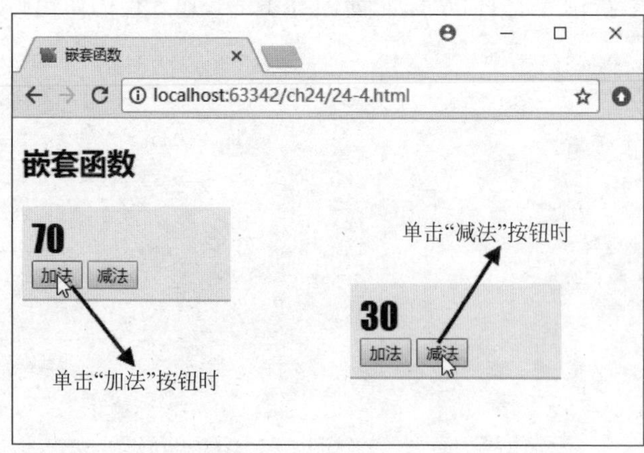

图 24-5　嵌套函数的执行结果

4. 源码分析

在页面的代码中，定义了一个名称为 Calc()的函数，并在该函数中又定义了两个嵌套函数_add()和_sub()，前者用于两数相加，后者用于两数相减。这种嵌套函数只能在定义嵌套函数的内部使用，不能被其他函数调用或在外部被调用。

24.4.2 递归函数

递归是指在函数定义的过程中，又调用了自身的一种函数形式，由于这种形式非常容易形成“死循环”，因此在定义递归函数时，必须要注意以下两点。

(1) 必须要有结束递归的条件。

(2) 必须在函数本身有调用函数名称的语句。

以上两点满足后，才是一个正常的递归函数。递归函数的使用并不是十分广泛，仅用于一些算法的处理，但它的功能非常强大，下面通过一个简单的实例来进行介绍。

实例 24-5 递归函数

1. 功能说明

使用递归函数计算 5 的阶乘，即 5×4×3×2×1 的值。

2. 实现代码

在 WebStorm 中新建一个 HTML 页面 24-5.html，加入代码如代码清单 24-5 所示。

代码清单 24-5 递归函数

```
<!DOCTYPE html>
<html>
<head lang="en">
    <meta charset="UTF-8">
    <title>递归函数</title>
    <link rel="stylesheet" href="css/style.css" />
</head>
<body>
    <h2>递归函数</h2>
    <div>
        5 * 4 * 3 * 2 * 1 =
        <output id="result">...</output>
    </div>
    <script type="text/javascript">
        //将获取的元素对象保存到变量中
        var objResult = document.getElementById("result");
        //定义一个计算传入值阶乘的函数
        function Fact(n) {
            if(n<1){
                return 1;
            }else{
                return Fact(n-1) * n;
            }
        }
        objResult.innerText = Fact(5);
    </script>
</body>
</html>
```

3. 页面效果

该页面在 Chrome 浏览器中执行的页面效果如图 24-6 所示。

图 24-6 递归函数的执行结果

4. 源码分析

在页面的代码中，定义了一个名称为 Fact()的递归函数，在函数中，使用 n<1 作为结束递归的条件，同时，在函数体中，通过 Fact(n−1) * n 语句调用函数自身，计算传入 n 值的阶乘，并通过 return 语句返回结果值。

24.4.3 内置函数

除了自定义的函数外，浏览器内核还自带了许多函数，这些函数不需要定义，也不需要引入其他文件库，直接在代码中调用即可，这种类型的函数称为内置函数。整体而言，浏览器的内置函数分为常规、数组、日期、数学和字符串五大类别。

下面通过简单实例来介绍一个常规内置函数的使用方法。

实例 24-6 内置函数

1. 功能说明

使用常规的内置函数 setInterval()，实现 10 个数字的倒计数显示。

2. 实现代码

在 WebStorm 中新建一个 HTML 页面 24-6.html，加入代码如代码清单 24-6 所示。

代码清单 24-6 内置函数

```
<!DOCTYPE html>
<html>
<head lang="en">
    <meta charset="UTF-8">
    <title>内置函数</title>
    <link rel="stylesheet" href="css/style.css" />
</head>
```

```
<body>
    <h2>内置函数</h2>
    <div>
        <output id="result">...</output>
    </div>
    <script type="text/javascript">
        //将获取的元素对象保存到变量中
        var objResult = document.getElementById("result");
        //定义一个最大值变量
        var intMax = 10;
        //使用内置函数实现倒计 10 个数效果
        var task = setInterval(function(){
            if(intMax!= 0){
                objResult.innerText = intMax.toString();
            }else{
                clearInterval(task);
            }
            intMax--;
        },1000)
    </script>
</body>
</html>
```

3. 页面效果

该页面在 Chrome 浏览器中执行的页面效果如图 24-7 所示。

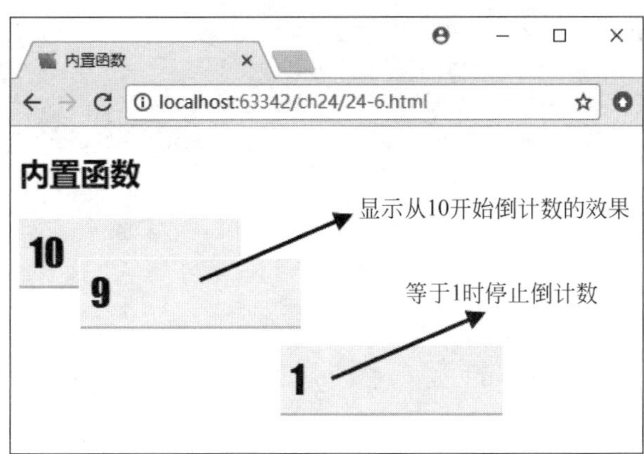

图 24-7 内置函数的执行结果

4. 源码分析

在页面的代码中，setInterval()是一个内置的函数，它的功能是在指定的周期内(以毫秒为单位)反复不断地执行代码块、函数或表达式，它的语法格式如下。

```
setInterval(code, milliseconds);
```

在上述调用格式代码中，code 表示反复执行的代码，milliseconds 表示执行间隔的时间,这两个参数为必填项,整个函数执行后返回一个数字型 id 编号,可以将该编号作为 clearInterval()方法的实参,用于终止编号对应函数的反复执行。

更多内置函数和方法的使用,将在后续的章节中进行详细的介绍。

小结

在本章中,首先介绍函数的概念和定义方式,然后通过实例的方式介绍函数的调用过程,最后以实例的形式演示调用内置函数的步骤和方法。

第 25 章

字符串对象

视频讲解

本章学习目标

- 理解并掌握字符串获取的方法。
- 了解字符串替换和分割的方法。
- 掌握字符串查询和检索的方法。

25.1 字符串对象简介

字符是指由单引号或双引号包裹的单个字母或数字，而字符串则是由多个字符组合而成的字符块，字符串对象则用于处理这些字符块。在处理过程中，通过调用实例化的字符串对象中的方法和属性，完成字符串的功能处理。

25.1.1 调用字符串对象的属性

定义了一个字符串对象后，就可以很方便地调用它的属性，代码如下。

```
var strTip = '今天的天气非常好';
var intLen = strTip.length;
//在控制台输出字符串长度
console.log(intLen);
//输出数字 8
```

在上述代码中，变量 strTip 是一个字符串对象，调用字符串对象的 length 属性，返回对象的长度，并将该长度值赋值给变量 intLen，最后将变量在控制台中输出，因此，在控制台中输出的长度值 8 就是字符串对象的长度。

25.1.2 调用字符串对象的方法

除调用字串对象的属性之外，方法的调用也非常简单，代码如下。

```
var strLow = 'abcd';
var strUpp = strLow.toUpperCase();
//在控制台输出转换后的字符
console.log(strUpp);
//输出大写字母 ABCD
```

在字符串对象中,方法的调用也十分简单,只需要调用方法的名称加括号。如果方法中需要传参数,则可以在括号中添加具体的实参,不传参时,也必须添加括号。

由于页面在数据录入、表单提交时,大部分都会使用字符串,因此,字符串对象的使用非常流行,而针对字符串对象的处理函数也有许多,总体而言,包括获取字符串、替换与分割字符串和检索与统计字符串这几大类,下面分别进行介绍。

25.2 获取字符串方法

字符串对象中,获取字符串函数的使用非常频繁,它又分为获取单个字符和多个字符串两种,分别使用字符串对象的 charAt()和 substring()方法,前者是获取指定位置的单个字符,后者是获取指定开始位置和字符数的多个字符串,下面分别进行介绍。

25.2.1 charAt ()方法

在字符串对象的方法中,charAt()方法的功能是返回指定位置的单个字符,它不能返回多个字符,只能返回长度为 1 的单个字符,具体的调用格式如下。

```
strObj.charAt(index)
```

在上述格式调用代码中,strObj 表示字符串对象,charAt()为字符串对象中包含的方法,使用括号方式调用,括号中 index 是方法中的必选参数,表示单个字符在字符串中的位置,即在字符串中的索引号,该索引号从 0 开始,0 表示第一个字符。

下列代码为在字符串“吉祥如意”中找出“祥”字并显示在控制台中。

```
var strObj = '吉祥如意';
var strTmp = strObj.charAt(1);
//在控制台输出获取到的单个字符
console.log(strTmp);
//在控制台输出单个“祥”字
```

在上述代码中,先定义一个名称为 strObj 的字符串对象变量,保存字符串,再调用对象中的 charAt()方法,获取指定位置的单个字符,由于“祥”字在字符串的第 2 个位置,因此,调用 charAt()方法时,索引号下标参数为 1。

25.2.2 substring ()方法

与 charAt()方法不同,substring()可以获取多个字符串,获取字符串的长度取决于参数中开始和结束的值，具体的调用格式如下。

```
strObj. substring(start,end)
```

在上述调用格式的代码中，strObj 表示字符串对象，substring()方法用于获取指定开始和结束位置的字符串，其中，start 为获取字符串的开始位置值，为必选项，end 是获取字符串的结束位置值，是可选项，省略时表示获取开始后的全部字符串。

下列代码为在字符串“家庭幸福安康”中找出“幸福”字符串并显示在控制台中。

```
var strObj = '家庭幸福安康';
var strTmp = strObj.substring(2,4);
//在控制台输出获取到的字符串
console.log(strTmp);
//在控制台输出字符串“幸福”
```

在上述代码中，先定义一个待获取字符串的对象 strObj，然后调用对象的 substring()方法获取指定开始和结束位置的字符串，由于“幸福”两个字符位于第 3 个和第 4 个位置，因此，在 substring()方法中的开始位置值为 2，结束位置值为 4。

需要说明的是，substring()方法中的两个参数的值都必须大于 0，并且如果两个参数值相同，则返回一个长度为 0 的字符串。

25.3 替换和分割字符串方法

在字符串对象操作过程中，除获取某个或某段字符串之外，还需要经常替换或分割字符串对象，此时，可以分别使用 replace()和 split()方法来实现，前者实现字符串中指定内容的替换，后者实现字符串对象的分割保存，接下来分别进行介绍。

25.3.1 replace ()方法

replace()方法的功能是在字符串对象中使用指定的字符替换任意字符内容，或者替换与正则表达式匹配的字符串内容，它的调用格式如下。

```
strObj. replace(strOld/regexp,strNew)
```

在上述调用格式代码中，strObj 是字符串对象，replace()是字符串对象调用的替换方法，在方法中，strOld 表示指定的原有字符内容，regexp 表示正则表达式匹配的字符内容，strNew 表示替换的新字符内容，如果有多个匹配的字符串，默认仅替换第一个字符串。

下面通过一个简单实例来介绍 replace()方法的使用过程。

实例 25-1　replace ()方法的使用

1. 功能说明

将一段文本文字中全部的“程序”二字加上背景色，并将字体加粗。

2. 实现代码

在 WebStorm 中新建一个 HTML 页面 25-1.html，加入代码如代码清单 25-1 所示。

代码清单 25-1　replace ()方法的使用

```
<!DOCTYPE html>
<html>
<head lang="en">
    <meta charset="UTF-8">
    <title>replace()方法的使用</title>
    <style type="text/css">
        .focus {
            background-color: #ccc;
            font-weight: bold;
            padding: 0px 2px;
        }
    </style>
</head>
<body>
    <div>
        <h2>replace()方法的使用</h2>
        <p id="p1">程序员的职责是: 开发程序代码,编写程序文档</p>
    </div>
    <script type="text/javascript">
        //获取元素对象并保存至变量中
        var p1 = document.getElementById("p1");
        //定义替换后的新字符串内容并保存到变量中
        var strNew = '<span class="focus">程序</span>';
        //调用 replace()方法实现替换效果
        p1.innerHTML = p1.innerText.replace(/程序/g, strNew);
    </script>
</body>
</html>
```

3. 页面效果

该页面在 Chrome 浏览器中执行的页面效果如图 25-1 所示。

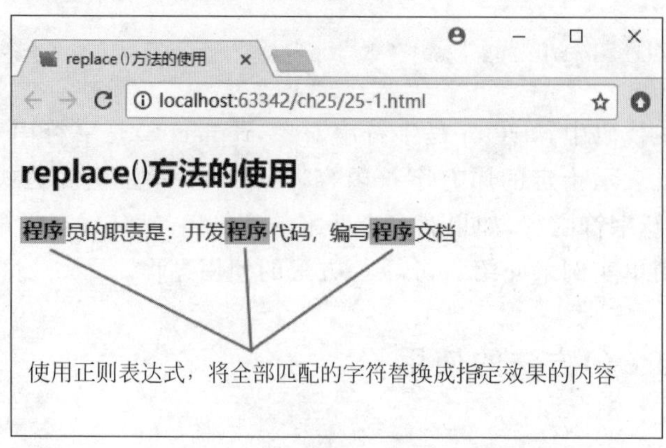

图 25-1　replace()方法的使用效果

4. 源码分析

在页面的代码中，首先获取保存字符串对象的元素，并保存到变量 p1 中，然后使用类别样式 focus 修饰替换后的字符效果，并保存到变量 strNew 中，最后调用字符串对象的 replace()方法完成效果的替换。

需要说明的是，在 replace()方法的第一个参数中，"//"表示正则匹配方式查找内容，"g"表示全局性查找，查找后使用第二个参数的值进行替换。

25.3.2　split ()方法

在程序开发的实际过程中，为了数据传输方便，有时需要将多条数据合并成为一条数据，然后在接收时使用 split()方法进行分割，通过数组保存分割后的数据，再通过数组的下标获取每条分割后的数据记录。split()方法具体的调用格式如下。

```
strObj. split(separator,MaxLen)
```

在上述代码中，strObj 为待分割的字符串对象，在调用 split()方法时，参数 separator 表示分割时的符号，即以什么样的符号进行分割；参数 MaxLen 是一个可选项，表示指定分割字符串对象后返回的数组最大长度，该方法最终返回一个数组对象。

下面通过一个简单实例来介绍 split()方法的使用过程。

实例 25-2　split ()方法的使用

1. 功能说明

将传入的一段字符串内容进行分割，并将分割后的内容显示在页面中。

2. 实现代码

在 WebStorm 中新建一个 HTML 页面 25-2. html，加入代码如代码清单 25-2 所示。

代码清单 25-2　split ()方法的使用

```
<! DOCTYPE html >
< html >
< head lang = "en">
    < meta charset = "UTF - 8">
    < title > split()方法的使用</title >
</head >
< body >
    < div >
        < h3 > split()方法的使用</h3 >
        < div id = "tip"></div >
    </div >
    < script type = "text/javascript">
        //获取显示对象并保存至变量中
        var objTip = document. getElementById("tip");
        //定义保存数据的变量
```

```
            var objData = '陶国荣_男_18_程序员';
            //调用 split()方法分割数据并保存在数组中
            var objPerson = objData.split('_');
            //将数组内容显示在页面元素中
            for(var i = 0;i < objPerson.length;i++) {
                objTip.innerHTML += objPerson[i] + "<br>";
            }
        </script>
    </body>
</html>
```

3. 页面效果

该页面在 Chrome 浏览器中执行的页面效果如图 25-2 所示。

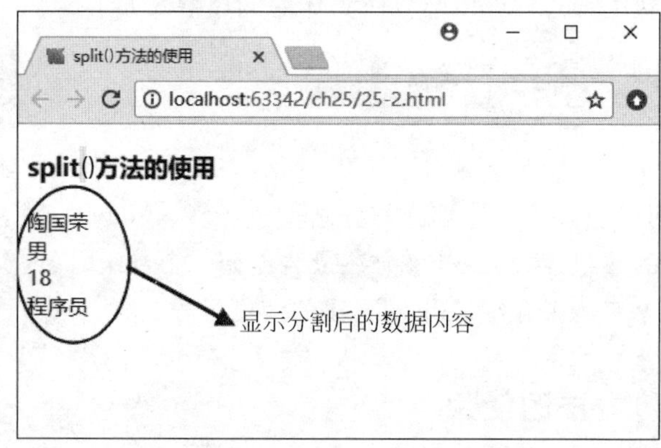

图 25-2　split()方法的使用效果

4. 源码分析

在页面的代码中,首先使用下画线"_"链接并保存多个字符串内容进行传递,然后,在页面接收时,通过调用 split()方法进行分割,并将分割后的数据保存至名称为 objPerson 的数组中,最后使用 for 语句,遍历数组,将内容显示在页面中。

25.4　查询和检索字符串方法

在实际开发过程中,有时需要判断字符串对象中是否包含某个字符,如在网站提交留言信息时,需要检测提交内容是否包含非法的字符,在用户名注册时,是否包含指定的字符类型,而这些操作都离不开字符串对象中的查询和检索方法。

总体而言,search()和 indexOf()方法的功能都是检索指定的字符是否在字符串对象中存在,如果存在,则返回对应的索引号位置,否则返回－1。

虽然两个检索方法在功能上具有相同性,但具体的调用方法却存在区别,相对来说,search()方法可以使用正则匹配和字符查询两种方式,可以使用参数 i 忽略大小写,不支持指定位置和全局检索,因此,它返回的总是第一个匹配的内容,调用格式如下。

```
strObj.search(regexp/strFind)
```

在上述调用格式的代码中，search()方法中的参数既可以是一个正则表达式，也可以是单个字符或字符串，接下来通过一个实例来演示它的使用方法。

下列代码表示在字符串“吉祥如意”中，调用 search()方法，并通过正则表达式匹配“祥”字所在的索引位置。

```
var strObj = '吉祥如意';
var intPos = strObj.search(/祥/i);
//在控制台输出返回的位置值
console.log(intPos);
//在控制台输出位置值 1
```

下列代码表示在字符串“吉祥如意”中，使用 search()方法查询“意”字所在索引位置。

```
var strObj = '吉祥如意';
var intPos = strObj.search('意');
//在控制台输出返回的位置值
console.log(intPos);
//在控制台输出位置值 5
```

从上述实例可以看出，在 search()方法中，调用正则表达式匹配查询的内容更加灵活，它可以通过更多的正则表达式，匹配以字符开头或结尾的内容；而如果是字符串，则只是查询完全对应的字符内容。

相对 search()方法而言，indexOf()方法是一个更加底层的方法，因此，它在执行时，系统资源消耗更低，但效率更高效，所以它的使用比 search()方法更为广泛，具体调用格式如下。

```
strObj. indexOf(strFind,[startPos])
```

在上述调用格式的代码中，indexOf()方法中的 strFind 参数表示需要在字符串对象中查询的字符内容，可选项参数 startPos 规定查找开始的索引号位置，默认为 0～strObj.length-1，如果省略，则表示从 0 开始。

下列代码表示在字符串“吉祥如意”中，使用 indexOf()方法查询“祥”字所在索引位置。

```
var strObj = '吉祥如意';
var intPos = strObj.indexOf('祥');
//在控制台输出返回的位置值
console.log(intPos);
//在控制台输出位置值 1
```

在上述代码的 indexOf()方法中直接输入查询字符“祥”，没有指定查询开始的位置，因此，默认位置从 0 开始。由于“祥”字符在第二位，因此，从控制台输出位置值 1。如果指定了开始查询的位置，那么将从指定的位置开始检索，如以下代码所示。

```
var strObj = '吉祥如意';
var intPos = strObj.indexOf('祥',2);
//在控制台输出返回的位置值
console.log(intPos);
//在控制台输出位置值 - 1
```

由于在上述代码的 indexOf()方法中,不仅输入了查询的字符“祥”,而且指定了查询开始的位置为 2,由于“祥”字在位置 1 中,如果是从位置 2 开始检索,那么将无法查询到该字符,因此控制台输出−1 值。

小结

在本章中,先从字符对象和获取某一个字符的方法讲起,然后以实例的方式,详细阐述了替换和分割字符串的过程,最后介绍了查询和检索字符串的使用方法。

第26章

数组对象

视频讲解

本章学习目标

- 理解并掌握数组对象的定义和赋值方法。
- 掌握数组对象中添加和删除元素的方法。
- 熟悉数据对象排序的方法和步骤。

26.1 数组对象简介

在日常的程序开发中，变量常用于保存某个字符或数据，如果想保存多个有序的记录，使用变量就非常麻烦，此时，可以通过定义数组的方式来保存。严格来讲，数组也是变量，只是它是定义一个名称，保存多项数组的特殊变量。

26.1.1 数组的创建和赋值

数组的实质就是一组数据的集合，是一段连续的内存地址，而数组的名称则是这段地址的首地址，因此，创建数组本质就是声明一段地址的空间，创建数组的方法包括隐式和实例化两种，隐式创建最为简单，也最为常用，实例化创建的方式很多，下面详细介绍。

1. 隐式创建数组

隐式创建数组的方式非常简单，不需要声明类型，数组的类型是通过保存值的类型来决定的，即由赋值语句右侧的数据类型决定。隐式创建数组的格式如下。

```
var arrayName = [值 1,值 2, … ]
```

在上述定义的格式中，由于数组也是一种特殊的变量，因此用 var 语句定义，arrayName 为数组的名称，使用等号实现定义时赋值，方括号表示一个数组对象，每个值包含在括号中，通过逗号进行隔开，这种定义数组的方式简单又高效，在开发中经常使用。

2. 实例化定义数组

除实例化隐式创建数组之外,还可以调用数组对象 Array,以实例化的方式来创建数组,这种方式分为两种,一种是实例化数组时赋值,另一种是实例化数组时指定长度,不进行赋值的操作,具体定义的格式如下。

```
//实例化数组对象并赋值
var arrayName = new Array(值 1,值 2, … )
```

上述定义数组的格式代码中,在实例化数组对象 Array 时,数组的值作为实例化时的参数传递,这是一种很高效的定义数组方式。实例化时,也可以不传数组值,格式如下。

```
//实例化数组对象时仅指定长度
var arrayName = new Array(size)
```

在上述定义数组的格式代码中,实例化数组对象时,参数是长度值,该值要大于 0,由于数组的索引号是从 0 开始,因此,数组中的元素个数是定义时的长度值减去 1。

3. 数组赋值

数组创建的目的是保存数据,即需要为定义好的数组赋值,除定义时就已经赋值外,数组可以通过下列方式进行赋值,具体的代码格式如下。

```
var arrayName[下标] = 值 1
```

在上述数组赋值语句中,下标的值不能超过数组的整个长度,赋值等号右侧的值可以是任意 JavaScript 类型的内容,如果是同一下标两次赋值,那么第二次将覆盖第一次。

26.1.2 数组的获取

一个数组对象完成定义和赋值后,接下来就是去使用它,即获取数组中的值或属性。获取值的方式非常简单,只需要通过下标就可以很方便地获取到数组对应的值,格式如下。

```
arrayName[下标]
```

在上述格式中,方括号中的下标值也是数组的索引号,它是从 0 开始的,即下标为 0 时,表示获取数组集合中的第一个元素,以此类推。

除使用下标获取数组的元素之外,还可以获取数组的一些常用属性,如长度属性 length,这是一个常用属性,因为在遍历数组时需要使用它,格式如下。

```
arrayName.length
```

下面通过一个简单的实例详细说明数组元素和长度属性的应用。

实例 26-1　数组的获取

1. 功能说明

定义一个数组，并将数组中的元素显示在页面中。

2. 实现代码

在 WebStorm 中新建一个 HTML 页面 26-1.html，加入代码如代码清单 26-1 所示。

代码清单 26-1　数组的获取

```
<!DOCTYPE html>
<html>
<head lang="en">
    <meta charset="UTF-8">
    <title>数组的获取</title>
</head>
<body>
    <h3>数组的获取</h3>
    <div id="tip">...</div>
    <script type="text/javascript">
        var objTip = document.getElementById("tip");
        //定义一个数组对象
        var arrStu = ['张三','李四','王二'];
        //定义保存显示内容的变量并赋值
        var strHTML = '';
        //遍历数组将显示内容保存在变量中
        for(var intI = 0;intI < arrStu.length;intI++){
            strHTML += intI + ' : ' + arrStu[intI] + '<br />';
        }
        //将保存的内容显示在页面元素中
        objTip.innerHTML = strHTML;
    </script>
</body>
</html>
```

3. 页面效果

该页面在 Chrome 浏览器中执行的页面效果如图 26-1 所示。

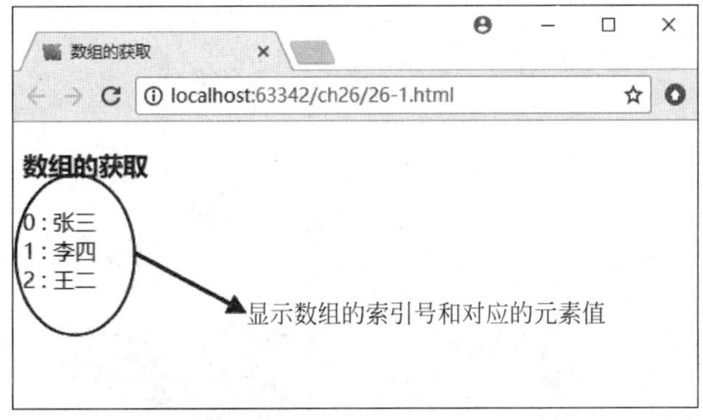

图 26-1　数组的获取效果

4. 源码分析

在页面的代码中,首先使用隐式方法定义了一个名称为 arrStu 的数组,然后使用 for 语句遍历整个数组,获取到数组集合中的各项元素,并将它保存至字符变量 strHTML 中,最后将变量赋值给页面元素的内容,从而最终实现将数组中的元素显示在页面中的效果。

26.2 添加数组元素

当一个数组完成定义后,除了可以访问数组中的各元素之外,还可以向数组中添加新的元素内容,而这样的操作也十分常见,如网站的留言栏、内容的点评区,都可以使用数组保存数据并添加内容,根据添加数组元素位置的不同,可以分为开头添加和结尾添加两种。

26.2.1 使用 unshift ()方法在数组开头添加元素

如果想向数组的开头处添加新的元素,可以调用 unshift()方法,该方法的功能是向数组的开头增加一个或多个元素,并返回新增元素后的数组长度,具体的调用格式如下。

```
arrayName.unshift(newele1,newele2, … ,neweleN)
```

在上述代码中,unshift()方法可以向数组的开头增加多个元素,但在位置排列时,newele1 始终是第一位,即索引号为 0,newele2 为第二位,索引号为 1,以此类推,在新元素向数组增加过程中,已有的元素索引号分别依次向高位移动,用于留出保存新增元素的空间。

下面通过一个简单的实例详细说明数组元素和长度属性的应用。

实例 26-2 数组的 unshift ()方法

1. 功能说明

先在页面中显示一个数组的已有元素,单击“增加”按钮后,再在头部显示新增的元素。

2. 实现代码

在 WebStorm 中新建一个 HTML 页面 26-2. html,加入代码如代码清单 26-2 所示。

代码清单 26-2 数组的 unshift ()方法

```
<!DOCTYPE html>
<html>
<head lang="en">
    <meta charset="UTF-8">
    <title>数组的 unshift()方法</title>
</head>
<body>
    <h3>数组的获取</h3>
    <div id="tip">...</div>
    <p><button id="btnAdd"
               onclick="addStu()">
```

```
        增加
    </button></p>
    <script type="text/javascript">
        var objTip = document.getElementById("tip");
        //定义一个数组对象
        var arrStu = ['张三','李四','王二'];
        function showStu(){
            //定义保存显示内容的变量并赋值
            var strHTML = '';
            //遍历数组将显示内容保存在变量中
            for (var intI = 0; intI < arrStu.length; intI++) {
                strHTML += intI + ':' + arrStu[intI] + '<br />';
            }
            //将保存的内容显示在页面元素中
            objTip.innerHTML = strHTML;
        }
        function addStu() {
            //向数组的头部增加一个元素
            arrStu.unshift('牛七');
            //调用显示数组的函数
            showStu();
        }
        //页面加载完成时显示已有数组元素
        window.onload = showStu();
    </script>
</body>
</html>
```

3. 页面效果

该页面在 Chrome 浏览器中执行的页面效果如图 26-2 所示。

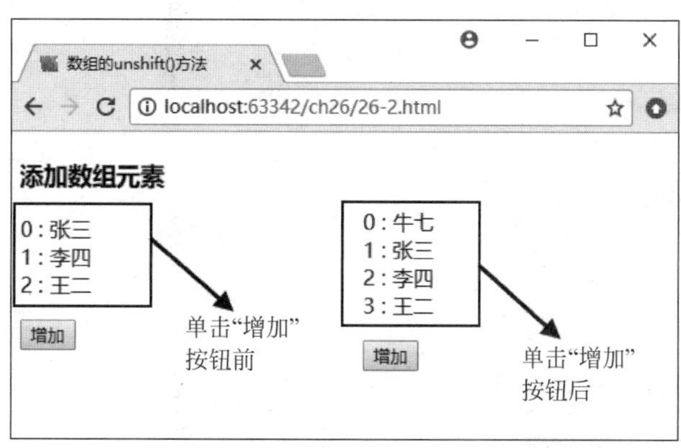

图 26-2　数组的 unshift()方法的执行结果

4. 源码分析

在页面的代码中，先定义了一个名称为 arrStu 的数组，用于页面的数组和开头元素的添加，然后定义了两个函数，一个名称为 showStu()，用于在页面中显示数组的内容，另一个名称为 addStu(),用于调用 unshift()方法在开头增加数组元素。

当页面加载完成后,便触发了 load 事件,因此,可以在该事件中执行 showStu()函数,显示数组已有的元素,当单击"增加"按钮时,执行 addStu()函数,在该函数中,完成向数组开头增加新元素后,再次调用 showStu()函数,将新增加的元素也显示在页面中。

26.2.2 使用 push ()方法在数组结尾添加元素

与数组的 unshift()方法不同,push()方法的功能是在数组结尾处添加新的元素,因此,push()方法的实质是向数组追加一个或多个元素,同时,该方法将返回新追加元素后的数组长度,这种方法只是对原数组的内容进行修改,而不是创建新的数组,调用格式如下。

```
arrayName.push(newele1,newele2,…,neweleN)
```

在调用数组的 push()方法时,新追加的元素,将根据原有数组的长度,自动生成索引号,即如果原有数组长度为"3",调用 push()方法追加的第一个元素的索引号就是"3",第二个元素的索引号是"4",以此类推。

下面通过一个简单的实例来说明 push()方法的使用。

实例 26-3 数组的 push ()方法

1. 功能说明

先在页面中显示一个数组的已有元素,单击"追加"按钮后,再在结尾显示新增的元素。

2. 实现代码

在 WebStorm 中新建一个 HTML 页面 26-3.html,加入代码如代码清单 26-3 所示。

代码清单 26-3 数组的 push ()方法

```
<!DOCTYPE html>
<html>
<head lang="en">
    <meta charset="UTF-8">
    <title>数组的 push()方法</title>
</head>
<body>
    <h3>添加数组元素</h3>
    <div id="tip">...</div>
    <p><button id="btnPush"
        onclick="pushStu()">
        追加
    </button></p>
    <script type="text/javascript">
        var objTip = document.getElementById("tip");
        //定义一个数组对象
        var arrStu = ['张三','李四','王二'];
        function showStu(){
            //定义保存显示内容的变量并赋值
            var strHTML = '';
```

```
            //遍历数组将显示内容保存在变量中
            for (var intI = 0; intI < arrStu.length; intI++) {
                strHTML += intI + ' : ' + arrStu[intI] + '<br />';
            }
            //将保存的内容显示在页面元素中
            objTip.innerHTML = strHTML;
        }
        function pushStu() {
            //向数组的结尾追加一个元素
            arrStu.push('牛七');
            //调用显示数组的函数
            showStu();
        }
        //页面加载完成时显示已有数组元素
        window.onload = showStu();
    </script>
</body>
</html>
```

3. 页面效果

该页面在 Chrome 浏览器中执行的页面效果如图 26-3 所示。

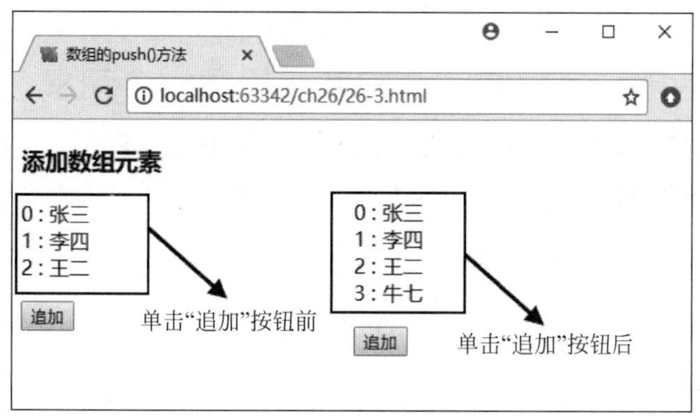

图 26-3　数组的 push()方法的执行结果

4. 源码分析

在页面的代码中，与使用 unshift()方法在头部向数组添加元素不同，push()方法是从数组的结尾处添加，但两种方法都是对原有数组的修改，而不是重新创建一个新的数组。

26.3　删除数组元素

既然想要操作一个数组，那么，除了有添加数组元素的方法之外，还有相应删除元素的方法。与增加元素方法相对应，删除数组元素也有两个方法，一个是 shift()方法，用于删除数组的第一个元素；另一个是 pop()方法，用于删除数组的最后一个元素。

26.3.1 使用 shift()方法删除数组第一个元素

shift()方法的功能是删除数组中的第一个元素，并返回删除掉的元素。如果被删除的是一个空数组，那么调用该方法时，将返回 undefined。具体调用格式如下。

```
arrayName.shift()
```

在上述格式代码中，当一个数组调用了 shift()方法后，将会删除数组的第一个元素。

下列代码为调用 shift()方法删除数组的第一个元素，并在控制台分别输出数组删除之前和删除之后的全部元素内容。

```
//定义一个数组对象
var arrStu = ['张三','李四','王二'];
//在控制台输出数组删除前的元素
console.log(arrStu);           //输出值为：张三,李四,王二
//删除数组的第一个元素
arrStu.shift();
//在控制台输出数组删除后的元素
console.log(arrStu);           //输出值为：李四,王二
```

从上述代码中可以看出，使用 shift()方法可以删除数组中的第一个元素，并且其他元素依次向前移动一位，各自在数组中的索引号都增加 1。

26.3.2 使用 pop()方法删除数组最后一个元素

与 shift()方法不同，方法 pop()的功能是删除数组中的最后一个元素，执行该方法后，整个数组的长度将减 1，同时，返回被删除的最后一项元素内容。具体调用格式如下。

```
arrayName.pop()
```

调用上述方法后，数组对象将删除最后一项元素。如果数组为空时，执行该方法后，将返回 undefined，数组的长度不变化。

下列代码为调用 pop()方法删除数组的最后一个元素，并在控制台分别输出数组删除之前和删除之后的全部元素内容。

```
//定义一个数组对象
var arrStu = ['张三','李四','王二'];
//在控制台输出数组删除前的元素
console.log(arrStu);                          //输出值为：张三,李四,王二
//删除数组的最后一个元素
arrStu.pop();
//在控制台输出数组删除后的元素
console.log(arrStu);                          //输出值为：张三,李四
```

从上述代码不难看出，执行数组的 pop()方法后，只是删除原有数组中的最后一项元素，并不会去创建一个新的数组。

26.4 数组排序

在数组的操作中，排序方法 sort()是一个非常重要的功能，它可以使用数组中的元素按照字母编码或数字大小的顺序进行排列，此外，还可以通过颠倒排列方法 reverse()，对已有的排列顺序进行反向排列，极大地丰富了日常开发的功能需求。

26.4.1 使用 sort ()方法排序

在数组中，sort()方法的功能是对数组中的全部元素按照指定的规则进行排序，这种排序的操作并不创建新的数组，而是对原有数组的操作，具体调用格式如下。

```
arrayName.sort(fn)
```

在上述代码中，如果一个数组直接调用 sort()方法进行排序，那么，这种排序的规则是按照字母编码的先后顺序进行排序，如字母 a 排在字母 b 的前面。如果不需要这种规则，而是按照元素的大小，进行倒序和顺序的排列，则需要调用方法中的 fn()参数。

参数 fn()实质上是一个比较性函数，这个函数必须有两个形参，并且返回一个使用这两个参数说明排列顺序的数字，假设两个形参为 a 和 b，那么，如果返回 a－b，表明在排序时，a 的位置出现在 b 的后面，是升序；否则，返回 b－a，则是降序。

下列代码为定义一个字符型数组，调用无参数的 sort()方法，分别在控制台显示排序前后的元素；再定义一个数字型数组，以降序方式排序，并在控制台显示排序前后内容。

```
//定义一个字符型数组对象
var arrStu = ['a','c','b'];
//显示排序前的内容
console.log(arrStu);                    //显示"a","c","b"
//调用 sort()方法无参数排序
arrStu.sort();
//显示排序后的内容
console.log(arrStu);                    //显示"a","b","c"
//定义一个数字型数组对象
var arrScore = [60,23,45,29,15];
//显示排序前的内容
console.log(arrScore);                  //显示 60,23,45,29,15
//调用 sort()方法降序排列
arrScore.sort(function(a,b){
     return b - a;
});
//显示排序后的内容
console.log(arrScore);                  //显示 60,45,29,23,15
```

在上述实例的代码中，如果是字符型数组，调用无参数的 sort()方法，那么，它将按照字母的编码顺序自动排序；如果是数字型数组，可以调用有参数的 sort()方法，通过比较函数中两个数字的大小，决定数组排列顺序的方向，如果 a>b，则是升序，否则就是降序。

26.4.2 使用 reverse ()方法排列

与 sort()方法不同,reverse()方法严格来讲并不属于一个排序的方法,它的功能只是将数组中全部元素在现有顺序的基础上进行反向排列,即颠倒式排序,调用格式如下。

```
arrayName. reverse()
```

需要说明的是,reverse()仅是数组对象的一个方法,并在执行方法的过程中,并不会创建一个新的数组对象,仅是对原有的数组进行排序操作。

下列代码为定义一个字符型数组,使用 reverse()方法排序,并分别在控制台输出排序前后数组元素显示的顺序。

```
//定义一个数组对象
var arrStu = ['张三','李四','王二'];
//在控制台输出数组颠倒前的顺序
console.log(arrStu);                          //显示:张三,李四,王二
//调用 reverse()方法排序数组内容
arrStu.reverse();
//在控制台输出数组颠倒后的顺序
console.log(arrStu);                          //显示:王二,李四,张三
```

从上述代码执行来看,reverse()方法的功能仅是对数组对象的元素进行颠倒顺序,它并没有排序的功能,更不能指定升序或降序,且不会创建另一个数组,只是一种操作方法。

小结

在本章中,先从数组的概念和定义讲起,再通过实例的方式介绍数组中元素添加和删除的方法,最后通过实例演示如何对一个数组对象排序的过程。

第 27 章

日期对象

视频讲解

本章学习目标

- 掌握日期对象的定义和取值方法。
- 熟悉日期对象获取年月日的方法。
- 能编写一个使用日期对象的实例。

27.1 日期对象简介

虽然日期对象在开发中使用的并不多，但它的功能是不可替代的，如页面中活动的倒计时、日期的比较取值、内容按时间分类等，都离不开时间对象的使用，因此，掌握日期对象的使用成为一个合格程序开发人员的必学知识。

27.1.1 创建日期对象

与创建其他对象相同，创建一个日期对象时，只需要实例化这个对象即可，在实例化的过程中，既可以不带参数，也可以针对某个日期参数进行实例化，具体格式如下。

```
var objDate = new Date();
```

在上述格式代码中，通过日期对象的实例化，创建了一个名称为 objDate 的日期对象，在创建过程中，使用了实例化对象的关键字 new，同时调用了 Date()方法，但方法的括号中并没有参数，则表示以当前的日期和时间作为它的初始值。

除了在实例化过程中不带参数外，还可以向 Date()方法中添加日期型参数，作为其实例化过程中的初始值，具体格式如下。

```
var objDate = new Date(日期型字符串);
```

在上述格式代码中,实例化时添加了一个日期型的字符串,这种字符串的格式可以是各式各样的,如常见的"2019-10-01",或者"2019/10/01""May 1,2019"等,即它必须是一个日期型的字符串,否则将无法实现初始化的功能。

27.1.2 输出日期对象的年份

下列代码为分别实例化一个无参数和有参数的日期型对象,并输出对应的年份值。

```
//实例化方式定义一个无参数的日期对象
var objDate = new Date();
//在控制台输出对象的年份值
console.log(objDate.getFullYear());           //输出 2020 年
//实例化方式定义一个指定参数的日期对象
var objDate2 = new Date("2018 - 10 - 1");
//在控制台输出对象的年份值
console.log(objDate2.getFullYear());          //输出 2018 年
```

在上述执行代码中,当实例化日期对象时,如果无参数,则将当前的日期作为默认参数传入对象中,如果指定了日期参数,则输出指定的内容;getFullYear()方法的功能是从日期对象中返回4位数字的完整年份值。

27.2 操作日期对象的年月日值

当日期对象创建完成后,就可以调用对象的属性和方法去操作它,根据操作值的不同,可以分为日期和时间两类,操作的过程包括获取和设置它的值,接下来分别进行介绍。

27.2.1 获取日期对象的年月日值

当一个日期对象完成定义后,则可以调用对象的getFullYear()、getMonth()和getDate()方法,获取对象的年份、月份和日期。

下列代码为实例化定义一个对象后,分别在控制台输出它的年、月、日的值。

```
//实例化方式定义一个指定参数的日期对象
var objDate = new Date("2019 - 10 - 1");
//在控制台输出对象的年份值
console.log(objDate.getFullYear());            //输出 2019 年
//在控制台输出对象的月份值
console.log(objDate.getMonth() + 1);           //输出 10 月
//在控制台输出对象的日期值
console.log(objDate.getDate());                //输出 1 日
```

在上述代码中,日期对象的getFullYear()方法可以获取4位数的年份;getMonth()方法可以获取月份,取值范围是0~11,因此,正确显示时,需要添加1;getDate()方法可以获取一个月中的对应日期,取值范围是1~31。完整的说明如表27-1所示。

表 27-1 获取日期对象的年月日值

方 法	说 明
getFullYear()	返回一个表示年份的 4 位数字，不建议使用 getYear()方法
getMonth()	返回一个从 0 到 11 的数字，表示月份
getDate()	返回一个从 1 到 31 的数字，表示某日

27.2.2 设置日期对象的年月日值

不仅可以使用日期对象获取对应单个年月日的值，而且可以重新设置它们的值，如使用 setFullYear()方法可以重置当前日期中的年份值。

下列代码为定义一个日期对象，并重置年、月、日的值，再将值显示在控制台中。

```
//实例化方式定义一个无参数的日期对象
var objDate = new Date();
//重置对象的年份
objDate.setFullYear(2016);
//重置对象的月份
objDate.setMonth(2);
//重置对象的某日
objDate.setDate(16);
//输出重置后的日期
console.log(objDate.toLocaleDateString());            //输出 2016/3/16
```

在上述代码中，setFullYear()方法不仅可以重置日期对象的年份值，还可以重置月份和某日，但通常用于重置对象的年份值，其他两项由 setMonth()和 setDate()方法完成。

完整的说明如表 27-2 所示。

表 27-2 设置日期对象的年月日值

方 法	说 明
setFullYear()	设置日期对象中年、月、日的值，年为必选项，月、日是可选项
setMonth()	设置日期对象中月、日的值，月为必选项，日是可选项
setDate()	设置日期对象中某日的值，取值范围为 1～31

27.3 操作日期对象的时分秒值

在日常开发中，除了可以操作日期对象的年月日外，更多的是操作日期对象的时分秒，如倒计时 20 秒、计算两个时间的差等。操作日期对象的时分秒与操作它的年月日相同，不仅可以使用获取方法返回值，还可以调用方法操作时分秒的值，接下来分别进行介绍。

27.3.1 获取日期对象的时分秒值

当定义了一个日期对象后，就可以通过调用 getHours()、getMinutes()和 getSeconds()

方法分别获取对象的小时、分钟和秒的值，接下来通过一个实例来演示获取过程。

下列代码为定义一个指定参数的日期对象，并在控制台输出它的时、分、秒值。

```
//实例化方式定义一个指定参数的日期对象
var objDate = new Date('2019 - 10 - 1 18:23:26');
//在控制台输出对象的小时值
console.log(objDate.getHours());            //输出 18
//在控制台输出对象的分钟值
console.log(objDate.getMinutes());          //输出 23
//在控制台输出对象的秒数值
console.log(objDate.getSeconds());          //输出 26
```

在上述代码中，日期对象 objDate 的 getHours()方法用于返回小时的值，通常是 24 小时制，因此，它的取值范围为 0～23，其他方法的使用如表 27-3 所示。

表 27-3 获取日期对象的时分秒值

方　法	说　明
getHours()	返回一个 0～23 的数字，用来表示 24 小时制
getMinutes()	返回一个 0～59 的数字，用来表示分钟
getSeconds()	返回一个 0～59 的数字，用来表示秒数

27.3.2 设置日期对象的时分秒值

除了获取日期对象的时分秒值之外，还可以设置它的值，设置时，只需调用 setHours()、setMinutes()和 setSeconds()方法即可。接下来通过一个实例来演示它们的使用过程。

下列代码为定义一个日期对象，并重置时、分、秒的值，再将值显示在控制台中。

```
//实例化方式定义一个无参数的日期对象
var objDate = new Date();
//重置对象的小时
objDate.setHours(18);
//重置对象的分钟
objDate.setMinutes(58);
//重置对象的秒数
objDate.setSeconds(58);
//输出重置后的时间
console.log(objDate.toTimeString());        //输出 18:58:58
```

在上述代码中，使用 setHours()方法既可以重置小时，也可以重置分钟和秒数，但后面两项常使用 setMinutes()和 setSeconds()方法来完成，详细的用法如表 27-4 所示。

表 27-4 设置日期对象的时分秒值

方　法	说　明
setHours()	设置日期对象中时、分、秒的值，时为必选项，分、秒是可选项
setMinutes()	设置日期对象中分、秒的值，分为必选项，秒是可选项
setSeconds()	设置日期对象中秒，取值范围为 0～59

27.4　获取日期对象的星期和毫秒值

在操作日期对象时，有时需要获取对象的星期和毫秒值，可以调用 getDay()和 getTime()方法，前者返回一周中的某一天，取值范围为 0～6，后者返回从 1970 年 1 月 1 日到现在的毫秒数，接下来分别进行介绍。

27.4.1　获取日期对象的星期值

调用日期对象中的 getDay()方法可以返回星期的值，星期一返回 1，星期二返回 2，以此类推，星期日时则返回 0。接下来通过一个实例来演示它的使用过程。

下列代码为定义一个日期对象，并重置时、分、秒的值，再将值显示在控制台中。

```
//实例化方式定义一个指定参数的日期对象
var objDate = new Date("2019 - 2 - 3");
//在控制台输出对象的星期值
console.log(objDate.getDay());                //输出 0,因为是星期日
//实例化方式定义一个指定参数的日期对象
var objDate2 = new Date("2019 - 2 - 4");
//在控制台输出对象的星期值
console.log(objDate2.getDay());               //输出 1,因为是星期一
```

27.4.2　获取日期对象的毫秒值

毫秒值是日期对象中非常重要的一项内容，它又称为时间戳，是一串字符序列组成的数据，用于标志某一刻的时间，这种记录方式便于管理，使用和传输时方便、高效。

下列代码为定义一个日期对象，获取它的毫秒值，并显示在控制台中。

```
//实例化方式定义一个指定参数的日期对象
var objDate = new Date("2019 - 2 - 4");
//在控制台输出对象的毫秒值
console.log(objDate.getTime());            //输出 1549295999000
```

除了直接获取到毫秒值之外，两个值之间还可以相减，相减后的毫秒数还可以转换成小时或分钟值，以实现通过毫秒值获取相差时间的功能，如下列实例。

下列代码为获取两个毫秒值间的相差值，并转换成小时数，显示在控制台中。

```
//实例化方式定义一个指定参数的日期对象
var objDate = new Date("2019 - 2 - 4 0:0:0");
//实例化方式定义另一个指定参数的日期对象
var objDate2 = new Date("2019 - 2 - 5 0:0:0");
//将两个时间戳相减的值保存到变量中
var intTime = objDate2.getTime() - objDate.getTime();
//在控制台输出两个时间戳相减后的小时数
console.log(intTime/1000/60/60);            //输出 24 小时
```

在上述代码中，由于变量 objDate 的值是 2019-2-4，objDate2 的值是 2019-2-5，它们之间差 24 小时，因此，当两个毫秒值间相减时，获取的毫秒差除以 1000 表示秒，再除以 60 表示分钟，最后除以 60 表示小时数。

在日期对象中，除了相关的获取和设置方法外，还有一些常用的日期转换方法，这些方法可以将日期格式转换成指定的字符格式，具体的用法如表 27-5 所示。

表 27-5 转换日期对象的方法

方　法	说　明
toString()	将日期时间转换为普通字符串
toTimeString()	把日期对象的时间部分转换为字符串
toLocaleTimeString()	根据本地时间格式，把日期对象的时间部分转换为字符串

小结

在本章中，先介绍日期对象的基础概念，阐述了日期对象的定义方法和取值过程，然后分别以实例的方式介绍如何获取日期对象中的年月日和时分秒的方法，最后使用代码方式演示如何获取日期对象中的星期和毫秒值的过程。

第 28 章

数 学 对 象

视频讲解

本章学习目标

- 理解数学对象的功能和组成部分。
- 熟悉数学对象中取整运算的方法。
- 了解数学对象中生成随机数和三角函数的方法。

28.1 数学对象简介

在日常的代码开发过程中，经常使用到数学的操作，例如，生成随机数、向上取整数、向下舍整数、求两个数的最大最小值等，这些数学的操作，都离不开 JavaScript 中的数学对象 Math，该对象的功能是执行数学操作的任务。

28.1.1 对象的属性

与其他对象不同，Math 对象不需要实例化就可以调用对象的属性和方法，因此，使用更加方便，操作更加简单，具体的调用格式如下。

```
Math 对象.属性
Math 对象.方法
```

根据上述对象的调用格式，调用对象中的属性值，计算平方根和使用圆周率，分别求出 2 的平方根和半径为 5 的圆的面积，代码如下。

```
//计算 2 的平方根并保存至变量中
var intValue = Math.SQRT2;
//在控制台输出变量的值
console.log(intValue);          //输出值为 1.4142135623730951
//计算半径为 5 的圆面积并保存至变量中
```

```
var intArea = Math.PI * 5 * 5;
//在控制台输出变量的值
console.log(intArea);                    //输出值为 78.53981633974483
```

在上述代码中,为了求出数字 2 的平方根,使用了对象中的 SQRT2 属性,为了计算圆的面积,调用了对象中的 PI 属性。由此可见,在代码开发中,数学对象的使用无处不在,除了上述使用的数学对象属性之外,其他的属性名称和使用方法如表 28-1 所示。

表 28-1 Math 对象属性及说明

属 性 名	说 明	属 性 名	说 明
E	返回算术常量 e,即自然对数的底数	LOG10E	返回以 10 为底的 e 的对数
LN2	返回 2 的自然对数	PI	返回圆周率(约等于 3.141 59)
LN10	返回 10 的自然对数	SQRT2	返回 2 的平方根
LOG2E	返回以 2 为底的 e 的对数		

28.1.2 对象的方法

与数学对象的属性不同,数学对象的方法更像一个内置函数,无须定义而直接被调用。在对象的方法中,大部分都需要传递参数,如求两数中的最大值的 Math.max(x,y) 方法,也有不需要传参数的方法,如返回一个 0～1 的随机数的 Math.random()方法。

使用数学对象中的方法,分别求出 25 的平方根和 5 的自然对数,并将获取的值显示在控制台中,代码如下。

```
//计算 25 的平方根并保存至变量中
var intValue = Math.sqrt(25);
//在控制台输出变量的值
console.log(intValue);             //输出值为 5
//计算 5 的自然对数值并保存至变量中
var intLog = Math.log(5);
//在控制台输出变量的值
console.log(intLog);               // 输出值为 1.6094379124341003
```

通过上述代码不难发现,数学对象的方法是对属性的有效补充。在调用方法时,无须实例化对象,直接调用并传递参数即可。更多的属性名称和使用方法如表 28-2 所示。

表 28-2 Math 对象方法及说明

属 性 名	说 明	属 性 名	说 明
abs(x)	返回 x 值的绝对值	min(x,y)	返回 x 和 y 中的最小值
ceil(x)	对一个数进行上取整	pow(x,y)	返回 x 的 y 次幂
exp(x)	返回 e 的指数	random()	返回 0～1 的随机数
floor(x)	对一个数进行下取整	round(x)	对一个数四舍五入取整数
log(x)	返回数的自然对数(底为 e)	sqrt(x)	返回数的平方根
max(x,y)	返回 x 和 y 中的最大值		

28.2 取整运算

当两个数相乘或相除时，默认小数部分的值都是保留 16 位，在实际开发中显得非常冗长，通常需要对它进行取整显示，在取整的过程中则需要使用到数字对象中两个非常重要的方法 ceil()和 floor()，接下来分别进行介绍。

28.2.1 向上取整方法 ceil()

在数学对象 Math 的方法中，ceil()方法的功能是对一个数字实现向上取整，返回一个大于或等于被取整数的值，它的调用格式如下。

```
Math.ceil(x)
```

在上述调用格式中，参数 x 为被取整数，当该数是一个正数时，则将小数部分添加到整数，即入一位整数，如果参数是一个负数时，则舍弃小数部分。

下列代码为分别调用 ceil()方法在控制台输出一个正小数和负小数的值。

```
//定义一个保存正小数的变量
var fltValue = 88.3456;
//调用 ceil()方法向上取整数并输出在控制台
console.log(Math.ceil(fltValue));            //输出值为 89
//定义一个保存负小数的变量
var fltValue2 =- 88.6543;
//调用 ceil()方法向上取整数并输出在控制台
console.log(Math.ceil(fltValue2));           //输出值为 - 88
```

在上述代码中，由于变量 fltValue 的值为 88.3456，是一个大于 0 的小数，因此，当使用 ceil()方法取整时，不管小数部分的值是否大于 5，都将向整数增加一位，即输出 89。

而当变量 fltValue2 的值为－88.6543 时，因为是一个小于 0 的小数，在使用 ceil()方法取整时，直接舍弃小数部分，仅保留整数值，即输出－88。

28.2.2 向下取整方法 floor()

与 ceil()方法不同，floor()方法的功能是对一个数字实现向下取整，返回一个小于或等于被取整数的值，它的调用格式如下。

```
Math.floor(x)
```

在上述调用格式的代码中，参数 x 为被取整数，如果该数为正小数，则将小数部分舍弃；如果该值为负小数，则向整数部分增加一个值，再舍弃小数部分。

下列代码为分别使用 floor()方法在控制台输出一个正小数和负小数的值。

```
//定义一个保存正小数的变量
var fltValue = 88.7654;
```

```
//调用 floor()方法向下取整数并输出在控制台
console.log(Math.floor(fltValue));            //输出值为 88
//定义一个保存负小数的变量
var fltValue2 =- 88.4567;
//调用 floor()方法向下取整数并输出在控制台
console.log(Math.floor(fltValue2));           //输出值为 - 89
```

在上述代码中，由于变量 fltValue 是一个大于 0 的小数，因此，调用 floor()方法输出值时，小数部分自动舍弃，只保留整数部分，即输出 88。

另外，因为变量 fltValue2 是一个小于 0 的小数，因此，使用 floor()方法输出值时，自动向整数部分增加一个值，再舍弃小数部分，即输出－89。

28.3 生成随机数

在代码开发中，经常会使用随机数，如随机抽奖、产品随机展示等，在实现这些功能时，离不开 JavaScript 中 Math 对象的 random()方法，该方法的功能是生成一个 0.0～1.0 的随机小数值，但不包括 0.0 或 1.0 值，下面进行详细介绍。

28.3.1 生成指定范围的随机数

在 Math 对象中，直接调用 random()方法可以返回一个 0.0～1.0 的随机小数，它是一个无参数的方法，调用格式如下。

```
Math.random()
```

下列代码为调用 random()方法生成随机数，并将数值输出到控制台。

```
//调用 random()方法生成随机数并保存至变量中
var fltRdm = Math.random();
//将变量值在控制台中输出
console.log(fltRdm);          //输出值为 0.5417985162102008
```

在上述代码中，在控制台输出的随机数是一个小于 1 的小数，由于默认生成的小数位数为 16～17 位，不便于计算和显示，因此，生成的随机数常结合 floor()方法一起使用，直接舍弃小数部分，显示生成的整数值。

下列代码为调用 random()方法，随机在控制台显示数组中的元素。

```
//定义一个保存学生信息的数组
var strStu = ['张天明','李辉','王小桐','牛鑫','马明'];
//生成一个在数组长度范围内的随机下标值并保存至变量中
var intIdx = Math.floor(Math.random() * strStu.length);
//将保存的变量值对应的数组输出至控制台中
console.log(strStu[intIdx]);          //输出值为李辉
```

在上述代码中，通过将生成的随机数乘以数组的长度值，返回在数组长度范围内索引号的随机数值，调用 floor()方法则将舍弃小数部分，直接保存生成的整数值，获取到随机生成的索引号后，使用方括号方式传入数组中，返回对应的元素值，并输出在控制台中。

下列代码为自定义一个函数，调用 random()方法，返回指定范围的随机数。

```
//自定义一个指定范围生成随机数的函数
function createRdm(min,max) {
    var _intNum = max - min + 1;
    var _intRdm = Math.floor(Math.random() * _intNum + min);
    return _intRdm
}
//调用函数输出 1～10 的数字
console.log(createRdm(1,10));          //输出值为 8
```

在上述代码的函数体中，内部变量_intNum 用于保存生成随机数的总数量，变量_intRdm 则是在总量范围内生成的随机数，并通过 return 语句，在调用函数时直接返回该值。

28.3.2 生成多位组合的随机数

使用 Math 对象中的 random()方法，不仅可以生成单个随机数，而且可以生成指定成位数组合的随机数字，如登录、注册时的数字验证码，这种组合而成的随机数，其本质是将每一次生成的随机数进行连接而成，如以下实例。

下列代码为自定义一个函数，调用 random()方法，返回指定位数的随机数。

```
//自定义一个生成指定位数的随机数函数
function createRdm(len) {
    var strVal = "";
    if (len > 0) {
      for (var intI = 0; intI < len; intI++) {
         strVal += Math.floor(Math.random() * 10);
      }
    }
     return strVal;
}
//调用函数输出 4 位随机数
console.log(createRdm(4));             //输出值为 1077
```

在上述代码的函数体中，先判断传入的长度值是否大于 0，如果是，则按长度值遍历，在每次遍历时，都生成一个 0～10 的随机数，并将数值进行连接后保存至字符变量 strVal 中，最后将变量 strVal 作为函数的返回值，输出至函数调用处。

下列代码为调用自定义的函数，生成随机颜色值，并输出至控制台中。

```
//自定义一个指定范围生成随机数的函数
function createRdm(min,max) {
    var _intNum = max - min + 1;
    var _intRdm = Math.floor(Math.random() * _intNum + min);
```

```
    return _intRdm
}
//分别随机生成颜色的三个值并保存至变量中
var intRed = createRdm(0,255);
var intGreen = createRdm(0,255);
var intBlue = createRdm(0,255);
//将三个颜色值组合并保存至变量中
var strColor = "rgb(" + intRed + "," + intGreen + "," + intBlue + ")"
//将组合的颜色值显示在控制台中
console.log(strColor);          //输出值为 rgb(255,12,177)
```

在上述代码中,由于颜色值可以使用 rgb 的形式来表示,因此,首先使用随机数的方式生成三个颜色值,再将这三个生成的值组合成颜色的 rgb 形式并保存至变量 strColor 中,而该变量就是随机生成的颜色值,最后将颜色值变量在控制台中输出。

28.4 三角函数

由于 Math 对象专用于数学中的数字操作,自然离不开一些专业的数学函数的计算,例如,三角函数中的正切、正弦、余弦、反正切、反正弦和反余弦值,虽然这些函数在平常的开发中很少使用,但也是 Math 对象的重要组成部分,下面分别进行介绍。

28.4.1 正弦和余弦及正切函数

在 Math 对象中,可以调用 sin(x)方法返回指定弧度的正弦值,调用 cos(x)方法返回指定弧度的余弦值,使用 tan(x)方法返回指定弧度的正切值,这些方法中的 x 参数均是指弧度值,而不是角度。角度与弧度的换算关系如下所示。

```
1 角度 = 2 × PI/360 弧度
30° = 2 × PI/360 × 30
```

下列代码为分别在控制台输出 30°、60°、45°的正弦、余弦、正切的函数值。

```
//分别定义不同的变量保存弧度值
var fltDeg = 2 * Math.PI/360 * 30;
var fltDeg2 = 2 * Math.PI/360 * 60;
var fltDeg3 = 2 * Math.PI/360 * 45;
//调用函数计算弧度值并输出到控制台
console.log(Math.sin(fltDeg))      //输出值为 0.49999999999999994
console.log(Math.cos(fltDeg2))     //输出值为 0.5000000000000001
console.log(Math.tan(fltDeg3))     //输出值为 0.9999999999999999
```

上述在控制台输出的弧度值与数学中使用三角函数公式计算,返回值相一致。

28.4.2 反正弦和反余弦及反正切函数

这几类函数在开发中,虽然使用的非常少,但是它们与其他 Math 对象中的方法一样,直接调用即可使用，如反正弦函数 asin(x)方法，它的调用格式如下。

```
Math.asin(x)
```

在上述调用格式中，x 为弧度值，它的取值范围是－1～1，x-PI/2 和 PI/2 弧度之间的数值，如果超过这个范围，那么该函数将返回 NaN 值。

下列代码为分别在控制台输出三种不同值的反正弦的函数值。

```
//分别定义三个变量保存不同的弧度值
var fltDeg = 2 * Math.PI/360 * 30;
var fltDeg2 = null;
var fltDeg3 = 'string';
//计算三个变量值的反正弦值并输出到控制台
console.log(Math.asin(fltDeg))      //输出值为 0.5510695830994463
console.log(Math.asin(fltDeg2))     //输出值为 0
console.log(Math.asin(fltDeg3))     //输出值为 NaN
```

在上述输出代码中可以看出，由于第三个变量 fltDeg3 的值为'string'，不属于指定范围内，因此，它的返回值为 NaN。反余弦和反正切的使用方法基本与反正弦相同，且它们极少在代码中使用，介于篇幅考虑，在此不再赘述。

小结

在本章中，先从最基础的数学对象的概念讲起，介绍对象的属性和方法，然后以实例的方式介绍了数学对象中取整运算的方法，最后详细阐述了数学对象中生成随机数和三角函数的使用方法。

第29章

DOM基础

视频讲解

本章学习目标

- 理解并掌握DOM对象的概念和组成。
- 掌握DOM对象中获取和插入元素的方法。
- 了解DOM对象中复制和删除元素的方法。

29.1 什么是DOM

DOM是Document Object Model的简写，全称为文档对象模型，它是由W3C组织定义的一套Web标准，使用它可以访问页面文档HTML对象的属性、方法和事件。准确地讲，DOM既是页面使用的API，又是与其他语句建立关联的桥梁。

29.1.1 DOM对象

在整个DOM中，由核心DOM、XML DOM和HTML DOM三个部分组成。通常来讲，DOM对象是指HTML DOM页面文档对象，当HTML文档载入浏览器时，便成为一个DOM对象，借助DOM对象，使用脚本语言，就可以访问页面中的全部元素了。

实例29-1 DOM对象中属性值的输出

1. 功能说明

调用DOM对象的属性，分别在控制台输出页面的标题和地址。

2. 实现代码

在WebStorm中新建一个HTML页面29-1.html，加入代码如代码清单29-1所示。

代码清单 29-1　DOM 对象中属性值的输出

```
<!DOCTYPE html>
<html>
<head lang="en">
    <meta charset="UTF-8">
    <title>DOM 对象中属性值的输出</title>
</head>
<body>
    <script type="text/javascript">
        //将文档标题信息保存在变量中
        var strTitle = document.title;
        //将文档地址信息保存在变量中
        var strUrl = document.URL;
        //在控制台输出文档标题信息
        console.log(strTitle);
        //在控制台输出文档地址信息
        console.log(strUrl);
    </script>
</body>
</html>
```

3. 页面效果

该页面在 Chrome 浏览器中执行的页面效果如图 29-1 所示。

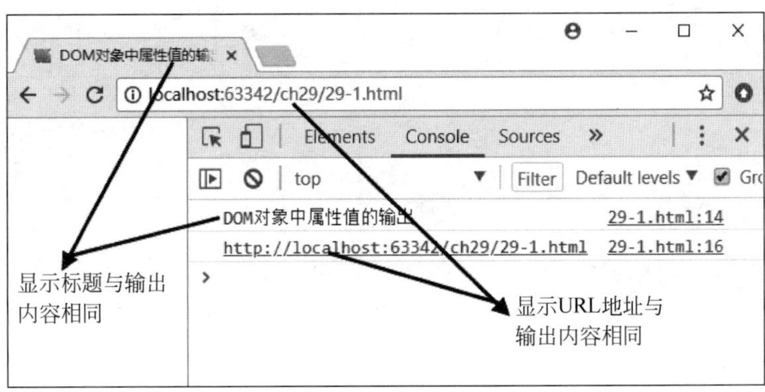

图 29-1　DOM 对象中属性值的输出

4. 源码分析

当页面执行时，整个页面的元素属性都可以通过 DOM 对象获取，如 document.title 表示页面的标题属性，document.URL 表示页面执行的地址路径，更多属性如表 29-1 所示。

表 29-1　DOM 对象的属性及说明

属 性 名	说　明	属 性 名	说　明
body	访问页面中的 body 元素	lastModified	返回当前文档最后被修改的日期
cookie	返回或设置当前文档相关的 cookie 值	referrer	返回载入当前文档之前的文档 URL
		title	返回当前文档的标题
domain	返回当前文档的域名	URL	返回当前文档的 URL 地址

29.1.2 DOM 结构

DOM 结构是针对 DOM 对象的内部构造，对象中所有的内容都是节点，整体文档称为文档节点，文档中每个 HTML 元素称为元素节点，元素中的文本称为文本节点，元素中的属性称为属性节点，整体构造以树状呈现，因此，DOM 结构又称为树结构。

在 DOM 树结构中，顶端的节点又称为根节点，除了根节点外，每个节点都有父节点，同时，每个节点都可以有任意个子节点，具有相同父节点则称为兄弟节点，只有正确理解了 DOM 对象的树结构，才能通过脚本代码去操作结构中的元素。

DOM 对象的结构示意图如图 29-2 所示。

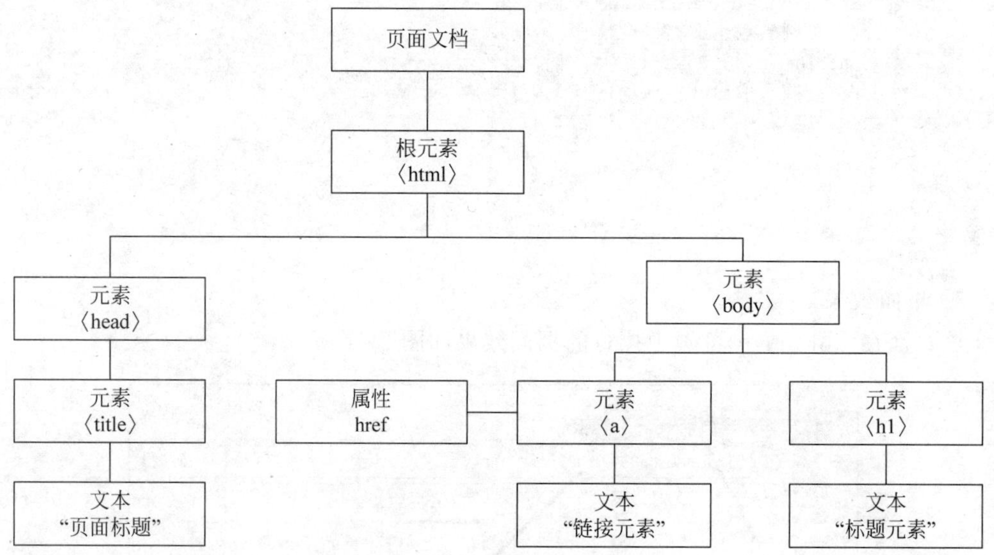

图 29-2 DOM 对象的树结构

在 DOM 对象的树结构中，根元素 html 只有两个子类元素，第一个是 head 元素，最后一个是 body 元素，元素 a 和 h1 是兄弟元素，又同时属于 body 父元素。此外，还可以通过脚本语言实现元素的添加、删除和内容的修改。

29.2 获取和创建元素

操作一个 DOM 元素的首要前提是获取这个元素，DOM 中提供了一系列获取页面中元素的方法，借助这些方法，可以快速地以各种形式获取到指定的元素；如果页面中没有期望的元素，也可以调用 DOM 中创建元素的方法来快速创建。

29.2.1 获取元素

在 DOM 中，获取元素的方法有很多，但从操作时的效率来讲，获取元素最佳的方法是 getElementById()，该方法的功能是返回一个指定元素 id 的对象，调用格式如下。

```
document.getElementById(id)
```

上述方法返回一个元素对象，该对象的 id 属性值为方法中的 id 参数，在操作 DOM 中元素时，先定义一个唯一的 id 属性名称，再通过调用 getElementById()方法找到该元素，最后实现相应的操作，这是一种最有效的方法，下面通过一个实例来进行说明。

实例 29-2 获取元素的方法

1. 功能说明

当页面加载后，延时 3s，将页面中 div 元素的内容显示为"加载完成！"字样。

2. 实现代码

在 WebStorm 中新建一个 HTML 页面 29-2.html，加入代码如代码清单 29-2 所示。

代码清单 29-2 获取元素的方法

```
<!DOCTYPE html>
<html>
<head lang="en">
    <meta charset="UTF-8">
    <title>获取元素的方法</title>
</head>
<body>
    <!-- 定义一个 id 为 tip 的 div 元素 -->
    <div id="tip">正在加载中...</div>
    <script type="text/javascript">
        //使用 getElementById()方法获取元素对象并保存到变量中
        var objTip = document.getElementById("tip");
        //调用延时函数
        setTimeout(function(){
            //重置元素对象显示的文字内容
            objTip.innerText = '加载已完成!';
        },3000)
    </script>
</body>
</html>
```

3. 页面效果

该页面在 Chrome 浏览器中执行的页面效果如图 29-3 所示。

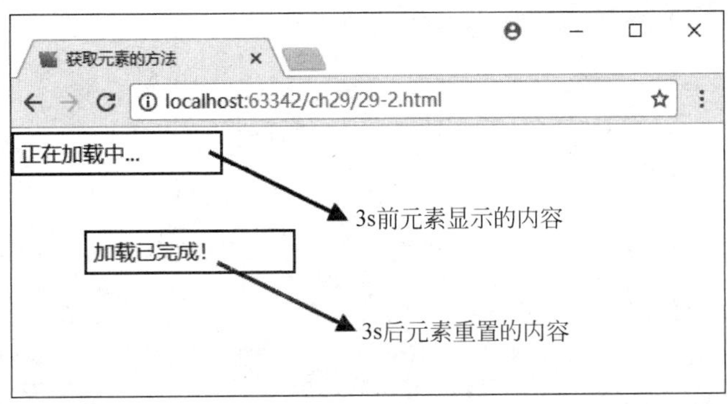

图 29-3 获取元素的方法

4. 源码分析

在上述实例的源码中，为了重置页面中 div 元素显示的内容，先调用 getElementById()方法获取元素对象，并将对象保存至变量中，然后再调用该变量对象的 innerText 属性，重置元素在页面中显示的文本内容。从整体流程来讲，获取元素对象是关键一步。

有时为了代码的简单和高效，可以将通过 id 属性值获取元素对象的代码过程使用函数的形式进行封装，后续只需调用函数名称并传递 id 即可，函数封装代码如下。

```
function $$(id) {
    //返回一个指定 id 的元素对象
    return document.getElementById(id);
}
```

在上述自定义的函数名称中，“$$”名称既简洁，又不易与其他函数名称重复，在函数体中通过 return 语句返回一个指定 id 的元素对象，该 id 是一个字符型的参数。

在 DOM 中，不仅可以使用 getElementById()方法获取到指定 id 的元素对象，还提供了其他的一些方法获取和操作页面中的元素对象，更多方法如表 29-2 所示。

表 29-2 DOM 对象的方法

方 法 名	说 明
close()	关闭当前打开的文档
getElementsByName()	返回带有指定名称的对象集合
getElementsByTagName()	返回带有指定标签名称的对象集合
open()	打开一个新文档，输出 write()方法写入的内容
write()	向 HTML 文档输出表达式和代码
writeln()	与方法 write()的功能相同，只是在输出内容后自动添加一个换行符

29.2.2 创建元素

与获取元素的简单调用不同，创建元素要复杂些，整个创建元素的过程分为先创建元素名称，再创建文本节点名称，设置元素属性，最后插入页面中显示创建的元素。

下面通过一个简单的实例来演示创建元素的过程。

实例 29-3 创建元素的过程

1. 功能说明

在指定的 div 元素中，创建一个不可以用的“登录”按钮。

2. 实现代码

在 WebStorm 中新建一个 HTML 页面 29-3.html，加入代码如代码清单 29-3 所示。

代码清单 29-3 创建元素的过程

```
<!DOCTYPE html>
<html>
```

```
<head lang = "en">
    <meta charset = "UTF - 8">
    <title>创建元素</title>
</head>
<body>
    <!-- 定义一个 id 为 tmp 的 div 元素 -->
    <div id = "tmp"></div>
    <script type = "text/javascript">
        //使用 getElementById()方法获取元素对象并保存到变量中
        var objTmp = document.getElementById("tmp");
        //使用 createElement()方法创建一个新元素并保存到变量中
        var objBtn = document.createElement("input");
        //设置新元素对象的属性
        objBtn.disabled = true;
        objBtn.value = '登录';
        objBtn.type = 'button';
        //将新元素对象作为子节点追加到 div 元素中
        objTmp.appendChild(objBtn);
    </script>
</body>
</html>
```

3. 页面效果

该页面在 Chrome 浏览器中执行的页面效果如图 29-4 所示。

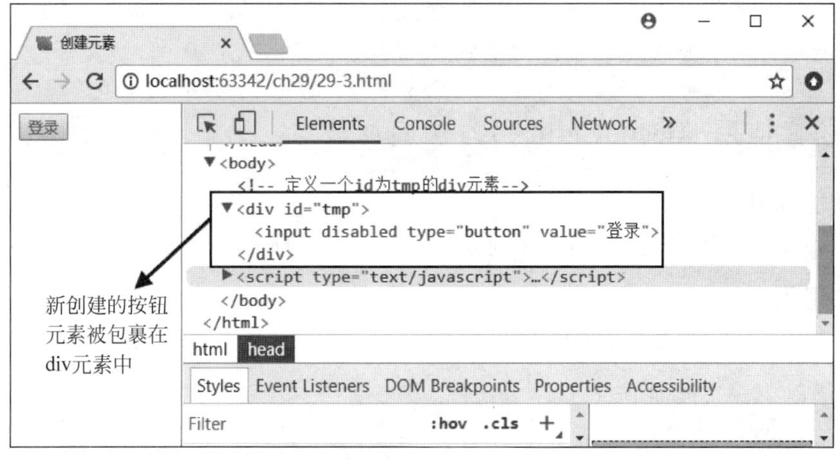

图 29-4　创建元素的过程

4. 源码分析

在上述实例的源码中，先调用 createElement()方法创建了一个 input 元素，由于该元素没有显示的文本，因此不需要创建文本节点，然后设置元素的属性，最后将设置好的新元素对象追加到指定的 div 元素中，如果是需要创建有文本显示的元素，代码修改如下。

```
…省略相同代码
//使用 createElement()方法创建一个新元素并保存到变量中
```

```
var objDiv = document.createElement("div");
//使用 createTextNode()方法创建新元素显示文本的节点并保存到变量中
var objNode = document.createTextNode("今天的天气不错!");
//将元素内容追加到新元素中
objDiv.append(objNode)
//将新元素对象作为子节点追加到 div 元素中
objTmp.appendChild(objDiv);
```

29.3 插入元素

新创建的 DOM 元素，通常是被插入到原有的元素中，因此，在 DOM 操作元素的方法中，插入元素的方法显得非常重要，它通常由两种方法完成，一种是 appendChild()方法，另外一种是 insertBefore()方法，接下来详细介绍下这两种插入方法的使用过程。

29.3.1 appendChild()方法

方法 appendChild()的功能是将新增的节点追加到指定节点的后面，该方法除了追加元素外，还可以将一个元素向另一个元素移动，它的调用格式如下。

```
node.appendChild(new)
```

在上述调用格式的代码中，node 表示当前指定的某个节点，new 表示新增加的节点，该方法的功能是将新增加的 new 节点追加到 node 节点之后。

实例 29-4 使用 appendChild ()方法追加节点

1. 功能说明

调用 appendChild()方法，向一个列表中追加新的表项内容。

2. 实现代码

在 WebStorm 中新建一个 HTML 页面 29-4. html，加入代码如代码清单 29-4 所示。

代码清单 29-4 追加节点

```
<!DOCTYPE html>
<html>
<head lang="en">
    <meta charset="UTF-8">
    <title>追加节点</title>
</head>
<body>
    <ul id="ul">
        <li>AA</li>
        <li>BB</li>
        <li>CC</li>
    </ul>
```

```
    <script type="text/javascript">
        //获取页面中指定 id 的元素对象并保存在变量中
        var objUl = document.getElementById("ul");
        //创建一个 li 元素并保存到变量中
        var objLi = document.createElement("li");
        //创建元素显示的文本节点并保存到变量中
        var objTxt = document.createTextNode('DD');
        //将文本节点追加到新元素中
        objLi.append(objTxt);
        //向列表元素追加新增加的元素
        objUl.appendChild(objLi);
    </script>
</body>
</html>
```

3. 页面效果

该页面在 Chrome 浏览器中执行的页面效果如图 29-5 所示。

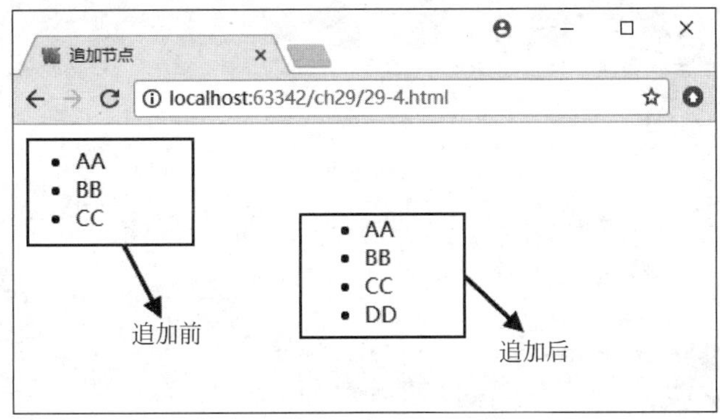

图 29-5 追加节点的效果

4. 源码分析

在上述实例的源码中，先调用 createElement()和 createTextNode()方法创建节点元素和显示的文字，再将文字添加进元素中，形成带文字的元素节点，最后使用 appendChild()方法将新创建的元素追加到页面中列表的最后一项。

29.3.2 insertBefore ()方法

与 appendChild()方法不同，insertBefore()方法的功能是向指定的节点之前添加新的节点，该方法也可以实现节点间的移动，具体的调用格式如下。

```
node. insertBefore(new,nodechild)
```

在上述的代码中，node 表示当前指定的某个节点，new 表示新增加的节点，nodechild 表示控制插入位置的子类节点，如果是第一个，则新增加的节点插到第一个；如果是最后一个，则新增加的节点追加为最后一个。

实例 29-5　使用 insertBefore ()方法插入节点

1. 功能说明

调用 insertBefore()方法,向一个列表中插入新的表项内容。

2. 实现代码

在 WebStorm 中新建一个 HTML 页面 29-5. html,加入代码如代码清单 29-5 所示。

代码清单 29-5　插入节点

```
<!DOCTYPE html>
<html>
<head lang="en">
    <meta charset="UTF-8">
    <title>追加节点</title>
</head>
<body>
    <ul id="ul">
        <li>AA</li>
        <li>BB</li>
        <li>CC</li>
    </ul>
    <script type="text/javascript">
        //获取页面中指定 id 的元素对象并保存在变量中
        var objUl = document.getElementById("ul");
        //创建一个 li 元素并保存到变量中
        var objLi = document.createElement("li");
        //创建元素显示的文本节点并保存到变量中
        var objTxt = document.createTextNode('DD');
        //将文本节点追加到新元素中
        objLi.append(objTxt);
        //向列表元素插入新增加的元素
        objUl.insertBefore(objLi,objUl.firstChild);
    </script>
</body>
</html>
```

3. 页面效果

该页面在 Chrome 浏览器中执行的页面效果如图 29-6 所示。

4. 源码分析

在上述实例的源码中,当调用 insertBefore()方法时,第二个参数使用了 objUl. firstChild,表示列表元素的第一项,因此,新增的元素则插入到第一项的前面,如图 29-6 所示;如果第二个参数使用的是 objUl. lastChild,则新增加的元素将插入到列表的最后一项。

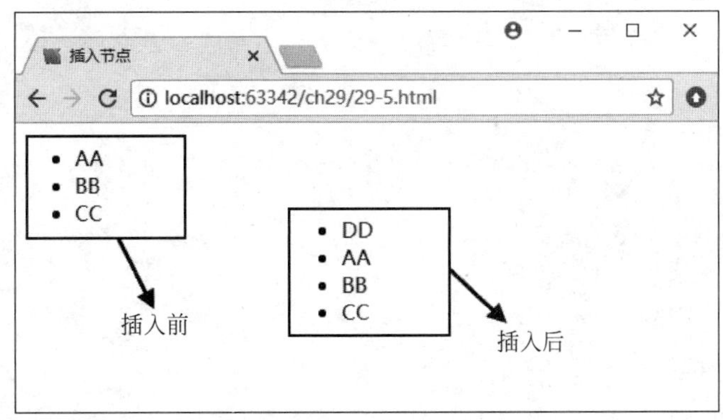

图 29-6 插入节点的效果

29.4 复制和删除元素

在操作 DOM 元素时，为了方便和简化代码的编写，需要调用复制方法完成新元素的增加，同时，对一些不需要的或者没有用的节点则调用删除方法完成旧元素的删除，这样的操作虽然不是很多，但它却是 DOM 中操作元素的重要组成部分。

29.4.1 cloneNode ()方法

cloneNode()方法的功能是以创建新节点的方式实现指定元素的复制，并返回复制后的副本对象，该方法还能通过参数决定是否复制元素包含的后代节点，调用格式如下。

```
node. cloneNode(deep)
```

在上述调用格式的代码中，node 表示当前指定的某个节点，参数 deep 表示复制时是否包含全部的后代节点，它是一个布尔值，如果该值为 true 时，表示包含，为 false 时，表示不包含，仅包含被复制节点的属性名称和对应的属性值。

实例 29-6 使用 cloneNode ()方法复制节点

1. 功能说明

在页面中，当单击图片元素时，复制图片元素，并将复制后的元素显示在页面中。

2. 实现代码

在 WebStorm 中新建一个 HTML 页面 29-6. html，加入代码如代码清单 29-6 所示。

代码清单 29-6 复制节点

```
<! DOCTYPE html >
< html >
< head lang = "en">
    < meta charset = "UTF - 8">
```

```
    <title>复制节点</title>
</head>
<body>
    <figure id="fig">
        <img src="img/rose.jpg" id="rose" alt=""/>
    </figure>
    <script type="text/javascript">
        //使用变量保存元素对象
        var objFig = document.getElementById("fig");
        var objRose = document.getElementById("rose")
        //绑定图片元素的单击事件
        objRose.onclick = function(e) {
            //复制图片元素并保存在变量中
            var objRose2 = this.cloneNode(true);
            //将复制的图片元素追加到指定的父元素中
            objFig.appendChild(objRose2);
        }
    </script>
</body>
</html>
```

3. 页面效果

该页面在 Chrome 浏览器中执行的页面效果如图 29-7 所示。

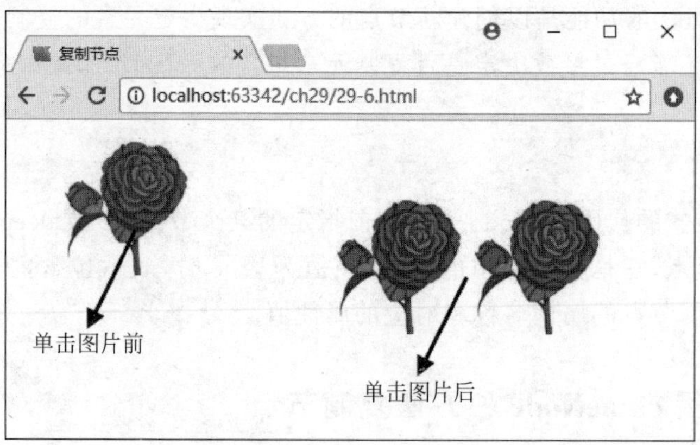

图 29-7　复制节点的效果

4. 源码分析

在上述实例的源码中，当用户单击图片元素时，触发绑定的单击事件，在对应事件的函数中，将复制好的图片元素副本先保存在变量 objRose2 中，再调用 appendChild()方法将保存的变量 objRose2 对象追加到图片的父元素中。

29.4.2　removeChild ()方法

removeChild()方法将删除指定元素的子节点，并返回被删除的节点对象，如果没有找到被删除的节点，则返回 null 值，它的调用格式如下。

```
node.removeChild(nodechild)
```

在上述调用格式的代码中，node 表示当前指定的某个节点，nodechild 表示需要被删除的子节点，调用该方法后将返回被删除的子节点对象。

实例 29-7 使用 removeChild ()方法删除节点

1. 功能说明

在页面的列表中，当单击某项内容时，将从列表中删除该表项。

2. 实现代码

在 WebStorm 中新建一个 HTML 页面 29-7.html，加入代码如代码清单 29-7 所示。

代码清单 29-7 删除节点

```
<!DOCTYPE html>
<html>
<head lang="en">
    <meta charset="UTF-8">
    <title>删除节点</title>
</head>
<body>
    <ul id="ul">
        <li>张一明</li>
        <li>胡仲平</li>
        <li>刘欢欢</li>
        <li>陈东升</li>
    </ul>
    <script type="text/javascript">
        //获取页面中指定 id 的元素对象并保存在变量中
        var objUl = document.getElementById("ul");
        //获取全部的 li 元素并保存在变量中
        var objLis = document.getElementsByTagName("li");
        //遍历全部的 li 元素
        for(var intI = 0;intI < objLis.length;intI++) {
            //绑定每个 li 元素对象的单击事件
            objLis[intI].onclick = function (e) {
                //删除当前单击时的元素
                objUl.removeChild(this);
            }
        }
    </script>
</body>
</html>
```

3. 页面效果

该页面在 Chrome 浏览器中执行的页面效果如图 29-8 所示。

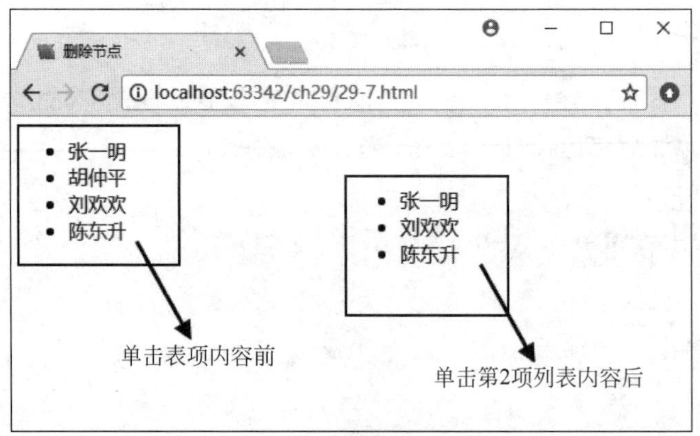

图 29-8 删除节点的效果

4. 源码分析

在上述实例的源码中,先使用变量保存获取的全部 li 元素集合,再使用 for 语句遍历整个集合对象,获取某一项 li 元素,并编写该元素的单击事件,在事件的函数中,调用删除子节点的 removeChild()方法,删除单击时的子项节点。

小结

在本章中,先从 DOM 对象的基础概念讲起,介绍了 DOM 对象的结构和组成内容,然后说明如何在 DOM 中获取元素,并通过实例介绍在 DOM 中插入元素的方法,最后以实例的方式介绍如何删除和复制 DOM 中的元素。

第30章

DOM进阶

视频讲解

本章学习目标

- 理解 DOM 元素属性的操作方法。
- 掌握 DOM 元素样式属性操作方法。
- 熟悉查找 DOM 元素的方法。

30.1 获取和设置元素属性

在 DOM 中,调用方法获取对象是操作一个对象的前提,在操作过程中,属性的操作最为常见,因为通过属性值可以控制一个元素的样式、内容等重要的信息,因此,在 HTML 元素中,熟练掌握 HTML 元素属性值的获取和设置就显得尤为重要。

30.1.1 getAttribute()方法

getAttribute()方法可以返回指定属性名称的值,该方法只有一个指定属性名称的参数,如果指定的属性名称不存在,则返回一个 null 值。具体的调用格式如下。

```
ele.getAttribute(attrName)
```

在上述调用格式的代码中,ele 表示真实存在的元素对象,参数 attrName 表示元素对象的属性名称,如果存在对应的属性值,则返回一个字符串,否则返回一个 null 值。

实例 30-1 getAttribute()方法

1. 功能说明

单击列表中某条记录时,显示对应 id 属性的值。

2. 实现代码

在 WebStorm 中新建一个 HTML 页面 30-1.html,加入代码如代码清单 30-1 所示。

代码清单 30-1 getAttribute ()方法

```
<!DOCTYPE html>
<html>
<head lang="en">
    <meta charset="UTF-8">
    <title>方法 getAttribute()</title>
</head>
<body>
    <div id="tip">…</div>
    <ul>
        <li><a id="1001" href="#">张一明</a></li>
        <li><a id="1002" href="#">胡仲平</a></li>
        <li><a id="1003" href="#">刘欢欢</a></li>
        <li><a id="1004" href="#">陈东升</a></li>
    </ul>
    <script type="text/javascript">
        //获取显示 id 信息的对象并保存在变量中
        var objTip = document.getElementById("tip");
        //获取全部的超链接元素对象并保存在变量中
        var links = document.getElementsByTagName("a");
        //遍历对象集合
        for(var intI = 0;intI < links.length;intI++) {
            //获取某一项元素并绑定单击事件
            links[intI].onclick = function (e) {
                //获取元素的属性值,并显示在页面元素中
                objTip.innerText = this.getAttribute("id");
            }
        }
    </script>
</body>
</html>
```

3. 页面效果

该页面在 Chrome 浏览器中执行的页面效果如图 30-1 所示。

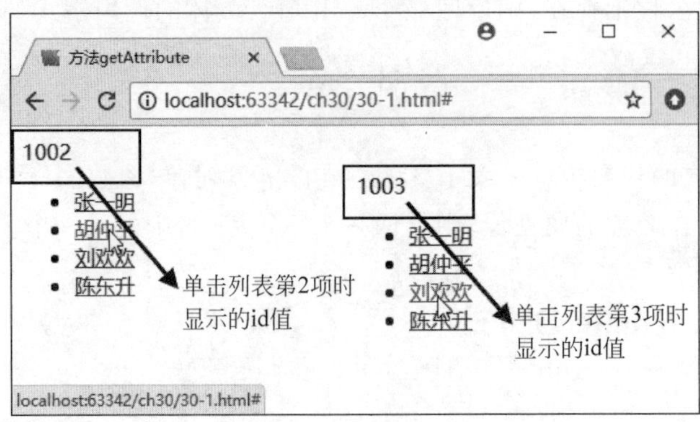

图 30-1 getAttribute()方法的执行结果

4. 源码分析

在上述实例的代码中，首先获取列表中全部的超级链接元素，它是一个集合对象，然后遍历该集合对象，获取到每一个元素对象，并为每个元素绑定单击事件，最后在事件中使用getAttribute()方法获取元素属性中的id值，并显示到页面元素中。

30.1.2 setAttribute()方法

与getAttribute()方法不同，setAttribute()的功能是为指定的属性赋值。因此，该方法有两个参数，一个是属性名称，另一个是属性对应值。具体调用格式如下。

```
ele.setAttribute(attrName,attrValue)
```

在上述调用格式的代码中，ele表示真实存在的元素对象，参数attrName表示元素对象的属性名称，attrValue表示属性值，如果属性名称存在，则重置或修改属性值；如果属性名称不存在，则向元素中添加属性和相应的值。

实例 30-2 setAttribute()方法

1. 功能说明

单击按钮后，将它的状态设置为不可以使用。

2. 实现代码

在WebStorm中新建一个HTML页面30-2.html，加入代码如代码清单30-2所示。

代码清单 30-2 setAttribute()方法

```
<!DOCTYPE html>
<html>
<head lang="en">
    <meta charset="UTF-8">
    <title>方法 setAttribute()</title>
</head>
<body>
    <div>
        <button id="btnSend">发送</button>
    </div>
    <script type="text/javascript">
        //获取指定 id 的元素对象并保存在变量中
        var objBtnSend = document.getElementById("btnSend");
        //绑定按钮对象的单击事件
        objBtnSend.onclick = function(e){
            //设置按钮为不可以使用状态
            this.setAttribute("disabled","true");
        }
    </script>
</body>
</html>
```

3. 页面效果

该页面在 Chrome 浏览器中执行的页面效果如图 30-2 所示。

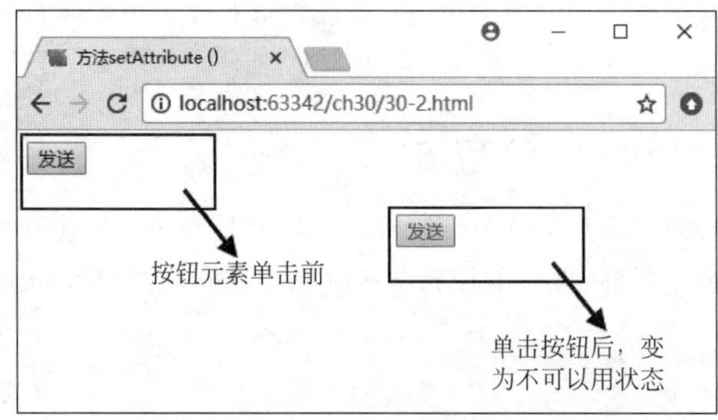

图 30-2 setAttribute()方法的执行结果

4. 源码分析

在上述实例的代码中,先获取页面中的按钮元素并保存在变量中,然后绑定按钮的单击事件,在事件函数中调用 setAttribute()方法,将按钮的 disabled 属性值设置为 true,表示按钮的状态为不可以使用。

需要说明,按钮的 disabled 属性在开始时并不存在,而是调用 setAttribute()方法向元素添加的,一旦添加成功,则自动执行属性值,将按钮变为不可以使用的状态。

30.2 检测和删除元素属性

在操作元素属性的过程中,不仅可以获取或设置元素的属性值,还可以检测和删除元素的属性。一般而言,在获取元素属性值时,先要检测该属性是否存在,如果存在,则获取,使用这种方式可以避免返回一个 null 的对象信息。

30.2.1 hasAttribute ()方法

方法 hasAttribute()的功能是检测元素中是否含有指定名称的属性,如果含有,则返回 true 值,否则返回 false 值。方法具体的调用格式如下。

```
ele.hasAttribute(attrName)
```

在上述调用格式的代码中,ele 表示真实存在的元素对象,参数 attrName 表示需要检测的元素属性名称,整个方法返回一个布尔值。

实例 30-3 hasAttribute ()方法

1. 功能说明

检测一个元素是否包含 title 属性,如果不包含,则直接添加该属性名和值。

2. 实现代码

在 WebStorm 中新建一个 HTML 页面 30-3.html，加入代码如代码清单 30-3 所示。

代码清单 30-3 hasAttribute ()方法

```
<!DOCTYPE html>
<html>
<head lang="en">
    <meta charset="UTF-8">
    <title>hasAttribute()方法</title>
</head>
<body>
    <div id="tip">今天的天气非常好</div>
    <script type="text/javascript">
        //获取指定 id 的元素对象并保存在变量中
        var objTip = document.getElementById("tip");
        //检测元素对象中是否包含指定的属性名称
        if(!objTip.hasAttribute("title")) {
            //如果不存在,则自动添加属性
            objTip.setAttribute("title", '明天天气会更好')
        }
    </script>
</body>
</html>
```

3. 页面效果

该页面在 Chrome 浏览器中执行的页面效果如图 30-3 所示。

图 30-3 hasAttribute()方法的执行结果

4. 源码分析

在上述实例的代码中，先调用 hasAttribute()方法判断元素中是否有 title 属性，如果不存在，则调用 setAttribute()方法新添加一个名称为 title 的属性，并设置相应的值，如果存在，则不会重置 title 属性的值。

30.2.2 removeAttribute ()方法

与 hasAttribute()方法不同，removeAttribute()方法的功能是删除指定的属性。与一般用于删除的方法不同，该方法并不返回删除的内容，无返回值。方法的调用格式如下。

```
ele.removeAttribute(attrName)
```

在上述调用的格式中,ele 表示在 DOM 中真实存在的节点元素,方法中的 attrName 表示需要删除的属性名称,它是一个字符类型,也是一个必需的参数。

实例 30-4　removeAttribute ()方法

1. 功能说明

单击按钮后,按钮变成不可以用状态,5s 后按钮自动变为可用状态。

2. 实现代码

在 WebStorm 中新建一个 HTML 页面 30-4.html,加入代码如代码清单 30-4 所示。

代码清单 30-4　removeAttribute ()方法

```
<!DOCTYPE html>
<html>
<head lang="en">
    <meta charset="UTF-8">
    <title>removeAttribute()方法</title>
</head>
<body>
    <div>
        <input type="button" id="btnSend" value="发送" />
    </div>
    <script type="text/javascript">
        //获取指定 id 的元素对象并保存在变量中
        var objBtnSend = document.getElementById("btnSend");
        //绑定按钮对象的单击事件
        objBtnSend.onclick = function(e) {
            //设置按钮为不可以用状态
            this.setAttribute("disabled", "true");
            //使用变量保存元素对象
            var that = this;
            //5s 后按钮变为可用状态
            setTimeout(function () {
                //移除按钮对象的不可以用属性
                that.removeAttribute("disabled");
            }, 5000)
        }
    </script>
</body>
</html>
```

3. 页面效果

该页面在 Chrome 浏览器中执行的页面效果如图 30-4 所示。

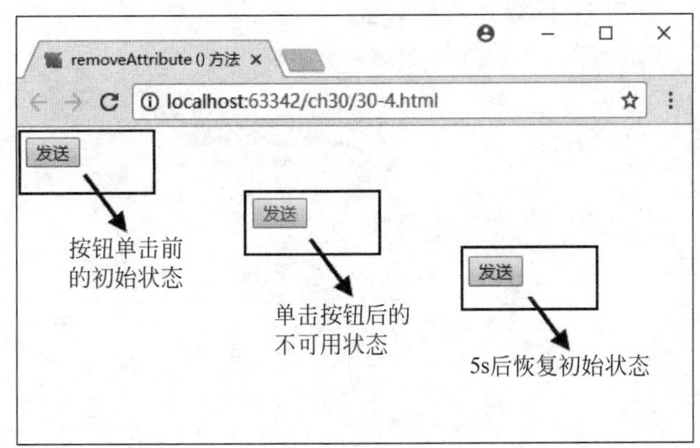

图 30-4 removeAttribute()方法的执行结果

4. 源码分析

在上述实例的代码中,当单击按钮时,在绑定的单击事件函数中,调用 setAttribute()方法完成 disabled 属性的添加和赋值,5s 后,则调用 removeAttribute()方法删除已添加的 disabled 属性,因此,按钮元素又恢复成初始的状态。

30.3 操作元素样式属性

在 DOM 中,一个节点元素的显示,离不开样式的支持,样式可以在元素创建的同时一起添加,这种方式称为静态样式。此外,还可以在元素创建后,通过 JavaScript 代码再次添加元素的样式,这种方式称为动态样式,且后者的使用场景要比前者多。

30.3.1 使用 style 属性操作样式

元素的 style 属性不仅在添加元素中可以直接使用,而且在操作元素时,也能动态进行控制,因此,style 是操作元素样式最常见的一种属性。它的调用格式如下。

```
ele.style.styleName
```

在上述调用格式的代码中,ele 表示在 DOM 中真实存在的节点元素,style 是元素的样式属性,参数 styleName 表示样式属性集合中的某个样式名称,该条语句不仅可以设置某个样式名称的值,同时也可以返回指定某个元素样式名称的值。

实例 30-5 使用 style 属性操作样式

1. 功能说明

在列表中,单击第 2 行表项元素时,将获取第 1 行元素的样式,并添加到第 2 行元素中。

2. 实现代码

在 WebStorm 中新建一个 HTML 页面 30-5.html,加入代码如代码清单 30-5 所示。

代码清单 30-5　使用 style 属性操作样式

```
<!DOCTYPE html>
<html>
<head lang="en">
    <meta charset="UTF-8">
    <title>使用 style 属性操作样式</title>
</head>
<body>
    <ul>
        <li id="l1"
            style="font-weight:600;font-size:26px">
            第一行
        </li>
        <li id="l2">第二行</li>
        <li>第三行</li>
    </ul>
    <script type="text/javascript">
        //获取元素对象并分别保存在变量中
        var objl1 = document.getElementById("l1");
        var objl2 = document.getElementById("l2");
        //绑定元素对象的单击事件
        objl2.onclick = function(e) {
            //将 id 为 l1 元素的字体加粗样式赋值给 l2 元素
            this.style.fontWeight = objl1.style.fontWeight;
            //将 id 为 l1 元素的字体大小样式赋值给 l2 元素
            this.style.fontSize = objl1.style.fontSize;
        }
    </script>
</body>
</html>
```

3. 页面效果

该页面在 Chrome 浏览器中执行的页面效果如图 30-5 所示。

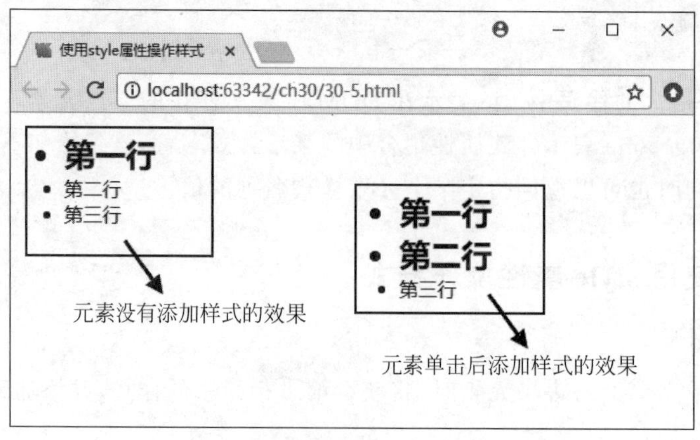

图 30-5　使用 style 属性操作样式的结果

4. 源码分析

在上述实例的代码中，列表中第一行的元素样式是使用静态方式添加的，当单击第二行元素时，在绑定的事件函数中，使用元素的 style 属性分别获取样式某个名称值，并以赋值的方式添加到第二行的元素中，完整展示了 style 属性获取和设置的功能。

当元素的样式较多时，可以借助 style 中的 cssText 属性来完成，它的使用更加灵活，可以在一个字符变量中设置多个样式，上述实例中的代码如果改用 cssText 属性，则下列的代码是等价的，代码如下。

```
this.style.fontWeight = objl1.style.fontWeight;
this.style.fontSize = objl1.style.fontSize;
```

上述代码等价于：

```
this.style.cssText = objl1.style.cssText;
```

虽然实现的功能都是相同的，但使用 cssText 属性的代码要更加简洁，且不局限于某个样式名称，执行时的效果更高。

30.3.2 使用 cssName 属性操作样式

虽然使用 style 属性可以很方便地获取和设置元素的属性值，但它的样式内容还是在元素属性中，不利于页面与样式的分离，重复使用性更差，因此，可以使用 className 属性来解决这个问题，它的属性值则是样式表中的类别名称，具体的调用格式如下。

```
ele.className
```

在上述调用格式的代码中，节点元素的 className 属性值是样式表中的类别样式，该条语句的功能即可以设置和返回元素的 class 属性值。

实例 30-6 使用 cssName 属性操作样式

1. 功能说明

单击列表中任意表项时，调用 className 属性，改变单击时表项元素的样式。

2. 实现代码

在 WebStorm 中新建一个 HTML 页面 30-6.html，加入代码如代码清单 30-6 所示。

代码清单 30-6 使用 cssName 属性操作样式

```
<!DOCTYPE html>
<html>
<head lang="en">
    <meta charset="UTF-8">
```

```
    <title>使用cssName属性操作样式</title>
    <style type="text/css">
        .focus{
            font-weight: bold;
            font-size: 26px;
            font-style:italic;
        }
    </style>
</head>
<body>
    <ul>
        <li>第一行</li>
        <li>第二行</li>
        <li>第三行</li>
    </ul>
    <script type="text/javascript">
        //获取元素对象集合并保存在变量中
        var objlis = document.getElementsByTagName("li");
        //遍历集合对象获取每一个元素
        for(var intI = 0;intI < objlis.length;intI++) {
            //绑定每个元素的单击事件
            objlis[intI].onclick = function (e) {
                //使用className属性重置单击元素的样式
                this.className = "focus";
            }
        }
    </script>
</body>
</html>
```

3. 页面效果

该页面在 Chrome 浏览器中执行的页面效果如图 30-6 所示。

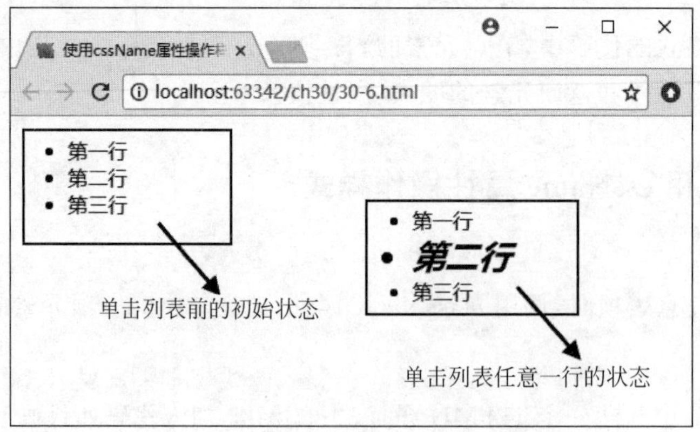

图 30-6 使用 cssName 属性操作样式的效果

4. 源码分析

在上述实例的代码中,先获取列表中全部的表项,并保存在变量中,然后遍历整个变量集合,在遍历的过程中,获取集合中的每一项元素,并绑定单击事件,在执行的事件函数中,调用 cssName 属性设置单击元素的样式,最终实现单击后改变样式的效果。

30.4 查找 DOM 元素

在操作 DOM 节点元素时，首先要获取到元素，获取元素的方式有很多，例如，设置元素的 id、添加元素的样式类别等，这种查找 DOM 元素的方式相对复杂些，除此之外，可以利用 DOM 树的节点特征，通过节点间的关系去查询 DOM 元素。

30.4.1 查找父节点

由于 DOM 中的节点以树状的形式展示，因此，各个节点间存在包含的关系，即父子关系，使用 parentNode 属性可以很方便地访问到某个节点元素的父节点，格式如下。

```
ele.parentNode
```

在上述调用格式的代码中，整个语句将以节点对象的形式返回指定节点元素的父节点，如果没有找到父节点，那么，该条语句将返回一个 null 对象；找到父节点之后，就可以使用父节点中的属性值，如样式属性值等。

实例 30-7 查找父节点改变样式

1. 功能说明

单击列表中任意表项时，将获取对应父节点的样式值，并应用到单击时的子级表项中。

2. 实现代码

在 WebStorm 中新建一个 HTML 页面 30-7.html，加入代码如代码清单 30-7 所示。

代码清单 30-7 查找父节点改变样式

```
<!DOCTYPE html>
<html>
<head lang="en">
    <meta charset="UTF-8">
    <title>查找父节点改变样式</title>
    <style type="text/css">
        ul{
            padding: 0px;
            margin: 0px;
            list-style: none;
        }
        ul li{
            padding: 5px;
            margin: 5px;
        }
        .main{
            border-left: solid 5px #666;
            padding-right: 10px;
        }
```

```
    </style>
</head>
<body>
    <ul class="main">
        <li>第一行</li>
        <li>第二行</li>
        <li>第三行</li>
    </ul>
    <script type="text/javascript">
        //获取元素对象集合并保存在变量中
        var objlis = document.getElementsByTagName("li");
        //遍历集合对象获取每一个元素
        for(var intI = 0;intI < objlis.length;intI++) {
            //绑定每个元素的单击事件
            objlis[intI].onclick = function (e) {
                //将父节点的类别样式赋值给单击的节点元素
                this.className = this.parentNode.className;
            }
        }
    </script>
</body>
</html>
```

3. 页面效果

该页面在 Chrome 浏览器中执行的页面效果如图 30-7 所示。

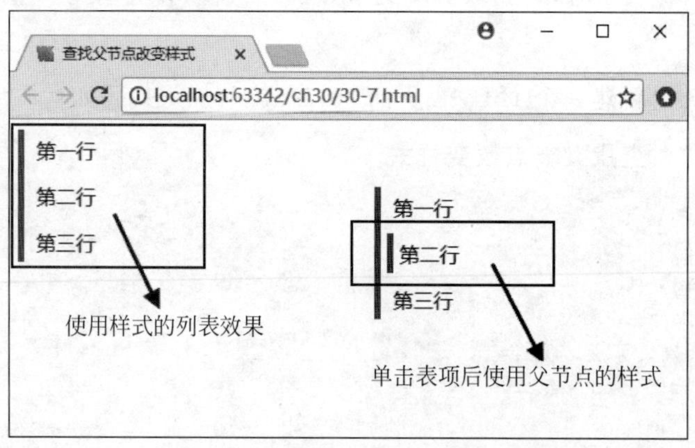

图 30-7　查找父节点改变样式的效果

4. 源码分析

在上述实例的代码中,先使用变量保存全部的 li 节点元素,再遍历保存的变量集合,获取每个节点元素,并绑定它的单击事件。在执行的事件函数中,使用 parentNode 属性获取单击节点的父节点,并得到它的样式值,赋值给单击时的子节点。

30.4.2　查找子类节点

在 DOM 元素操作中,通常是一个父节点中包含多个子类节点,如列表元素,在这些子类节点中，又存在兄弟节点的关系，因此，可以借助这些关系，快速查找到相应的节点元素。例如，在父节点中找子节点，在多个节点中获取兄弟节点。

实例 30-8　查找子类节点

1. 功能说明

单击“添加全部子类样式”按钮后，列表中的全部子节点元素都应用了指定的样式。

2. 实现代码

在 WebStorm 中新建一个 HTML 页面 30-8.html，加入代码如代码清单 30-8 所示。

代码清单 30-8　查找子类节点

```
<!DOCTYPE html>
<html>
<head lang="en">
    <meta charset="UTF-8">
    <title>查找子类节点</title>
    <style type="text/css">
        ul{
            padding: 0px;
            margin: 0px;
            list-style: none;
        }
        ul li{
            padding: 5px;
            margin: 5px;
        }
        .main{
            border-left: solid 5px #666;
            padding-right: 10px;
        }
    </style>
</head>
<body>
    <ul id="ul">
        <li>第一行</li>
        <li>第二行</li>
        <li>第三行</li>
    </ul>
    <button id="btnAll">添加全部子类样式</button>
    <script type="text/javascript">
        //使用变量保存 DOM 中的元素对象
        var ul = document.getElementById("ul");
        var btnAll = document.getElementById("btnAll");
        //绑定按钮的单击事件
        btnAll.onclick = function(e) {
            //获取全部列表中的表项元素
            var lis = ul.childNodes;
```

```
            //遍历全部表项元素
            for (var intI = 0; intI < lis.length; intI++) {
                //获取遍历中的某个表项元素并添加类别样式
                lis.item(intI).className = "main";
            }
        }
    </script>
</body>
</html>
```

3. 页面效果

该页面在 Chrome 浏览器中执行的页面效果如图 30-8 所示。

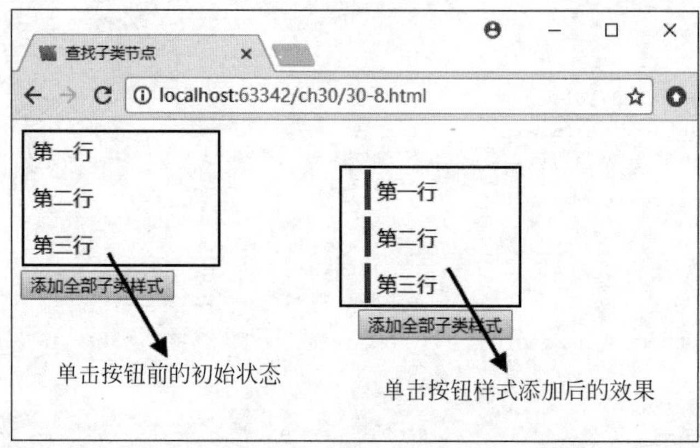

图 30-8　查找子类节点的效果

4. 源码分析

在上述实例的代码中,先使用 childNodes 属性获取到列表中的全部子类节点,即列表中的全部表项,然后遍历全部表项节点中的内容,获取到每一个表项节点,最后将类别样式通过赋值的方法添加到表项节点中。

小结

在本章中,先从 HTML 属性操作讲起,通过实例演示属性操作方法的使用过程,然后,再由浅入深地介绍样式属性的应用,最后以实例的方式介绍查询 DOM 元素的访问。

第31章

事件基础

视频讲解

本章学习目标

- 理解并掌握事件的概念和调用方式。
- 了解鼠标和键盘事件的应用。
- 熟练掌握表单和页面事件的应用。

31.1 事件简介

HTML 元素与 JavaScript 代码之间的交互是通过事件来完成的，因此，事件是一种可以被 JavaScript 代码侦测到的交互行为，页面中的每个元素所发生动作，都可以通过绑定事件的形式被 JavaScript 代码所侦测，所以，事件也是 DOM 对象中的重要组成部分。

31.1.1 事件在元素中的使用

既然事件是一种交互行为的侦测，因此，它的完成需要包含三个部分，一部分是触发事件的源对象，另一部分是事件侦测的监听器，最后一部分则是保存侦测所得的各种状态值。事件的源对象可以是 DOM 节点元素，也可以是文档、window 对象。

实例 31-1 事件在元素中的使用

1. 功能说明

单击绑定单击事件的按钮，从事件状态中获取元素设置的 id 值，并显示在页面中。

2. 实现代码

在 WebStorm 中新建一个 HTML 页面 31-1. html，加入代码如代码清单 31-1 所示。

代码清单 31-1　事件在元素中的使用

```
<! DOCTYPE html>
<html>
<head lang = "en">
    <meta charset = "UTF - 8">
    <title>事件在元素中的使用</title>
</head>
<body>
    <div>
        <div id = "tip">...</div>
        <button id = "btnSend"
                data - id = "1001"
                onclick = "getId(event)">
            单击获 id 号
        </button>
    </div>
    <script type = "text/javascript">
        //使用变量保存元素对象
        var objTip = document.getElementById("tip");
        //自定义事件触发的函数
        function getId(e){
            //在事件中获取并显示传递来的 id
            objTip.innerText =  e.target.dataset.id;
        }
    </script>
</body>
</html>
```

3. 页面效果

该页面在 Chrome 浏览器中执行的页面效果如图 31-1 所示。

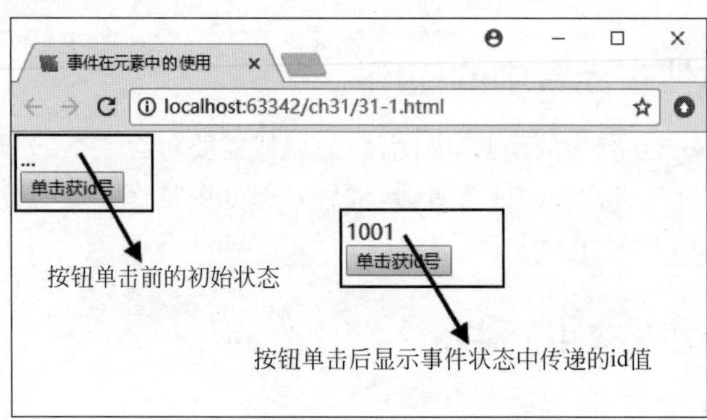

图 31-1　事件在元素中使用的效果

4. 源码分析

在上述实例的代码中，当页面添加按钮元素时，直接通过事件属性向元素添加单击事件，即分配 onClick 事件，由于在事件中绑定了执行的函数 getId()，因此，事件触发时，自动执行该函数，并在事件执行的状态信息中，获取传回的 id，并显示在页面元素中。

31.1.2　在 script 元素中使用事件

虽然可以在元素添加时，通过事件属性的方式向元素绑定事件，但这种方式对于页面而言并不灵活，不利于页面与逻辑代码的分离，复用性非常差；除这种方式之外，还可以通过 script 元素单独分离 JavaScript 代码，编写元素绑定事件和执行的函数。

实例 31-2　在 script 元素中使用事件

1. 功能说明

在页面文本框中输入内容时，通过绑定的事件，使用 div 元素同步显示输入的内容。

2. 实现代码

在 WebStorm 中新建一个 HTML 页面 31-2. html，加入代码如代码清单 31-2 所示。

代码清单 31-2　在 script 元素中使用事件

```
<!DOCTYPE html>
<html>
<head lang = "en">
    <meta charset = "UTF-8">
    <title>在 script 元素中使用事件</title>
    <style type = "text/css">
        #show{
            padding: 6px;
            border: solid 1px #ccc;
        }
    </style>
</head>
<body>
    <div>
        <input type = "text" id = "show"/>
        <div id = "tip">...</div>
    </div>
    <script type = "text/javascript">
        //分别使用变量保存元素对象
        var objShow = document.getElementById("show");
        var objTip = document.getElementById("tip");
        //绑定文本输入框元素的事件
        objShow.oninput = function(){
            //将文本框中输入的内容显示在 div 元素中
            objTip.innerText = this.value;
        }
    </script>
</body>
</html>
```

3. 页面效果

该页面在 Chrome 浏览器中执行的页面效果如图 31-2 所示。

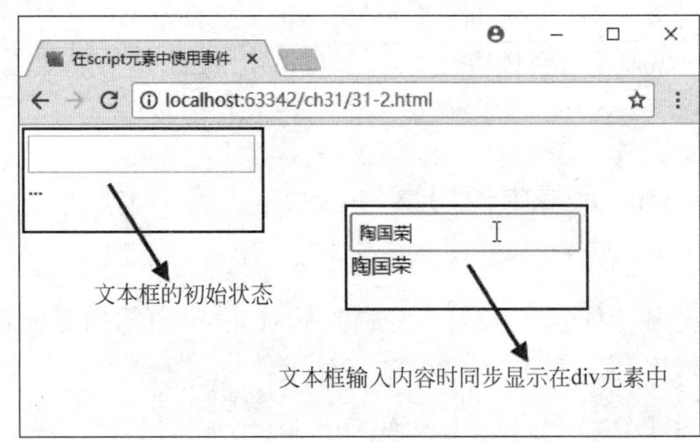

图 31-2　在 script 元素中使用事件的效果

4. 源码分析

在上述实例的代码中,使用 script 元素单独编写元素绑定事件的代码,为了能向元素对象绑定事件,先使用变量保存指定 id 的对象,然后将变量对象绑定指定的事件,由于函数在触发时通常执行一个函数,因此,直接将自定义的函数赋值给事件。

31.2　鼠标和键盘事件

最新版的 DOM 中为鼠标提供了 7 种可以响应的事件,用于满足用户在鼠标操作时的各种需求,同时,还提供了常用的 3 种键盘事件,用于响应用户对键盘的不同操作,这些事件是 HTML 事件的重要组成部分,接下来分别进行详细介绍。

31.2.1　鼠标事件

顾名思义,鼠标事件是指在操作鼠标时触发的各类事件,因为鼠标是计算机的一种外接设备,它可以完成单击、双击、按下、松开,移动等操作,因此,各类操作便对应独自的事件,在进行操作时,如果绑定了相应事件,则会被触发。

在众多的鼠标事件中,使用最多的是鼠标移动事件,例如,在商品列表中,通过使用鼠标的移入和移出事件,使商品在鼠标移入时处于选中状态,移出后自动消失,优化用户在页面中浏览列表产品的体验。下面通过一个简单的实例来进行说明。

实例 31-3　鼠标事件

1. 功能说明

在页面中添加一个 div 元素,当鼠标移入和移出该元素时,显示不同的样式和文字。

2. 实现代码

在 WebStorm 中新建一个 HTML 页面 31-3.html,加入代码如代码清单 31-3 所示。

代码清单 31-3　鼠标事件

```
<!DOCTYPE html>
<html>
<head lang="en">
    <meta charset="UTF-8">
    <title>鼠标事件</title>
    <style type="text/css">
        #tip{
            padding: 6px;
            width: 90px;
            height: 90px;
            border: solid 1px #ccc;
            line-height: 90px;
            text-align: center;
        }
        .focus{
            background-color: #eee;
        }
    </style>
</head>
<body>
    <div>
        <div id="tip"></div>
    </div>
    <script type="text/javascript">
        //使用变量保存元素对象
        var objTip = document.getElementById("tip");
        //绑定对象的鼠标移入和移出事件
        objTip.onmouseover = function(e){
            //添加元素对象的样式
            this.setAttribute("class","focus");
            //重置元素对象的文字
            this.innerText = "鼠标移入";
        }
        objTip.onmouseout = function(e){
            //删除元素对象的样式
            this.removeAttribute("class");
            //重置元素对象的文字
            this.innerText = "鼠标移出";
        }
    </script>
</body>
</html>
```

3. 页面效果

该页面在 Chrome 浏览器中执行的页面效果如图 31-3 所示。

4. 源码分析

在上述实例的代码中，div 元素绑定了鼠标的两个事件，一个是 onmouseover 事件，该

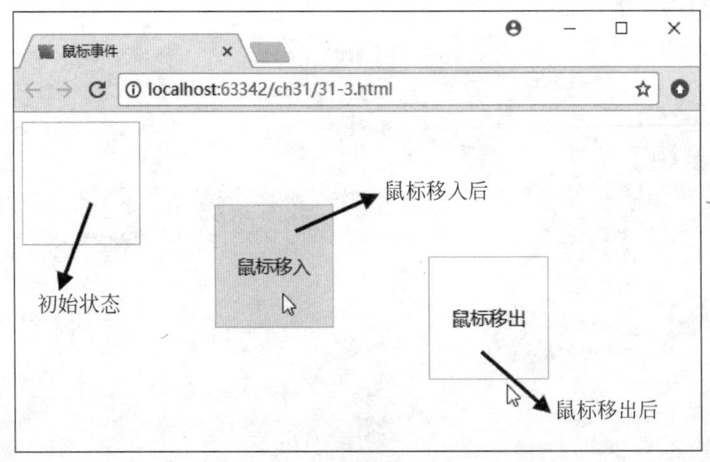

图 31-3 使用鼠标事件的效果

事件在鼠标指针移动到元素上时触发,触发后执行绑定的事件函数,添加样式和显示文字;另一个是事件 onmouseout,当鼠标指针移出元素时触发,在触发的函数中删除样式并修改文字。

除了鼠标的 onmouseover 和 onmouseout 事件之外,鼠标的 click 事件也是最常见的事件之一,不仅按钮有 click 事件,其他页面 DOM 元素也都拥有这一事件,这一事件的使用方法在第一个实例中已进行了阐述,在此不再赘述,更多的鼠标事件和功能如表 31-1 所示。

表 31-1 更多的鼠标事件及说明

属 性 名	说 明	属 性 名	说 明
onclick	元素被鼠标单击时触发	onmousemove	在元素上移动鼠标时触发
ondbclick	元素被鼠标双击时触发	onmousedown	在元素上按下鼠标时触发
onmouseover	鼠标指针移动到元素上时触发	onmouseup	在元素上释放鼠标时触发
onmouseout	鼠标指针移出元素时触发		

31.2.2 键盘事件

与鼠标事件数量不同,键盘只有三个事件,分别是 onkeydown、onkeyup 和 onkeypress,分别对应键盘中按键的不同状态,当用户按下按键时,触发 onkeydown 事件,当用户释放按键时触发 onkeyup 事件,而 onkeypress 事件在完成一次按下和释放时触发。

实例 31-4 键盘事件

1. 功能说明

绑定输入框元素的键盘事件,当在元素中输入字母时,自动转成大写并显示在页面中。

2. 实现代码

在 WebStorm 中新建一个 HTML 页面 31-4. html,加入代码如代码清单 31-4 所示。

代码清单 31-4　键盘事件

```
<! DOCTYPE html >
< html >
< head lang = "en">
    < meta charset = "UTF - 8">
    < title >键盘事件</title >
    < style type = "text/css">
        # show{
            padding: 6px;
            border: solid 1px # ccc;
        }
    </style >
</head >
< body >
    < div >
        < input type = "text" id = "show"/>
        < div id = "tip">...</div >
    </div >
    < script type = "text/javascript">
        //分别使用变量保存元素对象
        var objShow = document. getElementById("show");
        var objTip = document. getElementById("tip");
        //绑定文本输入框元素的按下键盘按键事件
        objShow. onkeydown = function(e) {
            //将文本框中输入的内容显示在 div 元素中
            objTip. innerText  =  this. value;
        }
        //绑定文本输入框元素的释放键盘按键事件
        objShow. onkeyup = function(e) {
            //将文本框中输入的内容显示在 div 元素中
            objTip. innerText  =  this. value. toUpperCase();
        }
    </script >
</body >
</html >
```

3. 页面效果

该页面在 Chrome 浏览器中执行的页面效果如图 31-4 所示。

4. 源码分析

在上述实例的代码中，分别绑定了文本输入框元素的两个键盘事件 onkeydown 和 onkeyup，当用户触摸并按下字母按键时，触发 onkeydown 事件，在该事件的函数中，页面的 div 元素将同步显示文本输入框中输入的字母。

当用户释放按下的字母按键时，触发 onkeyup 事件，在该事件的函数中，将获取文本输入框中的字母转成大字，并同步显示在页面的 div 元素中，因此，当一个键盘的按键被按下时，依次触发 onkeydown 和 onkeyup 事件。

而事件 onkeypress 则是 onkeydown 和 onkeyup 事件之和，即只有完整地触发完一次 onkeydown 和 onkeyup 事件之后，才会触发一次 onkeypress 事件。

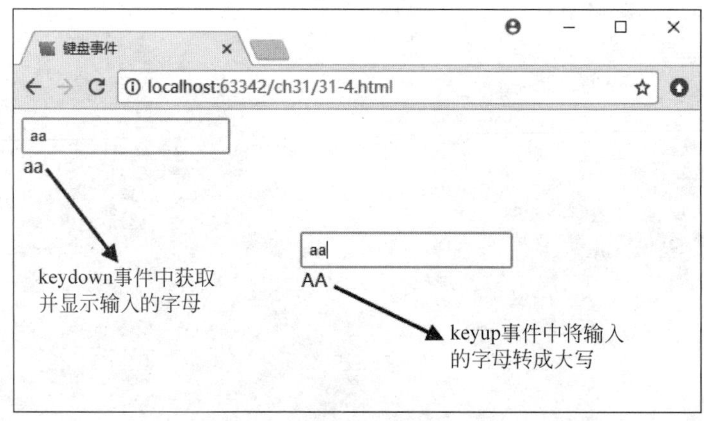

图 31-4　使用键盘事件的效果

31.3　表单事件

由表单或表单中元素触发的事件，通称为表单事件，因为表单是提交数据的一个重要元素，因此与表单相关的事件有很多，其中常用的事件包括焦点、选择和选中事件，掌握这些事件的使用方法，能有效地优化用户在数据提交时的页面体验。

31.3.1　获得和丢失焦点事件

由于表单中的大部分元素都与用户提交数据相关，而元素选中时的焦点，在数据提交时非常重要，为了尽量减少用户在数据提交时的操作，可以借助元素的焦点事件优化用户体验，如在文本框中输入元素时，获取焦点则选中全部内容，丢失焦点自动检测数据。

与表单焦点相关的有两个事件，一个是 onfocus 事件，在获得焦点时触发，另一个是 onblur 事件，在丢失焦点时触发，能够绑定这两个事件的元素包括文本输入框 text、多行文本输入框 textarea 和下拉列表框 select，接下来通过一个实例来介绍事件的使用。

实例 31-5　获得和丢失焦点事件

1. 功能说明

当文本输入框元素获取焦点时，选中全部输入内容；丢失焦点时，验证内容是否为空。

2. 实现代码

在 WebStorm 中新建一个 HTML 页面 31-5. html，加入代码如代码清单 31-5 所示。

代码清单 31-5　焦点事件

```
<! DOCTYPE html >
< html >
< head lang = "en">
    < meta charset = "UTF - 8">
    < title >焦点事件</title >
```

```
    <style type="text/css">
        #show{
            padding: 6px;
            border: solid 1px #ccc;
        }
    </style>
</head>
<body>
    <div>
        <input type="text" id="show"/>
        <div id="tip"></div>
    </div>
    <script type="text/javascript">
        //分别使用变量保存元素对象
        var objShow = document.getElementById("show");
        var objTip = document.getElementById("tip");
        //绑定文本输入框元素的获得焦点事件
        objShow.onfocus = function(e) {
            //将文本框中输入的内容长度保存在变量中
            var intLen = this.value.length;
            //判断内容长度是否大于 0
            if (intLen > 0) {
                //选中全部输入的内容
                this.select();
            }
        }
        //绑定文本输入框元素的丢失焦点事件
        objShow.onblur = function(e) {
            //将文本框中输入的内容长度保存在变量中
            var intLen = this.value.length;
            //判断内容长度是否等于 0
            if (intLen == 0) {
                //提示输入内容不能为空
                objTip.innerText = '输入内容不能为空!';
            } else {
                //清空原有的显示内容
                objTip.innerText = '';
            }
        }
    </script>
</body>
</html>
```

3. 页面效果

该页面在 Chrome 浏览器中执行的页面效果如图 31-5 所示。

4. 源码分析

在上述实例的代码中，分别绑定了文本输入框元素的 onfocus（获得焦点事件）和 onblur（丢失焦点事件）。在获取焦点的事件中，先获取输入文本框内容的长度，检测它是否大于

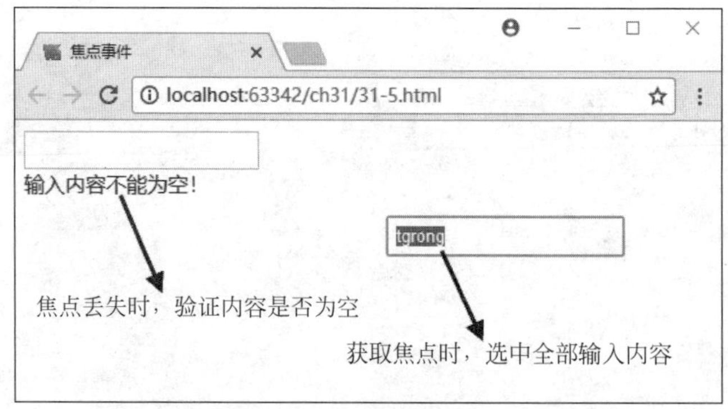

图 31-5　使用焦点事件的效果

0,如果大于 0,表示不为空,再调用 select(),选中全部的文本内容。

而在丢失焦点的事件中,同样也先检测文本输入框的内容是否为空,如果为空,则显示提示信息,提醒用户,否则,清空已显示的提示信息,当添加了 else 语句后,如果先显示提示信息,再次输入内容时,那么提示信息会被清除。

31.3.2　文本变化事件

在表单的文本输入框元素中,不仅可以通过焦点事件,优化用户输入文本的体验,而且还能借助文本变化事件,实现更多的复杂功能。文本变化事件是指当文本输入元素和下拉列表元素中的输入文本或选中内容变化时触发的事件,绑定的事件名称为 onchange。

实例 31-6　文本变化事件

1. 功能说明

当选中列表元素的不同选项时,iframe 元素将加载不同地址的页面内容。

2. 实现代码

在 WebStorm 中新建一个 HTML 页面 31-6. html,加入代码如代码清单 31-6 所示。

代码清单 31-6　文本变化事件

```
<!DOCTYPE html>
<html>
<head lang="en">
    <meta charset="UTF-8">
    <title>文本变化事件</title>
</head>
<body>
    <div>
        <select id="selChange">
            <option value="https://www.baidu.com">
                百度
            </option>
            <option value="https://www.163.com">
```

```
                网易
            </option>
            <option value="https://www.sina.com.cn">
                新浪
            </option>
        </select>
    </div>
    <iframe id="ifrView"
            frameborder="1"
            scrolling="no"></iframe>
    <script type="text/javascript">
        //分别使用变量保存元素对象
        var selChange = document.getElementById("selChange");
        var ifrView = document.getElementById("ifrView");
        //绑定下拉列表的选项变化事件
        selChange.onchange = function(e){
            //将选项值赋值给<iframe>元素的 src 属性,实现页面加载
            ifrView.setAttribute("src",this.value);
        }
    </script>
</body>
</html>
```

3. 页面效果

该页面在 Chrome 浏览器中执行的页面效果如图 31-6 所示。

图 31-6 使用文本变化事件的效果

4. 源码分析

在上述实例的代码中，先绑定下拉列表框的 onchange 事件，当选项发生变化时，触发该事件，在事件执行的函数中，通过 this. value 代码获取下拉列表的选项值，再将该值赋值给 iframe 元素的 src 属性，实现不同选项，加载不同网站的功能。

31.4 页面事件

页面事件是指当浏览器窗口在加载页面时触发的各类事件，由于浏览器打开的窗口是一个 window 对象，因此，页面事件由 window 对象触发，但事件的表现却在 body 元素中，因为全部的页面元素都由它包裹，接下来分两节进行详细的介绍。

31.4.1 onload事件

当 onload 事件在页面中触发时，则表示页面已成功加载完成，这里所说的加载完成是指全部的 DOM 文档元素构建完毕，并渲染完成，因此常常在这个事件中，直接获取 DOM 文档中构建好的元素，用于下一步的操作。

实例 31-7 onload 事件

1. 功能说明

分别在页面成功加载前和 onload 事件中，向控制台输出指定 id 的元素对象。

2. 实现代码

在 WebStorm 中新建一个 HTML 页面 31-7. html，加入代码如代码清单 31-7 所示。

代码清单 31-7 onload 事件

```
<!DOCTYPE html>
<html>
<head lang="en">
    <meta charset="UTF-8">
    <title>onload事件</title>
</head>
<body>
    <script type="text/javascript">
        //直接在控制台输出指定 id 的元素对象
        console.log(document.getElementById("tip"));
        //绑定页面的 onload 事件
        window.onload = function(){
            //在控制台输出指定 id 的元素对象
            console.log(document.getElementById("tip"));
        }
    </script>
    <div id="tip">今天天气不错</div>
</body>
</html>
```

3. 页面效果

该页面在 Chrome 浏览器中执行的页面效果如图 31-7 所示。

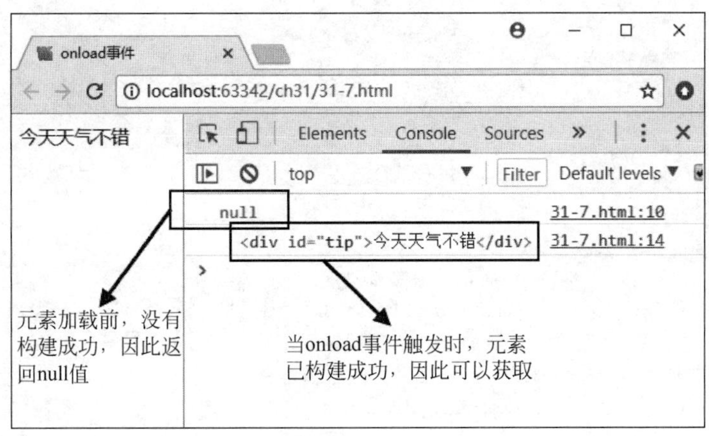

图 31-7　使用 onload 事件的效果

4. 源码分析

在上述实例的代码中，依照代码按顺序结构执行的原则，当直接执行输出指定 id 元素对象时，由于页面还没有构建并渲染该 id 的元素，因此返回一个 null 值，表示没有找到该元素对象，无法输出元素中的信息。

在继续执行 window. onload 事件绑定代码时，由于它是一个事件绑定的过程，并不立即执行，只是将事件绑定到 window 对象中，当整个页面构建完成并成功渲染后，则触发了绑定的 onload 事件，在事件中可以获取到指定 id 的对象。

需要注意，onload 事件不仅可以直接绑定到 window 对象中，也可以绑定到 body 元素中，表示当全部的元素构建并渲染完成后，则触发该事件，效果与绑定 window 对象一样；此外，onload 事件还可以绑定 img 元素，表示图片加载成功后触发。

31.4.2　onresize 事件

onresize 事件用于监测浏览器窗口的大小是否发生变化，当浏览器窗口被调整后，则触发该事件，在事件中可以获取到事件对象返回的窗口信息，包含宽度、高度，以便于开发人员在窗口调整后，根据获取的宽高信息，调整元素显示的样式。

实例 31-8　onresize 事件

1. 功能说明

绑定页面的 onresize 事件，当窗口大小被调整时，在页面元素中输出调整后的宽度值。

2. 实现代码

在 WebStorm 中新建一个 HTML 页面 31-8. html，加入代码如代码清单 31-8 所示。

代码清单 31-8　onresize 事件

```
<!DOCTYPE html>
<html>
<head lang="en">
```

```
    <meta charset = "UTF - 8">
    <title> onresize 事件</title>
</head>
<body>
    <div id = "tip"></div>
    <script type = "text/javascript">
        //绑定页面的 onresize 事件
        window.onresize = function(event) {
            //使用变量保存页面中的元素对象
            var objTip = document.getElementById("tip");
            //将每次变动时窗口的宽度值显示在元素中
            objTip.innerHTML += "页面的宽度是: "
                + event.currentTarget.innerWidth + 'px <br/>'
        }
    </script>
</body>
</html>
```

3. 页面效果

该页面在 Chrome 浏览器中执行的页面效果如图 31-8 所示。

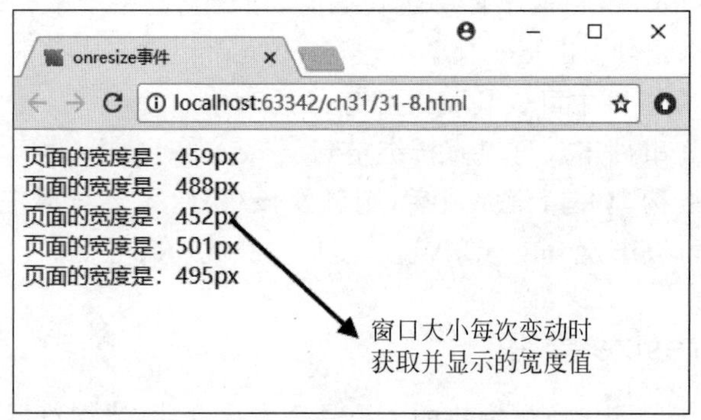

图 31-8 使用 onresize 事件的效果

4. 源码分析

在上述实例的代码中，先绑定页面的 onresize 事件，通过事件对象 event 可以返回每次事件触发后的页面信息，在这些信息中，通过 currentTarget 对象中的 innerWidth 属性，获取当前窗口文档显示区的宽度，以便于根据这些获取的值，重置页面变化后的显示效果。

小结

在本章中，先从基础的事件概念和调用讲起，然后通过实例的方式，详细地介绍了鼠标事件和键盘事件的应用，最后完整地阐述了表单和页面中事件的调用方法。

第 32 章

事件进阶

视频讲解

本章学习目标

- 理解并掌握事件的处理机制和内部流程。
- 掌握事件对象的使用方法。
- 了解在事件中 this 对象的使用方法。

32.1 事件处理机制

DOM 是一个树结构,当某个 HTML 元素触发事件后,该事件会在元素节点和根节点之前,按照特定的顺序进行传播,这一过程称为 DOM 的事件流;既可以使用事件监听函数,也可以通过监听器绑定事件函数,响应事件触发时执行的代码。

32.1.1 DOM 事件流

事件流在传播时,使用两种顺序类型传播,一种是事件冒泡,另一种是事件捕捉。事件冒泡,是指事件触发后像水中的气泡一样一直向上冒。DOM 树中,事件冒泡时,将由触发点沿祖先节点一直向根节点传递,如图 32-1 所示。

与事件冒泡不同,事件捕捉则是以由上至下的方式进行传递,即由 DOM 树的最顶层的根元素发起,沿祖先节点直接定位到事件触发的子元素,这一过程与事件冒泡正好相反,这种类型传播的主要目的是快速定位触发事件的元素,如图 32-2 所示。

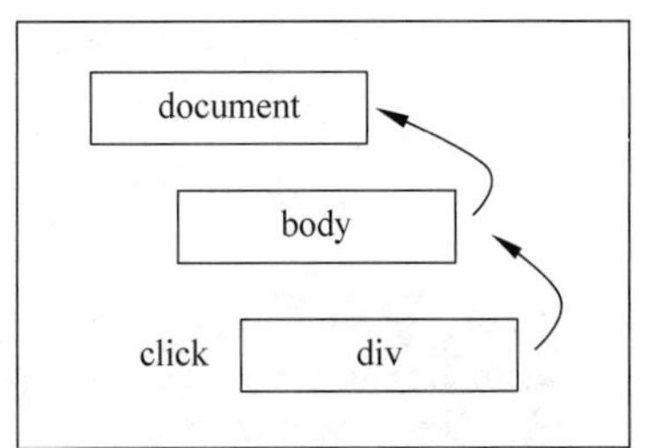

图 32-1 冒泡传递过程示意图

为了综合两种事件传播的类型,目前标准的 DOM 事件模型对这两种传播类型都提供支持,只是执行时间上有区别,先执行事件捕捉,再执行事件冒泡。因此,如果一个事件函数注册了两种事件的监听,将会被执行两次,标准事件传递如图 32-3 所示。

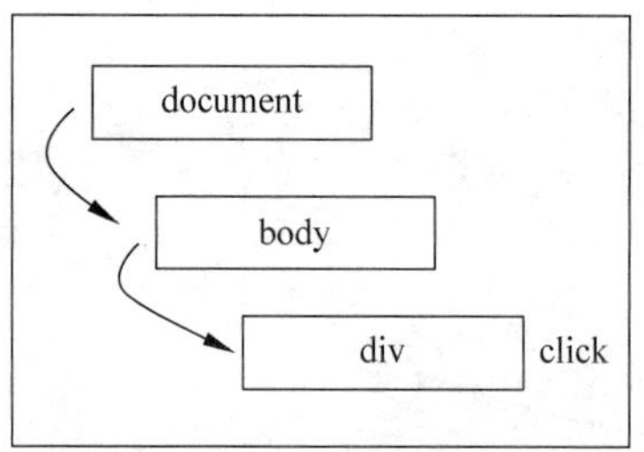

图 32-2 捕捉传递过程示意图

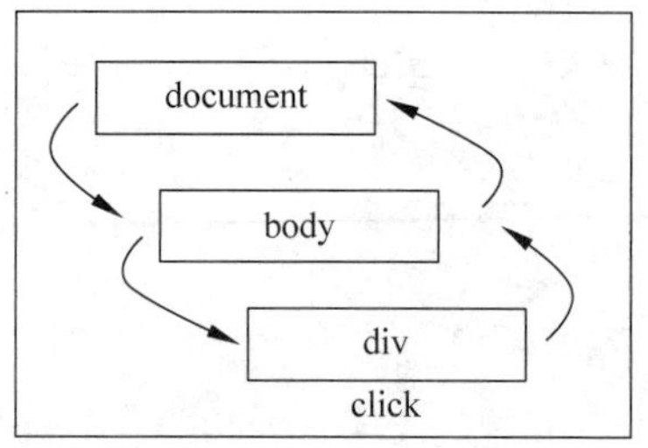

图 32-3 标准事件传递过程示意图

在明白标准事件的传递过程后，为进一步理解事件的执行过程，还需要掌握事件传达的流程，一个标准事件的执行，在传达时分为以下三个阶段。

(1) 事件捕捉(Capturing)阶段：在这个阶段中，事件将沿 DOM 树中目标节点的每个祖先节点向下传送，直达目标节点；在这个过程中，浏览器将运行事件的捕捉监听器。

(2) 目标(Target)阶段：在这个阶段中，到达的目标节点将自动运行捕捉到的监听器，即由目标节点中的 DOM 元素触发绑定的事件。

(3) 冒泡(Bubbling)阶段：在这个过程中，事件将沿 DOM 树中目标节点的每个祖先节点向上传送，直达 document 节点，在这个过程中，也将检测并执行非捕捉监听器。

在事件传达的三个阶段中，并不是每一个事件都要经历，但在事件执行时，事件捕捉和目标阶段是一定会执行的，但冒泡阶段就不一定会执行；如文本输入框元素中的获取焦点和丢失焦点就不会经历冒泡阶段。

32.1.2 事件监听器

在事件传达的各个阶段，都会执行事件的监听器，监测事件绑定的句柄。事件句柄，也称事件处理函数或事件监听函数，每一个事件均对应一个事件句柄，当浏览器中的事件监听器检测到某事件触发时，便执行该事件对应的句柄。

因此，为了能够在事件触发时执行对应的处理函数，则需要将该函数绑定到 HTML 元素或编写 JavaScript 进行绑定，如当单击按钮时，执行 onclick 事件，绑定方式如下。

(1) HTML 中使用元素事件属性绑定代码。

```
<button onclick = "alert('ok')">点我就变化</button>
```

上述这种事件处理函数绑定的方法是利用元素的事件属性进行绑定，这种方法不仅使代码非常混乱，而且也使页面中的元素代码与逻辑代码没有分开，不利用后续代码的维护与更新，因此，这种方法在很早以前就不提倡使用了。

(2) Script 元素中编写事件绑定代码。

```
//获取元素对象并保存在变量中
var btnOk = document.getElementById("btnOk");
//绑定变量对象的事件
btnOk.onclick = function(e){
```

```
        //执行事件代码
        alert('ok');
    }
```

上述代码的事件绑定方式虽然完成了元素与代码分离的操作，但它在执行时，必须确保绑定事件的元素已经成功被加载，否则将出现异常；事件绑定后，通过引用函数中的 this 对象，获取绑定事件的元素，但如果要绑定多个事件，此方法也不是很方便。

为了能更好地解决事件绑定元素的问题，可以使用事件监听器的方式来处理，这种方式不受元素是否加载成功和只能绑定一个事件句柄的限制，目前标准的调用格式如下。

```
ele.addEventListener('event', eventListener, useCapture)
```

在上述调用格式中，参数 ele 表示绑定事件的元素对象，参数 event 表示事件名称，如 click 事件，名称中不包含字符 on；参数 eventListener 表示事件处理函数，最后一个参数 useCapture 表示是否在捕捉阶段执行，默认值为 false，表示不是。

将按钮元素的绑定方式改为事件监听方式，代码如下。

```
//获取元素对象并保存在变量中
var btnOk = document.getElementById("btnOk");
//采用监听方式绑定按钮对象的单击事件
btnOk.addEventListener("click",function(e) {
     //执行事件代码
     alert('ok');
},false)
```

在上述编写的代码中，id 为 btnOk 的按钮通过监听的方式绑定了单击事件，在执行事件的过程时，不采用捕捉方式，而是冒泡方式，因为 useCapture 值为 false。

32.2　事件对象

当用户单击或操作元素时，绑定这个元素的相关注册事件将会被触发。在触发时，执行事件函数，在函数中，以参数名为 event 的对象形式返回，这个 event 就是事件对象，它可以返回事件执行时的状态，如触发事件的元素、鼠标的状态和位置信息。

32.2.1　对象的属性

在事件触发时，可以通过事件对象返回许多有用的信息，而这些信息是通过对象的属性方式来获取的，如获取事件触发时的目标元素，可以通过 target 属性，在编写代码时，需要考虑到事件对象在 IE 中的兼容性，常用的写法如下。

```
function(event){
    var e = event||window.event;
}
```

在上述代码中,考虑到 IE 系列的浏览器事件对象是以 window. event 对象形式存在的,因此,先检测如果存在 event 对象,则赋值给变量 e,否则将 window. event 赋值给 e。

实例 32-1 事件对象的属性

1. 功能说明

在页面的一个指定区域中,移动鼠标时,在左上角显示鼠标对应的坐标值。

2. 实现代码

在 WebStorm 中新建一个 HTML 页面 32-1. html,加入代码如代码清单 32-1 所示。

代码清单 32-1 事件对象的属性

```
<!DOCTYPE html>
<html>
<head lang="en">
    <meta charset="UTF-8">
    <title>事件对象的属性</title>
    <style type="text/css">
        #tip{
            border: solid 1px #ccc;
            width: 180px;
            height: 180px;
            padding: 5px;
        }
    </style>
</head>
<body>
    <div id="tip"></div>
    <script type="text/javascript">
        //使用变量保存元素对象
        var objTip = document.getElementById("tip");
        //以监测的方式绑定元素的鼠标移动事件
        objTip.addEventListener("mousemove",
            function(event) {
            //以兼容式写法获取事件对象并保存在变量中
            var e = event || window.event;
            //通过返回的事件对象属性显示移动时的坐标值
            this.innerHTML =
                    "X:" + e.clientX +
                    "<br />" +
                    "Y:" + e.clientY;
        },false)
    </script>
</body>
</html>
```

3. 页面效果

该页面在 Chrome 浏览器中执行的页面效果如图 32-4 所示。

图 32-4　显示事件对象的属性值的效果

4. 源码分析

在上述实例的代码中，先通过监控器的方式注册了鼠标移动时的事件，然后当鼠标移动时触发绑定的事件函数，在函数中，获取传回的事件对象 event，并通过它的属性 clientX 和 clientY 获取鼠标移动时 x 和 y 的坐标值。除坐标属性外，更多的属性值如表 32-1 所示。

表 32-1　更多的事件对象属性及说明

属　性　名	说　　明
button	返回当前事件被触发时，哪个鼠标按钮被单击
relatedTarget	返回与事件的目标节点相关的节点
screenX	返回事件被触发时，鼠标指针在显示器屏幕中的水平坐标
screenY	返回事件被触发时，鼠标指针在显示器屏幕中的垂直坐标
clientX	返回事件被触发时，鼠标指针在浏览器可视区中的水平坐标
clientY	返回事件被触发时，鼠标指针在浏览器可视区中的垂直坐标
currentTarget	返回事件监测器中触发该事件的元素
target	返回该事件触发的目标元素
timeStamp	返回事件触发时生成的日期和时间
type	返回当前事件对象对应的事件名称

32.2.2　对象的方法

在返回的事件对象中，除了通过属性获取事件的状态信息外，还可以调用对象中的方法，实现事件在执行时的辅助操作，例如，阻止事件的冒泡现象，防止事件柄的多次执行。可以在执行的函数中，调用事件对象的 stopPropagation()方法。

实例 32-2　事件对象的方法

1. 功能说明

调用事件对象的 stopPropagation()方法，阻止 div 元素在包裹时的冒泡现象。

2. 实现代码

在 WebStorm 中新建一个 HTML 页面 32-2. html，加入代码如代码清单 32-2 所示。

代码清单 32-2　事件对象的方法

```
<!DOCTYPE html>
<html>
<head lang="en">
    <meta charset="UTF-8">
    <title>事件对象的方法</title>
    <style type="text/css">
        #parent{
            border: solid 1px #ccc;
            width: 120px;
            height: 120px;
            padding: 5px;
        }
        #child{
            width: 60px;
            height: 60px;
            margin: 28px 0px 0px 28px;
            background-color: #eee;
        }
    </style>
</head>
<body>
    <div id="tip"></div>
    <div id="parent">
        <div id="child"></div>
    </div>
    <script type="text/javascript">
        //定义保存显示执行次数的变量
        var intNum = 0;
        //获取元素对象并分别保存在变量中
        var objTip = document.getElementById("tip");
        var objParent = document.getElementById("parent");
        var objChild = document.getElementById("child");
        //绑定父级元素的单击事件
        objParent.onclick = function(e) {
            //增加执行次数
            intNum++;
            //将执行次数值显示在页面元素中
            objTip.innerHTML = intNum.toString();
        }
        //绑定子级元素的单击事件
        objChild.onclick = function(event) {
            //使用兼容方式获取事件对象
            var e = event || window.event;
            //阻止事件的派发
            e.stopPropagation();
            //增加执行次数
            intNum++;
            //将执行次数值显示在页面元素中
```

```
            objTip.innerHTML = intNum.toString();
        }
    </script>
</body>
</html>
```

3. 页面效果

该页面在 Chrome 浏览器中执行的页面效果如图 32-5 所示。

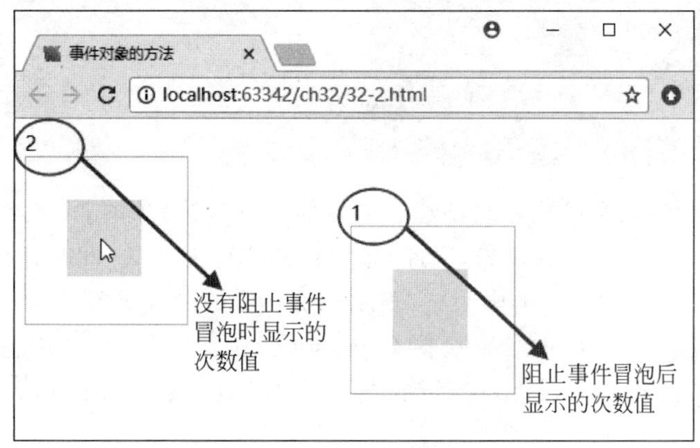

图 32-5　事件对象方法的执行效果

4. 源码分析

在上述实例的代码中，如果没有调用事件对象中的 e.stopPropagation()方法，则执行次数显示值为 2，表示单击子级 div 元素时，由于事件冒泡的原因，也触发了父级 div 元素绑定的同类型事件，所以执行次数显示值为 2。

为了解决这个问题，可以通过在子级元素注册事件函数时，调用 e.stopPropagation()方法去阻止这种事件冒泡现象的出现，使执行次数显示值为 1。更多的属性值如表 32-2 所示。

表 32-2　更多的事件对象方法及说明

属　性　名	说　　明
initEvent()	初始化新创建的事件对象属性
preventDefault()	阻止执行与事件关联的默认动作
stopPropagation()	停止派发事件

32.3　this 对象

this 原本属于面向对象编程中的一个关键字，它不能被赋值，只能被调用，目标总是指向类的当前实例化对象。由于 DOM 本身也是面向对象方式开发，每个节点都是一个个对象，因此，节点内部和节点间的方法调用，必定都会使用到 this。

32.3.1 this 在构建函数中的运用

JavaScript 在面向对象编程时，先要封装函数，即编写类的构造器，在构造函数中的 this 代表的是实例化后的对象，如以下代码所示。

```
function Person(n){
    this.name = n;
    console.log(this);
}
//以实例化方式创建一个对象
var p1 =  new Person('陶国荣');
//直接执行函数
Person('陶国荣');
```

在上述代码中，当以实例化方式创建一个名称为 p1 的对象时，浏览器将会以构建函数的方式执行名称为 Person 中的代码，因此，基于这种执行的方式，此时在控制台输出的 this 对象内容为：Person {name: "陶国荣"}，表示实例化后的函数对象。

如果不是以实例化方式，而是直接执行 Person()函数，那么函数中输出的 this 对象则是一个 window 对象，因为它没有可执行的上下文对象，因此，直接指向 window 对象。

32.3.2 this 在对象方法中的运用

与构造函数不同，当 this 出现在一个对象的方法中时，它指向的也是可以执行的上下文对象，这个上下文对象就是对象本身，如以下代码所示。

```
var tgrong = {
    age:18,
    say:function(e){
        console.log(this);
    }
}
//直接执行对象中的方法
tgrong.say('陶国荣');
//取出对象中的方法
var tgr = tgrong.say;
//单独执行方法
tgr('陶国荣');
```

在上述代码中，当直接调用对象中定义的方法时，由于此时的 this 对象依然指向整个名称为 tgrong 的对象，因此，在控制台输出的 this 对象内容为：{age: 18, say: f}。

如果单独取出对象中的方法，并保存在变量 tgr 中，再去执行保存该方法的变量，此时，由于方法已单独从对象中取出，由对象中的方法变为普通方法，因此，最后再去执行该取出的方法时，在浏览器的控制台输出的 this 内容依然是 window 对象。

根据上述的代码测试可以看出，首先，在全局作用域或普通函数中的 this 指向全局 window 对象；其次，在构造函数或者构造函数原型对象中 this 指向构造函数的实例；最后，在对象方法中，由哪个对象调用，则指向该对象。

小结

在本章中，先从介绍基础的事件处理机制入手，详细地阐述了事件内部的处理流程，然后通过实例代码方式，介绍了事件触发时，事件对象的概念和使用，最后通过实例代码说明 this 对象的使用方法。

第33章

window对象

视频讲解

本章学习目标

- 理解并掌握对象的常用方法。
- 掌握对象中定时器方法的使用。
- 了解对象中 location 对象的常用方法。

33.1 对象简介

window 对象,表示一个浏览器窗口,所有的浏览器都支持 window 对象,它也是浏览器对象模型(Browser Object Model,BOM)的核心。一个 window 对象,就是一个 BOM 的实例,JavaScript 全局对象、函数和变量自动成为该实例对象的一员。

33.1.1 打开和关闭窗口

当打开一个窗口时,便实例化了一个 window 对象,全局的变量变成对象的属性,全局的函数成为对象的方法。在这些方法中,可以使用 window. open()方法打开窗口,如果想关闭已打开的窗口,则可以使用 window. close()方法。

1. window. open ()

该方法的功能是打开一个新的浏览器窗口或者查找一个已知名称的窗口,它是 window 对象中的一个方法,因此,在调用时,为避免与其他对象中相同方法名称的方法冲突,通常要带 window 名称,而不是直接使用,它的调用格式如下。

```
window.open(URL,name,features,replace)
```

在上述调用格式的代码中,open()方法中有 4 个参数,其中,第一个参数 URL 表示打开窗口的地址,如果该值为空或省略,则打开一个没有任何文档内容的空白窗口。第二个参数 name 表示打开窗口的名称，如果该名称不存在，则重新打开一个新窗口，如果存在，则返回该窗口的引用，而不会创建新窗口，并忽略第三个参数的设置。第三个参数 features 用于设置打开窗口的特征，包括坐标、宽高等值。第四个参数是一个布尔值，用于设置当前打开窗口的 URL 地址是否替换浏览器中的历史记录，如果为 true 表示替换，否则为替换。

2. window. close ()

该方法的功能是关闭一个已打开的浏览器窗口，通常是一个顶层的浏览器窗口，而这种窗口通常是使用 window. open()方法单独打开的。如果不是使用该方法打开的窗口，可以借助 self. close() 或只调用 close()方法来关闭其自身。

实例 33-1　使用 window. open ()和 window. close ()

1. 功能说明

单击“打开”按钮，打开一个窗口；单击“关闭”按钮，关闭当前打开的窗口。

2. 实现代码

在 WebStorm 中新建一个 HTML 页面 33-1. html，加入代码如代码清单 33-1 所示。

代码清单 33-1　打开和关闭窗口

```
<!DOCTYPE html>
<html>
<head lang = "en">
    <meta charset = "UTF - 8">
    <title>打开和关闭窗口</title>
</head>
<body>
    <div id = "frame">
        <button id = "btnOpen">打开</button>
        <button id = "btnClose">关闭</button>
    </div>
    <script type = "text/javascript">
        //分别获取元素并保存在变量中
        var objBtnOpen = document.getElementById("btnOpen");
        var objBtnClose = document.getElementById("btnClose");
        //定义一个用于接收变量打开窗口的对象变量
        var objWin = null;
        //绑定"打开"按钮的单击事件
        objBtnOpen.onclick = function(e){
            //打开一个指定宽高的窗口
            objWin = window.open(
                    "","","width = 260,height = 180");
            //向窗口的页面设置显示内容
            objWin.document.write(
                    "<p>这是单击按钮后打开的'窗口'</p>");
        }
        //绑定"关闭"按钮的单击事件
        objBtnClose.onclick = function(e){
```

```
            //关闭已打开的窗口
            objWin.close();
        }
    </script>
</body>
</html>
```

3. 页面效果

该页面在 Chrome 浏览器中执行的页面效果如图 33-1 所示。

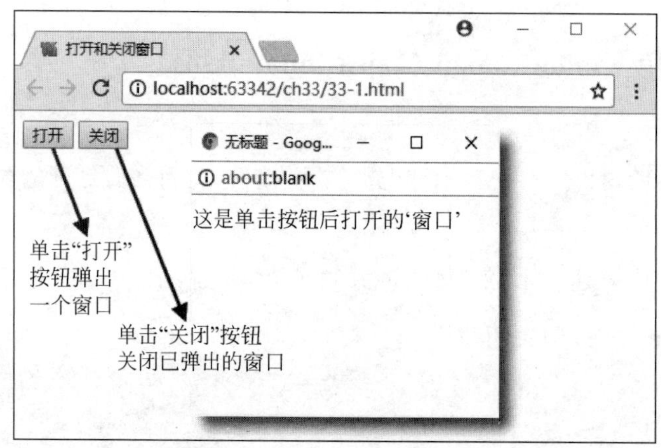

图 33-1　打开和关闭窗口的效果

4. 源码分析

在上述实例的代码中，调用 window.open()方法打开一个新的窗口，如果打开的窗口已存在，则不再打开新的窗口，而仅是返回对这个窗口的引用。此外，使用 window.close()方法将关闭由 window.open()方法打开的窗口。

33.1.2　对话框

在页面中，经常需要使用对话框获取数据和显示信息，根据调用方法的不同，分为警告、询问和输入三种对话框。警告对话框由 alert()方法实现，询问对话框由 confirm()方法实现，而输入对话框则由 prompt()方法完成。接下来详细地介绍各自的功能和使用方法。

1. alert ()方法

该方法的功能是用于显示文字消息，而无返回值，在显示过程中，除文字消息外，还带有一个"警告"图标和"确定"按钮，文字消息中必须是纯文本，不支持 HTML 格式，如果需要换行，可以使用转义字符"\n"，执行该方法时，调用格式如下。

```
//以警告框的形式显示 message
alert(message)
```

2. confirm ()方法

与 alert()方法不同，confirm()方法不仅显示文本信息，还将返回一个布尔值，因此，它除了显示指定信息外，还带有一个“询问”图标和“确定”及“取消”按钮，当单击“确定”按钮时，返回值为 true，单击“取消”按钮时，返回值为 false，调用格式如下。

```
//以询问框的形式显示 message,并根据单击按钮的不同,返回不同值
confirm(message)
```

3. prompt ()方法

该方法的功能是，在指定的文本框中输入内容，并返回所输入的字符串，除有提示信息外，还带有一个“确定”和“取消”按钮，当用户单击“取消”按钮时，返回 null 值，单击“确定”按钮时，返回输入的文本内容，调用格式如下。

```
//以提示框的形式显示 text,文本框中默认显示 defaultText
prompt(text,defaultText)
```

下面通过一个完整的实例来介绍它的使用方法和过程。

实例 33-2 不同对话框的实现

1. 功能说明

当单击“询问”按钮时，以询问框的形式显示内容，并用警告框显示返回的结果；当单击“输入”按钮时，以输入框的形式提示用户输入内容，并用警告框显示输入结果。

2. 实现代码

在 WebStorm 中新建一个 HTML 页面 33-2. html，加入代码如代码清单 33-2 所示。

代码清单 33-2 对话框

```
<!DOCTYPE html>
<html>
<head lang = "en">
    <meta charset = "UTF - 8">
    <title>对话框</title>
</head>
<body>
    <div id = "frame">
        <button id = "btnConfirm">询问</button>
        <button id = "btnPrompt">输入</button>
    </div>
    <script type = "text/javascript">
        //分别获取元素并保存在变量中
        var objBtnConfirm = document.getElementById("btnConfirm");
        var objBtnPrompt = document.getElementById("btnPrompt");
        //绑定"询问"按钮的单击事件
        objBtnConfirm.onclick = function(e){
            //保存询问对框的返回值
            var strResult = confirm("你真的要删除吗?");
            //将返回值显示在警告框中
```

```
            alert(strResult);
        }
        //绑定"输入"按钮的单击事件
        objBtnPrompt.onclick = function(e){
            //保存输入对话框的返回值
            var strResult = prompt("登录系统","请输入用户名");
            //将返回值显示在警告框中
            alert(strResult);
        }
    </script>
</body>
</html>
```

3. 页面效果

该页面在 Chrome 浏览器中执行的页面效果如图 33-2 所示。

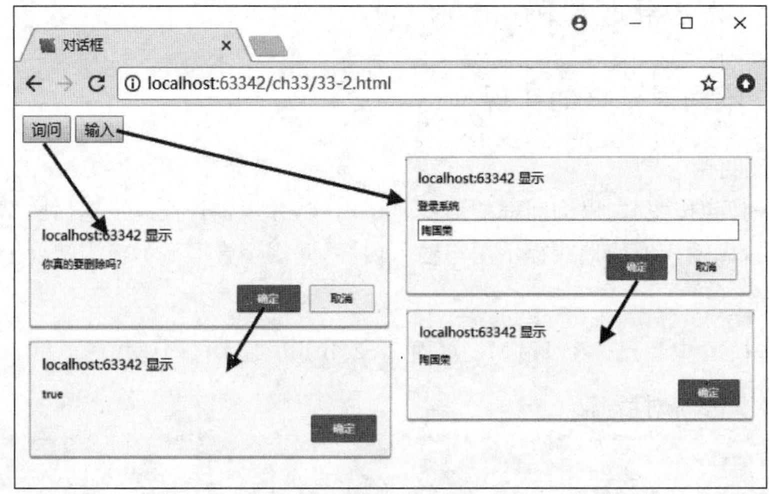

图 33-2　使用对话框的效果

4. 源码分析

在上述实例的代码中,询问和输入对话框都有返回值,并且均有"确定"和"取消"按钮,无论单击任何按钮,都将返回一个值;相比而言,警告对话框无返回值,仅有一个"确定"按钮,因此,该对话框常用于固定信息的提醒和显示。

33.2 定时器

在日常开发中,经常需要一些定时器来延时或反复执行某一段代码,在 JavaScript 中,这样的定时器由 setTimeout()和 setInterval()方法来实现,前者可以在指定的时间之后执行一次;而后者则可以在指定的时间内反复地执行。

33.2.1 setTimeout()方法

该方法用于在指定的时间之后,通常是毫秒数,调用函数或执行表达式的代码,这个方法中的代码只执行一次，完成后便继续向下执行，并不能循环执行，调用格式如下。

```
setTimeout(code,time)
```

在上述调用格式中，code 表示延时后执行的代码，包括函数和表达式，time 表示需要延时的具体值，单位是毫秒，如 1000，表示 1s 后执行代码。

实例 33-3 使用 setTimeout ()方法实现定时功能

1. 功能说明

调用 setTimeout()方法，5s 后，在页面中显示"节日快乐"的字样。

2. 实现代码

在 WebStorm 中新建一个 HTML 页面 33-3.html，加入代码如代码清单 33-3 所示。

代码清单 33-3 setTimeout ()方法

```
<!DOCTYPE html>
<html>
<head lang = "en">
    <meta charset = "UTF-8">
    <title> setTimeout()方法</title>
    <style type = "text/css">
        .focus{
            font-size: 20px;
            text-shadow: -1px -1px 25px #ccc;
        }
    </style>
</head>
<body>
    <div id = "tip">正在加载数据中...</div>
    <script type = "text/javascript">
        //获取元素对象并保存在变量中
        var objTip = document.getElementById("tip");
        //在指定的时间后,元素中显示"节日快乐"
        setTimeout(function(){
            objTip.className = "focus";
            objTip.innerText = "节日快乐";
        },5000)
    </script>
</body>
</html>
```

3. 页面效果

该页面在 Chrome 浏览器中执行的页面效果如图 33-3 所示。

4. 源码分析

在上述实例的代码中，5s 之后，执行函数中的代码，先设置元素的样式，后修改元素显

图 33-3 使用 setTimeout()方法的效果

示的文字内容。这种代码的执行只有一次，就是 5s 钟后，当然，也可以循环执行，就是在执行一次的代码中，再次调用 setTimeout()方法，形成嵌套调用。

33.2.2 setInterval ()方法

与 setTimeout()方法不同，setInterval()方法的功能是反复执行，而非执行一次，该方法是在指定的时间内，通常也是以 ms 作为单位，反复地调用函数或某段表达式。

当执行这个方法时，将返回一个 id 值，这个值将作为 clearInterval()方法的参数，当调用 clearInterval()方法时，将停止反复执行的操作，具体调用的格式如下。

```
setInterval(code,time)
```

上述调用格式代码中，code 表示反复执行的代码，time 表示指定的时间周期，通常以 ms 值为单位，如 5000，表示 5s 内，该方法将返回一个 id 值。

实例 33-4 使用 setInterval ()方法

1. 功能说明

调用 setInterval()方法，倒计时 5 个数，在页面中每秒显示一个数值。

2. 实现代码

在 WebStorm 中新建一个 HTML 页面 33-4. html，加入代码如代码清单 33-4 所示。

代码清单 33-4 setInterval ()方法

```
<!DOCTYPE html>
<html>
<head lang = "en">
    <meta charset = "UTF - 8">
    <title> setInterval()方法</title>
    <style type = "text/css">
        #tip {
```

```
            font: bold 35px sans-serif;
            border-radius: 50%;
            border: solid 1px #666;
            background-color: #eee;
            padding: 30px;
            width: 20px;
            height: 20px;
            line-height: 20px;
            text-align: center;
        }
    </style>
</head>
<body>
    <div id="tip">5</div>
    <script type="text/javascript">
        //获取元素对象并保存在变量中
        var objTip = document.getElementById("tip");
        //定义一个用于累计数字的变量并赋初始值
        var intIndex = 5
        //在每秒钟内显示累计数字的变量值
        var task = setInterval(function() {
            intIndex--;
            objTip.innerText = intIndex.toString();
            if (intIndex == 0) {
                clearInterval(task);
            }
        },1000)
    </script>
</body>
</html>
```

3. 页面效果

该页面在 Chrome 浏览器中执行的页面效果如图 33-4 所示。

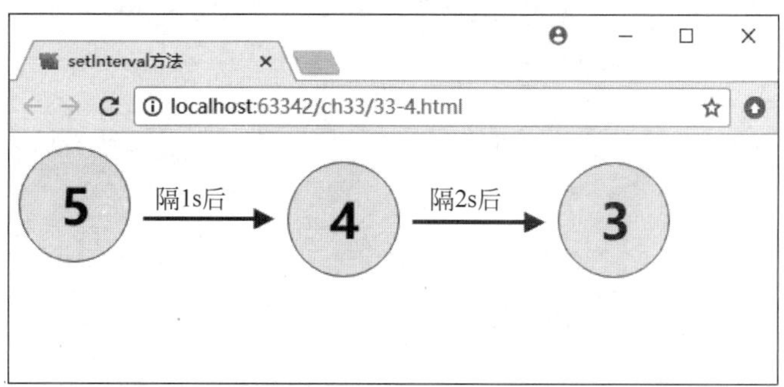

图 33-4 使用 setInterval()方法的效果

4. 源码分析

在上述实例的代码中，先定义并初始化一个名为 intIndex 的变量，用于倒计数值的减少和显示，当调用 setInterval()方法时，将返回值保存在 task 变量中，在执行方法中代码时，先每隔 1s 使变量 intIndex 的值减少 1，当值为 0 时，使用 clearInterval()方法停止代码执行。

33.3 location 对象

在用户与页面交互时，有时需要获取当前页面在浏览器中的地址或者取地址中传来的参数值，此时就需要使用到 location 对象，它也属于 window 对象集合的一部分，通过该对象的属性和方法，管理当前页面的 URL 地址信息。

33.3.1 href 属性

在 location 对象的众多属性中，href 属性的使用最为常见，它的功能是设置或返回当前文档完整的 URL 地址。所谓的"完整"是指这个 URL 地址既包含主机、域名，还包括地址中携带的参数名称和对应值。

下面通过一个实例来介绍 href 属性的使用过程。

实例 33-5 使用 href 属性

1. 功能说明

在页面元素中显示当前文档完整的 URL 地址信息。

2. 实现代码

在 WebStorm 中新建一个 HTML 页面 33-5.html，加入代码如代码清单 33-5 所示。

代码清单 33-5 href 属性

```
<!DOCTYPE html>
<html>
<head lang="en">
    <meta charset="UTF-8">
    <title>href 属性</title>
    <style type="text/css">
        #tip{
            font: bold 15px sans-serif;
            border: solid 1px #666;
            background-color: #eee;
            width: 500px;
            padding: 10px;
        }
    </style>
</head>
<body>
    <div id="tip"></div>
    <script type="text/javascript">
        //获取元素对象并保存在变量中
        var objTip = document.getElementById("tip");
        //使用 location 对象获取 href 属性值并保存在变量中
        var strUrl = location.href;
        //将获取的属性值显示在页面元素中
```

```
            objTip.innerText = strUrl;
        </script>
    </body>
</html>
```

3. 页面效果

该页面在 Chrome 浏览器中执行的页面效果如图 33-5 所示。

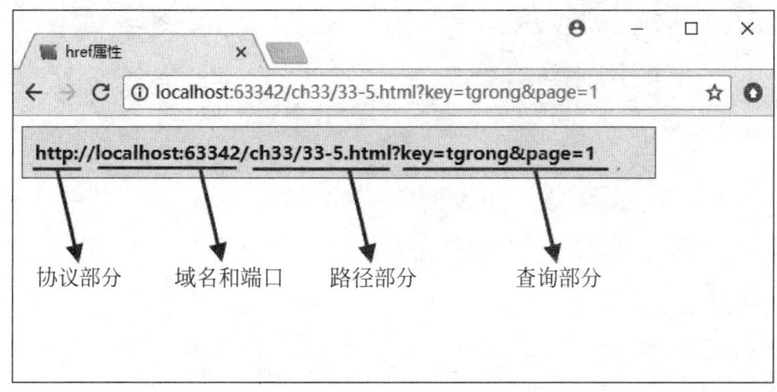

图 33-5 显示 href 属性的效果

4. 源码分析

在上述实例的代码中，通过调用 location 对象中的 href 属性，获取到当前文档完整的 URL 地址信息，并将它显示在页面的元素中。完整的 URL 地址信息由多个部分组成，每部分代表的功能如图 33-5 所示。

33.3.2 search 属性

在一个完整的当前文档 URL 地址信息中，经常包含页面在相互跳转时传递的参数值，而这些参数值放置在地址信息中的问号(?)部分，如果想要获取这部分的内容，则需要调用 location 对象中的 search 属性。

下面通过一个实例来介绍 search 属性的使用过程。

实例 33-6 使用 search 属性

1. 功能说明

分别获取当前文档 URL 地址信息中的全部信息和查询部分的内容，并显示在元素中。

2. 实现代码

在 WebStorm 中新建一个 HTML 页面 33-6.html，加入代码如代码清单 33-6 所示。

代码清单 33-6 search 属性

```
<!DOCTYPE html>
<html>
<head lang="en">
```

```
    <meta charset="UTF-8">
    <title>search 属性</title>
    <style type="text/css">
        .show {
            font: bold 15px sans-serif;
            border: solid 1px #666;
            background-color: #eee;
            width: 500px;
            padding: 10px;
            margin-top: 20px;
        }
    </style>
</head>
<body>
    <div id="href" class="show"></div>
    <div id="search" class="show"></div>
    <script type="text/javascript">
        //分别获取元素对象并保存在变量中
        var objHref = document.getElementById("href");
        var objSearch = document.getElementById("search");
        //使用 location 对象获取 href 属性值并保存在变量中
        var strUrl = location.href;
        //将获取的属性值显示在页面元素中
        objHref.innerText = strUrl;
        //使用 location 对象获取 search 属性值并保存在变量中
        var strSearch = location.search;
        //将获取的属性值显示在页面元素中
        objSearch.innerText = strSearch;
    </script>
</body>
</html>
```

3. 页面效果

该页面在 Chrome 浏览器中执行的页面效果如图 33-6 所示。

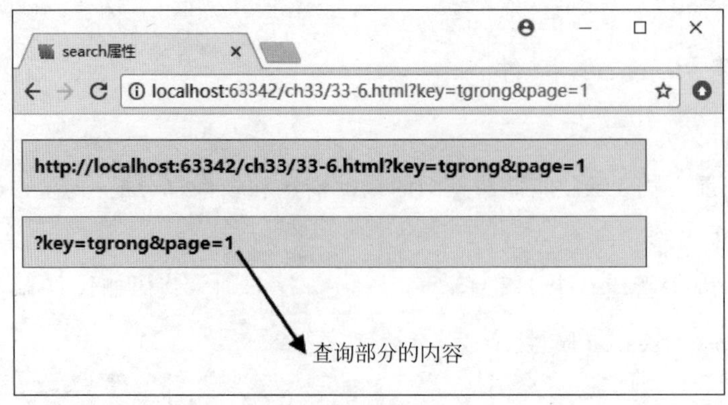

图 33-6　显示 search 属性的效果

4. 源码分析

在上述实例的代码中，调用 location 对象中的 search 属性获取到了当前文档 URL 地址中的查询部分的内容，这是一个整体的字符串，其中包含各项参数传来的值，可以对这个字符串的内容使用正则表达式或分割方法再次拆分，取出“属性名”对应的“属性值”。

小结

在本章中，首先从基础的对象概念讲起，说明对象常用方法的使用，然后再以实例的方式介绍对象中定时器方法的使用过程，最后阐述了 location 对象属性的使用方法。

第34章

document对象

视频讲解

本章学习目标

- 熟悉对象中的方法和属性。
- 掌握对象中方法的应用场景。
- 掌握对象中属性的使用过程。

34.1 对象简介

document 对象是 window 对象的重要组成部分，当一个 HTML 文档页在浏览器中执行时，便诞生了 document 对象，通过这个对象，可以很方便地使用脚本代码访问页面中的全部元素，包含元素的对象的集合、属性和方法。

34.1.1 对象集合

由于 document 对象可以访问页面中的任何元素，因此，为了访问时的快捷，先将元素进行归类，形成了几个类型的集合对象，再通过访问集合对象，最终获取具体的元素。在 document 对象中的集合对象具体的名称和功能如表 34-1 所示。

表 34-1 document 对象中的集合对象及功能

名　称	功　能
all[ ]	返回对文档中所有 HTML 标记对象的引用
forms[ ]	返回对文档中所有 Form 标记对象的引用
images[ ]	返回对文档中所有 Image 标记对象的引用
links[ ]	返回对文档中所有 Area 和 Link 标记对象的引用

34.1.2　对象属性

在 document 对象中，除了包含集合对象外，还有自身的属性，通过属性可以获取到 HTML 文档的附加信息，如更新时间、地址信息、域名、样式和标题等。在 document 对象中具体的属性名称和功能如表 34-2 所示。

表 34-2　document 对象中的属性及功能

属性名	功能
cookie	设置或返回当前文档的所有 cookie
body	提供文档中主体元素的访问
domain	返回当前文档的域名
lastModified	返回当前文档最后修改的日期和时间
referrer	返回载入当前文档时上一次文档的 URL 地址
title	返回当前文档的标题信息
URL	返回当前文档的 URL 地址

34.1.3　对象方法

在 document 对象的方法中，除了经常使用的获取页面元素的方法之外，还有几个很实用的方法，如 open()和 close()方法实现页面文档流的打开与关闭，write()方法实现向输入的文档流输入内容。在 document 对象中具体的方法名称和功能如表 34-3 所示。

表 34-3　document 对象中的方法及功能

方法名	功能
write()	向当前文档输入内容，包括文本、HTML 表达式和 JavaScript 代码
writeln()	功能与 write()方法相同，只是在每完成一句输出后自动添加换行符
open()	打开一个文档流，用于接收 write()方法输入的内容
close()	关闭一个用 open()方法打开的文档流，并显示输入的数据内容
getElementById()	返回指定 id 的第一个对象的引用
getElementsByName()	返回指定名称的对象集合
getElementsByTagName()	返回指定标签名的对象集合

34.2　对象属性使用

在众多的 document 属性中，有些属性的使用非常频繁，如使用 JavaScript 代码获取当前文档的标题和域名信息，以确定页面的来源是否正常。同时，通过 cookie 属性值获取到当前页面中设置的全部 cookie 内容，接下来分别进行介绍。

34.2.1　获取文档信息

文档信息中的标题属性是指页面中 title 元素的内容，域名信息是指当前页面的服务器域名,不包含端口信息。

下面通过一个简单的实例来演示它们获取的过程。

实例 34-1 如何获取文档信息

1. 功能说明

分别在页面元素中显示当前文档的标题和域名信息。

2. 实现代码

在 WebStorm 中新建一个 HTML 页面 34-1.html,加入代码如代码清单 34-1 所示。

代码清单 34-1 获取文档信息

```
<!DOCTYPE html>
<html>
<head lang="en">
    <meta charset="UTF-8">
    <title>获取文档信息</title>
    <style type="text/css">
        div{
            font:bold 15px sans-serif;
            text-decoration:underline;
            margin: 10px 0px;
        }
    </style>
</head>
<body>
    <div id="title"></div>
    <div id="domain"></div>
    <script type="text/javascript">
        //分别获取元素对象并保存在变量中
        var objTitle = document.getElementById("title");
        var objDomain = document.getElementById("domain");
        //将获取文档标题赋值给元素对象
        objTitle.innerText = document.title;
        //将获取文档域名赋值给元素对象
        objDomain.innerText = document.domain;
    </script>
</body>
</html>
```

3. 页面效果

该页面在 Chrome 浏览器中执行的页面效果如图 34-1 所示。

4. 源码分析

在上述实例的代码中,先分别使用变量保存元素对象,然后再通过 document 对象中的 title 和 domain 属性获取到当前文档的标题和域名,并将获取的值赋给元素对象,最终将获取的文档属性内容显示在页面元素中。

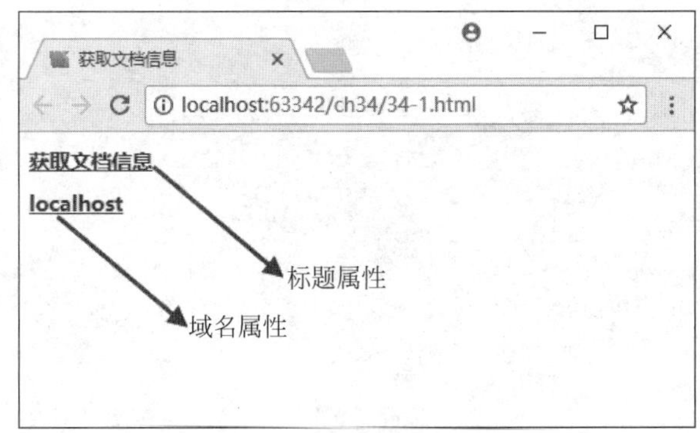

图 34-1 获取文档信息的效果

34.2.2 操作 cookie 内容

在 document 对象中，使用 cookie 属性可以返回一个字符串内容，借助该字符串获取当前文档中与 cookie 对象相关的内容，同时还包括对当前文档的 cookie 对象的读取、创建、修改和删除的操作。

下面通过一个简单的实例来演示它实现的过程。

实例 34-2 操作 cookie 内容

1. 功能说明

在页面中单击“增加”按钮后创建一个 cookie 对象，单击“显示”按钮时，读取创建的对象，并将获取的值显示在页面中。

2. 实现代码

在 WebStorm 中新建一个 HTML 页面 34-2.html，加入代码如代码清单 34-2 所示。

代码清单 34-2 操作 cookie 内容

```
<!DOCTYPE html>
<html>
<head lang = "en">
    <meta charset = "UTF - 8">
    <title>操作 cookie 内容</title>
    <style type = "text/css">
        fieldset{
            width: 91px;
            margin: 10px 0px;
        }
    </style>
</head>
<body>
    <div id = "tip"></div>
    <fieldset>
        <legend>操作 cookie </legend>
        <button id = "btnAdd">增加</button>
```

```
            <button id="btnShow">显示</button>
        </fieldset>
        <script type="text/javascript">
            //分别使用变量保存页面中的元素对象
            var strTip = document.getElementById("tip");
            var btnAdd = document.getElementById("btnAdd");
            var btnShow = document.getElementById("btnShow");
            //绑定增加 cookie 按钮的单击事件
            btnAdd.onclick = function(e){
                //增加 cookie 属性内容
                document.cookie = "name = 陶国荣";
            }
            //绑定显示 cookie 按钮的单击事件
            btnShow.onclick = function(e) {
                //获取 cookie 中的内容并保存在变量中
                var strCookie  = document.cookie;
                //分割变量中的内容并保存在变量中
                var arrName  =  strCookie.split(" = ");
                //获取分割后的内容并组成显示内容
                var HTML  =  '姓名:' + arrName[1];
                //将内容显示在页面元素中
                strTip.innerHTML  =  HTML;
            }
        </script>
    </body>
</html>
```

3. 页面效果

该页面在 Chrome 浏览器中执行的页面效果如图 34-2 所示。

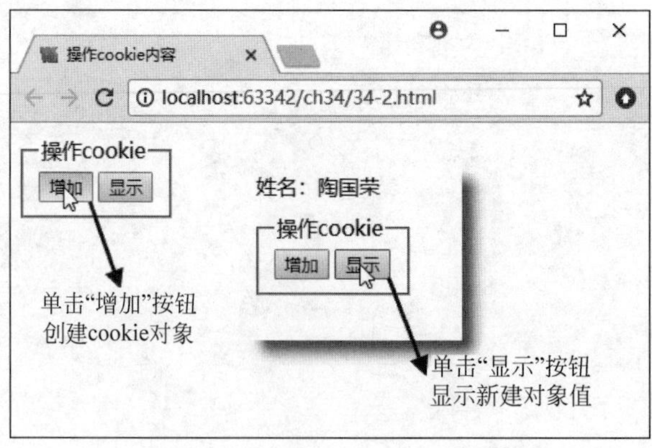

图 34-2 操作 cookie 内容的效果

4. 源码分析

在上述实例的代码中，使用 document.cookie 赋值方法创建新名称的 cookie 对象，多个 cookie 对象创建时，不能分开创建，而是再次使用赋值方式。获取单个值时，只需要分割一次，如果是获取多个 cookie 对象的值，则可以先进行分割，再遍历分割内容取值。

如果需要除一个 cookie 对象，只需要将该对象的过期时间设置为一个过去的时间即可，即将 expire 属性值设置为一个过期的时间，如以下代码所示。

```
//获取当前时间
var dt = new Date();
//将 dt 设置为过去的时间
dt.setTime(dt.getTime() - 10000);
//删除名称为 name 的 cookie
document.cookie = "name = 陶国荣; expire = " + dt.toGMTString();
```

34.3 对象方法调用

34.3.1 write()方法

write()方法可以实现向当前页面输入内容的功能，输入的内容包含文本字符串、HTML 表达式和 JavaScript 代码，如果在页面的 onload 事件中调用 write()方法，将会使用 open()方法重新建一个文档流，原有的页面元素和内容将会被清空。

实例 34-3 使用 write()方法

1. 功能说明

分别在页面的 onload 事件中和事件外，使用 write()方法输出文本内容。

2. 实现代码

在 WebStorm 中新建一个 HTML 页面 34-3.html，加入代码如代码清单 34-3 所示。

代码清单 34-3 write()方法

```
<!DOCTYPE html>
<html>
<head lang = "en">
    <meta charset = "UTF - 8">
    <title>write()方法</title>
</head>
<body>
    <div>今天是一个好天气.</div>
    <script type = "text/javascript">
        //分别定义两个变量保存输出内容
        var strOut = '<div>明天可能会下雨哦.</div>';
        var strOut2 = '<div>后天还是一个晴天.</div>';
        //输出单个变量内容
        document.write(strOut);
        //输出隔行符
        document.write('-------------------');
        //输出多个变量内容
```

```
        document.write(strOut,strOut2);
        //在页面加载成功后输出内容
        window.onload = function() {
            var strOut3 = '<div>页面加载成功.</div>';
            document.write(strOut3);
        }
    </script>
</body>
</html>
```

3. 页面效果

该页面在Chrome浏览器中执行的页面效果如图34-3所示。

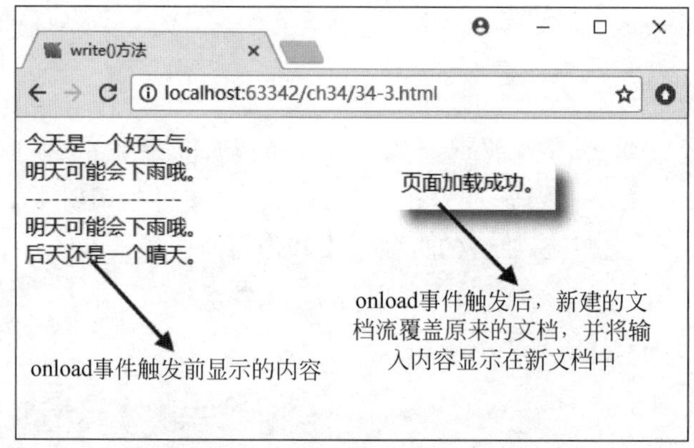

图34-3 使用write()方法的效果

4. 源码分析

在上述实例的代码中，在没有触发页面的onload事件时，使用write()方法向当前页面文档输出变量保存的内容strOut和strOut2，当触发onload事件时，在事件函数中执行write()方法时，将会重新创建一个页面文档流，并将输出的内容显示在新文档流中。

34.3.2 open()和close()方法

open()方法的功能是打开一个新的文档流，并删除当前文档流中的内容，允许在新文档流中使用write()方法为其添加内容，open()方法的调用格式如下。

```
document.open(mimetype,replace)
```

在上述调用的代码中，参数mimetype表示输入内容的文档类型。默认值是text/html，参数replace表示新文档流是否继承历史文档流的内容。

close()方法的功能是关闭一个由document.open()方法打开的输出文档流，并完全显示输入的数据，open()方法的调用格式如下。

```
document.close()
```

当使用 write()方法动态地输出一个文档时，必须调用 close()方法关闭整个输出的文档流，以确保所有文档内容都能显示在页面中。

实例 34-4 使用 open ()和 close ()方法

1. 功能说明

单击“输出”按钮，在打开的新文档流中显示全部输出的内容。

2. 实现代码

在 WebStorm 中新建一个 HTML 页面 34-4.html，加入代码如代码清单 34-4 所示。

代码清单 34-4 open ()和 close ()方法

```
<!DOCTYPE html>
<html>
<head lang="en">
    <meta charset="UTF-8">
    <title>open()和 close()方法</title>
</head>
<body>
    <button id="btnOut">输出</button>
    <script type="text/javascript">
        //使用变量保存页面中的元素对象
        var btnOut = document.getElementById("btnOut");
        //绑定输出按钮的单击事件
        btnOut.onclick = function(e) {
            //打开一个指定类型的新文档流,并保存在变量中
            var newDoc = document.open("text/html", "replace");
            //设置新文档流中输出的内容并保存在变量中
            var HTML = "<div>今天的天气非常好!</div>";
            //向新文档流中输入内容
            newDoc.write(HTML);
            //关闭打开的新文档流
            newDoc.close();
        }
    </script>
</body>
</html>
```

3. 页面效果

该页面在 Chrome 浏览器中执行的页面效果如图 34-4 所示。

4. 源码分析

在上述实例的代码中，当单击“输出”按钮时，使用 document.open()方法新创建了一个文档流，并通过调用 write()方法向新文档流中输入内容，为确保整个输入的内容都能显示在页面中，再调用 close()方法关闭当前创建的新文档流，详见实现过程见代码中加粗部分。

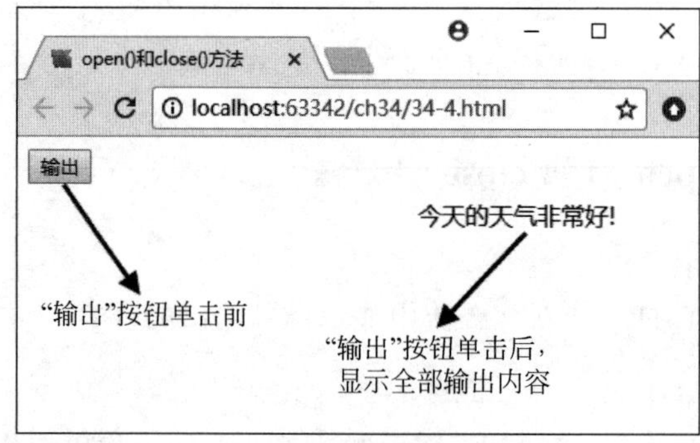

图 34-4　使用 open()和 close()方法的效果

小结

在本章中,先从对象包含的集合、属性和方法讲起,阐述对象的组成和使用场景,然后通过代码实例的方式,介绍对象中属性的使用,最后使用实例的方式,进一步详细说明对象中方法的调用过程和应用场景。

附录 A

简易图片放大镜的开发

本附录介绍一个简易图片放大镜的开发。

A.1 开发过程

A.1.1 新建一个名称为 magnifier 的项目文件夹

新建一个名称为 magnifier 的项目文件夹，并在文件夹中添加名称为 js 和 css 及 images 的三个子类文件夹，再添加一个名称为 index 的 HTML 页面，使页面形成与文件夹的依赖。

A.1.2 新建文件

在目录 js/下创建文件 index. js，在目录 css/ 下创建文件 style. css，在目录 images/ 中添加两张图片，一张小图片用于正常展示，另外一张大图片用于放大镜的使用。同时，在根目录下创建一个新的 HTML 页面文件 index. html。

上述文件的具体代码请参考本书附带的源代码，提取源代码方式见前言。完成上述任务后，整个项目的核心目录和文件结构如图 A-1 所示。

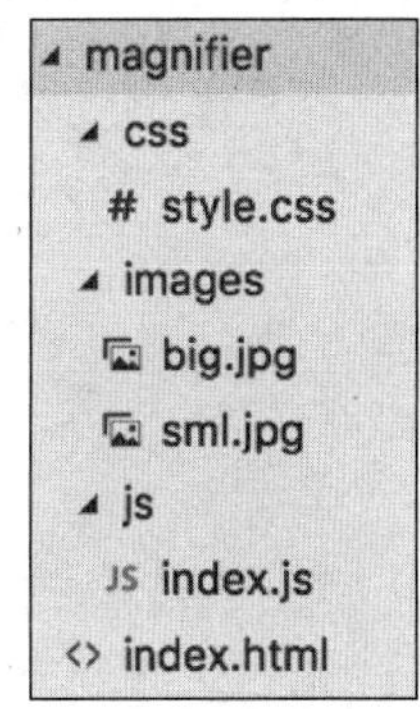

图 A-1　项目的核心目录和文件结构

A.2 程序结果

运行程序，在浏览器地址栏中输入 http://127. 0. 0. 1:5500/magnifier/index. html 后结果如图 A-2 所示。图 A-2 是图片在移动鼠标前的初始状态，移动正方形后，可以以放大镜的形式显示正方形中的图片块，如图 A-3 所示。

图 A-2　在浏览器中图片的初始展示效果

图 A-3　在图片中移动鼠标后的右侧放大镜效果

附录 B

手机端页面屏幕锁的开发

本附录介绍一个手机端页面屏幕锁的开发。

B.1 开发过程

B.1.1 新建一个名称为 moblock 的项目文件夹

新建一个名称为 moblock 的项目文件夹，并在文件夹中添加名称为 js 和 css 的两个子类文件夹，再添加一个名称为 index 的 HTML 页面，使页面形成与文件夹的依赖。

B.1.2 新建文件

在目录 js/下创建文件 index. js，在目录 css/下创建文件 style. css，同时，在根目录下创建一个新的 HTML 页面文件 index. html。

上述文件的具体代码请参考本书附带的源代码。完成上述任务后，整个项目的核心目录和文件结构如图 B-1 所示。

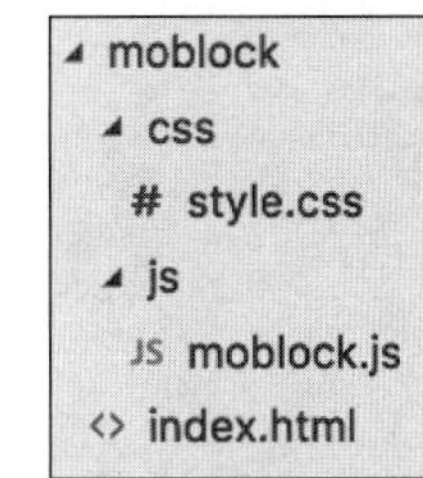

图 B-1 项目的核心目录和文件结构

B.2 程序结果

运行程序，在浏览器地址栏中输入 http://127.0.0.1:5500/moblock/index. html 后结果如图 B-2 所示。在图 B-2 中将页面切换在手机端，并拖动鼠标，连接各个小圆点，显示解锁成功。

在图 B-2 中单击右侧的"重置密码"，可以重新设置开屏的密码。需要设置两次，并且两次密码必须一样才能保存成功，页面效果如图 B-3 所示。

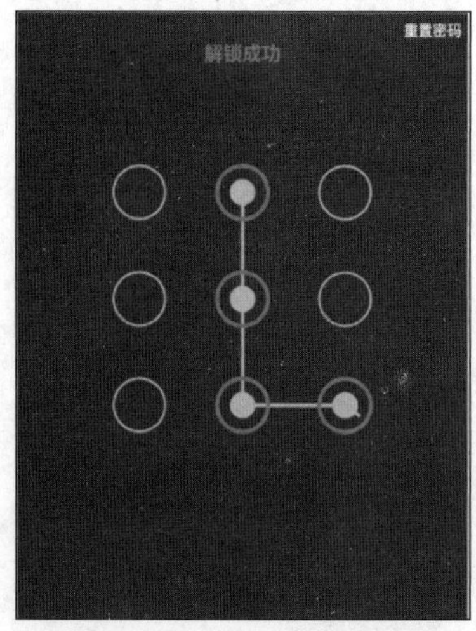

图 B-2　在手机端页面屏幕锁解锁的展示效果

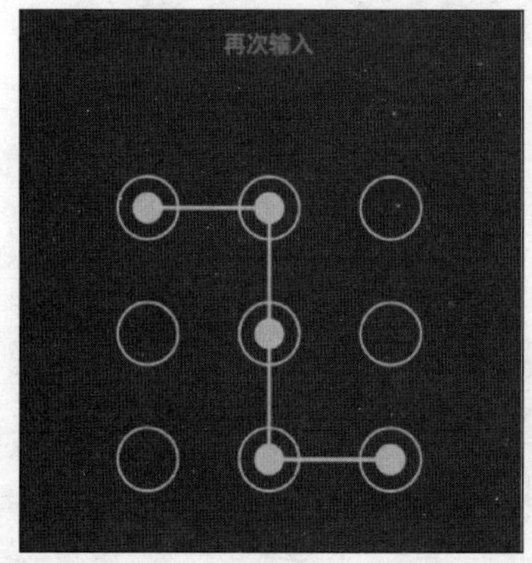

图 B-3　单击“重置密码”时的页面效果

图书资源支持

感谢您一直以来对清华版图书的支持和爱护。为了配合本书的使用,本书提供配套的资源,有需求的读者请扫描下方的“书圈”微信公众号二维码,在图书专区下载,也可以拨打电话或发送电子邮件咨询。

如果您在使用本书的过程中遇到了什么问题,或者有相关图书出版计划,也请您发邮件告诉我们,以便我们更好地为您服务。

我们的联系方式:

地　　址:北京市海淀区双清路学研大厦 A 座 701

邮　　编:100084

电　　话:010-83470236　010-83470237

资源下载:http://www.tup.com.cn

客服邮箱:2301891038@qq.com

QQ:2301891038(请写明您的单位和姓名)

资源下载、样书申请

书圈

扫一扫,获取最新目录

课 程 直 播

用微信扫一扫右边的二维码,即可关注清华大学出版社公众号“书圈”。